中国桂花

（第2版）

杨康民等◎编著

中国林业出版社

图书在版编目（CIP）数据

中国桂花 / 杨康民等编著. -- 2版. -- 北京：中国林业出版社,2019.9

ISBN 978-7-5219-0274-7

Ⅰ.①中… Ⅱ.①杨… Ⅲ.①木犀－基本知识－中国 Ⅳ.①S685.13

中国版本图书馆CIP数据核字(2019)第218165号

ZHONGGUO GUIHUA

中 国 桂 花（第2版）

责任编辑：何增明　邹爱

出版发行：中国林业出版社

（100009 北京西城区德内大街刘海胡同7号）

电子邮箱：hzm_bj@126.com

电　　话：(010) 83143517

印　　刷：固安县京平诚乾印刷有限公司

版　　次：2013年1月第1版，2020年1月第2版

印　　次：2020年1月第2版第1次

开　　本：889mm×1194mm　1／16

印　　张：14.5

字　　数：522千字

定　　价：168.00元

作者介绍

杨康民，1950 年毕业于江苏省南京市金陵大学森林系，曾先后在武汉大学、华中农学院、南京林学院和上海交通大学农学院任教多年。讲授园林树木学等专业课程，科研主攻方面是桂花。撰写出版有《桂花》《中国桂花集成》《中国桂花》等专著。近30 年来，在园林专业期刊和有关报刊上陆续发表有《桂花适宜生境条件的调查和分析》《桂花品种调查应有的五个规范到位》《桂花小苗主干不同编结方法的造型育苗》《怎样选购桂花苗》《移民北方的桂花如何应对雪灾冻害》和《丹桂类品种十大质量考核指标的制定和应用效果的初步研究》等近 20 篇与桂花产业发展密切相关带有创新价值意义的科研和科普意义的论文。其中《中国桂花集成》和《中国桂花》两部专著还分别荣获第六届和第八届中国花卉博览会银奖。

《中国桂花》序

陈俊愉

　　在详读了杨康民等《中国桂花》全部书稿后，我于是提笔写序。平生为不少书写过序，这一遭竟激情满怀，远胜往昔。我要为杨教授等所做的突出贡献，写出一了评价并郑重推荐于读者专家、学者与爱好者诸君。

　　这是一部精心著作的好书，我的序更应精确无虚。我认为，该书具有以下数方面的独到之处。

　　第一，是其全面性。全书内容丰富全面，既有概述，又有特征与特性，还有分类命名与品种国际登录、品种研究法以及我国主要栽培品种群及其代表性品种介绍。桂花的繁殖育苗与选型、盆栽技术、盆景桩景、标准化育苗规程、桂花栽植与管理、园林配植应用、病虫害防治、古桂资源、桂花采收保鲜与利用——洋洋15章，真是面面俱到，蔚为大观。

　　第二，是其实用性。全书突出地体现出理论联系实际，不仅联系上海和华东的实际，还要联系华中、华西、华南甚至山东北京等地的实际。因编著人员即来自各地，对不同地区的情况了若指掌。现在统一著书目标的指引下，既能做到统一下的分工，既突出各地特色，又在共同理论与原则之指导下分别反映出地区特色。更因著者各自专擅，于是各就各位，分别发挥专门特色。例如关于花香与分子标记在品种分类中的应用，就是请华中农业大学王彩云教授等撰写，结果较好地完成了任务。

　　第三，在全书中到处呈现出个人与团队、专家与产区群众的血肉联系。因而，《中国桂花》则具有较突出的群众性特色。这才让该书更富多采，既在整体上有其统一性，又在分支与各列举例上突出著者的个人与地区特点和光采。是故该书是一部群众性很强的专著，充分体现出团队精神，而又融化于个性和地区性于一个整体之中。

　　第四，是《中国桂花》的综合性。书中把教学、科研、生产、推广与文化融于一炉，是一部综合性很强的园部专著。在中华花卉专书中，能够将做到这地步的亦不多观。因此，我在阅览全书过程中，曾不时发出会心的微笑，奉之为园林佳作，应当是实至名归的吧。

　　第五，是该书所反映出的科学性。这既表现在群众性制订记载标准上，又反映在全书编著中的严谨周密与实事求是、一丝不苟。如杨康民根据苏州光福乡等上村花农王家元30年来花记录，结合附近苏州东山气象站同期观测数据，同步进行综合分析，得出了"早银桂"和"晚银桂"花期与气温关系的规律。于是，就做到了"先知花期后赏花"——这是一项有用而出色的科学业绩。尤其是杨康民2010年发表"桂花品种调查尚有的五不规范到位"一文（载《中国园林》2010年8月季），在记载花器上作了科学的比较分析，指出其外表类似花瓣的花部器官，实是花萼裂片而不是花瓣——这是多严谨的科学精神。

　　综上所述，我认为《中国桂花》一书具备了多方优美，而其核心则为与时俱进、精益求精的创新精神。

　　此外，书稿中也出现少数缺点与问题，现提出商榷如下：

　　① p.33倒1-2行："茴菊花"这个品种名，还值得斟酌的。因按国际规定，"菊"不得直接作为他种植物之品种名称，这是明确无误的。但"茴菊花"已非菊，本身越是一定非排除之可。

　　② p.45-46："两大题"（即早桂题、秋桂题）似乎繁琐，因如简略一了层次即可收简明醒目之效。

　　③ "第五章 我国桂花主要栽培品种介绍"中，所有英文名你的贤削去。因按国际规定，凡中、日等东方文字的国家，一律用该国拼音名作为品种名称，既是拉丁学名，也是普通名称，而不需再取英名。

　　总之，这是一部好书。我这观赏园艺者其已为之动心，被其折服。爱抒感怀如上，以就正于方家与广大读者，是为序。

九五翁　陈俊愉
2011年春降节于北京林业大学梅菊斋中

陈俊渝院士2011年为《中国桂花》作序手稿

序（第1版）

在拜读了杨康民等《中国桂花》全部书稿后，我于是提笔写序。平生为不少书写过序，这一遭竟激情满怀，尤胜往昔。我要为杨教授等所做的突出贡献，写出一个评价，并郑重推荐于读者、专家、生产者与爱好者之前。

这是一部精心著作的好书，我的序更应精确允当。我认为，该书具有以下几方面的独到之处：

第一，是其全面性。全书内容丰富全面，既有概述，又有特征与特性，还有分类命名与品种国际登录、品种研究法以及我国主要栽培品种群及其代表性品种等介绍，桂花的繁殖育苗与造型，盆栽技术，盆景桩景，标准化育苗规程，桂花栽植与管理，园林配植应用，病虫害防治，古桂资源，桂花采收保鲜与利用——洋洋15章，真是面面俱到，蔚为大观。

第二，是其实用性。全书突出地体现出理论联系实际，不仅联系上海和华东的实际，还联系了华中、华西、华南甚至山东、北京等地的实际。因编著人员即来各地，对不同产区的情况了若指掌，现在统一著书目标的指引下，故能做到统一下的分工，既突出各地特色，又在共同理论与原则之指导下分别反映出地区特点，更因著者各有专精，于是各就各位，分别发挥专门特色。例如关于花香与分子标记在品种分类中的应用，就交给华中农业大学王彩云教授等撰写，结果较好地完成了任务。

第三，在全书中到处显现出个人与团队，专家与产区群众的血肉联系。因而，《中国桂花》具有较为突出的群众性特色。这才让该书丰富多彩，既在整体上有其统一性，又在分支与各别事例上突显著者的个人与地区特点和光彩。是故该书是一部群众性很强的专著，充分体现出团队精神，而又融化个性和地区性于一个整体之中。

第四，是《中国桂花》的综合性。书中把教学、科研、生产、推广与文化熔于一炉，是一部综合性很强的专著。在中华花卉专书中，能较好做到这地步的并不多见。因此，我在阅览全书过程中，曾不时发出会心的微笑，奉之为园林佳作，应当是实至名归的吧。

第五，是该书所反映出的科学性。这既表现在群众性制订记载标准上，更反映在全书编著中的严谨周密与实事求是，一丝不苟。如杨康民根据苏州光福乡窑上村花农王家元30年采花记录，结合附近苏州东山气象站同期观测数据，同步进行综合分析，得出了'早银桂'和'晚银桂'花期与气温关系的规律。于是，就做到了"先知花期后赏花"——这是一项有用而出色的科学业绩。尤其是杨康民2010年发表《桂花品种调查应有的五个规范到位》一文（载《中国园林》2010年8月号），在记载花器上做了科学的比较分析，指出：其外表类似花瓣的花部器官，应是花冠裂片而不是花瓣——这是多么严谨的科学精神！

综上所述，我认为《中国桂花》一书具备了多方优点，而其核心则为与时俱进、精益求精的创新精神。

此外，书稿中也出现少数缺点与问题，现提出商榷如下：

① 书中'赛菊花'这个品种名，还值得斟酌。因按国际规定，"菊"不得直接作为他种植物之品种名称，这是明确无误的，但'赛菊花'已非菊之本身，故不一定非排除不可。

② 品种群分为两大类（四季桂类、秋桂类）似可省略，因如简略一个层次，即可收简明醒目之效。

③ 第五章我国桂花主要栽培品种介绍中，所有英文名似均宜删去。因按国际规定，凡中、日等东方文字的国家，一律用该国拼音名作为品种名称，既是拉丁学名，也是普通名称，而不需再取英名。

总之，这是一部好书，我这观赏园艺老兵已为之动心，被其折服。爱抒感怀如上，以就正于方家与广大读者。是为序。

九五翁 陈俊愉　　2011年霜降节于北京林业大学梅菊斋中

前 言 (第2版)

笔者 1950 年大学毕业于南京金陵大学森林系，一直在高校从事有关桂花和园林方面教学、科研和生产工作，先后在武汉大学、华中农学院、南京林业大学和上海交大农学院任教。退休后 30 年来仍在发挥余热，配合有关部门为桂花产业发展做些力所能及的贡献。先后在桂花的科技创新方面有以下六项创新成果。

其一、20 世纪 80 年代，笔者率领高校师生多人走访调研了我国桂花主产区和广大非主产区。根据各地区气候和土壤条件条件的不同，将桂花的种植带细致划分为"适生带"、"次适生带"和"不适生带"三个不同的地理分布带。建议分带进行合理的科学规划并采用"因地制宜"、"因害设防"等多种管理措施，保证"适生带"桂花产业安全生产，并将"次适生带"和"不适生带"引种桂花的灾害损失降至最低程度（详情载见本书第 4～5 页）。

其二、1982—2011 年，三十年来风雨如一日，笔者会同以下单位员工约十余人，先后在上海市桂林公园、苏州市光福乡窑上村和四川省都江堰市天马镇金玉村香满林苗圃三地相继开展了桂花"生长物候期"和"开花物候期"两方面的观察研究工作，均取得丰富的研究成果。例如，在掌握了"生长物候期"的运行变化规律以后，我们就可以有的放矢及早安排诸如桂花的定植、浇水、施肥、防病、治虫和整形修剪等方面的苗木管理工作。再如，在掌握了"开花物候期"运行变化规律以后，我们也就能够及时做好该年度桂花各品种花期的预测和预报工作。能具体介绍每个桂花品种的最佳观赏期、最佳采花期和和最佳摄影期（详情载见本书第 21～26 页）。

其三、2001—2010 年，十年磨一剑，实践出真知。笔者配合并协助四川省都江堰市天马镇金玉村香满林苗圃领导，共同开展了一项'堰虹桂'小苗组合造型育苗方面的科学试验，先后开发出桂花花柱、花瓶、花球和花篱四种造型苗木并投入批量生产。此法大大提升了桂花小苗的附加值，缓解了桂花大苗供应紧缺的矛盾，也同时减少了因桂花大树进城，给桂花自然资源带来的严重破坏。组合造型育苗因耗时短、收效快、质量高，备受产业界的青睐和重视。今后我们将一如既往，全身投入组合造型苗的生产和科研活动，始终以"人无我有""人有我精""人精我奇"的"三创"精神领跑全国，争当全国组合造型苗的先行者和排头兵（详情载见本书第 115～122 页）。

其四、我国现有约 200 个桂花品种。为了正确识别这些品种的差异，当前迫切需要编写出一份《全国桂花品种形态特征检索表》供桂花产业界参考应用。由于以往学者采用的科研方法不够正确和科研选点有所失误，至今还没有任何一个单位能够解决好这一难题。王振启教授和笔者通力合作，在前人工作的基础上，根据现有资料试编出了一份《咸宁地区四季桂类品种形态检索表》。随着今后工作条件进一步改善，我们将陆续编写出金桂、银桂和丹桂三个品种群检索表，力求做到四大桂花品种群全覆盖（详情载见本书第六章介绍）。

其五、2009 年，武汉市花果山农业示范园曾在办公大楼附近建立了一个桂花资源圃，引种栽培了 100 多个桂花品种。该圃原是块平地，过去种过水稻和棉花，现在改种品种桂花，其小气候条件和土壤条件基本相同，能鉴定桂花品种的好坏优劣，有较好的品种对比研究价值。2103—2018 年，园方领导和笔者利用此处有利工作条件，开展了一个名为《丹桂类品种十大质量考核指标的鉴定和应用效果》的研究课题。对 16 个已进入始花期的丹桂类品种进行全面考核，共评选出获得冠军、亚军和季军 3 个最好的丹桂类品种，对其他 13 个品种也都做了优缺点全面鉴定。首先评选丹桂类桂花品种是因为丹桂花色红艳、观赏价值高，为人民群众所喜爱。这一成功经验和研究方法今后还将应用推广到全国所有桂花品种中去。当然，考核指标和具体调查内容会有局部调整（详情载见本书第七章介绍）。

其六、"桂花品种鉴定示范园"是一项非常重要的基本建设工程。经验证明，它最好设立在桂花主产区平原地带高地。那里小气候条件和土壤肥力条件比较均匀一致，没有涝害，也更能得到领导重视和群众支持。再有，园内品种鉴定标准株的选拔也大有讲究。一定要选用平地苗、疏生苗、青壮年苗和始花期满3年苗；不用山地苗、密生苗、老幼年苗和刚只栽1～2年苗。只有品种示范园自然环境条件完全一致和园内品种鉴定标准株符合上述4项工作基本要求，才能确保新成立的"桂花品种鉴定示范园"万无一失，卓有成效（详情载见本书第30页和第六章介绍）。

《中国桂花》第2版与第1版相比较：除造型苗育苗技术有了长足进步，继续领跑全国以外，在桂花品种的识别和质量考核指标的制定和应用方面又增加了两章新内容。

人生有涯但学习无涯。本人现已91岁高龄，今后只要笔者身体条件许可，必然会义无反顾，继续努力，投向科研第一线。虚心向大自然学习，向专家、学者和公司经营管理人员学习，向广大花农学习，齐心协力，共谋发展，力求开拓出一个又一个创新成果，以此回报社会，造福人民。

杨康民谨识　2019年6月于上海

前 言（第1版）

本人早年在高校从事有关桂花和园林方面的教学、科研和生产工作近30年，退休后20多年来仍在发挥余热，为桂花产业的发展，做些力所能及的奉献。50年来在桂花科技创新方面，主要有以下三个方面的成果。

其一，走访调研了全国桂花主产区，初步确定了桂花适生栽培带。20世纪80年代，本人在高校提出："桂花适宜生境条件的调查和分析"这一科研选题，会同朱文江等人，走访调研了我国桂花主产区和广大非产区。根据各地气候和土壤条件的不同，将桂花的种植带细致划致分为：（1）长江流域的"适生带"；（2）长江以北、黄河以南淮河流域以及南岭以南珠江流域的"次适生带"；（3）黄河以北、长城以南华北平原地区的"不适生带"。建议分带进行科学规划，采用"因地制宜、因害设防"等多种措施，保证"适生带"桂花产业的安全生产，并将"次适生带"和"不适生带"引种桂花的灾害损失，降至最低程度。

其二，三十年来风雨如一日，从事桂花品种物候期观察基础研究。1982—2011年，本人领同侯治华、张静、陈伟、顾龙福、王思达、王家元和张林等人，在上海市桂林公园、苏州市光福乡窑上村和四川省都江堰市香满林苗圃三地，相继开展了桂花"生长物候期"和"开花物候期"的观测研究，取得了丰硕的观测成果，将桂花生长物候期共分为枝芽萌动期等六期。在熟知它们运行变化规律以后，就可以及时安排诸如桂花的定植、浇水、施肥、除草、防病、治虫和扦插育苗等工作。另按桂花开花物候期而言，共可分为花芽萌动期等十一期。在掌握了它们运行变化规律以后，就可以进行每年开花期短期的预测预报，明确各桂花品种最佳观赏期、最佳采花期和最佳摄影期。

其三，十年磨一剑，进行桂花小苗组合造型育苗生产试验研究。2001—2010年，本人在四川省都江堰市香满林苗圃蹲点，以技术顾问的身份，配合苗圃经理张林，开展桂花小苗组合造型育苗试验。试验取得了圆满成功，开发出花柱、花瓶、花球和花篱四大造型苗木，并投入批量生产。此法大大提升了桂花小苗的附加值；缓解了桂花大苗的紧缺供应矛盾；也同时减少了因桂花大树进城给桂花自然资源带来的严重破坏，一举多得，为世人称道。

岁月虽在流逝，但事业仍当继续向前。今后，只要本人身体条件许可，必然义无反顾，继续努力，投向科研第一线，虚心向大自然学习，向业内有经验的同志们学习，向广大的花农们学习，齐心协力、共谋发展，力求开拓出一个又一个的创新成果，以此回报社会、造福人民。

2005年，笔者撰写出版了《中国桂花集成》一书。与其对照，本书主要增加了"桂花小苗编结造型育苗""桂花树桩盆景的制作、养护与鉴赏"和"桂花标准化育苗技术规程的制订及其应用"三个新章。其他章节也本着与时俱进的精神，做了较大的修改和补充。特此加以说明。

衡量和评价一本科技专著，除应重视其创新性以外，尚需综合考虑其具体内容的全面性（指生产经营各环节是否全面覆盖）、实用性（指能否解决生产实际问题）和可读性（指文笔是否通俗流畅，对读者有无感染力等）。本书在这些方面也做了尽可能多的努力。不足之处，请广大读者和专家学者指正。

杨康民谨识　2011年10月于上海

目　录

第一章　概　述

桂花是一个享誉古今，集绿化、美化、香化于一体，具有观赏和实用价值的优良园林树种，深受我国人民的喜爱。据记载，桂花在中国的栽培历史，已长达 2500 年以上。在人工引种驯化的漫长岁月中，桂花与我国其他的传统名花一样，由自然野生至人工栽培，由山野进入宫苑、寺庙和庭院。其间，人们对桂花的认识逐渐深化，应用范围日益扩大，艺花、赏花的观念也逐步形成和发展，与之相应的桂文化便从中孕育、完善和发展。前人创造了不少桂花的物质财富，同时也创造了大量有关桂花的精神财富，从而使桂文化成为我国宝贵文化遗产的组成部分。所以，弘扬桂文化对世界文明也会带来有益的影响。

一　桂花在历史典籍中，有深厚的文化底蕴

早在先秦时期，我国就有桂花的记载。如在《山海经·南山经》中载有："招摇之山多桂";《山海经·西山经》中载有："皋涂之山，其山多桂木"。屈原《九歌》中载有："援北斗兮酌桂浆……辛夷车兮结桂旗"[①]。由此可见，在楚地的早期文献中便提及了桂花的引种和利用方面的记载。此外，桂花还象征着友好和吉祥，据说战国时期，燕、韩两国曾为了表示亲善友好，相互馈赠桂花;在盛产桂花的少数民族地区，青年男女也常以赠送桂花来表示爱慕之情。《吕氏春秋》中载有："物之美者，招摇之桂。"意指世界上最美好的东西，是招摇山上的桂树，说明桂花在古人心目中，已成为美的象征。

农历八月，古称桂月，既是赏桂的最佳时日，又是赏月的最佳月份。芳香的桂花、中秋的明月，自古就与我国人民的文化生活联系在一起。许多文人用吟诗填词来描绘桂花、颂扬桂花，甚至把桂花加以神化。如"嫦娥奔月""吴刚伐桂"等月宫神话，已成为历代脍炙人口的美谈;而比喻仕途得志、飞黄腾达的"蟾宫折桂"更是一般读书人的向往目标。

（一）关于桂花的传奇神话和历史故事

"嫦娥奔月"传说最早出自《归藏》，这是一部约成于战国初期的上古典籍。书中载有："昔嫦娥以西王母不死之药服之，遂奔月为月精。"西汉刘安撰《淮南子》（公元前 2 世纪）等典籍中多有征引，内容更为详尽，主要是增加了一段嫦娥变蟾蜍的情节："托身于月，是为蟾蜍，

而为月精。"在上古，美女变为蟾蜍，可能算是对嫦娥的一种惩罚。

"吴刚伐桂"传说引自唐代段成式撰写的《酉阳杂俎》（860）："旧言月中有桂，有蟾蜍""月桂高五百丈，下有一人常斫之，树创随合。人姓吴名刚，西河人，学仙有过，谪令伐树。"文中的"树创随合"，即被砍树的创口很快愈合，隐喻着月亮的阴晴圆缺，意味着月亮的复生和永生。因此，在这个传说中，月亮和桂树是两位一体的，桂树能与月亮一样象征长生。

"蟾宫折桂"一说见自《晋书》。据该书载称："郤诜对策第一，对曰：'臣今为天下第一，犹桂林一枝'。"可见历代文人喜爱桂花，简直到了如醉似痴、梦寐以求的程度。宋代与苏轼交游唱和的僧人仲殊有词赞美桂花曰："花则一名，种分三色，嫩红、妖白、娇黄……许多才子争攀折。嫦娥道：三种清香，状元红是、黄为榜眼、白探花郎。"意指用攀桂、折桂来借喻科举中的三甲。

受神话传说的影响，汉唐以来历代帝王都喜欢在宫苑中引种桂树。历代文人墨客和达官显贵，在官邸和宅园里种植桂花也十分普遍。如西汉刘歆撰《西京杂记》记载："汉武帝初修上林苑，群臣所献奇花异木两千余种，其中有梫桂十株。"汉元鼎六年（公元前 111），武帝破南越后在上林苑中兴建《扶荔宫》，广植奇花异木，其中有桂一百株。当时栽种的植物，诸如甘蕉、留求子、蜜香、指甲花、龙眼、荔枝、槟榔、橄榄、千岁子、柑橘等，其后大多枯死，而桂花却有幸活了下来。由此可见，桂花引种帝王宫苑，汉初已获成功，并具有一定规模。

南京为六朝古都。晋后南北朝对峙，南朝齐武帝在位（481—493）时，湖南湘州地方官贡送桂树植芳林苑中。

注:
①桂浆可能是添加桂花而酿制的美酒，桂旗可能是用桂树的花枝作为旗帜，以装饰用木兰树木制作的车辆。

继后，南朝的陈后主在位（581—585）时，为爱妃张丽华造桂宫。"于光昭殿后，作园门如月，障以水晶，后庭设素粉罘罳[1]，庭中空洞无他物，惟植一桂树，树下置药杵臼，使丽华恒驯一白兔，时独步于中，谓之月宫。帝每入宴乐，呼丽华张嫦娥。"可想而知，当时把月亮认作有嫦娥和桂树存在的月宫，这一故事已较流行，以致陈后主在人间亦力图建造此神话世界。

唐代文豪柳宗元（773—819）曾自湖南衡阳移种桂花名种十余株，栽植在其零陵住所。唐代李德裕（787—850）在任宰相的 20 年间，曾收集了大量桂花名种，先后引种到他在洛阳郊外的别墅。白居易（772—846）在其任杭州及苏州的刺史时，曾将杭州天竺寺桂花苗，带到苏州城中种植。他不仅自己种桂，还幻想他日能在月宫植桂。白居易有诗曰："遥知天上桂花孤，试问嫦娥更要无；月宫幸有闲田地，何不中央种两株。"

（二）古代文学作品中对桂花的描写

魏晋以来，称颂桂花的诗、词、歌、赋和名句佳作颇多。其中：有的突出桂花的名品和奇香；有的借花寓情、抒发感情。现录载部分于下供读者鉴赏。

> 桂之树，桂之树，桂生一何丽佳！
> 扬朱华而翠叶，流芳步天涯。
> ……要道[2]甚省不烦，淡泊无为自然。
> 乘蹻[3]万里之外，去留随意所欲存。
> 高高上际于众外，下下乃穷极地天。

曹魏诗人曹植（192—232）乃曹操之子、曹丕之弟，少年即显露出超凡的文学天赋。诗人借桂树起兴，描绘仙人讲道的情景，抒发对长生的热望和自由的期待。

> 南中[4]有八树[5]，繁华无四时；
> 不识风霜苦，安知零落期。

南朝梁代诗人范云（451—503）在咏桂诗中突出描述南方桂树独特的生态、风韵与魅力。

> 未植蟾宫里，宁移玉殿幽；
> 枝生无限月，花满自然秋。

唐代诗人李峤（644—713）在诗中充满了对在月宫里栽植而移来唐都长安宫隅一角栽种桂树的赞美。李在诗中表达桂树在枝条在漫长岁月中成长，香花在中秋佳节

里开放。

> 世人种桃李，皆在金张门；攀折争捷径，及此春风喧。一朝天霜下，荣耀难久存，安知南山桂，绿叶垂芳根。清荫亦可托，何惜植君园。

唐代诗人李白（701—762）在诗中他用对比的手法写出了桃、李和桂花两类花木截然不同的精神面貌与结局。影射煊赫一时的朝中显贵，一旦失宠于君主，荣耀就难以保存；但借喻为山野桂树的李白本人，却能悠然自得，安居在昔日庄园。

> 天开金粟藏，人立广寒宫；
> 斫却月中桂，清光应更多。
> 转蓬行地远，攀桂仰天高；
> 故园松桂发，万里共清辉。

这是唐代诗人杜甫（712—770）的咏桂树。杜甫一生颠沛流离，关怀平民疾苦。他对唐玄宗信任权奸、宠信宦官和重用边将深为不满。诗中他隐晦地提出：如能伐去广寒宫中的桂树（清除君侧奸佞），则天下黎民都能享受到月光的万里清辉。

> 有客赏芳丛，移根在幽谷；
> 为怀山中趣，爱此岩下绿。
> 晓露秋辉浮，清阴药栏曲；
> 更得繁花白，邀君弄芳馥。

宋代文人欧阳修（1007—1072）是北宋古文运动的领袖，他在诗中答谢友人寄赠给他所喜爱的桂树，同时发出他日来自己宅园赏花的邀请。

> 月缺霜浓细蕊乾，此花原属桂堂仙；
> 鹜峰子落惊前夜，蟾窟枝空记昔年。
> 破夹山僧怜耿介，练据溪女斗清妍；
> 愿公采撷纫幽佩，莫遣孤芳老涧边。

宋代文人苏轼（1037—1101）诗词皆冠绝于世，与欧阳修同为唐宋八大家，曾数次因故被贬黄州、惠州、儋州等地。诗中他籍桂花的传说落笔，发出了"莫遣孤芳老涧边"的呼声，这正是诗人由自身的经历淀积而发出的工作愿望。

> 独占三秋压众芳，何夸橘绿与橙黄；
> 自从分下月中种，果若飘来天际香。

这诗由宋代诗人吕声之所作。他称颂桂花是三秋期间的领衔花木，有着不凡的渊源关系（月中种）和异乎寻常的奇香（天际香）。

注：
① 素色屏风。
② 要道：长生之道。
③ 乘蹻：道家飞行之术。
④ 南中：泛指梁代国土南部。
⑤ 八树：即桂树，因《山海经》内载有"桂林八树"而得名。

雨过西风作晚凉，连云老翠入新黄；

清风一日来天阙，世上龙涎①不敢香。

这是宋代诗人邓志宏（1091—1132）的咏桂诗。他在诗中赞美了古桂雨后现蕾、开花的美景以及独特超凡的香味。

雪花四出剪鹅黄，金粟千麸渗露囊；

看去看来能几大，如何着得许多香。

这诗由宋代诗人杨万里（1127—1206）所作。杨善于巧妙地摄取自然景物的形态特征与动态变化，在诗中着意刻画出桂花的花冠裂片4裂，花色由乳白转成鹅黄；花朵虽小，但有宜人的异香特点。

亭亭岩下桂，岁晚独芬芳；

叶密千层绿，花开万点黄。

这是一首很有名气的咏桂诗，由宋代理学大师朱熹（1130—1200）所作。语言自然朴实，短短20个字，就把桂花的生态习性（生于岩岭间）、物候表现（花开中秋节），以及挺拔的主干、层叠的枝叶和稠密的花朵，描绘得淋漓尽致。

月待圆时花正好，花将残后月还亏；

须知天上人间物，同禀清秋在一时。

由宋代诗词并佳的朱淑真所作。她运用委婉、细腻的笔法，表达优美的客观事物和个人的内心世界。农历八月十五月圆之日，正是桂花盛开之时：花好月圆是家人团聚和生活幸福的真实写照，而花残月亏则是人世沧桑的另一侧面。

《鹧鸪天》词云：

暗淡轻黄体性柔，情疏迹远只香留；

何须浅碧深红色，自是花中第一流。

梅定妒，菊应羞，画栏开处冠中秋。

骚人可煞无情思，何事当年不见收。

这是宋代女词人李清照（1084—约1151）的咏桂词。女词人是位巧于构思的抒情能手，她在词中依托桂花，写出了旖旎的自然风光和别离的相思之情。

___

注：

① 龙涎：名贵香料，为抹香鲸胃里的一种分泌物，得之于海上，故称龙涎香。

② 沉香，名贵香料，由沉香木的树脂熏制而成。入水即沉，故名。

宋代向子谨（1085—1152）《生查子》词云：

我爱木中犀，不是凡花数；

清似木沉香②，色染蔷薇露。

爱国词人辛弃疾（1140—1207）《清平乐》词云：

大都一点宫黄，人间直凭芬芳；

怕是秋天风露，染教世界都香。

两位词人一致推崇桂花的香味绝伦：向子谨认为桂花的香味可以和木沉香媲美；辛弃疾则更夸张地提出，桂花的香味能覆盖全世界。

南宋爱国名相李纲最喜爱桂花，他抗金壮志未酬，晚年退居福州。其书斋就命名为"桂斋"，而且亲植桂花以明志。他撰有《采桑子》两首词。

前词曰：

幽芳不为春光发，直待秋分，直待秋分，香比余花分外浓。

步摇金翠人如玉，吹动珑璁，吹动珑璁，恰似瑶台月下逢。

后词曰：

枝头万点妆金蕊，十里清香，十里清香，介引幽人雅思长。

玉壶贮水花难老，净几明窗，净几明窗，褪下残英簌簌黄。

前词解释为：窗外种植的桂花，总是有待秋风兴起后才开放。香气不寻常犹如月宫中桂花的花香。喻示李纲本人的高风亮节。后词解释为：室内瓶供的插花，香飘十里，花难老、相思长。寄托李纲爱国志愿终生难忘。

《月中桂花》诗云：

金粟如来夜化身，嫦娥留得护冰轮；枝横大地山河影，根老层霄雨露春；

长有天香飞碧落，不教仙子种红尘；折来何必吴刚斧，还我凌云第一人。

这是元代诗人谢宗可（1300年前后人士）的咏桂诗。他在诗中描述了花神嫦娥与广寒宫里伴生桂树的生长与开花盛况。接着，自豪地声称：无须吴刚代劳，我将应试发迹，自去月宫折桂。

月宫转向日宫栽，引得轻红入面来；

好向烟霞承雨露，丹心一点为君开。

这是明太祖朱元璋（1328—1398）《咏红木犀》两首诗中的一首。朱在诗中提出：月宫中的桂花，已被他移栽到自身居住的日宫（指明初京城金陵）中来。充分流露出他扭转乾坤的帝王风度。

《蝶恋花·答李淑一》：

我失骄杨君失柳，杨柳轻飏直上重霄九；问讯吴刚何所有，吴刚捧出桂花酒；

寂寞嫦娥舒广袖，万里长空且为忠魂舞；忽报人间曾伏虎，泪飞顿作倾盆雨。

这是新中国缔造者毛泽东（1893—1976）借优美的古代神话（吴刚敬酒和嫦娥献舞），表达了作者毛泽东对杨开慧、柳直荀等烈士的崇敬和怀念之深情，赞颂他们为革命事业献身的崇高品德和至死不渝的忠诚感情。

二　桂花在地理领域内，有广阔的发展空间

桂花原产在我国西南部和喜马拉雅山东段，在印度、尼泊尔和柬埔寨等地也有分布。四川、云南、广东、广西、湖南、湖北、江西、浙江、安徽等地，均有野生桂花生长。生产实践证明：在发展种植桂花前，应慎重考虑桂花对自然地理气候带和海拔高度等方面的要求。杨康民等（1988）曾对此课题进行过专项研究，结论如下。

（一）桂花生存分布的自然地理气候带

1. 桂花适生的水平地理气候带

秦岭以南至南岭以北的广大中亚热带和北亚热带地区（相当北纬24°～33°），是我国桂花集中栽培地区，该地区水热条件较好，年平均温度为15～19℃，年降水量为900～1800mm，年极端最低气温为−18.9～−4.6℃（表1-1）。土壤多属黄棕壤土和黄褐土。植被则以亚热带常绿阔叶林为主。在上述生境条件的孕育和影响下，桂花生长良好，并形成江苏苏州、浙江杭州、湖北咸宁、广西桂林和四川成都5个全国著名的商品桂花生产基地，可认为是桂花的"适生带"。

秦岭南麓的汉中盆地可能是桂花自然分布的北限。因北部秦岭巨大的屏障作用，挡住了冬季冷空气大规模的入侵，所以这里终年气候温和、雨量充沛，素有"小江南"之称。在汉中市南郑县圣水寺内，现存有一株树

龄约2200年植于西汉初年的古桂花树；在其附近勉县定军山下的武侯祠内，还植有两株东汉末年距今约1700年的古桂花树。这三株古桂花通称汉桂，至今每年开花仍较繁茂，可以香飘数里。这是桂花分布北限的最好物证。

至于秦岭以北、黄河以南的淮河流域，由于冬季持续低温，桂花已不太适宜生长，但在局部小气候条件比较良好的地区，仍可见散生桂花能生长于露地，可认为是桂花的"次适生带"。再向北去，黄河以北至长城以南包括华北大片平原地区，冬季寒风凛冽，最低气温在−20℃以下，且冻土层厚度深达40cm以上，且土壤又偏盐碱导致桂花生理干旱突出，春季落叶严重，影响桂花秋后正常开花。在上述地区桂花只能盆栽，冬季必须移进温室，借以防寒越冬，并要求用流苏砧木嫁接桂花，可认为是桂花的"不适生带"。

桂花在我国自然分布的南限是南岭以南、属南亚热带范畴的广西、广东、沿海地区以及属热带边缘的海南省和中国台湾。桂花在这里每年秋季开花前夕要求有一段低于24℃的冷凉湿润气候；另在入冬后，还要求有一段0～10℃的相对休眠期以孕育来年的花芽。上述地区秋冬气温偏高，雨量又比较集中，难以满足桂花开花对温度和湿度的要求。在这里桂花不仅开花少，而且花期也短，在香花树种中已不占重要位置。栽培品种也以四季桂类居多，秋桂类很少，也可归纳认为是桂花的"次适生带"。

由此可见，因纬度变化形成了我国南北不同的地理气候带，温度成为限制桂花生长和分布的主导因素。从而推断：桂花适生于我国北亚热带和中亚热带地区；至于秦岭以北的南温带地区，以及南岭以南的南亚热带和热带边缘地区，均不适宜桂花的大量引种栽培。

2. 海拔高度对桂花地理分布的影响

根据气象学规律：海拔高度每上升100m，气温平均降低约0.6℃。因此，分布在适生水平地理气候带上的桂花，还会因所处海拔高度不同，带来新的适生与否的问

表1-1　我国桂花各主要产地的气候状况

项目	江苏吴县	浙江杭州	湖北咸宁	广西桂林	四川成都	安徽六安	贵州遵义
年平均气温（℃）	16.0	16.1	16.9	19.7	16.3	15.5	15.6
1月平均气温（℃）	3.2	3.8	3.2	9.2	5.6	2.1	5.6
最低气温（℃）	−8.7	−8.4	−15.4	−5.8	−4.6	−18.9	−5.1
≥10℃活动积温（℃）	5069	5087	5353	6348	5012	4941	4506
年降水量（mm）	1350	1386	1540	1874	947	1089	1060

题。以江西庐山为例：桂花在庐山垂直分布能达到海拔1000m左右。山顶的牯岭建筑群园林景点和庐山植物园都引种有桂花，但长势欠佳，难见开花，这主要受高山低温的影响。桂花在庐山山南栽培最高点是坐落在太乙峰下桂庄门前的两株桂花，但现在仅存一株，经鉴定该株桂花是能结籽的野生种群铁桂。太乙村地处山南，虽然避风，但海拔800m有余，高处不胜寒；且桂庄四周翠竹掩蔽、日照不足，因此桂花长势衰弱，叶黄花稀。然而，在庐山东牯山林场七贤分场所属的项家坳、卧龙岗一带，海拔高度只有400m左右，是山南腹部典型的"U"字形山坳。这里避风向阳，生长的桂花，花多、花大、花香，素有"小桂林"之美称。品种以金桂品种群为主，混杂有30%左右的野生铁桂。由于山好、水好、空气好，故铁桂年年硕果累累。

上述高山气温垂直分布规律，也同样适应并体现在纬度南北位移水平变化上。海拔每改变100m高度的气温升降值，大致相当于在平原向南或向北迁移60km的气温升降值。依桂花在江西庐山适生的海拔高度为500m左右来考虑，庐山以北地区，因纬度增加，应适当降低桂花的适生海拔高度；庐山以南地区，则因纬度降低，应适当升高桂花的适生海拔高度。

（二）现今我国桂花的主产区

我国桂花的民间栽培始于宋代而盛于明清。受自然地理限制和人工培育双重影响，形成了江苏吴县、浙江杭州、湖北咸宁、广西桂林和四川成都等五大历史产区，为后人留下了可贵的物质见证和丰富的种质资源。现今，五大历史产区已不复存在，只有桂林、苏州和杭州三大产区局部保存较好并已发展为以赏桂品香为主的旅游胜地。其中，典型的有以下三处。

1. 桂林桂花"甲天下"

广西桂林的桂花栽培很早，从唐代开始已有1000多年历史。如今，"桂树成林，香飘万家"这句名言在旅游胜地桂林，早已家喻户晓成为客观现实。每当秋风送爽时刻，全城桂花怒放，繁花似锦。王城内、环湖边、漓江畔、公园里以及游览道上，到处散发着沁人心脾的桂花幽香，令人赏心悦目。早在20世纪80年代，在灵剑溪畔种植的近10万株桂花已绵延数里，郁郁葱葱，极为壮观。游客们在此不愿坐车，而愿悠然散步在桂花树下，领略那潇潇落下的桂雨，呼吸那幽幽飘逸的桂香。"桂香"已成为与桂林"山清、水秀、洞奇、石美"四绝相媲美新的一绝。

2. 杭州桂花"十里满觉陇"

在"上有天堂、下有苏杭"的杭州，桂花一直是杭州人民喜爱的传统名花。历史上，诗人苏东坡、白居易、杨万里、宋之问等，都为杭州的桂花留下了脍炙人口的诗词。在杭州，最著名的赏桂胜地当首推南高峰山麓的满觉陇。这里群山环抱，植桂万株，迤逦数里，历来是江南三大赏桂胜地之一。满觉陇在晚唐及五代时就有桂花栽培；到宋代已成片种植，村民也以花为业；到清代则名气更盛，有"金雪世界"之称。每到中秋佳节，满山桂花甜香远溢，飘逸数里。有"桂花蒸过花信动，桂花开遍满觉陇；卖花人试卖花声，一路桂花香进城"诗句，以此描述当时卖花盛况。1985年，满觉陇被评选为杭州新西湖十景之一，取名"满陇桂雨"。有关部门对满觉陇进行了大力整修，在石屋洞修建了宛如瑶台的"桂花厅"、凌云天空的"吟香亭"和耸立洞顶的"云亭"。更配置了月门花径、飞天漏窗和假山水池，还补种了大量桂树。在桂花飘香的季节里，游人如织。

3. 苏州"光福桂花醉游人"

濒临太湖的光福镇，植桂始于西汉，盛于宋明。现有投产桂花6万余株，年产鲜花30万kg，为我国目前重点桂花产区。每临花期，上百公顷桂树争奇斗艳，各显风姿。它们有的素净洁白，有的黄里泛白，有的红黄交映，有的红艳欲滴，真是美不胜收。登高四眺，但见山上山下，远山近坡，到处都是香弥青山，花满枝头。游人漫步在桂花林间，一阵阵芬芳馥郁的桂香，宛如从天外飘来，清可涤尘，浓则透远，令人心旷神怡。光福的金秋是迷人的：山是香的，水是香的，风也是香的，到此一游，大有"清风一日来天阙，世上龙涎不敢香"的感觉。值得一提的还有：光福不仅花香留客，同时还为全国各地提供大量优质桂花品种苗木，为各地风景名胜区的绿化、美化和香化提供了丰富的种苗资源。

4. 咸宁桂花后来居上，正在创造"花城泉都"国际旅游城市

湖北咸宁历史上曾是我国五大桂花主产区之一。抗战沦陷期间曾遭受到严重破坏。中华人民共和国成立后得到全面恢复和发展，特别是改革开放40年来，在苗圃规模、栽培面积、品种数量、古桂数量、采花树数量和鲜桂花产量六大方面都雄踞全国第一。比如，以古桂数量为例，全国现有百年以上古桂共2200株，其中分布在咸宁地区的就有2000多株，占全国古桂总数92%。再如，以鲜桂花质量鉴定为例，1985年9月，全国香料会议在杭州市召开。通过评审，与会专家一致认为，咸宁桂花色黄、瓣大、肉厚、留香持久，质量居全国第一。

目前，咸宁地区规模最大的苗圃是西凉湖香谷苗圃。这里是三国赤壁之战故地，是千年茶马古道源头，与万亩西凉湖相伴，同咸安十万亩苗木基地相连。利用此处"天时、地利、人和"三大特点，计划将来打造成为全国

桂花苗木生产中心，供应全省、全国乃至全球的桂花品种苗木。此外，咸宁又是我国中部九省通衢湖北省武汉市的后花园。境内气候温和，土壤肥沃，青山绿水，温泉密布，是国际 5A 级旅游度假区候选城市之一。咸宁市人民政府已专门设立"花城泉都"办事机构，处理落实这方面问题。

（三）中国花卉协会桂花分会的成立和桂花市（县）花的评选

1987 年 5 月，桂花被评为我国十大名花之一。1992 年 10 月，中国花卉协会桂花分会在上海宣告成立。分会成立后，定期召开会议，广泛开展桂花科研成果交流，积极筹建桂花品种园和木犀属种质资源圃，为进一步开展我国桂花产业，打下了扎实的工作基础。

截至 2010 年，全国已有江苏省的苏州，浙江省的杭州、新昌、兰溪、江山和衢州，安徽省的合肥、六安和马鞍山，江西省的新余，湖北省的咸宁、恩施、当阳和老河口，湖南省的浏阳和桂东，福建省的蒲城，四川省的新都、广元和庐州，陕西省的汉中，山东省的威海，河南省的南阳、信阳和潢川，广东省的中山，广西壮族自治区的桂林以及我国台湾的南投县等共有 28 个市县，把桂花定为市（县）花。广西壮族自治区还把桂花定为区花。这些地区如此重视桂花，既说明桂花在我国分布的广泛，也表明了我国人民对桂花的喜爱程度。

（四）桂花在海外的栽培表现

桂花原产自我国。长期以来，桂花在日本和越南等许多东亚、东南亚国家栽培都比较普遍，并深受当地群众的欢迎。1771 年，我国的桂花经由广州传至印度，并再传入英国和欧美其他许多国家。由于欧美各国习惯欣赏大花和花色鲜艳的花木，对小花和花色比较单纯的桂花认识不足，从而使桂花的栽培发展受到一定的限制。不过，木犀属桂花的近亲俗称刺桂的柊树（*Osmanthus heterophyllus*）却因叶色多样、叶形奇特和花型奇特，备受欧美人士青睐。有大量色叶柊树园艺品种盆花，在节日市场上红火销售。

三 桂花家族（木犀属）在植物学界中的地位和影响

在植物分类学上。木犀属是木犀科 27 个属中备受人们关注的一个属，而桂花更是木犀属一个代表种。1790 年，葡萄牙植物学家罗利洛（J. Loureiro）以桂花为模式种建立了木犀属，并将其拉丁学名订为 *Osmanthus fragrans* Lour.。其后，很长一段时间内，没有人对它进行系统的研究。直到 1958 年，英国植物分类学家格林（P. S. Green）先根据该属植物花序的特点，将其分为圆锥花序和簇生花序两大类。圆锥花序类下面分为一个组，即圆锥花序组；簇生花序类又根据花的特点可分为 3 个组，即花冠分离组、短花冠筒组和长花冠筒组，其特点可参见表 1-2。

据季春峰等（2004）统计：木犀属在全世界总计有 31 种，其中 26 种分布在中国，约占总数的 84%。只有 5 种分布在其他国家，其中北美木犀（O. americanus）分布于美国；墨西哥木犀（O. mexicans）分布于墨西哥；马来木犀（O. scortechinii）分布于马来西亚；苏门答腊木犀（O. sumatranus）分布于印度尼西亚；岛屿木犀（O. insularis）分布于日本。中国无疑是世界上木犀属起源和分布中心。

我国木犀属的种质资源是极其丰富的。它们之中大部分与桂花相同，花都具有浓郁的香味，但少部分则与桂花不同。表现在花期、花色和花型均与桂花有很大区别。以花期为例：桂花基本上在 9 ～ 10 月开花。而木犀属其

表 1-2　木犀属下组的分类检索表（P.S.Green, 1958）

1. 腋生短圆锥花序（圆锥花序类）
　　Ⅰ.圆锥花序组（Sect. Leiolea）
1'. 簇生花序类（花序簇生于叶腋或枝顶）
　2. 花冠 4 裂，成对分离，每对基部合生
　　　Ⅱ.花冠分离组（Sect. Linocieroides）
　2'. 花冠 4 裂，基部成筒状，冠筒长 1mm 以上
　　3. 花冠 4 深裂，冠筒较短，为 1 ～ 2.5mm。花序腋生。叶较大，长达 19cm，宽通常 4cm 以上
　　　Ⅲ.短花冠筒组（Sect. Osmanthus）
　　3'. 花冠 4 浅裂，冠筒较长，为 7 ～ 15mm。花序腋生或顶生。叶较小，长达 9.5cm,宽通常 1 ～ 5cm
　　　Ⅳ.长花冠筒组（Sect. Siphosmanthus）

表 1-3　我国木犀属植物的自然地理分布

类别	组别	种名	学名	苏	浙	皖	赣	湘	鄂	闽	台	琼	粤	桂	滇	黔	川	藏	开花期	果熟期
				分布范围															花果期	
圆锥花序类	圆锥花序组	厚边木犀	O. marginatus		+	+	+	+					+		+	+	+	+	+	5~6月	11~12月
		牛矢果	O. matsumauranus		+	+	+						+		+	+	+			5~6月	11~12月
		小叶月桂	O. minor		+					+		+		+	+				5~6月	11~12月
		总状桂花	O. racemosus													+			5~6月	
簇生花序类	花冠分离组	双瓣木犀	O. didymopetalus										+						9~10月	翌年2月
	短花冠筒组	毛柄木犀	O. pubipedicellatus										+						9月	
		红柄木犀	O. armatus						+								+		9~10月	翌年4~6月
		毛木犀	O. venosus						+										8~9月	
		宁波木犀	O. cooperi	+	+	+	+			+									9~10月	翌年5~6月
		狭叶木犀	O. attenuatus												+	+	+		9月	
		坛花木犀	O. urceolatus							+							+		10月	
		柊树	O. heterophyllus								+								11~12月	翌年5~6月
		齿叶木犀	O. × fortunei								+									
		蒙自木犀	O. henryi						+						+	+			10~11月	翌年5月
		野桂花	O. yunnanensis												+		+	+	4~5月	7~8月
		短丝木犀	O. serrulatus							+				+					4~5月	11~12月
		无脉木犀	O. enervius								+									
		细脉木犀	O. gracilinervis		+		+	+					+	+					9~10月	翌年4~5月
		锐叶木犀	O. lanceolatus										+							
		网脉木犀	O. reticulatus						+				+	+			+	+	10~11月	翌年5~6月
		显脉木犀	O. hainanensis									+							10~11月	翌年5月
		桂花	O. fragrans	原产我国西南部，现广泛栽培于南方各省区															9~10月上旬	翌年4~5月
		石山桂	O. fordii											+					11月	
		高氏锐叶木犀	O. kaoi								+									
	长花冠筒组	香花木犀	O. suavis												+		+		4~5月	10~11月
		山桂花	O. delavayi												+	+	+		4~5月	9~10月

注：杨康民据《中国植物志》第61卷等有关材料整理（2005）。

他种类却有在 4～5 月间开花的野桂花和短丝木犀；有 5～6 月间开花的厚边木犀和牛矢果；还有 11～12 月间开花的柊树和石山桂。就花色而言：木犀属许多种类花色都以白色为主，与桂花色质以黄色为主及基本上无纯白色的特征有所不同。就花型而言：香花木犀和山桂花的花冠直径要比桂花大一倍以上，并且有明显的长花筒等。为此，无论从园林观赏要求、还是从育种利用的角度来考虑，木犀属都具有较大的引种研究价值（表 1-3）。

四　桂花产业的前景展望

在我国，桂花是人们喜闻乐见、十分钟爱的木本花卉，这对于桂花产业的发展是一个十分重要而且良好的基础。在此基础上，我们就能够深入地研究和思考今后桂花产业的发展问题。21 世纪伊始，仅杭州一地，就有绿地种业和蓝天园林两家花木企业在进行桂花产业的研究。吴光洪（2004）认为：传统产业要取得大力发展或者说突破性的进展，有 3 个至关重要的背景因素：其一，是传统文化和群众基础；其二，是宏观发展环境；其三，是消费者对产品有多样化的需求。目前，这 3 个因素都非常有利于桂花产业的发展。

（一）传统文化和群众基础

文化作为一种精神、一种思想，往往决定着人们的欣赏和消费趋向。例如，有着悠久栽培历史的桂花产区杭州，就有历史名人种植桂花的习俗，名人效应带动民间引种、栽培和利用桂花的传统。中国人十分看重传统的中秋节期间，许多城市最为活跃的活动便是赏桂，从而促进了传统食品如桂花糕、桂花糖、桂花藕粉等的开发利用。至于桂花浸膏、桂花香精等高档香料生产，更蕴藏着巨大的商业价值。因此，发展桂花产业有着广泛的市场认同度。

（二）宏观发展环境

在我国城市化进程加快、生态环境建设加强、农村经济结构进一步调整的大背景下，花卉苗木产业得到了迅猛发展。随着绿化苗木市场的调整，桂花在种植结构上因其认同度高、价格相对稳定，将成为首选发展的木本花卉，其需求量还将不断增加。可以说，只要做好发展规划，注意提高苗木质量和科技含量，在国内外苗木市场上，桂花的前景十分看好。

（三）消费者对产品多样化的需求

由于我国桂花品种丰富，建设桂花主题公园和休闲旅游观光园已经列入一些城市建设的规划。再有，随着各地经济与生活水平的不断提高，人们将更加重视家庭环境的美化，对盆栽桂花的需求也将越来越大。北方地区虽不适宜桂花的露地栽培，但可以而且需要盆栽桂花来进行绿化和美化。北京颐和园盆栽桂花的成功实例，为北方地区开拓盆栽桂花提供了极好的借鉴和市场潜力。同时，在我国申请桂花品种登录权威已获得国际有关组织批准，风起云涌的国外市场将不容忽视。因此，我们应该做好国外市场发展前期的准备工作。

通过国家宏观调控、学术界科技创新和各地花木行业协会的规范引导，今后我国的桂花产业项目，包括品种创新、观光旅游和采花加工利用等方面，必将迎来一个美好的明天。

综上所述，不难得出桂花确实是个"历史与地理并存，时间和空间同在，花色与花香争艳，观赏和利用齐全"的优良园林树种。

（本章编写人：杨康民）

第二章　桂花的形态特征与生物学特性

　　在植物分类学上，桂花原种隶属被子植物门、双子叶植物纲、合瓣花被亚纲、木犀科、木犀属植物。拉丁学名为：*Osmanthus fragrans*，其模式种的形态特征如图2-1所示：

花冠展开
示雄蕊

果枝

雄蕊

雌蕊

图2-1　桂花

一　桂花种及其品种形态特征的多样性

　　在长期引种和栽培的影响下，桂花已形成了很多品种，其形态特征变化很大。现将它的干、根、芽、枝、叶、花、果等七大生长发育指标的特点分别列述如下：

　　（一）干

　　(1) 树干。桂花树干有乔木（高8～10m或以上）、小乔木（高5～8m）、高灌木（高3～5m，分枝较多）和灌木（高<3m，分枝很多）四种类型。由于桂花分枝力强且分枝点低，在幼年期尤为明显，故常呈高灌木状；密植或修剪后，可形成明显的主干。青壮年孤植桂花，在阳光充足、土壤适宜的条件下，主干粗壮，生长迅速，年平均生长量可达1cm甚至更多。

　　(2) 树冠。桂花因品种、树龄、栽植环境和栽植密度等不同条件变化，都会对其树冠形状有不同影响。在自然生长条件下，一般20～30年生的桂花树冠多呈卵球形或椭球形；50～60年生的树冠多呈椭球形或圆球形；100年生或以上的古桂的树冠多呈扁球形，如图2-2所示。此外，由于桂花枝叶常集中分布在树冠表层，因此树冠内部常见有空秃现象。

　　(3) 树皮。桂花的树皮多呈浅灰、灰色或暗灰色，表面分布有形状、大小、密度和颜色不同的皮孔。一般幼年树皮光滑，中年树皮常纵裂，老年特别是古桂的树皮常有横裂现象。

　　（二）根

　　桂花的主根一般不很明显（特别是扦插苗并没有主根），但侧根和须根却很发达。如果土层深厚，成年大树的根系一般可延伸到土层100cm以下，水平根幅往往超过地上冠幅。根系密集分布范围在50cm以内的土层内，

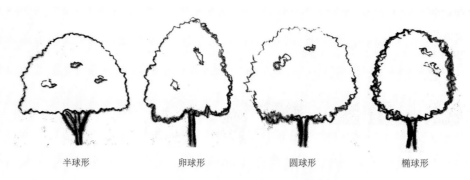

半球形　　　　卵球形　　　　圆球形　　　　椭球形

图2-2 桂花的树冠类型（张静绘图）

并以 10～30cm 范围内更为集中。

　　桂花根系分布的具体深度取决于植株的繁殖方法和土壤条件。一般用压条法或扦插法繁殖的苗木，由于没有主根而根系较浅；播种法或嫁接法繁殖的苗木，则因籽播桂花和嫁接砧木都是具有主根的播种苗，所以根系较深。桂花根系要求通透性良好又较湿润的土壤环境，不能忍受水分长期涝渍。生长在地下水位有周期性升降地区的桂花，根系虽能延伸到常年地下水位能达到的土层位置，但当地下水位反常上升时就会造成烂根现象。所以，在选用桂花作为绿化树种时，除需要了解常年地下水位以外，还要求进一步了解汛期临界地下水位。此外，丘陵山区水平梯田上生长的桂花，其根系分布常带有倾向性，即向下坡方向延伸生长的根系，其长度明显大于向上坡方向延伸生长的根系。因此，生产上常把桂花定植在水平梯田田面的外侧。

　　（三）芽

　　桂花的芽被有鳞片，着生在新梢顶端和其下各节对生叶片的叶腋间，并且常为上下叠生花芽。因此，单就一个节位来说，往往夏秋间就会聚生着既左右对生、又上下叠生的许多花芽。这种情况在其他树种上是不多见的。桂花叠生花芽数量常随品种不同而有很大差异：秋桂类品种叠生花芽较多，一般为 2～4 枚或更多；四季桂类品种和野生桂花种类叠生花芽较少，一般仅 1～3 枚。此外，由于叶片能为芽的生长发育提供营养，所以每个节位上的叠生花芽数量多少还与该节具叶与否有关。带叶的节位，叠生花芽较多，芽体也较大；不带叶的，叠生花芽较少，芽体也较小并且容易转化成为隐芽。桂花的芽共分为枝芽、叶芽和花芽三种芽型。现以秋桂类成年开花品种为代表，分别介绍这三种芽型的生育特点如下：

　　（1）枝芽。这是一种早春萌发包含叶芽和花芽在内的混合单生枝芽。主要分布在 2 年生母梢的顶端及其附近各节位叶腋间，通常为 3 枚。生长在这里的枝芽，早春先萌发长出新梢，同时，在成长的新梢各节位上陆续长出对生的单个叶芽。其后，叶芽萌发长成新叶，再继续在该批新叶的叶腋间生长出当年秋季开花的叠生花芽。由此可见，叶芽和花芽均是 1 年生枝条上枝芽先后衍生出来的产物。2 年生母梢的后端虽也有枝芽分布，但由于顶端优势的影响，这些枝芽多数不萌发而成为隐芽。隐芽经过一年或数年后，当环境条件适宜时，可再次萌发抽枝，用以更新树冠，增强树势；或填空补缺，丰满冠形，增加开花部位，提高鲜花产量。

　　（2）叶芽。随着枝芽萌发成新梢及其不断延伸，各节位上的叶芽也相继萌发并长成新叶。新叶长大定型后，新梢也随之成熟，整个 1 年生新梢生长过程先后历时约 4 个月。

　　（3）花芽。花芽主要着生在当年生成熟新梢的顶端及其附近节位叶腋间。当年生成熟新梢自顶端向下 6 节以外，很少有花芽分布。此外，花芽的着生还与枝条的年龄有关：一般枝龄在 8 年生以内的都能着花，但以当年生新梢着花量最多，约占总花量的 90% 以上；3 年生或以上的枝条着花量很少，生产价值不大。当新梢老结、新叶成熟定型后，这些花芽才开始生长发育。据陈昳琦等（1984）镜检观察："在苏州气候条件下，5 月中下旬桂花的新梢生长停止；5 月下旬至 6 月上旬，秋桂类花芽进入花芽分化始期；6 月中下旬进入花萼分化期；7 月初进入花冠分化期；8 月初进入雄蕊分化期；8 月中下旬进入雌蕊分化期；9 月上中旬，花芽分化至此基本完成，花序雏形清晰可见。"由此可知，花芽内部分化发育，亦需历时 3 个多月时间。

　　（四）枝

　　桂花大枝粗壮斜伸，小枝挺拔向上或披散下垂。其生长发育规律随品种群不同和树龄大小而异。秋桂类未成年小树，每年抽发春、夏、秋三次新梢，全部用于扩冠；成年大树则由春梢单独承担起扩冠和开花双重任务，停发或偶发夏、秋梢。至于四季桂类未成年小树，则不限季节，全年都在抽梢扩冠；进入成年期后，则以春梢领先开花，夏、秋梢与其配合，边扩冠，边开花。由此可见，春梢是所有桂花品种枝条生长发育的领头羊和主力军。

桂花枝条有枝条类型、2年生母梢分枝力、1年生新梢平均长度、1年生新梢平均节数和有叶节数以及1年生新梢平均顶芽和腋芽总数等5项量化指标，可以帮助识别和鉴定桂花品种以及用来评价品种质量的高低。现分述如下：

（1）枝条类型。根据桂花枝条分枝角度大小的不同，可以把桂花枝条分为直立型（枝条开张角度＜30°）、半开张型（枝条开张角度在30°～50°之间）、开张型（枝条开张角度在50°～80°之间）、垂枝型（枝条下垂，开张角度≥90°）和扭曲型（枝条扭曲，特别是新梢明显扭曲）五种类型。调查结果表明：金桂类和丹桂类品种常以直立型和半开张型两种枝型居多，而银桂类和四季桂类品种则以半开张型和开张型居多。至于垂枝型和扭曲型两种枝型一般品种比较少见。研究桂花的枝型有利于鉴定桂花品种和明确今后桂花的造型方向。

（2）2年生母梢分枝力。桂花成年品种的新梢概由2年生母梢的顶芽及其附近各节叶腋间的腋芽萌发而来。一般每根母梢可以抽发1～3根新梢，也有抽发4～5根或更多根新梢的情况。2年生母梢抽发当年生新梢的这种能力称之为分枝力。分枝力是衡量树冠紧密度大小的一项重要生长指标。可以通过测定标准株树冠中上部10根2年生母梢当年抽发的1年生新梢数量总和，求其平均值得。笔者多年观测表明，可将成年树分枝力分为以下3个档次：①平均分枝力＞3个，表示树冠紧密度好。②平均分枝力为2～3个的，表示树冠紧密度中等。③平均分枝力＜2个，表示树冠紧密度差。

（3）1年生新梢平均长度。这是衡量桂花品种冠幅年生长量大小的一项重要的量化指标。在测定分枝力的基础上，通过选定10根主要的新梢，测定它们的长度总和，求其平均值。笔者多年观测数据表明，可将1年生新梢平均长度分为以下3个档次：①新梢平均长度＞20cm，为扩冠快速品种。②新梢平均长度为10～20cm的，为扩冠中速品种。

③新梢平均长度＜10cm的，为扩冠慢速品种。

（4）1年生新梢平均节数及有叶节数。这是区别四季桂和秋桂类桂花品种的一项重要量化指标。在1年生新梢长度测定的基础上，再逐个计数这些新梢的节数和有叶节数，分别累计总和，各求其平均值。四季桂品种成年树新梢一般只有4～5节，其中有叶节数为2～3个；而秋桂类品种成年树新梢一般能有5～7节，有些甚至达到8～9节，其中有叶节数一般3～4个。

（5）1年生新梢平均顶芽和腋芽总数。这是测定桂花品种成年树产花量多少的一项重要量化指标。具体测定方法详见本书其后花量部分的内容介绍。

（五）叶

桂花为单叶，对生，着生在新梢顶端及其下相邻数节。四季桂品种成年树每根新梢着生有叶片2～3对，多数2对；秋桂类品种成年树每根新梢一般着生有叶片3～4对，多数3对。桂花的叶片寿命为1～3年。老叶脱落的时间主要集中在春梢抽发成熟以后或秋季开花的前夕。干旱季节供水不足，也会促使桂花提早落叶。叶片冬季受低温刺激或夏秋受螨类（红蜘蛛）危害以及土壤贫瘠盐碱等因素的影响，容易发生黄化。生长在排水不良地方的桂花，叶尖还会有枯焦症状。

现将叶部性状的10项生长指标（包括叶形、叶身、叶色、叶质、叶面（平整度）、叶脉、叶缘、叶尖、叶基和叶柄）模式图绘制的文字说明及于下。

（1）叶形。即叶片的形状，有以下7种：①圆形，叶片轮廓呈圆形；②矩圆形，即叶片最大宽度在中部，两侧叶缘近平行，基本形状近长方形；③椭圆形，即最大宽度在叶片中部，叶缘自中部开始向上下两端渐狭；④卵形，即叶片中部以下最宽，两侧叶缘呈弧形；⑤倒卵形，即颠倒的卵形，最宽部在上端；⑥披针形，即叶片狭长，最宽部在中部或中部以下，先端长渐尖；⑦倒披针形，即颠倒的披针形，最宽处在叶片上部。如图2-3所示。

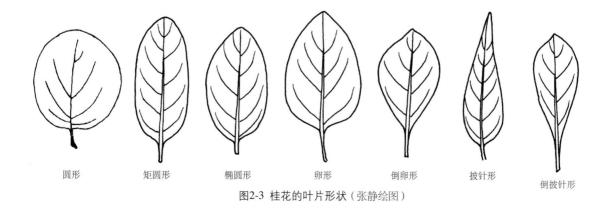

圆形　　矩圆形　　椭圆形　　卵形　　倒卵形　　披针形　　倒披针形

图2-3 桂花的叶片形状（张静绘图）

在调查和记载叶片形状时，一般应会注意观察全株树的叶片分布情况，按比重大小排列记载先后顺序。例如，记载"叶椭圆形至卵状椭圆形"就表示整株树的叶片形状以椭圆形为主，以卵状椭圆形为次。

(2) 叶身。即叶片的大小和叶片的长、宽状况。按桂花叶片形状和大小可能会随立地条件和树龄大小的不同而发生变化，但叶片长与宽的比值（长宽比）却相对比较稳定，可以作为品种鉴定的一项重要参考指标。可通过测定标准株上的 10 根主要新梢第二节位上的两枚叶片的叶长和叶宽，求它们的平均值，再通过计算可得其平均长宽比。例如，叶长平均 10cm，叶宽平均 4cm，则长宽比计称为 2.5。

要求锁定新梢第二节位上的两枚叶片作为调查对象，这是因为梢端第一对叶片一般偏小，且形状不够稳定；而摒弃新梢第三节位上的两枚叶片作为调查对象是因为四季桂类品种的新梢一般只有 2～3 对叶片，且往往 2 对居多。为避免少数品种没有第三对叶片调查的尴尬，所以不论调查什么桂花品种，都以观察、测定第二对叶片为准。

(3) 叶色。指桂花品种成熟叶片的叶面颜色。一般可分为绿色、深绿色、墨绿色和黄绿色四种。叶色受土壤、气候、水肥管理等因素的影响较大。如缺肥，叶色会泛黄；受冻，叶色会发黄甚至枯落。所以，在观察记载桂花品种叶色时，要研究和考虑是否为正常状况下的叶色。此外，桂花品种新梢顶端，还会生长出黄、橙、红、紫等彩色叶片，如筛选培育并能长期稳定后，可以育成彩色叶桂花新品种。

(4) 叶质。指桂花品种成熟叶片的质地。一般可以分为革质、薄革质、厚革质和硬革质四种。绝大多数桂花品种叶片为革质。薄革质或厚革质需要靠手的触摸来体会感受。硬革质，则是在用手弹扣叶片时会铿锵有声。

与叶质有关的还有一个叶面光泽度即叶片正面的光亮程度问题。一般可以分为光亮、略有光泽和无光泽 3 种。可在鉴定叶质时一并记载。

(5) 叶面平整度。指桂花品种叶片正面的平整程度。一般可以分为平展、波状起伏、皱缩、"V"字形内折和"U"字形内折五种。据观察，叶面比较典型呈"V"字形内折的品种是'硬叶丹桂'；比较典型呈"U"字形内折弧状的品种是'佛顶珠'。

(6) 叶脉。包括主脉、侧脉和网脉 3 种叶脉可参照对比记载。可观察叶脉的分布情况和正反两面明显程度。其中，侧脉是指显著能够达到叶片边缘的叶脉。应观察其对数、整齐度及侧脉与主脉的交角大小芽。调查表明叶脉也能成为鉴定一个品种的重要指标。如'四季桂'，非常显著的一个特征就是叶片侧脉与主脉的交角接近垂直。

(7) 叶缘。指叶片的边缘情况，包括波曲度、反卷度和锯齿情况等。叶缘波曲度一般可分平直、微波状和波状 3 种。叶缘反卷度一般可分为反卷、反卷不明显和不反卷 3 种。叶缘锯齿分布情况根据锯齿的多少，可分为：①全缘，即叶缘光滑或呈弧状，没有明显的突起或齿痕；②偶有锯齿，即叶片以全缘为主，很少有齿痕；③ 1/3 具锯齿，即叶缘的 1/3 有锯齿分布；④ 1/2 具锯齿，即叶缘的 1/2 有锯齿分布；⑤全有锯齿，即整张叶片边缘都有锯齿分布。锯齿是指叶缘突起、齿端较尖，齿深距中脉或叶长轴不及 1/4，超过即为缺刻而不是锯齿。桂花品种具体锯齿类型有细密、粗尖、圆钝等，参见图 2-4。

(8) 叶尖。指桂花品种叶片上端略多于 25% 的叶缘围成的区域轮廓外貌，一般包括有钝圆、短尖、长尖、突尖和尾尖 5 种类型，如图 2-5 所示。

(9) 叶基。指桂花品种叶片基部略少于 25% 的叶缘围成的区域轮廓外貌，一般包括有圆形、宽楔形、楔形、狭楔形和延伸形 5 种类型，如图 2-6 所示。

(10) 叶柄。桂花品种的叶柄有长有短、有粗有细、有直有曲，不同品种叶柄的特性也是不同的。尤其是叶柄的长度（可以在测定叶片大小时一并观察、测定），对判断及鉴定品种也有一定的参考价值。如'长柄金桂'就因叶柄平均长达 1.2cm 以上而定名的。桂花品种叶柄的颜色也非常丰富，有绿色、黄绿色、紫红色、淡紫红色等多种，在调查时也应记载。

此外，尚富德等（2004）利用徒手切片、石蜡切片和电子显微镜技术研究了桂花叶的解剖结构。结果表明：桂花叶由表皮、叶肉和叶脉 3 部分构成。表皮细胞仅一层，气孔只分布在下表层。叶肉组织发达，明显分化为栅栏薄壁组织和海绵薄壁组织。在叶肉中还有一些石细胞分布。这些石细胞不分枝或少分枝，其长轴与叶表皮垂直。石细胞的存在增加了桂花叶的支持能力，同时也使叶片变得很脆。

（六）花、果

桂花是我国十大名花之一。在千百年来人工不断选育和繁殖的影响下，已经形成了许多品种。这些品种基本上都是以花部某些特殊性状来命名的。如秋桂类就是利用"花色"这一性状，将其下属品种群分为金桂、银桂和丹桂 3 大品种群。再比如四季桂类品种，本书介绍的品种中'天香台阁'和'佛顶珠'命名与花型有关；'四季桂'和'月月桂'命名与花期有关；'日香桂'命名与花香有关等。正因为桂花品种的命名与花部性状的关系如此密切，所以有必要在下面对桂花的花期、花序、花冠、花梗、花色、花香、花量、雌雄蕊、果实等项花部性状

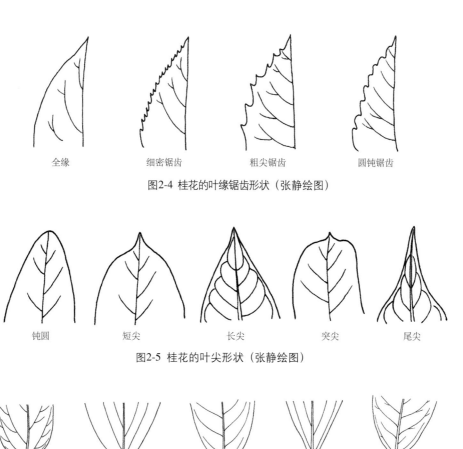

全缘　　　　细密锯齿　　　　粗尖锯齿　　　　圆钝锯齿

图2-4 桂花的叶缘锯齿形状（张静绘图）

钝圆　　　　短尖　　　　长尖　　　　突尖　　　　尾尖

图2-5 桂花的叶尖形状（张静绘图）

圆形　　　　宽楔形　　　　楔形　　　　狭楔形　　　　延伸形

图2-6 桂花的叶基形状（张静绘图）

指标做出详尽介绍。

（1）花期。桂花是我国传统的秋季花卉，享有"独占三秋压众芳"的美誉，其花期的早晚历来为世人所瞩目。桂花花期既与观赏旅游的时间有关，又与采花加工的时间有关，因此，花期是个必须掌握的重要信息资料。

据观察，桂花的花期早晚首先与品种有关。一般早秋桂类品种如'早银桂'，每年多半集中在9月中下旬开花，俗称"白露花"；晚秋桂类品种如'晚银桂'，每年集中在9月下旬至10月上旬开花，俗称"寒露花"；四季桂类品种如'四季桂'，每年除了9～10月间与秋桂类同步开花以外，还可以延续到冬季乃至翌年春季多次开花。

其次，桂花的花期早晚与当年秋季气候条件变化有关。入秋后，若气温下降快，间有阴雨天气，则开花明显提早；入秋后，若气温下降慢，干热少雨，则开花相应推迟。

我国古代诗词对桂花开花的气候条件要求有不少生动的描述。比如，"冷露无声湿桂花"（唐·王建）；"雾密前山桂"（唐·柳宗元）；"天将秋气蒸寒馥"（唐·白居易）；"重露湿香幽径晓，斜阳烘蕊小窗妍"（宋·陆游）等等。上述诗词所提的"冷露"和"雾密"，说明桂花开花要早晚冷凉；"蒸"与"烘"，则说明晴天中午还一度会出现较高的温度。这种早晚冷凉、中午炎热的天气，既有利于桂花的营养积累，又促使雨露的形成，桂花开花随之加速。今日，江、浙、沪一带的市民，亦有同样感受：一般白天闷热、须着单衣，夜晚风凉、要穿夹衣，俗称"木犀蒸"的秋凉天气持续不多几天，公园里的桂花就要开放，又一个赏桂闻香的佳日良辰即将到来了。

笔者等1986—1987年在上海市桂花公园观测了气温和降水量对秋桂类品种花期的影响。结果显示：在以温度为主导作用的影响下，湿润天气会使花期适当提前，前后茬开花的间隔时间也短些（1986）；晴旱少雨天气花期则适当推迟，前后茬开花的间隔时间也要长些（1987），如表2-1所示。

表2-1 气温和降水量对'早银桂'和'晚银桂'花期的影响

观察年份	品种	开花茬数	开花日期(日/月)	间隔天数(d)	气温(℃)		降水量(mm)						
					花前旬平均气温	花前旬最低气温	8月下旬	9月上旬	9月中旬	9月下旬	10月上旬	10月中旬	10月下旬
1986	'早银桂'	1	7/9	12	24.9	19.5	35.7	75.3	83.8	8.1			
		2	19/9		23.7	15.6							
	'晚银桂'	1	23/9	4	20.3	15.0							
		2	27/9		21.0	15.0							
1987	'早银桂'	1	12/9	21	24.3	20.2	38.4	0			8.1	2.0	36.7
	'晚银桂'	2	3/10		21.4	11.4							
	'早银桂'	1	3/10	23	21.4	11.4							
	'晚银桂'	2	26/10		17.1	9.9							

为了进一步研究秋桂类初花期早晚和各气象要素之间的关系, 杨康民等 (1986) 特根据苏州光福乡窑上村花农王家元持续30年的采花记录 (1955—1984), 结合产区附近苏州东山气象站同期观测的历史气象数据(见表2-2和表2-3), 同步进行综合分析, 得出以下统计结果: ①花前旬间平均气温。'早银桂'集在中21~27℃, 历年平均为23.73℃; '晚银桂'集中在19~23℃, 历年平均为20.81℃。②花前旬间日最低气温。按频率85%要求, '早银桂'低于21℃, '晚银桂'低于17℃; 按频率100%要求, '早银桂'低于23℃, '晚银桂'低于19℃。③花前旬累计降水和雨日。'早银桂'花前旬累计降水量为64.7mm, 雨日为6.0天; '晚银桂'花前旬累计降水量为41.6mm, 雨日为5.3天。

李军、杨康民等在深入研究了苏州光福乡窑上村35年 (1955—1984、1999—2003) 的采花期气象资料以后, 认为秋桂类初期与花前候平均最低气温密切相关。对'早银桂'来说, 当日最低气温5天滑动平均稳定小于或等于23.0℃时, 则5~12天后开花; 而当日最低气温5天滑动平均稳定大于23℃时, 不开花。对于'晚银桂'来说, 当日最低气温5天滑动平均小于或等于20℃时, 则4~12天后开花; 而当日最低5天滑动平均稳定大于20℃时, 不开花。

(2) 花序。一般桂花栽培品种的新梢, 每个节位上对生有2~4对叠生花芽。居于上位者先分化, 居于下位者后分化或不分化, 即能最大限度地先后长出4~8个花序。而每个花序又各由5~9朵小花构成聚伞花序呈簇状或近帚状开放(秋桂类); 或由聚伞花序进一步聚集构成圆锥花序(四季桂类), 如图2-7所示。

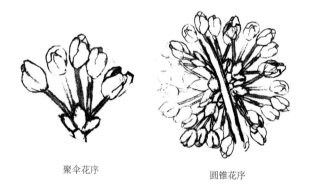

聚伞花序　　　　圆锥花序

图2-7 桂花的两种模式花序(张静绘图)

(3) 花冠。桂花是合瓣花被亚纲植物, 不是离瓣花被亚纲植物。它只有与花冠基部连生在一起的花冠裂片, 没有花瓣。桂花花冠包括有花冠类型、花冠裂片形状、花冠直径等3项内容。

花冠类型。可以分为5种: 斜展型, 即花冠裂片斜向外伸; 平展型, 即花冠裂片平展直伸; 内扣型, 即花冠裂片拱状, 明显内扣, 盛开亦不能完全展开; 反卷型, 即花冠裂片向外反卷; 台阁型, 即雌雄蕊瓣化, 形成一朵完全或不完全的花, 如图2-8所示。

花冠裂片数量和形状。桂花品种的花冠裂片一般4枚, 个别3枚, 也有因花冠裂片增生、雌雄蕊瓣化等原因引起的花冠裂片数目增加或出现台阁、叶状花的现象(如四季桂品种群的'天香台阁')。花冠裂片的形状有圆形、椭圆形、卵形、倒卵形和长条形等, 如图2-9模式图所示。

花冠直径, 简称花径。桂花花径一般小于1cm, 属

表2-2 1955—1984 年苏州光福乡窑上村桂花主栽品种花前 10 天（旬）的天气变化情况

采花记录年代	'早银桂'				'晚银桂'			
	花前旬间平均气温（℃）	花前旬间最低气温（℃）	花前旬间累计降水量（mm）	花前旬间累计降水天数（d）	花前旬间平均气温（℃）	花前旬间最低气温（℃）	花前旬间累计降水量（mm）	花前旬间累计降水天数（d）
1955	25.49	20.2	2.1	6	21.59	16.6	0.6	2
1956	24.23	18.8	23.8	3	20.50	14.2	169.3	4
1957	23.25	18.6	19.1	2	19.09	14.0	80.3	8
1958	21.60	17.0	27.1	6	20.76	16.2	26.4	6
1959	24.22	20.2	65.8	5	20.93	15.6	2.1	5
1960	22.82	18.1	143.2	8	19.28	14.4	0.1	3
1961	24.57	18.1	85.5	7	20.31	14.0	56.5	5
1962	24.40	18.4	331.3	6	21.59	13.9	6.1	4
1963	21.45	16.1	5.0	8	21.15	16.1	5.3	7
1964	22.69	17.0	63.9	6	21.53	14.9	1.2	2
1965	23.17	19.1	4.9	6	19.61	15.7	135.4	9
1966	21.35	14.3	72.2	6	20.61	14.3	0.6	6
1967	21.89	16.7	1.9	2	19.13	12.8	6.5	3
1968	24.72	19.5	37.9	5	22.24	16.8	18.6	4
1969	23.09	17.8	54.0	7	24.41	17.8	37.0	4
1970	25.23	19.3	95.2	9	22.52	17.2	60.0	7
1971	21.65	15.3	93.3	8	21.17	15.3	93.3	7
1972	26.35	20.5	82.2	9	20.48	14.6	47.3	5
1973	23.70	19.1	88.6	10	20.98	17.0	89.0	8
1974	24.43	19.6	20.0	4	20.23	15.2	11.6	8
1975	24.35	18.8	31.2	4	17.58	16.2	56.8	7
1976	22.87	17.0	1.7	6	20.24	15.8	43.8	7
1977	24.28	19.6	93.0	7	21.07	16.3	50.5	8
1978	23.63	17.1	24.5	7	20.58	16.5	43.2	7
1979	32.21	17.6	36.1	6	19.99	15.2	5.4	2
1980	22.91	20.0	187.4	10	22.79	18.9	9.8	5
1981	20.61	15.6	15.9	6	20.68	15.6	8.5	4
1982	25.74	21.2	111.5	8	20.0	14.1	1.6	4
1983	26.05	20.6	5.6	5	21.78	15.1	135.8	6
1984	27.81	24.2	117.4	5	21.44	16.1	25.9	2
30 年平均	23.73	18.5	64.7	6.0	20.81	15.5	41.6	5.3

杨康民等统计整理（1986）。

表2-3 1955—1984 年花前 10 天（旬间）日最低气温出现年数和累计频率

'早银桂'			'晚银桂'		
日最低气温（℃）	出现最低气温的年数	累计频率（%）	日最低气温（℃）	出现最低气温的年数	累计频率（%）
< 19	17	56.6	< 16	18	60.0
< 20	23	76.7	< 17	26	86.6
< 21	28	93.3	< 18	29	96.6
< 22	29	96.6	< 19	30	100.0

杨康民等统计整理（1986）。

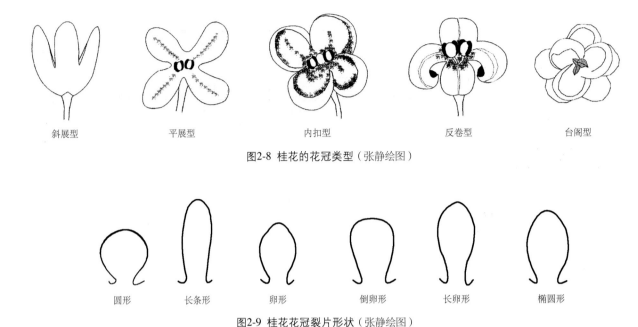

| 斜展型 | 平展型 | 内扣型 | 反卷型 | 台阁型 |

图2-8 桂花的花冠类型（张静绘图）

| 圆形 | 长条形 | 卵形 | 倒卵形 | 长卵形 | 椭圆形 |

图2-9 桂花花冠裂片形状（张静绘图）

于小花树种，但也有个别花径大于 1cm 的品种。培育大径花是桂花的一个育种方向。一般认为：花径 < 0.7cm 的是小花品种；花径在 0.7 ～ 1.0cm 的是中花品种；花径 > 1.0cm 的是大花品种。

此外，百花重的测定也有助于判定桂花花冠的大小和花冠裂片的厚薄。同等条件下，一般百花重大的，其花冠较大或花冠裂片较厚；反之则花冠较小或花冠裂片较薄。由于桂花的花较小，测定其百花重需要精度高的称重仪器。野外考察时，仪器不方便随身携带，将花带回实验室再测定又会造成失水而称重不精确，因此百花重测定只作为品种间进行比较时的测定指标，而不作为调查品种时的测定指标。

（4）花梗。桂花品种的花梗非常纤细，长度 0.5 ～ 1.5cm 不等。花梗姿态有直伸和下垂两种类型，这主要与花梗长短及粗细程度有关。花梗颜色有绿白、黄绿、紫红等多种。

（5）花色。桂花的花色随品种群不同而异。各品种群盛花期间，其典型花色表现为：银桂品种群多呈现柠檬黄色；金桂品种群多呈现黄色；丹桂品种群多呈现橙黄色或橙红色；四季桂品种群的花色与银桂品种群基本相同，一般为柠檬黄色，少数深秋开花的品种呈现橙黄色或橙红色。

笔者等历年观察：随着开花物候期进程的不同，同一个品种的花色在不断变化，一般经历着由淡→深→淡→枯焦的变化过程。据分析，开花物候期不同，花色有异的主要原因是：初花期，桂花的花冠未充分展开，着色较淡的花冠裂片的远轴面（裂片外侧）朝向观赏面，使人的视觉感到花色较淡；待进入盛花初期和盛花期后，因花冠裂片平展或反卷，使着色较深的花冠裂片近轴面（裂片内侧即花心）面向观赏面，使人感到花色转深；进入盛花末期，花被色素消耗殆尽，花色随之变淡泛白，继而最终枯焦脱落。

此外，花色浓淡也和开花茬数先后有关。一般头茬花因植株体内贮存有较多养分而花色较深；后茬花因植株内部养分消耗多、积累少，致使花色较淡。

由此可见，花色既取决于桂花品种，也同时制约于花期的物候进程和开花茬数。自古以来，花色就是鉴定桂花品种的主要依据，为了确切地表达桂花各品种的典型花色，有关品种的花色鉴定工作：①应统一安排在该品种首茬花的盛花初期采样对比，以消除物候差；②应统一安排在同一个园林景点内，进行品种花色对比，以消除立地条件差和抚育管理条件差；③应统一固定专人进行品种花色对比，以消除人与人之间的视觉差。

以往常用目测的方法，以花色乳白、柠檬黄、黄、橙黄或橙红等文字，定性地描述桂花品种的花色，比较主观。如今，世界各国园艺界已普遍采用标准色卡方式定量地记述园林花卉的花色了，每一种颜色都对应一个编号，能比较客观、准确地反映出花卉的颜色。

1966 年，英国皇家园艺学会在伦敦出版了一套彩色标准比色卡，全名是"皇家园艺学会色卡"（The Royal

表2-4　英国皇家园艺学会色卡颜色描述对照表

色系号	颜色（中、英文）	色块
1	黄绿白色（green white-yellow）	A、B、C、D
2~5	浅柠檬黄色（light lemon yellow）	A、B、C、D
6~8	柠檬黄色（lemon yellow）	A、B、C、D
9~12	中黄色（medium yellow）	A、B、C、D
13~17	黄色（yellow）	A、B、C、D
18~22	浅橙黄色（light yellow orange）	A、B、C、D
23~24	橙黄色（yellow orange）	A、B、C、D
25~N25	橙色（orange）	A、B、C、D
26~27	浅橙红色（light orange-red）	A、B、C、D
28~29	中橙红色（medium orange-red）	A、B、C、D
30~32	橙红色（orange-red）	A、B、C、D
33~34	深橙红色（deep orange-red）	A、B、C、D
N34	朱砂红（cinnabar）	A、B、C、D
35	红橙色（red-orange）	A、B、C、D
36~38	浅红色（light red、pink）	A、B、C、D
39	中红色（medium red）	A、B、C、D
40~45	红色（red）	A、B、C、D

引自向其柏、刘玉莲主编《中国桂花品种图志》（2008）。

Horticulture Society's Color Chart, 简写 RHS-CC），用以较为准确地鉴定各种花卉植物的颜色。现将《中国桂花品种图志》一书引用的一套色卡颜色描述对照表转载于下供参考。笔者历年来使用外购的色卡验证后发现：银桂品种群色系一般为1～7号；金桂品种群色系一般为8～22号；丹桂品种群色系一般为23～30号。暂未发现有色系号超过30丹桂类品种群桂花品种。四季桂品种群色系通常与银桂品种群相似，深色品种可参考金桂与丹桂品种群色系（表2-4）。

（6）花香。古人品评花香有"浓、清、久、远"四条标准，而桂花的香气完全可以对应这四条标准。我国园艺学家黄岳渊1949年撰写出版的《花经》一书中就载有如下一段文字："凡花之香者，或清或浓，不能两兼。唯桂花清可绝尘，浓能溢远。中秋时节，丛桂盛放，邻墙别院莫不闻之。当夜静轮圆，几疑天香自云外飘来。"桂花的幽香，使人遐想联翩，引起种种美好的联想。传说桂花香飘万里，侨居海外或外乡的人闻到桂花的香味，就能在他们的眼前浮现出家乡的山山水水，引发怀念故乡的感情。

一般来说，金桂品种群和银桂品种群的花香是浓郁的，丹桂品种群和四季桂品种群的花香相对比较清淡，而桂花野生种类则香味更淡。

据笔者等观察（1989，2001—2003）：随着开花物候

期进程的先后不同，同一个桂花品种的花香也在不断变化，一般经历着由淡→浓→淡→逸失的变化过程。此外，同一个桂花品种的早茬花比晚茬花的香气要浓，这既与植株体内养分含量的高低有关，也与开花当时气温的高低有关。再有，花香的浓淡还进一步与天气状况有关。天气晴朗，花香浓郁；天气阴湿，花香就大为逊色。降雨对花香有很大影响。因为桂花芳香油呈游离状态，存在于花冠裂片的内部，当花冠裂片的蜡质被雨水破坏，芳香油即随之挥发、溶解和变质，使花香明显减弱。

以上分析说明了桂花的香味同花色一样，非常容易受到品种、物候期、茬数和天气状况等因素的影响。为了确切地表达桂花品种的典型花香，同样也应统一安排在该品种首茬花初花期时进行测定为宜。

关于花香的测定标准，以往常常根据人的嗅觉，把桂花的香味定为：浓香（始终有香味，盛花期间香味更浓）、中香（香味介于浓香与微香之间）、微香（盛花期略有香味）、不香（没有香味）、异味（个别品种不仅没有香味，反而有特殊的难闻气味）5个类型。这种鼻闻定性办法不够精确与科学，现今，人们有望通过仪器定量分析办法，进一步了解桂花香味内涵的化学组成，以便循此筛选出比较理想的采花加工利用品种。有关材料详见本书第四章"桂花品种花色色素和花香成分的测定"一节。

（7）花量。过去，常用"花量稠密""花量中等"或"花量稀少"这类目测文字来描述桂花品种产花量的高低。此种表述方法不够科学严谨，难以统一业内人士的认识。笔者建议采用新梢顶芽和腋芽总数统计法，来预测桂花品种产花量的高低。即在测定当年生新梢平均长度和平均节数的基础上，再统计新梢顶芽及其下各节顶腋芽数的总和，扣除第二年春季萌发的枝芽（一般3枚），求其平均值即可得当年秋季即将开花的花芽数。多年观测数据表明：可将花量等级定为以下3个档次：①多花丰产品种（花芽＞30枚/梢）；②中花平产品种（花芽20～30枚/梢）；③少花低产品种（花芽＜20枚/梢）。

笔者多年现场工作证明一个桂花品种的产花量除与品种有关外，更与品种的树龄大小、立地条件好坏及养护管理水平高低有关。单凭品种这一因素，不考虑其他因素，往往不能完全真实反映该品种产花的实际情况。这也是笔者衷心希望并建议所有桂花品种形态特征调查研究工作应统一安排在国家设立的桂花品种鉴定示范园或重点产区桂花品种鉴定示范园内进行的原因。

（8）雌雄蕊。桂花品种雄蕊一般2枚，个别3或4枚，着生在花冠筒的近顶部，花丝极短，花药近外向开裂。发育正常的雌蕊，子房膨大，一般呈圆球形或卵球形，柱头头状，能正常结实；退化的雌蕊，子房膨大，

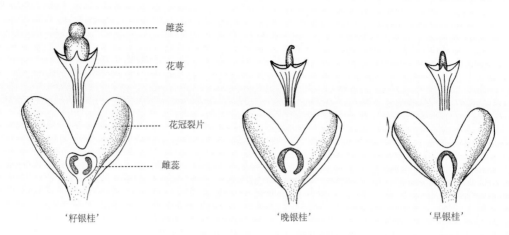

图2-10 银桂类3个品种花部器官解剖示意图（朱文江绘图）

一般呈长卵形，柱头多2裂，幼果常早夭或果实呈畸形；完全败育的雌蕊，子房不膨大，呈细长条形，柱头短小，花后花冠连同花梗一起脱落。

银桂品种群中结籽品种'籽银桂'、不结籽品种'早银桂'和'晚银桂'花部器官解剖图，见图2-10。

（9）果实。桂花的果实为核果，俗称桂子。秋季花后，开始发育长大，至冬末约有半成型大小。翌年3～4月间果实成熟呈紫黑色。熟后自行脱落。果实椭圆形，长1.8～2.4cm，横径0.7～1.0cm，稍歪斜，略有棱，内含成熟种子1粒。种子椭圆形，顶端渐尖，有喙。因种胚特别是下胚轴可能存在有抑制胚萌发的物质，所以当年成熟的种子秋播后不发芽，需经过湿沙低温贮藏后方可发芽。桂花为二倍体，染色体数目为2n=46。核型分类属于2B型。

由于结籽品种的生育期很长，消耗养分多，造成桂花结实的大小年现象非常明显。如能对桂花加强土壤管理，保湿、排涝、适当增加基肥、适时追加磷、钾肥和硼肥来催花促果，不但能增加花果产量，而且可以逐渐消除大小年。在桂花栽培品种中，以秋桂类结籽品种，结果较多，且果形大小较均匀；四季桂类结籽品种，结果较少，果形大小也不够均匀。桂花野生种类如铁桂、山桂、柴桂等，花部器官发育完全，是具备有性繁殖能力的宝贵种质资源。

（七）桂花与一些形态相似或谐音为"桂"的园林树种的区别（图2-11）

桂花和女贞、蚊母、冬青、月桂、肉桂、山矾6个常用的园林绿化树种形态相似或谐音均为"桂"，特用文字和图示它们的区别点于下。

1. 桂花（*Osmanthus fragrans*）

原产中国，木犀科植物，树皮光滑或粗糙纵裂，有形状大小不同的皮孔。叶片对生，椭圆形或卵圆形，侧网脉明显，全缘或有锯齿。腋生聚伞花序，花冠裂片4枚，覆瓦状排列，花梗长，花色乳白、柠檬黄、黄、橙黄或橙红色，花香浓郁，花期9～10月，只开花不结籽或花后结籽。果实为核果，椭圆形，翌年4～5月间成熟，紫黑色。古称"蟾宫折桂"指的就是桂花。

2. 女贞（*Ligustrum lucidum*）

与桂花同属木犀科。叶片对生，叶形椭圆或卵圆，与桂花非常相似，容易误认。但是女贞是顶生圆锥花序，花冠裂片镊合状排列，小花近无梗，花白色，有刺激异味，花期6～7月，果实当年12月成熟。以上几点与桂花相比，区别明显。

3. 蚊母（*Distylium racemosum*）

是金缕梅科植物。叶形、叶色、叶质和桂花相似，容易误认。但是，蚊母树叶片互生，侧脉表面不明显，总状花序，无花瓣，花期3～4月，果实为蒴果，8～10月间成熟，外被星状毛。以上几点与桂花对比，区别明显。

4. 冬青（*Ilex chinensis*）

为冬青科植物。叶形、叶色和叶质与桂花相近，容易误认。但是冬青树小枝绿色，叶片互生，叶缘有浅圆锯齿。雌雄异株。花色淡紫红色，有香气，花期5～6月；果熟期10～11月，圆球形，红色光亮，经冬不落。以上几点与桂花明显区别。

5. 月桂（*Laurus nobilis*）

为樟科植物。全株有樟脑气味，树皮有瘤状突起皮孔。叶片互生，披针形。花小，黄绿色，雌雄异株。花

图2-11　容易与桂花混淆的树种形态识别（引自《江苏植物志》，1982）

期5月，果熟期10月。以上几点与桂花区别明显。月桂原产地中海，现代文学上通称的"桂冠诗人"，指的是月桂而不是桂花。

6.肉桂（*Cinnanmomum cassia*）

属于樟科植物。全株有樟脑气味。树皮厚，小枝略有4棱。叶片离基三出脉。腋生或顶生圆锥花序，花小，白色，有花被片6枚，两轮排列。花期5～6月，果熟期翌年秋季。以上几点与桂花区别明显。肉桂树皮通称"桂皮"，有重要药用价值和调料价值。

7.山矾（*Symplocos caudata*）

又称春桂，属山矾科植物。叶互生；腋生总状花序，花冠裂片5枚，白色。花期3～4月，果熟期8月。核果，黄绿色，顶端有宿存花萼。以上几点与桂花区别明显。山矾是贵州省遵义市市花。

二　桂花种群生物学特性及年生长发育变化规律

（一）桂花种群生物学特性

1.耐阴性

桂花是阳性树种，但有一定的耐阴能力。幼苗期要求有一定庇荫，但成年以后则需要有相对充足的光照，以保证其生长发育良好。桂花夏天不怕日晒，冬天仍要求有充足的阳光。桂花单株树冠的一侧如贴近墙面，或两株桂花的树冠相互重叠时，贴近墙面的一侧树冠或交错重叠的那部分树冠，很快就会变得稀疏，从而影响整个树冠的完整与美观。由此证明，桂花适宜栽植在通风透光的地方；栽植后，应及时修剪整形，并要求保持合理的株行距。此外，最好不要有来自旁侧的上方遮阴，否则很容易造成桂花偏冠或枝叶大量稀疏现象。

2.耐寒性

桂花适生于我国北亚热带和中亚热带地区。耐高温，不很耐寒，但较之其他常绿阔叶树种，还是一个比较耐寒的园林树种。例如，1969年1月21日，湖北咸宁桂花产区最低气温曾下降至-15.4℃，月平均气温为-6.1℃，未发现桂花有冻死植株；1959年8月22日，咸宁最高气温高达41.4℃，月平均气温为33.9℃，桂花大树也无灼伤表现。生产实践证明：凡是能生长柑橘的地方，发展桂花栽培是不成问题的。因此，在长江以南的苏州、杭州、咸宁、桂林等地的桂花，生长一概良好；江淮流域次之；淮河以北一般不作露地栽培，多行盆栽。

但调查实践证明：只要局部小气候条件良好，桂花也能在淮河以北的部分地区露地安全越冬，并且能成长为大树。如青岛市崂山风景旅游区，其地理位置是北纬36°20′，比桂花自然分布的最北界限——陕西省汉中市（北纬33°23′）又向北推进了3个纬度。但因其三面环山、一面临海，地势又是坐北朝南，冬季北方吹来的冷气流被山岭阻挡；而南面黄海中的暖湿气流却频频笼罩着整个崂山风景区，所以这里的平均气温要比同一纬度的其他地区高出许多。据朱文江（1988）观察：崂山上的太清宫、中清宫等道观中，露地栽植的数十株金桂，树龄均在30年以上。每当中秋佳节前后，崂山的桂花盛开，香气袭人，成为当地金秋旅游的一大热点。而在其邻近青岛市的其他公园中，桂花露地栽培则还有一定难度。

3. 耐涝性

桂花原本生长在山区，因此对土壤水分的要求不高。它好潮润、忌过湿、尤忌积水。若遇涝渍危害，则根系发黑腐烂；叶片先是叶尖焦枯，然后全叶枯黄脱落，进而导致全株死亡。桂花虽对土壤水分要求不高，但对空气湿度却有一定要求。特别是开花前夕，要求有一定的雨湿天气。因此，如何保持空气相对湿度大，而土壤含水量却不高，就成为培育好桂花的重要技术课题。

4. 耐瘠性

桂花对土壤肥力的要求不很严格，但仅在土层深厚、排水良好的砂壤土上生长良好。只有深厚肥沃的土壤，才能满足桂花对土壤养分的大量需求。桂花不耐干旱瘠薄，在浅薄板结的土壤上，生长迟缓、叶色黄化、很少开花，甚至有周期性的枯顶现象。

5. 耐盐碱性

桂花要求微酸性土壤。土壤酸碱度 pH 值以 5.5～6.5 为佳。我国各桂花产区的土壤基本上都是偏酸性或接近中性，一般能够满足桂花生长要求。广西桂林的土壤虽然是红色石灰土或黑色石灰土，但由于雨水的长期淋洗，碳酸钙多已流失，全剖面均呈中性反应。上海有些公园的土壤偏碱性，在部分碱性较重的地段，土壤 pH 值超过 7.5，桂花不仅开花的数量明显减少，而且有时还伴有叶色黄化的缺铁症。

6. 抗污染力

桂花的花芽形成和分化都需要比较洁净的空气条件。在烟尘污染较重的地方，它往往只长叶而很少开花。有文献报道：桂花对二氧化硫的抗性较强，并且对氯和汞的气体也有一定的吸收能力，从而可以作为工矿污染地区的绿化树种。笔者不敢苟同这一观点。桂花叶片革质，抗污染能力确实很强，这早已为桂花离体枝叶多次熏蒸试验证实。但是，桂花新梢和嫩叶却不抗污染，一经烟尘污染很容易焦梢，并没有机会形成革质老叶。不仅当年开花无望，而且也会促成植株生长极度衰退、死亡。因此，在工矿污染地区，与其推广种植桂花，不如改种女贞、大叶黄杨、蚊母、珊瑚树（法国冬青）等抗污染能力较强的树种。

7. 抗病虫力

桂花叶片革质，直接危害成熟叶片的病虫害并不多。但是能破坏新梢危及桂花开花的病虫害却有多种。其中虫害有螨类（红蜘蛛等）、粉虱类、蚧虫类和大蓑蛾（避债蛾）；病害有褐斑病、煤污病、线虫病等，均须认真加以防治。

8. 萌蘖性

桂花的萌发能力很强，这与它的隐芽生命力很强有关。特别是一些灌木型的品种，如'月月桂''四季桂'等，隐芽很多，都具有自然形成灌丛的特性。若要培养独本桂花树，必须不断地去除根基和树干上的萌蘖。此外，利用桂花萌蘖性很强的特性，可在移植桂花时，剪除部分枝叶以保障其成活；采花时，根据树势强弱进行合理匀枝；盆栽桂花，在其老龄阶段进行重度修剪，配合施肥，使其"返老还童"等。这些管理措施，如能及时合理进行，均可让桂花长得更好。

9. 寿命

桂花的寿命很长，可在千年以上（现陕西汉中市圣水寺保存生长有2200年的高龄的古汉桂），以采花经济寿命而论，也可长达200～300年之久。

根据苏州光福地区的产花资料：'晚银桂'苗龄5年生始花；10年生每株收花0.5kg；20年生收花4～5kg；50年生收花15～20kg；80年生收花20～25kg。如管理得当，甚至200～300年生，仍可维持较高产量。

另据湖北咸宁地区的资料：桂花始花后至老年可分为青年期、成年期和衰老期三个时期。一般产花延续400余年，培肥好可达500余年甚至更长。50～200年生的成年期是桂花产花的高峰期；300年以后的衰老期产量才逐渐下降。

（二）桂花种群年生长发育变化规律

桂花年生长发育情况往往因其品种类群不同而有很大差异。秋桂类品种规律性较强：上半年是生长物候期；下半年是开花物候期。四季桂类品种则表现不然：全年不分季节，生长物候期与开花物候期两者同步交叉进行。现以秋桂类品种为代表，分别介绍生长物候期和开花物候期两种物候期的具体情况。

1．生长物候期

根据笔者等在上海市桂林公园和都江堰市香满林苗圃两地秋桂类品种生长期的物候观测资料（1982—2011），秋桂类生长物候期可以划分为枝芽萌动期、枝芽萌发期、抽梢展叶期、封梢期、新叶长成期和新梢老结期，总共6个生长物候期。各期形态特征区别十分明显，并各具有特殊的生理与栽培需求，需要根据各期来临物候信息，妥善安排好田间作业顺序。

（1）枝芽萌动期。每年早春二月，秋桂类品种枝芽的芽鳞开始松动绽裂，中缝露出紫红色或偏绿色的芽体。当其数量占枝芽总量的10%～30%时，表示该品种进入枝芽萌动期（图2-12）。在桂花适生的我国南方地区，枝芽萌动期是桂花地栽适宜时期。过早移栽（农历大、小寒期间），桂花枝芽没有萌动，根系也停止生长，吸不上水，此时移栽会影响移栽植株扎根成活；过晚种植（延至3月12日植树节或4月5日清明节），此时桂花早已萌发或正在旺抽新梢，要求水肥大量供应，而根系因挖苗移栽损失较大，无法满足要求，上下水分与养分供应失调，即便移栽成活，老叶会很快脱落、新梢也容易萎蔫报废，直接影响当年秋季正常开花；再就苗圃和林地管理要求来说，桂花枝芽萌动期正是喷洒石硫合剂等经典性保护农药、预防桂花病虫害的黄金时段，可以达到药效好、药害少、用药成本低等多重效果。至于整形修剪工作，早在整个冬季，避开严寒时段，就应该抓紧时间完成。亦在说明枝芽萌动期也是桂花秋冬修剪最后扫尾时间。

（2）枝芽萌发期。桂花枝芽绽裂后持续肥大延伸，超出两侧芽鳞的长度，其数量达到枝芽总量的10%～30%时，表示该品种进入枝芽萌发期（图2-13）。枝芽萌发期间，对于往年已种植好了的桂花植株来说，这时应抢先一步开展大规模的水肥管理工作，以迎接全面旺盛生长抽梢展叶期的到来。但对于当年新栽不久的植株来说此时只能浇水，不可施肥，防止此时初发新根遭受肥害。

（3）抽梢展叶期。枝芽在此期间不断延伸长成新梢。先是第一节位（间或有第二节位），各长出一对形状狭长、淡绿色的先出叶。当其数量占新梢总量的10%～30%时，表示该品种枝芽萌发期正式结束，进入到抽梢展叶前期（图2-14）。

其后，新梢持续生长，在基端第2～6节位上，先后长出3～4对对合生长、只见背脉、褐红色或褐绿色新叶。继之，新梢基端的先出叶开始枯落，而新梢先端各节位上的对合新叶，由下而上逐步扩展叶面，进入到抽梢展叶后期（图2-15）。抽梢展叶期是秋桂类品种生长的快速时期，日生长量1cm左右。此期应尽量满足苗圃和林地上桂花植株大量的水肥需求。但对桂花树桩盆景来

图2-12 枝芽萌动期（张林提供）

图2-13 枝芽萌发期（张林提供）

图2-14 抽梢展叶前期（张林提供）

说，则应适当扣水和扣肥，以保证盆景的清雅古美；如此时滥用水肥，会导致植株生长粗野，叶大枝粗，有失盆景风韵。杂草在桂花抽梢展叶期间开始旺长，与桂花争夺水肥，应及时人工清除。还可以考虑用化学除草办法，以消除可能产生的燎原草荒。盆栽精品桂花在抽梢展叶期应及时完成早期的抹芽和后期的摘心工作。其目的在于提前完成桂花的整形，培养理想树冠，减免年终不必要的算总账式的修剪浪费。

（4）封梢期。秋桂类品种进入封梢期的特点是：新梢基端一、二节位上先出叶全部脱落成为隐芽；新梢基端 2～6 节位上新叶全部由褐红色转为褐绿色；新梢顶端一对新叶开始变小并在其分离后，明显可见有顶芽发生；新梢各节叶腋间也隐约可见有腋芽出现（图 2-16）。秋桂类品种进入封梢期后，新梢整体非常柔嫩，将成为桂花病虫害袭击的主要目标。此时应配合植保专业人员，根据虫龄及病源和发生地调查制定妥善的防治方案，力争将病虫害灾害损失降低到最低程度。由于新梢顶、腋芽普遍发生，预示桂花花芽生长发育即将开始，此时苗圃和林地水肥管理重点，应逐步从以氮肥为主，转向氮肥和磷、钾肥并重的局面。

（5）新叶长成期。新叶长成期的特点是：秋桂类新梢的顶芽和各节叶腋间叠生腋花芽开始肥大圆润；各节新叶的叶色由褐绿色转变为新绿色；新叶的叶面积继承上期的持续扩大逐渐走向定型；叶面叶脉和叶缘锯齿清晰可见，直到新叶与老叶叶片的形状和大小基本一致为止（图 2-17）。秋桂类品种进入本期后，桂花各项指标，包括 2 年生母梢分枝力、1 年生新梢的长度、节数、有叶节数和顶、腋芽数、叶片的形状大小、叶面光泽度和平整度、叶缘波曲度、反卷度和锯齿情况、叶尖、叶基和叶柄等情况，全都一应俱全，一览无遗，非常方便进行桂花品种的外业调查，借此可以分散并减轻秋季即将到来的花部调查巨大的工作压力。此外，桂花品种对水涝、干旱、高温、低寒、烟尘、盐碱和病虫害等适应性和抗性调查工作，亦可趁此机会结合坊间花农完成。

（6）新梢老结期。每年 5 月下旬至 6 月上旬或更晚点时间，桂花新梢开始明显老结，半木质化，并有一定弹性；定型后的新叶颜色也由新绿色逐渐向代表品种标准叶色方向转化，称此期为新梢老结期。此期来临早晚，与光照条件密切有关。晴天多、光照强，叶色转变快，此期来得早；阴雨天多、光照弱，叶色转变慢，此期相应推迟（图 2-18）。秋桂类品种进入新梢老结期后，新梢内养分充足，是软枝扦插最佳季节。过早扦插，地温不达标，将会推迟插条切口愈合时间；过迟扦插，气温过高，叶面蒸腾强度过大也会影响插条成活。由于新叶早已定型，新梢也已老

图2-15 抽梢展叶后期（张林提供）

图2-16 封梢期（张林提供）

图2-17 新叶成型期（张林提供）

图2-18　新梢老结期（张林提供）

图2-19　花芽萌动期（张林提供）

图2-20　花芽萌发期（张林提供）

图2-21　圆珠期（张林提供）

结，接着又有 20 天左右梅雨季节的呵护，桂花又可利用此期进行安全移栽种植（注意土球不能松散，树皮不要磨损，要求短途运输并及时种植），才能确保当年秋季正常开花。再有，此时新梢半木质化，有一定弹性，不易折断。也是小苗编结组合造型育苗和拉枝扩冠的良好时机。

2．开花物候期

在学习参考苏州光福桂花产区历史经验的基础上，结合在上海市桂林公园和都江堰市香满林苗圃两地的花期物候观测资料（1982—2011），笔者等将桂花开花物候期分为花芽萌动期、花芽萌发期、圆珠期、顶壳期、铃梗期、香眼期、初花期、盛花初期、盛花期、盛花末期和花谢期，总共 11 个开花物候期。我们认为，开花物候期的观测有利于更好地鉴定桂花品种；有利于切实掌握和利用桂花的最佳观赏期、最佳采花期和最佳摄影期；也有利于开展桂花品种当年花期的预测和预报工作，能为各地开展桂花节花期的节日旅游活动提供方便和帮助。

（1）花芽萌动期。桂花的叠生花芽主要着生在当年生新梢的叶腋里，通常在生长物候期进入封梢期以后就开始逐渐形成，整个夏季持续肥大。花前一个半月，持续约半个月，花芽外侧两片芽鳞开始绽裂，中缝出现紫红色或偏绿色花芽。当其数量占花芽总量 10%～30% 时，表示该品种进入到花芽萌动期（图 2-19）。

（2）花芽萌发期。花前约一个月，持续约半个月，花芽的芽体肥大并延伸。当芽尖超出两侧芽鳞长度的数量占到花芽总量的 10%～30% 时，表示该品种进入到花芽萌发期（图 2-20）。

（3）圆珠期。花前约半个月，持续约一周，在中午闷热而早晚凉爽、间有雨露滋润的气候条件下，两侧芽鳞开析度加大，芽体肥大成圆球形或椭球形，芽鳞与芽体间抽长出一对小苞片，与芽体合呈元宝状。当其数量占花芽总量的 10%～30% 时，表示该品种进入圆珠期（图 2-21）。圆珠期是桂花开花的明显先兆，古人对此观察得十分仔细，有诗为证："秋半秋香花信迟，攀枝擘叶看纤维；昨朝尚作茶枪瘦，今雨催成粟粒肥。"（宋·范成大）

（4）顶壳期。花前约一周，持续约 2～3 天，花芽两侧的芽鳞陆续散落，而肥大芽体内部因生长不均衡而开始变形。包被在芽体表层的膜壳也随之分裂成许多大小不等的黄褐色膜片，覆盖在芽体上方。当其数量占花芽总量的 10%～30% 时，表示该品种进入顶壳期（图 2-22）。

（5）铃梗期。花前 3～5 天，持续约 2 天，由 5～9 朵小花组成的簇生聚伞花序，开始分散延伸。花梗由短变长，梗色由青转黄。原黏附在花序顶端的黄褐色膜壳，大量散落到地面，被称之为"脱壳"。全树达到 10%～

图2-22 顶壳期（张林提供）

图2-23 铃梗期（张林提供）

图2-24 香眼期（张林提供）

图2-25 初花期（张林提供）

图2-26 盛花初期（张林提供）

图2-27 盛花期（张林提供）

图2-28 盛花末期（张林提供）

图2-29 花谢期（张林提供）

30%时，表示该品种进入到铃梗期（图2-23）。如当年风调雨顺，铃梗期一般持续2天左右就要开花。为此苏州光福桂花产区常于此时发出采花预报，催促出门在外亲属，迅速返回家园，投入采花生产。

（6）香眼期。花前约一天时间，聚伞花序的每朵小花彼此开始分离，外形发育齐全，部分小花顶端出现孔隙，由此处逸散出阵阵清香。全树小花顶端孔隙10%～30%时，表示该品种进入到香眼期（图2-24）。进入到香眼期后，就可以开始采花，此时采花品质最好，但因花未长足，产量偏低。若非劳力特别紧张，产区群众多留待次日初花期时再采，因此当地传诵有"今日打香眼，明天采桂花"的农谚。

（7）初花期。香眼期仅维持一天或仅半天时间就进入到初花期（图2-25）。此时小花约有10%～30%开放，但大部分仍处于半闭合状态。花梗挺立，花色较淡，但内涵香味浓郁，是最佳采花时期，也是最佳观赏时期。

（8）盛花初期。初花期仅持续约一天时间即转入盛花初期（图2-26）。此时小花半数以上开放。花色转深，香气袭人，既是观赏桂花的佳时良辰，更是采花利用的关键时期。盛花初期还是拍摄桂花品种的最佳摄影期。理由是：初花期花色太淡，没有代表性；盛花期花香逸失太多，也没有代表性。唯有盛花初期，花色既深，花香又浓，能拍摄出符合科研取样要求、真正能代表该品种特色的"标准照"。

（9）盛花期。盛花初期持续1～2天后即转入盛花期（图2-27）。进入本期以后，小花近全部开放。花色深，观赏价值仍很高，但香气已经大量逸散。此时采花加工利用时间偏晚，而且采花时花冠裂片与花梗容易分离，外观不雅，出口不受欢迎。

（10）盛花末期。盛花期持续1～2天后即进入盛花末期（图2-28）。全部开放的小花，部分枯谢，开始少量落花，风雨过后大量落花。花色转淡，香气大减，不再有观赏价值，更无采花利用价值，花事接近终了。然而有些地方还在利用"扫花"方式采集桂花，美其名为"观赏采花两不误"，用此法收集下来的桂花，品质十分低劣，不应提倡。

（11）花谢期。盛花末期约持续1～2天就进入到花谢期（图2-29）。树上残留星点小花，绝大部分枯谢小花散落地面，秋桂类品种首茬开花至此全部终了了。如果当年气候条件正常，则首茬花后若干时日，秋桂类桂花品种会有二茬花或三茬花出现。

现将上述开花物候期有关资料进一步整理成表2-5供读者研究参考。

表 2-5　秋桂类首茬花开花物候期的变化规律

花期物候名称	各开花物候期形态特征与鉴定标准	持续天数	物候前后分期
花芽萌动期	花前约一个半月，花芽外侧两片芽鳞开始绽裂，中缝出现紫红色或偏绿色芽体。当其数量占花芽总量 10%～30% 时，表示该观测植株进入到花芽萌动期。	约半个月	前 3 期（花芽萌动期至圆珠期）是物候渐变期
花芽萌发期	花前约一个月，花芽的芽体肥大并延伸。当芽尖超过两侧芽鳞长度合计数量占花芽总量 10%～30% 时，表示该观测植株进入到花芽萌发期。	约半个月	
圆珠期	花前约半个月，中央芽体继续肥大延伸成圆球形或椭球形；而两侧芽鳞开拆度加大，与芽体合呈元宝状。当其数量占花芽总量 10%～30% 时，表示该观测植株进入到圆珠期。	约一周	
顶壳期	花前约一周，花芽两侧芽鳞陆续散落；芽体内部因生长不均衡开始变形。包被花芽表层膜壳也随之分裂成许多大小不等的黄褐色膜片，粘附在芽体上方。当其数量占花芽总量 10%～30% 时，表示该观测植株进入到顶壳期。	1～2 天	后 8 期（顶壳期至花谢期）是物候突变期
铃梗期	花前约 3～5 天，粘附在芽体上方的膜片大量散落到地面，称之为"脱壳"。由 5～9 朵小花组成的聚伞花序取代不规则变形了的芽体。花梗由短变长，梗色由青转黄。当其数量占芽体总量 10%～30% 时，表示观测植株进入铃梗期。	2～3 天	
香眼期	花前约 1 天，聚伞花序每朵小花彼此完全分离。花冠外形发育齐全，部分小花顶端出现小孔隙，由此处散发出阵阵清香，表示该观测植株进入到香眼期。此时采花利用香气最浓，品质也最好。但因花未长足，产量偏低。	0.5～1 天	
初花期	香眼期仅持续半天到 1 天时间，就进入到初花期。此时小花约有 10%～30% 开放，但大部分仍处于半闭合状态。因花冠裂片外侧面向游客，大部分花心未暴露，由此花色较淡但内含香气浓足，一派朝气蓬勃、欣欣向荣景象。既是桂花最佳观赏期，也是桂花最佳采花期。	1 天	
盛花初期	初花期约维持 1 天时间，即转入到盛花初期。此时小花约有 30%～70% 开放。因花冠裂片内侧（花心）大部面向游客，花色转深、花香袭人，是桂花最佳观赏期和摄影期。此时采花利用产量既高、质量亦好，应抓紧此期进行采花。	1 天	
盛花期	盛花初期约维持 1 天时间，即转入到盛花期。此时小花近全部开放。花色最深，花香也宜人，树上无焦花，地面无自然落花，仍是最佳观赏期。但对采花利用来说，香气已大量逸散；此时采花，花冠裂片与花梗容易分离。品质明显下降。	1～2 天	
盛花末期	盛花期约维持 1～2 天时间，即进入到盛花末期。此时花色暗淡，香气锐减，树上小花陆续枯谢并散落地面，不再有观赏价值。有的地方采用"扫花"方式，收集桂花。夹杂物多，品质低劣，不应提倡。	1～2 天	
花谢期	盛花末期约维持 1～2 天时间，即转入到花谢期。树上偶见少量残花，地面全是焦枯落花。首茬花事至此全部终了。如果当年气候条件正常，则首茬花后若干时日，会有二茬花或三茬花可供观赏或采花利用。一般花量远不如首茬花。		

（本章编写人：杨康民　张静）

第三章　桂花的分类命名和
"木犀属栽培品种国际登录权威"的诞生

桂花在我国长江流域和西南各地广泛栽培，全国五大桂花产区（苏州、杭州、桂林、咸宁和成都）都有具有当地特色的主要栽培品种。目前，桂花的品种很多，但名称却相当混乱，"同种异名"或"同名异种"的现象，到处可见。本着古为今用、洋为中用、推陈出新和开拓进取的精神，特将迄今为止，古今中外对桂花的分类命名方法，作出如下的介绍及评价。

一　桂花古代分类和命名

桂花是我国人民十分喜爱、珍贵而又非常古老的园林树种。早在春秋战国时期，我国古籍中就有"桂"的记载。宋代陈景沂《全芳备祖》（1265）一书中，就辑录了秦汉间《尔雅》中的一段文字："梫木，桂树也，一名木犀。花淡白。其淡红者谓之丹桂。黄花者能子。丛生岩岭间。"由此可见，桂花的命名时间出现很早，它有梫木和木犀等别名。花色有淡白、淡红和黄色三种，其中，只有淡红色一种被命名为丹桂，开黄花的桂花能结籽。从汉代经魏晋、以至南北朝时期，桂花成为著名花木，并广泛用于园林造景。但是，直到明清时期，才有桂花类别和品种名称的确切记载。明代王象晋在其《群芳谱》（1621）一书中，对桂花品种作了较详细的介绍："岩桂，俗呼为木犀。其花有白者名银桂，黄者名金桂，红者名丹桂。有秋花者、春花者、四季花者、逐月花者。花四出或重合……"由此王象晋进一步阐明了按花色来分类的理念：桂花可区分为银桂、金桂和丹桂3个品种；王同时指出有秋天、春天、一年四季和每月都能开花的多个桂花品种。到了清代，陈淏子的《花镜》（1688）等书中，则除了通称的银桂、金桂和丹桂以外，又增加了按照花期的不同而命名的四季桂和月月桂2个品种；陈淏子同时还指出还有一种花量繁多而香气又浓的球子木犀。由此可见，古人主要是根据桂花的花色和花期这两个特征来进行品种分类的。

二　桂花现代分类和命名

世界上植物种类极为繁多，其名称不仅随各国语言文字而不同，即使在一国之内，同一种植物在不同地区，也常有不同的名称。以致常会发生"同种异名"或"同名异种"等情况，不利于生产应用和科技交流。因此专家公认在植物名称上，确实有进行统一命名的必要。

（一）国际通用的"双名法"

植物分类学家林奈（Carl von Linne）1753年正式倡用"双名法"，作为某种植物的科学名称，并为其后的国际植物学会所认可。"双名法"规定了每种植物的学名应由两个词来组成：第一个词表示属名，多数是名词；第二个词为种加词，多数是形容词。学名一律用斜体拉丁文书写，其中属名的第一个字母还要大写。

按照"双名法"的要求，桂花的拉丁学名定为 *Osmanthus fragrans*。其中 *Osmanthus* 为属名，是名词，意指木犀属植物；*fragrans* 为种加词，意为有香气的。这样一来，就把有关梫木、岩桂、木犀、金粟、七里香和九里香等一系列桂花的中国别名，统一在 *Osmanthus fragrans* 这个国际性的拉丁学名之内。这是根据植物系统分类原则，所鉴定出来的桂花名称，在全世界通用。

（二）《国际栽培植物命名法规》的出版

在瑞典植物学家林奈提出的植物拉丁名双名法命名体系的基础上，18世纪中叶，国际植物学会开始制定了《国际植物命名法规》。延续到20世纪，已有几个版本问世。此后约定每六年一次，在国际植物学会大会期间，进行学术讨论，来解决植物命名上出现的各种新问题，并作出国际上统一的规定。

有关栽培植物命名的国际性统一研究与法规制度，则远比上述野生植物的命名体系要晚。直到1953年才有第一版《国际栽培植物命名法规》问世。我国学术界对此事介入则更晚。1987年，中山植物园主任贺善安应邀作为中国代表，第一次参加国际植物学会大会，并将第五版《国际栽培植物命名法规》带回国内，交由袁以苇、许定发两人翻译出版。这是《国际栽培植物命名法规》在我国国内最早的、也较完整的引进和普及。贺善安（2004）指出，《国际栽培植物命名法规》出版的重要性在于：首先，它正确认识客观世界，正确表达客观事物；其次，它统一了栽培植物命名原则与方法，使国际交流得以有效进行；第三，它能科学地鉴定栽培植物，为保持知识产权提供科学依据。

《国际栽培植物命名法规》第五版问世以后，国际上出现了一个相当长时间对法规研究和争论的阶段。延至1995年及2004年，《国际栽培植物命名法规》第六版和第七版才得以顺利产生，其中文译本由向其柏、臧德奎等人翻译，分别于2004年和2006年由中国林业出版社出版。现将其内容扼要介绍于下。

1. 品种的分类等级

《国际栽培植物命名法规》承认栽培植物分类等级只有2个，即品种（Cultivar）和品种群（Group）。

品种（Cultivar）是指植物在形态、生理、生化、细胞和其他方面具有明显的区别特征、并且在其多代繁殖后仍能保持这些区别特征的一个栽培植物群体而非个体。它是人类按自身的利益或需要，通过长期培育和选择的结果，其性状表现要求基本一致。品种与植物分类学上种下另一些等级分类如亚种（subspecies）、变种（variety，缩写为var.）、变型（form，缩写为f.）概念不同。后者亚种、变种、变型这些等级一般是指野生植物而言，它们通常具有一定的自然分布区，在新发表时需要用拉丁文来描述。其名称必须受《国际植物命名法规》的约束，并不在《国际栽培植物命名法规》约束范围之内。

在种内、种间或属间杂种中经常会包含有许多栽培品种。这些相似的栽培品种可集中起来用品种群（Group）这一名称来表示。品种群是介于种和品种之间的称号，它并不是品种全名的必要部分（即可写、亦可不写），如要表示则在种名和品种名之前加写上品种群的名称，并将其置于圆括号弧内。

第六版及以前版本还承认有嫁接嵌合物（Graft-chimera）另一个等级。但在2004年第七版法规中取消了它，而将属间嵌合体划归《国际植物命名法规》来命名，属内嫁接嵌合体则仍依照《国际栽培品种命名法规》（以下称《法规》）来命名。

2. 品种名称的构成和书写要求

栽培植物品种的名称，按《法规》要求，是在属和种的拉丁双名法命名基础上，再增添品种加词共同构成。前者拉丁种名为斜体，后者品种加词则为书写体，外加一个单引号（'……'）以示区别。品种加词的每个词首的字母必须大写。如'天香台阁'这个四季桂品种群的桂花品种，它的拉丁学名全称应写成：*Osmanthus fragrans* 'Tianxiang Taige'，如要进一步明确它在品种群中地位，则可添写成 *Osmanthus fragrans* (Semperflorens Group) 'Tianxiang Taige'。

3. 品种加词的选用要求与禁律

关于品种加词的选用，《法规》统一按"以往不究，今后从严"的原则精神办事。例证如下。

（1）1959年1月1日以后，品种加词不能用拉丁文，改用现代各国语言文字的译音。中文应使用汉语拼音。如发表于1995年的'大花金桂'（'Grandflorus'）应改为'Dahua Jingui'。

（2）1959年1月1日以后，不允许使用夸大该品种优点的加词作为品种名称。如最早熟的苹果（*Malus domestica* 'Earliest of All'）、最长的蚕豆（*Vicia faba* 'Longest Possible'）等。《法规》废用形容词的最高级（Earliest和Longest）而不是拒用形容词的比较级（Early和Longger）；因此，笔者认为'速生金桂'（'Susheng Jin'）'圆叶银桂'（'Yuanye Yin'）和'大花金桂'（'Dahua Jin'）等品种加词在我国应是可以建立的。

（3）1959年1月1日以后，如果品种加词是一个属的名称或是一个种的普遍名称或土名，则该名称不能建立。例如，晚香玉是石蒜科 *Polianthes* 属的中文译名，发表于2003年的桂花品种'晚香玉'（'Wangxiangyu'）必须废弃而重新命名。又如，柊树（刺桂）中已经存在一个品种名叫'金叶柊树'（*Osmanthus heterophyllus* 'Jinye'），那么，桂花中也不能再有品种称作'金叶'桂花（*Osmanthus fragrans* 'Jinye'）。牛矢果（*Osmanthus matsumuranus*）是木犀属的一个种，不允许桂花品种中再有牛矢果汉语拼音出现等。

（4）1966年1月1日以后，品种加词应当尽量简朴实用。除了空格和分界符号以外，品种加词不能超过30个字符。《法规》举例称，'Mandamela comtesse Oswald de kerchove de Denterghem'不能建立，因为如此长词很难书写发音和记载。我国有人建议品种中文命名不宜超过4个汉字。笔者认为5个汉字更为适宜，'长叶早银桂'和'云田彩（叶）桂'订为5个汉字，才能确切反映该种的主要特色，并可进一步帮助该种的传播和记忆。

（5）我国普遍将"桂"（Gui）作为品种加词的最后部分，这是不符合《法规》要求的。对于1996年以后发表的这些品种加词，尊重国人历史习惯，汉语名称保持不变，只将品种加词汉语拼音最后"Gui"字去掉。如'金球桂'（*O.*

fragrans 'Jinqiu Gui') 应改为（*O. fragrans* 'Jinqiu'）、'堰虹桂'（*O. fragrans* 'Yanhong Gui'）应改为（*O. fragrans* 'Yan Hong'）等。

4. 栽培品种名称有效发表与登录

虽然培育者对新的栽培品种会先确定一个名称，但它还必须完全符合上述《法规》的各项规定，经过有效发表和通过法定的栽培品种登记手续才算完成全部程序。

（1）栽培品种名称必须发表在公开出版发行中的印刷品或类似的复制品如缩微印刷品或照相复印品上才有效。

（2）1995 年 1 月 1 日以后发表的材料上必须注明日期，至少注明年份。必须附有本品种植物学方面的描述材料以及与其他相近栽培品种的区别特征。描述时尽可能配以插图、蜡叶标本和彩色照片。发表时可用任何语言来表达，如用中文必须附有拉丁文或英文摘要。

（3）栽培品种名称应被栽培品种登记机构所认可，收录在登记册内，按年对外公开，其名称不仅合法化，而且受到法律的保护。栽培品种登记机构有国际性的、也有国家的、甚至还有民间的。1959 年，国际园艺学会成立，在其下设有栽培植物命名与登录委员会，由该委员会负责审核、批准成立不同栽培植物国际登录权威机构和权威专家，来具体负责新品种的登记发表事宜。

（三）我国学者在桂花品种分类上的研究成果

20 世纪以来，我国先后有多名学者对桂花品种进行过观察记载。通过学者们的研究，获得如下两点共识。

第一，"两类四群"的分类系统得到学者们一致认可。根据开花季节的不同，把桂花先划分为四季桂类和秋桂类两大类；再根据花部性状和营养器官各项特征指标的不同，在四季桂类下单独划出 1 个四季桂品种群；在秋桂类下分别划出银桂类、金桂类和丹桂类 3 个品种群。上述 4 大品种群的分类方法，既有利于观赏栽培，也有利于采花实用，已得到学者们一致认可。

第二，宏观与微观研究相结合，多学科同时并举来研究品种的分类，才能鉴定好桂花品种。在这方面，物候学观测和分子遗传学的测定起着重要作用。因为物候学观察不是一时一事地调查鉴定桂花品种，而是全方位地长期观察对比研究已知所有的桂花品种，因此，物候学观察对桂花品种本身的生物学特性和对环境的适应性都有比较全面的了解；而分子遗传学基因组研究，目前正处于高速发展阶段，如能统一采样方法和统一测定方法，则对今后桂花品种的鉴定工作十分有利。

关于当前和今后桂花品种的研究课题，韩远纪等（2009）曾做过全面调查与分析。在其发表的中国桂花研究 30 年的进展与展望一文中指出："对已检索到的 488 篇桂花为代表的应用性研究所占比重较大（44.8%）。说明我国桂花研究注重资源的开发和新品种的培育，这为我国培育桂花优良品种和桂花产业的可持续发展奠定了有利基础。另以分类、解剖、生理生化和化学成分分析为代表的基础性研究合占比重为 29.3%，仅次于栽培和繁殖研究，表明我国桂花基础理论的研究水平，已经有了一定的实力。再从近年来文献计量分析趋势进行分析，得出：我国桂花相关研究正处于一个转型的时期，逐步由传统的以栽培和繁殖研究为主，转变为以栽培、繁殖与基础理论并重的局面。伴随着新的研究方法和新技术的应用，研究水平会逐步提高，研究方向也会更加广泛。其中，以分子生物学为基础的桂花品种及木犀属的分类研究，以桂花适应性为主的生理和生化研究和以芳香物质和药用成分为主的化学成分的研究，是目前也是今后相当长一段时间内桂花研究的发展方向。"

三 "木犀属栽培品种国际登录权威"的申请与通过

申请木犀属栽培品种国际登录权是一项关系非常重大、影响极其深远的工作。获得此登录权威后，将对开发我国桂花品种资源、推动桂花产业发展，使木犀属栽培品种走向世界具有十分重大的意义。

中国花卉协会桂花分会从 2001 年开始，就着手进行权威申请事宜。经过了 3 年多的努力，申请工作终于获得了突破性的进展，2004 年 7 月 19 日，中国花卉协会桂花分会正式向国际园艺学会栽培植物命名委员会提交了"木犀属栽培品种国际登录权威"的申请。同年 10 月 27 日，国际园艺学会栽培植物命名与登录委员会副主任兼秘书长艾伦·莱斯利博士（Dr. Alan Leslie）正式宣布南京林业大学向其柏教授为"木犀属植物栽培品种国际登录权威"。这标志着今后全球范围内，木犀属植物栽培品种的命名都将由我国来进行权威认证。获得名称认定的品种，可以在全世界合法流通，并得到品种权的专利保护。作为权威的执行方，我国每年要向国际园艺学会栽培植物命名委员会提供年度报告及所有已认定品种的名称目录；每 4 年接受一次国际园艺学会栽培植物命名委员会的检查。

四 "木犀属栽培品种国际登录中心"的建立及近期应开展的工作建议

2005 年 9 月 8 日，国家林业局批准成立了"木犀属植物栽培品种国际登录中心"（以下简称"中心"），挂靠在南京林业大学。该中心 2006 年 8 月翻译出版了国际栽培植物命名法规（第 7 版）；2008 年 2 月，出版了《中国桂花品种图志》；2008 年 12 月承担完成了国家林业局委托的"桂花新品种 DUS 测定指南"的编写任务。2006 年以来，中心成员先后到四川郫县（现成都市郫都区）、福建蒲城、湖北咸宁、湖南株洲、山东青州、浙江宁波和江西上饶等地，进行桂花品种的补充调查，完善充实了全国桂花品种的资源材料。根据基层反映的一些情况，笔者特向"中心"提供以下4点参考性工作建议。

（一）做好桂花品种资源调查工作

应责成申报单位或个人认真填写桂花品种资源调查记载表，必要时中心可派专人下到现场具体指导填表事宜。

（二）完成现有桂花品种的复查和鉴定工作

以往由于调查方法的不规范和调查时间不够及时，各地桂花品种调查工作存在漏查、错查或反复多次重查等问题。建议"中心"组织力量和安排时间，把以往各地送审的品种包括权威部门过去自己调查的品种，复查和鉴定工作搞好，如有错误，应该取信于民及时改正。

（三）做好过去桂花品种的协商命名

桂花品种的命名要求科学性与艺术性相结合，通俗而不低俗，最好能体现出桂花的秉性和品味。过去较好的桂花命名有'天香台阁''玉玲珑''状元红'和'堰虹桂'等。近年来出现的'圆瓣金桂'和'平瓣籽金桂'等命名，笔者认为不够妥当。因为桂花是合瓣花被亚纲植物，不是离瓣花被亚纲植物。其外表类似花瓣的花部器官下面合生一处应是花被裂片或花冠裂片，不是花瓣。不能用花瓣来命名。笔者建议：中国花卉协会桂花分会今后应会同全国专家学者，采用上下结合和内外考评等多种方式，共同研究制定出桂花各品种的恰当名称。

（四）"桂花品种示范园"的建设

众所周知，我们以往调查和鉴定桂花品种，不少都是短期流动在野外进行的。也就是说，并不在同一个地点，也不是在同一个时间段里，进行桂花品种的调查和鉴定工作。由于受"空间差"和"时间差"双重不利因素的影响，调查结果难以十分客观公正和稳定一致。就此启发和教育我们：为了确切调查和鉴定好桂花品种，一定要在土壤肥力比较均匀一致、设施条件又比较完善的品种园内同步进行较妥。因为只有在这里：气候条件和土壤条件才有可能相对一致；养护管理条件和树龄大小才有可能相对一致；从而调查结果也确实是品种这个单因子它们自己的本性表现，而不是外界不同环境条件对它们施加影响所致。

品种鉴定示范园建设的重要性和必要性认识问题解决了，接下来就是让谁来建园、在什么地方建园以及建多少个园的问题。笔者权衡利弊得失以后，推荐由国家或主产区地方来投资建园。数量不必多，全国1～3个。如果是3个，建议华东地区1个，设在杭州；华中地区1个，设在咸宁；西部地区1个，设在成都。

之所以要求由国家或主产区地方来投资，并且数量不必多也不能多，是因为桂花品种鉴定示范园是一项长期的基本建设，带有一定的公益性质。投资金额巨大，短期却很少有经济回报。按一个有规模、上档次的品种鉴定示范园，它要收集全国所有的桂花品种（包括木犀属其他种类）；它要设立组培室，快速繁殖品种个体；它要设立化验室，精确测定品种香气成分和含量高低；它要设立标本室，长期贮存品种的模式标本；它要设立塑料大棚或连栋温室，甚至要求在邻近高海拔山地，设立栽培试验区，研究调控桂花品种的花期等。如果没有国家或地方资金的投入帮助，是很难完成上述这些基础研究方面科研任务的。一旦完成了，诸如耐低温的桂花品种、耐盐碱的桂花品种、抗病虫害的桂花品种和花期能覆盖整个秋季甚至全年的桂花品种群都能一一解决。那么，对国家、对社会、对人民的贡献，也就非常巨大了。集中人力、物力和财力，搞好少数几个桂花品种鉴定示范园，可以减免各地全面开花、低水平、重复建立品种园带来的巨大铺张浪费。如能筹建成功一个"桂花品种国际登录园"，那就更完善了。

（本章编写人：杨康民）

第四章　桂花品种调查研究方法

　　由于桂花枝叶等营养器官的变异很大，同时花期短促，花色、花香和花量的变化也大，因此单纯依靠外部形态来鉴定桂花品种，就带有一定的局限性，会影响确切的调查成果。通过多年工作实践，笔者认为，综合形态学、物候学等多个外部指标的测定，加上品种内部香气成分分析和分子遗传学遗传因子的最终验证，才能取得比较理想的品种鉴定效果。

　　本章试从形态学分类、物候学观测、香气成分分析和分子遗传学4个方面来介绍和认识有关桂花品种的分类问题。其中，形态分类起主导作用，其他3项则起着必要的、不可或缺的辅助作用。

一　形态学调查法

　　桂花品种形态学调查就是在全面熟悉本书第二章桂花的形态特征与生物学特征基本内容的基础上我们可开展如下深入细致的调查工作。

　　（一）现场调查和记载

　　首先，调查人员要分期到桂花品种种植地区进行现场调查，了解桂花品种的萌发、抽梢、展叶、开花、挂果等第一手分类信息材料；其次，还要了解当地气象、土壤、水利等条件，以便为开展桂花品种引种驯化工作提供基础理论依据；再次，调查人员要虚心向当地群众、特别是向有经验的花农学习，学习他们长年累月积累下来的对桂花品种形态特征、生态习性、种植技术和产花、采花等方面的经验，以便能更好地完成品种调查工作。

　　现根据上海交通大学农业与生物学院、苏州农业职业技术学院和南京林业大学园林学院制定的桂花品种调查表格，参考《木犀属品种国际登录申请表》各项填表要求，制订出《桂花品种资源调查记载表》，供调查应用参考（表4-1）。笔者建议：应全年分期完成表载如下调研工作；3～4月间重点完成概况、生长环境、植株性状、主干性状、适应性和抗性和配合利用功能六项调查；5～6月间重点完成枝条性状和叶部性状两项调查；9～10月间重点完成花部性状和果实性状两项调查。只有如此限期周密部署，才能保证调查数据不漏填漏项。

　　现再补充介绍十大项目指标具体填写内容要求如下（表4-1）：

　　（1）概况。包括标准株编号等多项测定内容。其中生长地点最好是桂花品种示范园，如是散生品种单株，则应填写县、乡、镇、村、宅，或市、街道、社区、里弄等。

　　（2）生长环境。包括海拔高度等多项了解和测定内容。其中，土壤种类可填写黄棕壤、黄壤或红壤等；土层厚度可分别填写表土和心土的厚度等；地下水位应填写常年地下水位和汛期临界地下水位等。

　　（3）植株性状。包括树干类型等多项测定内容。其中，地径指距地面10cm高处的主干直径；米径指距地面1m高处的主干直径（因桂花在自然生长状态下分枝点往往很低，没有条件丈量胸径，故产区常用米径取代1.3m处的胸径来丈量桂花干径粗度的情况）；平均冠幅又称蓬幅，指树冠的伸展范围，即东西和南北两个方向冠幅的平均值。

　　（4）主干性状。包括树皮开裂情况等多项测定内容。品种不同、树皮颜色和皮孔形状及分布亦有不同。至于树皮开裂情况除与品种有关，更与树龄大小有关。

　　（5）枝条性状。包括枝条类型等多项测定内容。其中，2年生母梢分枝力是测定标准株树冠中上部向阳10根有代表性2年生母梢抽发出来的1年生新梢数量总和，求其平均值，用以评价品种树冠的紧密度。1年生新梢平均长度是在原分枝力测定的基础上，测定10根主要新梢的长度总和，求其平均值得，用以了解品种的扩冠速度。1年生新梢的平均节数和带叶节数，是在原1年生新梢长度的测定基础上，再逐个数计这些新梢的节数和带叶节数，累计总和各求其平均值得，常用以鉴定和区别秋桂类和四季桂类两大类群的桂花品种。

　　（6）叶部性状。包括叶片形状等多项测定内容。由于桂花叶片受环境和树龄的影响较大，性状常不够稳定。例如，一般幼年树，秋梢或生长在土质较肥沃处的植株，叶形较大、锯齿较多；而成年树、春梢或生长在土质较瘠薄处的植株，叶形变小、锯齿减少甚至全缘等，往往会被

表 4-1 桂花品种资源调查记载表 调查日期： 调查人：

序号	项目	记载内容
1	概况	标准株编号： 品种名称： 当地名称： 一般商业名称： 如是杂交或实生育种，介绍母本、父本和培育人有关情况： 如是芽变，介绍母株和首次繁殖人的有关情况： 定名人、引种人和品种所有人的有关情况： 生长地点：
2	生长环境	海拔高度： 坡向： 坡度： 坡位： 土壤种类： 土层厚度： 地下水位： 伴生植物种类： 通风透光条件：a. 良好 b. 一般 c. 不良 栽培方式：a. 孤植 b. 对植 c. 丛植 d. 列植 e. 群植 f. 园植
3	植株性状	树干类型：a. 乔木（高 8～10m 或以上） b. 小乔木（高 5～8m） c. 高灌木（高 3～5m，有分枝） d. 灌木（高小于 3m，分枝多） 树冠形状：a. 卵球形 b. 椭球形 c. 圆球形 d. 扁球形 e. 其他 树冠紧密度：a. 紧密 b. 中等 c. 稀疏 生长势：a. 强壮 b. 中等 c. 衰弱 树龄： 年生 树高： m 枝下高： m 冠幅： m 地径： cm 米径： cm 胸径： cm 株行距： m× m
4	主干性状	树皮开裂情况：a. 光滑 b. 纵裂 c. 横裂 树皮颜色：a. 浅灰 b. 灰色 c. 深灰 d. 其他_____ 皮孔形状：a. 圆形 b. 椭圆形 c. 菱形 d. 其他_____ 皮孔分布：a. 稠密 b. 中等 c. 稀疏
5	枝条性状	枝条类型：a. 直立型（开张角度小于 30°） b. 半开张型（开张角度 30°～50°） c. 开张型（开张角度 50°～ 80°） d. 垂枝型（开张角度≥90°） e. 扭曲型 2 年生母梢分枝力（平均）： 个 1 年生新梢长度（平均）： cm 1 年生新梢节数（平均）： 节 1 年生新梢带叶节数（平均）： 节 1 年生新梢顶芽和腋芽总数（平均）： 枚 嫩梢颜色：a. 紫红 b. 黄绿 c. 其他_____
6	叶部性状	叶片形状：a. 圆形 b. 矩圆形 c. 椭圆形 d. 卵圆形 e. 倒卵形 f. 披针形 g. 倒披针形 其他_____ 叶身大小：长度（平均） cm 宽度（平均） cm 长宽比： 叶色：a. 绿色 b. 深绿色 c. 墨绿色 d. 黄绿色 e. 其他_____ 叶质：a. 革质 b. 薄革质 c. 厚革质 d. 硬革质 光泽度：a. 光亮 b. 略有光泽 c. 无光泽 叶面平整度：a. 平展 b. 波状起伏 c. 皱缩 d. "V"字形内折 e. "U"字形瓢勺状内折 叶脉： 侧脉对数与整齐度： 网脉明显程度： 叶缘：波曲度：a. 平直 b. 微波状 c. 波状 反卷度：a. 不反卷 b. 反卷不明显 c. 反卷 锯齿情况：a. 全缘 b. 偶有锯齿 c.1/3 具锯齿 d.1/2 具锯齿 e.2/3 具锯齿 f. 全有锯齿 锯齿形状：a. 细密 b. 粗尖 c. 圆钝 d. 其他_____ 叶尖：a. 钝圆 b. 短尖 c. 长尖 d. 突尖 e. 尾尖 f. 其他_____ 叶基：a. 圆形 b. 楔形 c. 宽楔形 d. 狭楔形 e. 延伸形 叶柄：长度（平均）： cm 隶属：a. 长叶柄品种（＞1.2cm） b. 中叶柄品种（0.7～1.2cm） c. 短叶柄品种（＜0.7cm） 叶柄颜色：a. 绿 b. 黄绿 c. 紫红 d. 其他_____

（续）

序号	项目	记载内容
7	花部性状	花期：（1）秋桂类：第一茬：　月　日隶属：a.早花品种（8月下旬至9月上旬开花） b.中花品种（9月中旬至下旬开花） c.晚花品种（10上旬至中旬开花） 第二茬：　月　日　第三茬：　月　日 （2）四季桂类：首茬：　月　日　末　茬：　月　日　全年开花起讫天数： 花序类型：a.聚伞花序　b.圆锥花序，总梗长度　　　cm 每个花序的小花朵数（10个花序平均）：　　　朵 整体着花密度：a.稠密　b.中等　c.稀疏 花冠类型：a.斜展型（花冠裂片斜向外伸）　b.平展型（花冠裂片平展直伸）　c.内扣型（花冠裂片明显内扣，盛开时亦不能完全展开）　d.反卷型（花冠裂片向外反卷）　e.台阁型（雌雄蕊瓣化，形成一朵完全或不完全的花） 裂片形状：a.圆形　b.椭圆形　c.卵形　d.倒卵形　e.条形　f.其他：＿＿＿＿ 花冠裂片数量：　　　枚 花冠直径（平均）：　　cm　　　　隶属：a.小花品种（花径＜1.0cm）　b.大花品种（花径＞1.0cm） 花色（目测定性）：a.乳白、柠檬黄　b.中黄、深黄　c.橙黄、橙红　d.其他：＿＿＿＿ （比色定量）：对比英国皇家园艺学会色卡色系号： 花香（鼻闻定性）：a.浓香　b.中香　c.微香　d.不香　e.异味 （化验定量）：采样测定花香化学成分及含量： 花量（目测定性）：a.花量稠密　b.花量中等　c.花量稀少 （统计定量）：测定新梢顶芽和腋花芽总数：隶属a.多花量品种（花芽＞30枚／梢）　b.中花量品种（花芽20～30枚／梢）　c.少花量品种（花芽＜20枚／梢） 雌雄蕊：（1）雄蕊：　个　　（2）雌蕊：a.正常发育　b.雌蕊退化　c.完全败育
8	果实性状	果实形状：　　　　　　　　大小： 果实颜色：　　　　　　　　成熟期：
9	适应性与抗性	对水涝、干旱、高温、低寒、烟尘、盐碱、病虫、修剪等反应和表现：
10	配植利用功能	观赏方面：景观树、干道树、球篱、花篱、室内外盆栽、盆景等 实用方面：食品、化妆品、药品等

误认为另一品种。故叶部性状一般不作为品种分类的主要依据，并严格要求选定新梢第二节两对叶片进行观测。

据尹廷相（1994）研究报道，桂花叶片的大小、色泽、厚度、叶尖、叶柄等指标，易随生长条件的不同而有变化；叶缘的锯齿也易受树龄和树势的影响。但叶长与叶宽的比值、叶面上叶肉的凸起度、网脉以及叶缘的波曲度等特征则相对比较稳定，可供鉴别桂花品种参考。

（7）花部性状。包括花期等多项测定内容。由于花部性状是桂花品种分类和命名的主要依据，因此观测工作必须十分精细。如花期观察要求分茬分期进行；而花序、花冠、花色、花香和花量等测定工作，更要求统一在该品种桂花头茬花短短1～2天时间里，限时完成。否则，观测数据会矛盾百出，没有对比研究价值。在测定花部性状指标时，有以下注意事项：

花期。秋桂类品种每年秋季开花1～3次，应重点观察头茬花的花期，以便确定该品种是早花、中花还是晚花品种。四季桂类品种除秋季外，其他季节也开花，应观察记载头茬和末茬的花期，以便统计全年开花天数。

花序。秋桂类品种的花序是聚伞花序。四季桂类则首茬和末茬花是聚伞花序，中间时段为圆锥花序；在圆锥花序时段里，还需增加测量花序总梗的长度和粗度。每个花序小花朵数测量时，可以随机抽取10个花序，数计小花朵数总和，求其平均值得。

花冠。统一观察记载花冠裂片类型、花冠裂片数量、裂片形状和花冠直径3项指标。其中，花冠直径测量时，可随机抽取10朵小花，测定其花径大小，计算平均值，并分别纳入小花、中花和大花品种行列。

花梗。统一观察记载花梗长度、姿态、颜色等。花梗长度的测量可随机抽取 10 朵小花，分别测定其花梗长度，计算平均值。有的品种花梗细长下垂，园林观赏价值较高甚至以此来命名，如银桂品种群的'玉帘银丝'等。

花色。花色鉴定统一安排在该品种头茬花盛花期首日进行，此时花心裸露，花色最深。除了用目测方法定性地描述这些桂花品种的花色，如乳白、中黄、橙红等以外，专业人士还应该采用目前国际园艺界通用的英国皇家园艺学会色卡，定量地测定这些桂花品种的色系号，如 4B、9C、25A 等。测定方法是把花枝剪下，带回室内，在朝北房间自然光线条件下，将小花放在色块中央穴洞内，与外围色块颜色对比，确定并记载相对应的色卡系号。色卡使用后，应立即将其放入盒内储藏好，防止曝光久而褪色；严禁将其带到野外，在阳光直射下使用。

花香。花香鉴定统一安排在该品种头茬花初花期首日进行。此时，花香还没有完全逸散到大气中去，对采样去实验室化验花香化学成分尤为重要。除了用鼻闻定性地描述这些桂花品种的香气以外（如浓香、中香、微香等），还应该根据技术规程要求，采集桂花样品，去实验室内测定桂花品种香气的化学成分，作为今后开发利用价值的理论依据。

花量。花量观测统一安排在该品种头茬花盛花期进行。可以通过目测方法将花量划分为稠密、中等和稀少三个等级。但只能代表头茬花的级别，不能反映二茬花和三茬花的花量级别，如要测定全年花量，另可在该品种初夏封梢期后进行，即在测定 1 年生新梢长度和节数的基础上，再统计这些新梢顶花芽和腋芽总数的总和，扣除明春萌发的枝芽数（一般每梢 3 枚），求其平均值，即可得出即将开花的 1 年生新梢平均花芽数。多年观测结果表明：花芽大于 30 枚／梢，是多花丰产品种；花芽 20～30 枚／梢的，为中花平产品种；花芽小于 20 枚／梢的，是少花低产品种。

雌雄蕊。据观察，雄蕊一般 2 枚，但有些品种也有 3 枚或 4 枚的情况。雌蕊的发育状况常因品种不同而异：有正常发育者，也有退化或完全败育的。因此，结实与否（或子房发育状况健康与否），是很多桂花品种的稳定性状，应成为品种分类的重要依据。

（8）果实性状。包括果实形状等多项测定内容。要求秋季花后至来年春季果实成熟前分期进行观测。

（9）适应性与抗性。可以通过访问当地花农取得，也可通过调查人员的观察实践或科研总结取得。由于调查品种都是同一个桂花种，共性肯定普遍存在，但"个性"也会时有发现，应仔细分辨观察记载，以便全面地鉴定和认识桂花不同品种。

（10）配植利用功能。包括观赏和经济实用两大内容。

观赏方面：品种不同，利用价值互有区别，如适合用作干道树、景观树、造型树或盆栽树等。经济实用方面：品种不同，利用方向也各有差异，如适合用作食品、医药或化妆品等。应根据实际应用表现，加以介绍。

为了搞好桂花品种形态学调查，笔者 2010 年曾发表了一篇题名为《桂花品种调查应有的 5 个规范到位》的科普论文。现将其中要点摘转于下，作为本节小结。

（1）调查空间要规范到位。应把诸多有待调查的桂花品种，引种栽培到一个全国性或数个地域性桂花品种鉴定示范园内，进行对比鉴定。

（2）调查时间要规范到位。桂花的花期非常短暂，花色和花香的变化更是十分惊人。要想得到正确的调查结果，一定要在该品种"始花"3 年、秋季首茬花短暂的初花期首日测定花香，短暂的盛花初期首日测定花色。

（3）调查植株要规范到位。调查对象应明确为通风透光条件良好，已始花 3 年，并定植已满 3 年的青壮年植株。举凡生长衰退的老年植株，或刚进入始花期的幼年植株，特别是刚移植过来还没有渡过缓苗返青期的植株，都不能选作标准株。

（4）调查部位要规范到位。枝条调查应统一选定在标准株树冠中上部，挑选有代表性、已成熟定型的 8～10 根当年生新梢，开展品种分枝力等生育指标的测定。叶片调查也应同步进行，固定在标准新梢的第二对叶片（因四季桂品种群中有的品种只有两对叶片）。开展有关叶形等生长指标的测定。

（5）调查学科要规范到位。桂花品种调查应以形态学调查为主，结合物候学观测、香气成分的化学分析和植物遗传学内部各遗传因子的测定，得出令人信服的调查数据和鉴定结果。既反映该品种的客观本质，也有利于该品种今后的开发利用。

（二）有关品种影像资料的收集和制作

1. 蜡叶标本的采集和制作

通常将桂花植株的一部分，如枝叶、花序、果实或幼苗等，压制成扁平的干标本，称之为蜡叶标本。采集蜡叶标本之前，应准备好如下工具：手铲、枝剪、标本夹、采集箱、标本纸、绳索、塑料布、放大镜、海拔表、野外记录本、标本号牌、小纸袋等，以备随时取用。

采集标本时，应尽可能地采集完整的标本，如枝叶、花、果等。如一时不能同时采集到这些标本，也应日后予以补齐。因为如果缺花少果，往往会给品种鉴定带来很大困难。特别是桂花，有的品种结实，有的品种不能结实，结实与否往往是划分品种的重要依据。

采集标本大小要适度，其长度一般不超过 40cm 为宜；每个标本系上一个号牌，其编号应与野外记录本的编号相符；一个品种至少要采集 3～5 份标本，以备分散保存或请专家鉴定时备用。压制标本时，叶片不应重叠，同时要安排有正面和反面的叶片；标本之间用标本纸分隔，加以适当压力，用绳子捆紧标本夹板，放在通风地方阴干（标本夹不可放在阳光下暴晒，这样会导致标本发热、叶片黄落）；标本每天更换干纸一次，约 7～8 天后就可以完全制干。将干制的蜡叶标本用塑料布包好，防止受潮，便于日后带回。如遇阴雨天气，标本纸需用炉火烤干，防止腐烂（标本不可直接用火烤，火烤的标本失水快，叶易皱卷）。

2. 花、果、枝叶原色浸液标本的制作

在桂花品种的盛花初期或结籽品种果实七成熟时，用修枝剪把花序或果实连同部分枝叶一起剪下，随即用塑料纸包好，放入采集箱内，避免花、果、枝叶失水、擦伤或压伤。

将采集回来的桂花品种新鲜标本，随即浸入固定液中，使花、果、枝叶的颜色得到固定。固定液的配方有以下两种：一种是 5% 硫酸铜溶液，用来固定桂花的枝叶和果实颜色，处理时间一般不超过 12 小时；另一种是 5% 甲醛加 5% 硫酸铜混合液，用以固定花的颜色。处理时间一般不超过 24 小时。

将已经固定好的桂花品种花、果、枝叶的标本，按时分别从固定液中取出，用清水洗净，然后放入盛有保存液的标本瓶中，长期保存。保存液用 6% 浓度的亚硫酸铁，稀释成 2% 的水溶液加少量甘油配成。果实还可另用 5% 浓度的甲醛溶液保存。浸液标本制成后，瓶口用石蜡密封，以防止浸液挥发及霉菌入侵。同时写好桂花品种标签，贴在标本瓶上。

配制原色浸液标本注意事项：①固定和保存花、果、枝叶时，以药液浸没标本为度。②固定药液只可使用 1～2 次。③保存药液用蒸馏水或凉开水配制；操作过程中，要注意清洁，防止杂菌感染。④密封时，瓶口要干燥，否则封上的石蜡容易脱落。⑤浸制好的标本避免阳光直射或将标本瓶频繁移动和震动。⑥保存过程中，如发现保存药液有变色或混浊等现象，应立即更换；换液时标本和标本瓶都要用清水洗净。

3. 彩色照片的拍摄

桂花品种十分丰富。它的花冠很小（花径一般在 1cm 以内），花型比较简单（一般花冠 4 裂斜展或平展，仅个别反卷或有台阁现象），花色并不繁多（只有黄、白、红三色），花期又比较短（开花全程不到一周，最佳拍摄时间很短）。因此，花卉爱好者往往难得拍摄出既有科学性、又有艺术性，比较完美的桂花品种彩色照片。工作时应注意拍摄器材、技巧和时间的选择。

（1）请准备好一台像素较高、微距拍摄效果佳的数码相机（最好是专业单反相机；质量较好、有微距拍摄功能的卡片机也可）。拍摄前应事先了解当地优良桂花品种的开花情况，以便按花期早晚合理安排好拍摄时间。

（2）盛花初期是拍摄桂花品种的最佳时期。届时既有许多花心裸露、花色浓艳的盛开花冠，又有少量圆润如珠的待放花蕾，却没有焦枯花朵的身影，最能表现这一品种青春活力的神韵所在。

（3）最好选择晴到多云天气拍摄彩照，这时拍摄的彩色照片清晰度最高。拍摄时，要避免阳光直射到叶面，因为这会使桂花品种叶面"发亮"；更要避免阳光直射到花冠，因为这样会使桂花品种花冠"褪色"变白，因此都要求在散射光而不是直射光条件下进行拍摄，防止叶色和花色失真。

（4）品种桂花的拍摄重点应是"花"与"叶"的特写镜头，它能充分体现该品种的某些特征，有助于更好地识别品种。因是超近距离拍摄彩照，必须借助于变焦镜头，才能保持画面局部清晰和拍摄的层次感和立体感；同时要求架设好三脚架，防止徒手拍摄、镜头易抖动，造成画面模糊。

（5）盆栽桂花或桂花树桩盆景常放置在温室或盆景园内，面积比较狭小。拍摄时，背景请用白布衬托，不要用彩色布衬托。整个画面取景应兼顾拍到花盆，示为盆栽而不是地栽。温室或盆景园上空常有钢支架和各种管线干扰，近旁又会陈列有其他盆栽植物，拍摄时要设法把它们挪开，以保持画面的整洁和美观。

（三）桂花在植物分类学上的研究成果综述

1. 桂花在植物进化过程示意图

多年来植物分类学家们把全世界植物种类划分为界—门—纲—亚纲—属—种共六大等级。在此基础上，同步参照二歧法分类原理，把各种植物的关键特征进行对比，抓住它们的区别点，相同的归为一类，不同的归为另一类。在相同的一类内，又以不同点加以分开，这样不断地寻找下去，最后得出植物界所有植物"种"及其下的"品种"，以下面为例，它就是从上述六大从属关系上，最后演绎得到桂花在植物分类学上进化过程示意图（图 4-1）。

2. 桂花"两类四群"检索表的编制

桂花经过 2000 多年的人工繁衍和自然变异，已经演绎分化出许多品种。我们根据物候期、花序种类、新梢长度、新梢节数和新梢叶片对数这 5 个明显不同的性状指标，把桂花划分为四季桂类和秋桂类两大类群。四季桂类下面只划分出一个四季桂品种群；而秋桂类下面再以花色为主，参考花香、叶色、树冠形状和分枝角度 4 个生育指标的不同表现，可进一步划分银桂、金桂和丹

表4-2　桂花类群检索表（杨康民 2011 年修订）

I. 灌木或小乔木。成年开花植株生长物候期和开花物候期全年交替或同时进行。在设施栽培条件下，全年均可开花。无总花梗的簇生聚伞花序和有总花梗的圆锥花序同时并存；花色淡，柠檬黄至橙黄色，随季节不同而有深浅变化；花淡香或中香；花量少至中等。新梢较短，一般只有3~4节、2~3对叶片，新梢端常以花封梢。叶片形状、大小和叶缘锯齿等性状变化大。（四季桂类）…………………………………………………………………… 1. **四季桂品种群**

I. 中小乔木或灌木。成年开花植株上半年为生长物候期，下半年为开花物候期。全年开花1~3次，平均2次。簇生聚伞花序为主，偶见近扫帚状圆锥花序。新梢较长，一般有5~7节、3~4对叶片，新梢端以明显顶芽封梢。叶片形状、大小和叶缘锯齿等性状相对比较稳定。（秋桂类）

  II. 花色较浅，一般柠檬黄色至中黄色。叶色较浅，一般绿色至深绿色。

    III. 花色柠檬黄色为主；花香甜馥或中等；花量中至多。大枝斜展或平展，树冠常呈扁球形。………… 2. **银桂品种群**

    III. 花色中黄为主；花香浓郁或中等；花量中至多。大枝挺拔斜上，树冠常呈圆球形。………… 3. **金桂品种群**

  II. 花色深，橙黄至橙红色。叶色较深，一般深绿色至墨绿色。花中香或淡香，花量中至多，花后易脱落。大枝挺拔，小枝直立。树冠常呈椭球形。叶片分布树冠表层，内部常呈中空状态。………… 4. **丹桂品种群**

Ⅰ植物界
  Ⅱ裸子植物
  Ⅱ被子植物
    Ⅲ单子叶植物纲
    Ⅲ双子叶植物纲
      Ⅳ离瓣花被亚纲
      Ⅳ合瓣花被亚纲
        Ⅴ木犀等科（共 34 科并列）
          Ⅵ木犀等属（共 27 属并列）
            Ⅶ桂花等种（共 31 种并列）

图4-1　桂花在植物分类学上进化过程示意图
（杨康民 2005 年摘编）

桂3大品种群。详见表4-2。

笔者过去曾进行过长达30年之久的桂花物候期的观测研究工作。对于桂花类类群检索表的编制工作，有如下4点深刻体会。

（1）四季桂类群的桂花，一般在秋、冬、春三季开花（设施栽培条件下，夏季 也能开花）。秋桂类群的桂花，只有秋季开花。因此，凡冬、春、夏三季见有开花的桂花品种都是四季桂类品种，而不会是秋桂类品种。

（2）同在秋季开花，根据花序的种类也可以大致区分出桂花的类群。四季桂类群的品种开的大多都是圆锥花序，只有首末花期才出现簇生聚伞花序，花量一般偏少，花香也比较清淡；而秋桂类群品种秋季1~3茬花全以簇生聚伞花序面貌出现，花量一般较多，花香也比较浓郁。

（3）即使被调查的品种，当时都不在开花季节，但从枝、叶等营养器官的某些性状，仍可以判断它隶属于哪个类群。四季桂类品种成年开花植株，生物物候期和开花物候期全年交替进行，一年内多次抽发新梢，顶心春季以花封梢。由于多次抽梢并开花，养分消耗多，致使新梢较短、节数和叶片对数较少，叶片形状、大小和叶缘锯齿等变化较大。而秋桂类成年开花植株，每年集中在春季抽梢、多仅抽发一次春梢，顶心以明显顶芽封梢。因全年仅抽一次新梢，养分得以集中使用，导致新梢较长，节数和叶片对数较多，叶片形状、大小和叶缘锯齿等相对比较稳定。

（4）在明显判定两大桂花类群的基础上，我们还可以进一步研究和解读出秋桂类3大品种群的识别和鉴定方法。开花前夕，我们远处眺望秋桂类开花植株，凡大枝斜展或平展、树冠近扁球形，叶色绿，花冠颜色黄中带绿（或称柠檬黄色）的是银桂类品种群桂花；大枝挺拔斜展，树冠近圆球形，叶色深绿，花冠黄色的是金桂品种群桂花；大枝挺拔、小枝直立如火炬，树冠椭球形，叶色墨绿，花冠橙黄或橙红的是丹桂类品种。

3. 桂花品种检索表的编制

在桂花两大类、四大品种群划分的基础上，我们还可以再按花部繁殖器官为主的 4 级分级法，将目前现在品种，分门别类、各得其所，编制成一个全国通用的桂花品种检索表。所谓 4 级分类法指的是：①花期；②结实与否；③繁殖器官性状包括冠形、干形、嫩梢颜色、2 年生母梢分枝力、1 年生新梢长度、节数、顶腋芽数和叶片对数以及叶形、叶身、叶色、叶质、叶缘、叶脉、叶尖、叶基和叶柄等指标。

参考上述要求，我国目前已编制完成多个地方性和一个全国性桂花品种检索表。但据研究，这些检索表都是短期流动、分别在全国各地完成的，而不是固定在某个品种鉴定示范园由专人系统长期观测对比完成的。受空间差和时间差双重不利因素的制约和影响，调查数据不够精确全面，调查成果普及应用尚有一定的困难。衷心期待随着各地桂花品种鉴定示范园工作的开展，一个严谨、实用的"中国桂花品种形态特征鉴定表"能够及早编就问世。

（本节编写人：杨康民）

二　物候学观测法

（一）物候学的涵义及其在我国的发展历史

凡是研究自然界中生物（主要指植物，也包括动物在内）和环境条件的周期变化（主要指气候条件，也包括水文和土壤条件在内）相互关系的科学，称之为物候学。

我国最早从事植物物候观察的是南宋时的吕祖谦。观察年代为两年（1180—1181）；观察地点在浙江金华；观察植物有蜡梅、桃、李、梅、杏、紫荆、海棠、兰、竹等24种植物。这是世界上最早凭实际观测而得到的物候记录。现代对物候学最有贡献的是已故中国科学院院长竺可桢院士。他是我国物候学研究的创始人，著有《物候学》专著和《中国五千年来气候变迁的初步研究》等多篇论文。竺可桢院士亲自坚持了几十年的物候观测，倡导组织了全国的物候观测网，奠定了我国物候观测工作的研究基础。

（二）桂花品种物候学观测的方法与要求

1979年，中国科学院地理研究所颁布了《中国物候观测方法》。笔者参考了该方法要点，制订如下桂花品种物候观测方法，并在此后科研实践中贯彻执行。

1.定点

观测点要有代表性，应是平原地区。观测品种对象最好是空旷地区的单株桂花。如果达不到这一要求，也最好是少受附近地形、地物干扰影响的散生桂花，以突出各观测品种之间的可比性。观测点选定后，务必将该点的地理位置、生态环境（包括海拔、地形、植被、土壤等情况）和邻近气象台站地点位置相近可进行详细的记载。非万不得已，观测点不要轻易更换。

2.定株

在观测点内，选择定植期和始花期都达3年以上的桂花品种作为观测对象，不要选用那些刚刚移栽下去或者刚刚第一年进入始花期的植株。因为前者尚处于返青

期，根系还没有与土壤密切结合，枝叶稀疏，叶片小，物候表现往往偏晚；后者刚进入始花年龄，开花或结实还不很正常和稳定，不能充分反映该品种的生长发育规律。至于观测植株，每个桂花品种宜选择生长健壮、发育正常的植株3～5株，作为定期观测对象。个体单株观测代表性不强，特别是桂花播种苗，个体差异更大。

3.定时

最好每天都进行观测。如果人力不足，亦可隔天观测一次。盛夏生长稳定阶段或隆冬相对休眠季节，可以每隔3～5天观测一次或短期暂停观测。如遇特大台风或寒潮降温，则于风后或寒潮过后，应及时补充观测，用以研究并确定台风或低温对桂花品种生长影响。观测时间最好安排在下午。因为午后2时气温最高，桂花品种的物候变化，往往在当日高温之后出现。但如果观测的植株和品种很多，则可不受上述时间的限制，关键在于选好观测路线，有效地利用当天全天时间，没有遗漏地观测好所有应该观测的桂花品种。

4.定人

应该选用责任心比较强的人来完成这项工作。因为搞物候观测，工作比较艰苦、细致，且又十分枯燥，没有坚忍不拔的意志、旺盛的工作热情、锲而不舍的钻研精神，是很难完成这一任务的。此外，观测人员要相对稳定。因为更换观测人员，观测标准就有可能不够一致，容易产生人为误差，给今后的分析总结工作带来困难，甚至产生错误结论。

（三）桂花品种物候学观测的作用与效果

1982—2011年，笔者等先后在上海、苏州和都江堰三地陆续开展了秋桂类生长物候期和开花物候期专题研究，取得如下八项成果，分别穿插介绍在本书有关章节中。

（1）有利于安排桂花品种适宜的造林季节。

（2）有利于落实桂花品种扦插育苗的适宜时间。

（3）有利于及时进行桂花品种有效的水肥管理，满足其生长发育需要。

（4）有利于及时开展桂花品种病虫害的防治工作。通过定时的物候观测，可以同步地观察到病虫害。

（5）有利于及时开展桂花品种人工杂交育种。

（6）有利于掌握和鉴定桂花品种的形态特征。

（7）有利于了解和掌握桂花品种的生态习性，包括对水涝、干旱、高低温、烟尘、盐碱、病虫、修剪等的适应性表现。

（8）有利于预测预报桂花品种的花期，更好地为生产服务，为旅游观光服务。

（本节编写人：杨康民）

三 桂花品种花色色素和花香成分的测定

眼睛可以观察到乳白、柠檬黄、橙黄和橙红等诸多花色；通过鼻子，可以闻嗅到浓香、中香和微香等各种级别的花香。在此基础上，还可以利用各种仪器和测定方法，直接从桂花品种中提炼出天然色素和香精油等深加工产品，满足当前食品、医药和化妆品等产业发展的需求。此举不仅有巨大的经济效益，对桂花品种的鉴定也有重大的科学意义。

（一）花色色素的提取和应用

花色是一种很复杂的性状，主要由黄酮类化合物、类胡萝卜素和生物碱等所组成。

黄酮类化合物是植物次生代谢的产物，普遍以苷的形式存在于植物的花、果、叶中，具有保护心血管系统、护肝、抗肿瘤、清除自由基、消炎、抗过敏、抗病毒等重要的药用价值。类胡萝卜素是一类萜烯类天然化合物的总称。具有亲脂性，广泛分布于植物的花、果、叶及根中，可溶解于大部分有机溶剂，其结晶或溶液在可见光下呈现绚丽的红、橙或黄色。生物碱是含负氧化态氮原子的环状有机物，是氨基酸的次生代谢产物。据了解：桂花色素颜色鲜艳，稳定性好，是一种值得开发利用的天然色素资源。大多数研究都表明黄酮类化合物为桂花的主要色素物质，类胡萝卜素也占有一定比例，为橙红色着色做出了一定贡献。

花色物质的提取方法主要有：有机溶剂提取法、超声波辅助提取法、酶解提取法、微波加热提取法和超临界流体萃取法等。至于花色物质的分离鉴定方法则有：紫外分光光度法、薄层扫描法、高效液相色谱法、荧光分析法和毛细管电泳法等。目前桂花花色的研究主要是将有机溶剂提取法、超声波辅助提取法、酶解提取法等分别与紫外分光光度法相结合运用。

李志洲（2005）比较了不同溶剂提取丹桂色素的效果。结果证明：丹桂色素既溶于水、甲醇、乙醇等极性溶剂，也溶于丙酮、乙酸乙酯等非极性有机溶剂。强还原剂、食品添加剂以及氧化剂对色素的稳定性影响不大；自然光条件下，色素稳定性会随时间的延长而略有减弱。

储敏（2006）选用不同体积分数的乙醇作为溶剂，分别提取金桂与丹桂的花色物质并比较其稳定性。结果表明：金桂和丹桂的花色色素稳定性基本一致，其中丹桂色素的含量比金桂要高。

程辉等（2007）采用超声波辅助提取法从桂花中提取黄酮物质，并与乙醇浸提法进行对比：发现超声波辅助提取法工艺简单，提取率高于乙醇浸提法。

王丽梅等（2008）比较了水煮提取法、乙醇浸提法、超声波辅助提取法以及解析——热提法对桂花黄酮类化合物的提取效果。结果表明：解析——热提法是最好的提取方法，提取率高；但所用材料是浸提香料后的桂花。

王桃云（2009）对桂花色素提取工艺进行了优化处理。结果表明：桂花色素的最佳提取的工艺条件为：85%的乙醇、料液比1∶15、萃取时间80分钟、萃取温度80℃。

蔡璇（2010）以四季桂为研究对象，并分别优化了黄酮类化合物及类胡萝卜素的提取方法。结果表明：50%的乙醇提取黄酮类化合物的效果较好；丙酮∶乙醇（1∶1）提取类胡萝卜素的效果较好。在此基础上还对比了不同花色品种色素物质类别的差异（2014），发现金桂、银桂、丹桂都富含黄酮类化合物，但是只有丹桂含有明显的类胡萝卜素。

从上述介绍实例可知：对于桂花花色物质的分析，前人主要是在品种群层面上进行的，仅有个别研究具体到品种；而且以往的研究又经常受到时间与空间的限制，很多结果并不能确切地反映该品种群中所有品种的性状特征。因此，桂花不同品种的花色差异与成色机理的研究目前还处于起步阶段；随着科研条件的不断改善，在以后的研究中应尽量深入到具体品种采样和分析，并注重调查方法的规范到位（例如，应统一规定在盛花初期采样测定花色等），也需要进一步分析具体的花色物质成分，为其花色生物合成规律研究奠定基础。

（二）花香成分的鉴定和应用

花香是一系列低分子量、挥发性物质的复杂混合物，是植物吸引昆虫传粉和抵制草食动物的一种进化适应。花香不但对许多植物的生殖具有重要作用，而且还能提高植物的观赏价值。

花香的感官评价方式很多，如按香气等级来划分，前已提及可分为浓香、中香、微香和不香4个等级。又如按香气类型来划分，也可分为甜香、醇香和清香等类型。当然，单纯用感官评价的方式来描述花香是不够完善的，需要结合仪器分析，对花香物质进行分离鉴定，从而了解不同桂花品种花香的组成特征。

花香物质主要可以分为萜烯类、苯基/苯丙烷类和脂肪酸衍生物3大类。萜烯类化合物是芳香油的主要成分；苯基/苯丙烷类化合物是从苯草酸途径衍生的植物特有的次生代谢产物；而脂肪酸衍生物是芳香油中分子量较小的化合物，几乎存在于所有芳香油中但其含量较少。

花香物质的提取方法主要有以下6种：①蒸馏提取法，②溶剂萃取法，③吹扫捕集法，④多孔树脂吸附法，⑤超临界流体萃取法，⑥固相微萃取法。其中，①→⑤5种方法主要用于提取香精油，而⑥则是近年来才迅速发展起来的新方法，可运用于活体鲜花花香物质的直接萃取。

至于花香物质的分离鉴定主要运用的是气相色谱

（GC）与气质联用仪（GC/MS）。另外，仪器分析和感官评价相结合的方法，如气相色谱——嗅觉测量法也越来越多的运用到香气分析中。这种分析方法更真实地反映香气物质的味道，并为人工合成香精油提供依据。此外，将核磁共振、红外等鉴定方法运用到香气分析中，能精确分析到香气物质的分子结构，有利于发现新的香气物质，使鉴定结果更为准确。

文光裕（1983）以桂花浸膏为原料，萃取净油，再用气相色谱——质谱联用仪，结合柱层析、薄板层析和红外光谱测定等方法，鉴定了桂花 26 个成分，主要包含 γ - 癸酸内酯、α - 紫罗兰酮、β - 紫罗兰酮、反 - 芳樟醇氧化物、顺 - 芳樟醇氧化物、芳樟醇、二氢 - β - 紫罗兰酮和橙花醇等。

祝美莉等（1985）采用多孔交联聚苯乙烯树脂吸附肼，捕集杭州植物园金桂、银桂和丹桂 3 个桂花品种的鲜花头香，然后采用气相色谱——质谱联用仪，鉴定出共 56 个化合物。证明桂花的特殊香气主要是由 α - 紫罗兰酮、β - 紫罗兰酮花香果香和 γ - 癸内酯的蜜甜香所组成。其中：银桂品种群以 α - 紫罗兰酮、二氢 β - 紫罗兰醇和芳樟醇的氧化物含量较高；金桂品种群以茶螺烷和 γ - 癸内酯的含量较高；丹桂品种群则缺乏 β - 紫罗兰酮，另含有多环芳香烃类化合物。

巫华美等（1997）采集贵州地区的银桂和金桂两个品种小花，经盐渍处理后，用自然水漂洗，再经脱水机甩干，用超临界 CO_2 抽提仪萃取净油。结果表明：银桂和金桂净油的化学成分及其含量存在明显差异。

张坚（2006）采集新鲜银桂烘干后，比较微波——同时蒸馏萃取法和超临界 CO_2 萃取法两种方法提取桂花精油的效果。结果表明：使用微波——同时蒸馏萃取法可得到较高的精油提取率，而使用超临界 CO_2 萃取法可得到较多的主要芳香成分。

金荷仙等（2006）用活体植株动态顶空套袋采集法与热脱附（TCT）- GC/MS 联用分析技术相结合，分析了杭州满陇桂雨公园内的'玉玲珑''小叶金桂''朱砂桂''佛顶珠' 4 个桂花品种的香气组成，确定氧化芳樟醇、芳樟醇、α - 紫罗兰酮、β - 紫罗兰酮、2H - β - 紫罗兰酮和罗勒烯等为桂花香气的主要挥发性有机成分；不同桂花品种释放的挥发物质存在有明显差异，如表 4-3 所示。

表 4-3　4 个桂花品种挥发性组成中主要化学成分的比较（金荷仙，2006）

保留时间（分钟）	化合物名称	分子式	各品种相对含量（%）			
			'玉玲珑'	'小叶金桂'	'朱砂桂'	'佛顶珠'
6.20	乙酸	$C_2H_4O_2$	2.22	0.19	—	—
9.43	乙醛	$C_6H_{12}O$	0.37	0.05	1.33	—
15.90	(E) 乙酸 -3- 己烯酯	$C_8H_{14}O_2$	3.89	0.12	—	—
17.29	罗勒烯	$C_{10}H_{16}$	—	22.76	4.29	1.11
18.12	顺式氧化芳樟醇（呋喃型）	$C_{10}H_{18}O_2$	37.71	14.11	13.50	1.56
18.62	反式氧化芳樟醇（呋喃型）	$C_{10}H_{18}O_2$	9.77	16.63	21.08	7.34
18.96	芳樟醇	$C_{10}H_{18}O$	2.35	25.12	29.07	48.79
19.05	壬醛	$C_9H_{18}O$	1.42	—	—	—
19.09	6- 乙烯基二氢 -2,2,6- 三甲基 -2 氢 - 吡喃 -3 [4H] - 酮	$C_{10}H_{16}O_2$	1.82	—	0.56	—
20.94	6- 乙烯基四氢 -2,2,6- 三甲基 -2 氢 - 吡喃 -3- 醇	$C_{10}H_{18}O_2$	2.29	1.20	2.77	0.48
22.99	反式香叶醇	$C_{10}H_{18}O$	4.78	—	17.84	—
25.48	(E) -4- (2,6,6- 三甲基 -1- 环己烯) 基 3- 丁烯 -2- 酮	$C_{13}H_{20}O$	8.84	0.10	0.18	11.55
27.37	α - 紫罗兰酮	$C_{13}H_{20}O$	1.51	4.61	0.08	0.78
27.64	2H- β - 紫罗兰酮	$C_{13}H_{22}O$	5.59	3.48	0.30	6.73
28.44	5- 己基二氢 -2 [3H] - 呋喃酮	$C_{10}H_{18}O_2$	5.10	1.14	8.96	0.10
28.73	β - 紫罗兰酮	$C_{13}H_{20}O$	12.34	10.48	0.05	21.54

曹慧等（2009）以银桂、金桂和丹桂3个桂花品种为对照样本，采用顶空固相微萃取（SPME）结合 GC/MS 方法，运用相似度评价法和主成分分析法对各桂花样本指纹图谱进行化学模式识别研究。结果表明：SPME-GC/MS 是一种可用于分析不同桂花品种香气成分差异简单而行的方法。利用色谱指纹图谱相似度评价法和主成分分析法可以对桂花不同品种进行归类和鉴别。

Xin 等（2013）用 SPME-GC/MS 鉴定了桂花不同品种群 36 个品种的香气成分，并根据成分及其相对含量的差异做了主成分分析（PCA）。其结果推测丹桂类品种的主要香气物质为顺式氧化芳樟醇（呋喃型）和反式氧化芳樟醇（呋喃型），以及芳樟醇；银桂中则以己烯醛和己烯醇为主；金桂和四季桂富含 β- 紫罗兰酮。

蔡璇等（2014）运用 GC/O，将香气嗅探与物质鉴定结合，从同一地区 12 个桂花品种中选出最具有代表性的 3 个品种 '柳叶金桂''厚瓣银桂'和 '镉橙丹桂'，发现反式 -β- 紫罗酮是 '柳叶金桂'中最重要的香气活性物质，主要贡献了紫罗兰香、木香和果香。呈现出香草香特征香气的反式 -β- 罗勒烯在 '厚瓣银桂'上的贡献度最大，其次还有顺式 -β- 罗勒烯。在 '镉橙丹桂'中，芳樟醇所表现出的花香和薰衣草香贡献率最高。

曾祥玲等（2016）利用固相微萃取、溶剂提取以及 β-D- 葡萄糖苷酶反应的方法，分别分析了桂花中挥发态、游离态和糖苷态三种香气成分存在形式的释放和积累情况，以及三者之间的关系。结果发现，糖苷化对芳樟醇及其衍生物的释放与积累具有明显的影响。初花期的香气物质以挥发态和游离态占优势；而盛花期以后，芳樟醇逐渐转化为不易挥发的芳樟醇衍生物，并以糖苷结合态的形式积累在花瓣内，因而导致初花期花香浓郁，而盛花期以后香味变淡。

从以上测定实例可以认识到：桂花的香气成分分析和桂花的色素分析一样，一定要在规范条件下，按统一的技术操作规程进行。这是因为前人虽有不少研究报道，但由于不同地区的同一品种，或同一地区的不同品种其香气成分及含量都存在有差异，并且不同的提取方法或分析方法有时也会得到不同的结果。因此，建立系统的感官评价体系，并结合先进的科研仪器如电子鼻、GC/O 等方法，在"品种"层面上而不是"品种群"层面上，正确采样，科学分析不同地区、不同桂花品种的香气活性物质或特征香气成分，以便更好地为桂花品种的鉴定及桂花产品的深加工，提供参考依据。同时也为进一步探究桂花香气的生物合成规律提供更多证据。

（三）花色和花香基因克隆的研究

花色和花香的感官分析，为人们评价花卉的观赏价值提供了标准；花色和花香的仪器分析，使人们从生理生化水平认识色香物质类别的多样性。但是，色香成分极其复杂，感官分析与仪器分析的结果还不能很好地从根本上解释其形成机理。随着分子生物学的发展与生物技术的不断成熟，尤其是基因克隆与基因工程技术的介入，已成功地在部分观赏植物中发现与花色和花香形成相关的关键基因。今后，此类技术的不断推广，可为桂花品种花色和花香形成机理研究提供新的途径。

桂花花色和花香分子水平的研究也在逐步发展并取得了一定成果。Huang F. C. 和 Schwab W.（2009）克隆出桂花类胡萝卜素裂解双加氧酶基因（CCD4）mRNA 序列，此基因序列广泛存在于红色花及黄色花中，是类胡萝卜素代谢途径中的关键酶。张园（2009）以桂花的花蕾为材料，运用 cDNA-AFLP 技术分离桂花品种花香形成过程中差异片段，通过克隆测序、BLAST 分析，获得 6 个可能与香味相关的基因片段，分别命名为 *2OGox2*、*C4H1*、*CCD4*、*AACT*、*CFAT* 和 *LOX*，为下一步揭示桂花香味物质代谢途径奠定了基础。国外学者 Baldermann 等（2010；2012）在桂花的研究中，发现 *CCD1* 基因能降解 α- 胡萝卜素和 β- 胡萝卜素降解产生 α- 紫罗兰酮和 β- 紫罗兰酮。随后韩远纪等（2013）研究了四个桂花品种中类胡萝卜素生物代谢相关基因的表达，发现 β-hydrosylase(HYB) 和 zeaxanthin epoxidase(ZEP) 在金桂和银桂中的表达量明显高于丹桂，这可能与丹桂 β- 胡萝卜素的积累有关。金桂中 lycopene ε-cyclase(LCYE) 的高表达量与其叶黄素的累积有关。*CCD1* 和 *CCD4* 基因在金桂与银桂中的表达量较高可能是导致这两个品种中 α- 胡萝卜素和 β- 胡萝卜素含量低的原因。韩远纪等（2015）还克隆了 *OfMYB1* 转录因子，基因表达分析发现，花青素代谢途径中的 *OfCHS*、*OfCHI*、*OfDFR* 和 *OfANS* 基因与 *OfMYB1* 的表达不一致，由此推测，这些基因的表达可能不受 *OfMYB1* 的调控。母洪娜等（2015）测定了 '橙红丹桂'和 '早银桂'的花青素和类胡萝卜素含量，并结合转录组测序检测到的花色代谢相关基因的差异表达分析，推测桂花类黄酮的代谢路径是从柚皮素开始转向二氢槲皮素进而在 DFR、ANS 催化下形成矢车菊色素，这一研究结果还有待进一步花色成分的具体鉴定来验证。张超等（2016）克隆了桂花中 15- 顺式 -ζ- 胡萝卜素异构酶基因，该基因在桂花中表达与类胡萝卜素积累十分相关，但与品种中的类胡萝卜素含量差异关联并不显著。曾祥玲等（2016）从桂花中克隆了两个参与黄酮类物质代谢的 *C4H* 基因，两个基因的序列和表达模式都存在明显的差异，*OfC4H1* 在花瓣中表达量最高，*OfC4H2* 在花梗、幼叶的绿色组织中表达量较高，由此推测两个基因可能负责不同组织部位黄酮类物质的合成。

唐丽等（2009）从金桂中克隆出芳樟醇合酶基因，此基因为香气物质合成的相关基因，在萼片和叶片中不表达，但在花冠裂片、雄蕊和雌蕊中都有表达。刘偲等（2016）从桂花中克隆得到一个醇酰基转移酶 *OfAAT1* 基因，该基因在花瓣中大量表达，且随着花朵的开放表达量逐渐增加至盛花期达到最大，而且还存在明显的昼夜节律，推测该基因参与桂花中以脂肪酸为底物的酯类香气物质的合成有关。曾祥玲等（2016）对两个桂花品种的单萜类物质及其相关基因表达进行了测定，桂花中的萜烯类合成酶基因 *TPS1* 和 *TPS2* 与 β - 芳樟醇生成有关，*TPS3* 与反式 - 罗勒烯合成有关，*TPS4* 则与 α - 法呢烯合成有关，其中 *TPS1* 和 *TPS3* 基因的表达量与两个品种中β - 芳樟醇和反式 - 罗勒烯的合成一致。徐晨等（2016）也于近期发现并克隆了桂花中的 (+)- 新薄荷醇脱氢酶是一种单萜脱氢酶基因。Xu 等（2016）分析了合成单萜和类胡萝卜素的赤藓醇磷酸（MEP）路径上的 10 个基因在不同发育时期、组织部位以及昼夜的表达规律，结果发现，这些基因都是在花序中特异表达，具有明显的组织特异性；其中 *OfDXS1*、*OfDXS2* 和 *OfHDR1* 基因的表达量具有明显的昼夜节律性，为进一步研究揭示和深入研究花香释放的节律性提供了依据。

桂花花色和花香形成过程代谢路径中的基因多样性，使逐个得到各基因的全长还需要更深入的研究。当然，为了实现我国桂花品种观赏性状的基因工程改良，要培育花型大、花色丰富、花香奇特的优良新品种目标，基因克隆技术应与组织培养技术齐头并进、共同发展。宋会访（2004）分别选择健壮金桂的胚、新梢茎段以及叶片为外植体，探讨了各自组织培养过程中的最佳配方及程序。蔡新玲（2007）则分别以银桂、金桂、丹桂及四季桂的茎尖为外植体，对其愈伤组织进行诱导增殖。这些研究现都未能成功诱导出再生苗。说明桂花为木本花卉，再生与遗传转化体系的建立有一定难度。邹晶晶等（2014）以桂花合子胚不同发育阶段的胚根、胚轴、胚芽和子叶为外植体材料，接种于添加不同浓度及组合的植物生长调节剂的培养基中，探索诱导胚性愈伤和体细胞胚的最佳条件，发现以桂花早期子叶期的合子胚的子叶段为外植体材料，接种到含有 1.0mg/L BA 和 0.5mg/L 2,4-D 的 MS 培养基上，胚性愈伤组织诱导率最高达 88%。MS 基本培养基添加 1.0mg/L BA 和 0.5mg/L NAA 有利于体细胞胚的形成，体细胞胚诱导率为 86.7%。后期经过一系列的培养，诱导等步骤，最终的移栽成活率能达到 85%。这些科研结果标志着桂花再生体系的成功建立，有助于国人迈开桂花基因工程研究的步伐。但遗传转化体系的建立尚未成功，因此，我国桂花品种基因工程的技术研究，还需要加大力度。这些研究课题的胜利完成也确能提高我国桂花的国际学术地位，为我国传统特色民族花卉走向国际市场奠定良好基础。

（本节编写人：蔡璇　曾祥玲　王彩云）

四　分子标记法在桂花品种分类中的应用

桂花源于我国，在长期的栽培过程中，通过人工选择和自然杂交，产生了种内性状多样性的变异，形成了众多的品种。而且随着野生桂花资源的不断开发和杂交育种工作的普遍开展，桂花栽培品种的数目还将大大增加。若单独依靠花部器官和枝叶的外部形态特征来区别鉴定复杂多变的桂花品种是有一定困难的。

随着分子遗传学的发展，DNA 分析技术得到不断改进，迅速地提高了我们认识园艺作物在分子水平上遗传关系的能力。应用精度可靠、鉴别力强、重复性高的 DNA 分析技术已成为园艺作物品种分类鉴定、品种名称登记注册及专利保护的理想方法。

分子标记是在人类基因组研究计划（Human Genome Initiative, 简称 HGI）的推动下，迅速发展并得以在各方面广泛应用的一种方法。它作为基因型特殊的一种易于识别的表现形式，与其他 3 种主要遗传标记（形态标记、生化标记、细胞标记）相比，张俊卫（1998）认为分子标记（同工酶分子标记除外）具有以下优点：①直接以 DNA 的形式表现，不受组织特异性、发育阶段、季节、环境等条件限制；②数量多，遍及整个基因组；③多态性高；④表现为中性，不影响目标性状的表达，与不良性状无必然的连锁；⑤有些分子标记表现为共显性，能够鉴别物种的杂合、纯合状态。

在桂花品种分类中，现主要应用的分子标记法有 RAPD 技术、ISSR 技术、AFLP 技术、SSR 荧光指纹图谱技术以及 SCoT 分子标记。分项列述于下：

（一）RAPD 技术

RAPD（random amplified polymorphic DNA, 随机扩增多态性 DNA）是以人工合成的随机引物对基因组 DNA 进行扩增而产生的一种能显示多态性 DNA 的指纹图谱。由于它可以在没有任何分子生物学研究基础的情况下，用某一物种进行图谱的构建和遗传多样性的研究，相对来说比较经济简便，DNA 用量也少，而且避免了使用放射性同位素探针，因此，近年来在许多木本品种资源鉴定方面得到了广泛的应用。但是，RAPD 分析法目前主要存在有以下两个问题：①重复性和稳定性较差，有许多因素均会影响 RAPD 的扩增结果。在分析前要对品种反复进行 RAPD 反应条件的优化实验，以求得到令人信服和可靠的结论；② RAPD 非常灵敏，而且一般为显性标记，有时会使遗传分析变得复杂化，在作图和遗传多样性的研究中，应当非常谨慎。

赵小兰、姚崇怀（1999）曾对 16 个桂花栽培品种进行过 RAPD 标记的测定分析。他们从 20 个 10 碱基的随机引物中筛选出 12 个扩增效果好的引物，这 12 个随机引物共产生 66 个条带，其中 38 条为多态性，显示出桂花种内丰富的遗传多样性。RAPD 标记反映的是基因组 DNA 的多态性，使用的引物数量越多，扩增片段覆盖的核 DNA 面越广，越能客观地反映各品种间遗传本质上的差异，所以增加引物数量和供试品种，才能更好地探讨桂花品种间的演化和亲缘关系。

伊艳杰等（2004）采用 RAPD 技术，从 100 个随机引物中筛选出扩增效果较好的 20 个引物，分析桂林市 23 个桂花品种的基因组多态性。20 个随机引物共检测到 193 个位点，其中多态位点 114 个，占 59.1%；并进行了聚类分析，构建出树状聚类图，将这些品种划分为 4 个品种群，与传统分类学结果一致。结论表明：以基因型而不是以表现型为基础，分析桂花品种间的区别是可能的。该技术为解决桂林市的桂花品种分类问题提供了理论依据。

（二）ISSR 技术

ISSR(inter-simple sequence repeat, 简单序列重复）是由 Zietkiewicz 等人（1994）提出的一种新型分子标记方法。它有操作简单，检测结果方便的特点，能提供更多可重复性的位点和能检测出更多的变异，因此 ISSR 分子标记技术是一种快速、可靠、能提供基因组丰富信息的 DNA 指纹技术，有很好的发展前景。

胡绍庆等（2004）利用 ISSR 技术对 54 个桂花品种进行基因组多态性分析。从 70 个 ISSR 引物中筛选出 13 个多态性引物，用于正式扩增，共扩增出 90 条 DNA 片段。其中，多态性 DNA 条带 79 条，占总扩增片段的 87.8%。胡绍庆等把供试桂花的 54 个品种分为 7 大类，并对品种间遗传关系进行如下探讨：①银桂品种群的品种多独立聚为一类或单独聚为一支，说明它们选育的时间可能较早，应是桂花的原种。②四季桂品种群品种与银桂品种群部分品种的亲缘关系较近，很可能是较晚时间从银桂品种群中选育而成的桂花变种。③金桂品种群和多个丹桂类品种群品种有较近的亲缘关系，两者均应认为是桂花的变型。他们现正在核对基因组变异速度较快的 ITS 基因片段进行测序，以期获得品种特异性的变异位点，用于实际生产中桂花品种的资源鉴定。

李梅（2009）同样利用 ISSR 分子标记技术，以柊树（*Osmanthus heterophyllus*）和华东木犀（*Osmanthus cooperi*）为对照点，研究了桂花 81 个品种和 1 个野生种之间的亲缘关系。研究表明：84 份种质可分成 4 类，各品种群的品种往往先聚在一起。其中，四季桂品种群品种与秋桂类、金桂、银桂和丹桂 3 大品种群品种的遗传距离较远；另色质较深的金桂类品种与丹桂类品种遗传距离较近，进一步说明基于 ISSR 分子标记的聚类结果与基于形态的传统分类学的结果基本相符。

张俊杰（2015），利用 ISSR 分子标记技术，以华东木犀和云南木犀为对照种，研究昆明市区 56 个桂花品种。发现同一品种群内的品种、各品种群之间花色相近的品种大多聚类，但没有严格按照品种群聚类。桂花品种群之间的变异大于品种群之内的变异。遗传距离最远的在四季桂品种群与丹桂品种群之间；遗传距离最近的在银桂品种群与金桂品种群之间。

乔中全（2016）用 ISSR 技术分析了'珍珠彩桂'和其他 43 个桂花品种的遗传多样性，并构建了指纹图谱。从聚类结果看，'珍珠彩桂'与'橡皮朱砂桂'、'月月桂'与'早银桂'聚为一类，并不能判断'珍珠彩桂'属于哪个品种群，但在遗传距离较远处'珍珠彩桂'又与花色较浅的品种聚为一类，因此结合其开花特性将其归为银桂品种群。由此可见单独的 ISSR 分子标记并不能确定其品种群的归属。而桂花 DNA 指纹图谱的建立，有利于桂花品种鉴定和真伪辨别，对桂花新品种培育鉴定、子代检测、杂交育种等具有重要意义。

（三）AFLP 技术

AFLP(amplified fragment length, 扩增片段长度多态性）技术可用于没有任何分子生物学研究基础的物种，其中引物在不同物种间是通用的。AFLP 的多态性非常高，利用放射性标记或银染方法，在变性的聚丙烯酰胺凝胶上通常可检测到 50 ~ 100 个扩增产物，而且重复性强。因而非常适合用于品种指纹图谱的绘制、遗传连锁图的构建及遗传多样性研究等。AFLP 技术目前被认为是 DNA 指纹图谱技术中多态性最为丰富的一项技术，其产生的多态性远远超过上述 RAPD 和 ISSR 两种技术。

韩远记等（2008）采用 AFLP 技术从 22 对引物中筛选出 6 对用来检测 22 个桂花品种和木犀属 3 个种的多态性位点，共检测到 171 个位点，其中多态性位点 104 个，占 60.8%。研究表明：桂花花色较深的品种之间和花色较浅的品种之间，分别存在着较近的亲缘关系；而花色深浅不同的两类品种之间的亲缘关系则较远。四季桂品种群和银桂品种群中的部分品种与金桂品种群和丹桂品种群有较远的亲缘关系。但从分类上看，AFLP 分析结果与传统的以形态特性为基础的分类结果并不完全一致。

（四）SSR 荧光指纹图谱技术

SSR 标记呈共显性遗传，将其与荧光测序技术结合，能克服银染法难以读取扩增片段大小的缺点，充分发挥 SSR 多态性丰富、技术简单、稳定性好的优点，成为目前构建指纹图谱理想的分子标记之一。已经被广泛应用于各种园艺植物种质资源的品种鉴定以及遗传多样性的研究。

段一凡等（2014）运用此法筛选出的 11 对 SSR 荧光标记引物，构建了 64 个桂花品种的 SSR 指纹图谱。发现桂花品种的遗传变异主要分布在品种群内，不同品种群间遗传分化水平较低。四季桂与秋桂（金桂、银桂和丹桂）的遗传距离较远。这一结果与经典形态分类十分吻合。64 个桂花品种的 SSR 指纹图谱互不相同，可以作为各品种特定的图谱，为品种鉴别提供依据。

（五）SCoT 分子标记

SCoT（start codon targeted polymorphism）分子标记不同于以往的 AFLP、RAPD、SSR、ISSR、SRAP 等分子标记，是一种能跟踪性状的新分子标记，是根据植物基因中的 ATG 翻译起始位点侧翼序列的保守性设计单引物并对基因组进行扩增，产生偏向候选功能基因区显性多态性的标记。操作简单，成本低廉，多态性丰富，尤其是能有效地产生与性状联系的标记，便于对获得的杂交后代和多倍体育种材料进行遗传背景分析，有利于辅助育种（韩国辉等，2011）。

袁王俊等（2015）以'籽银桂'桂花叶片 DNA 为材料，建立并优化了适于桂花 SCoT 分子标记的反应体系。利用此体系分析 12 个桂花品种（6 个单性花，6 个两性花），发现花的性别与品种间的亲缘关系没有必然联系；花色不完全相同的品种聚在一起；3 个不同花色的品种聚在一起，可见品种间的亲缘关系与花色不完全相关；亲缘关系与产区也并无绝对的相关性。且该作者还发现 SCoT 分析的结果与其自己用 AFLP 得到的结果还不一致，这可能还需要进一步验证。

以上结果表明：利用分子标记技术研究桂花的品种分类已经有了一定的基础。大多数研究结果与传统的形态分类结果相近。但并非目前所有的品种都能正确的归纳到 4 个品种群中去。因此，随着分子标记技术的不断发展，期待能运用更先进的技术，建立规范化的桂花品种分类体系，为桂花品种提供更加科学的分类依据。

（本节编写人：蔡璇 王彩云）

附录1 桂花杂交育种二十年来五点基本经验

一、桂花的花期受天气影响比较大，给杂交试验的顺利开展带来很大困难。且桂花杂交结实率偏低，落果现象严重。需要继续试验，总结有效经验。

二、桂花世代周期较长，从播种到开花需要7~8年时间。因此使用分子标记辅助选择育种，在幼苗期通过对花色和花期等性状关联的标记进行筛选，可以有效地缩短育种周期。

三、桂花栽培品种的形成，主要通过渐变和芽变两条途径。渐变需要很长的演化时间，而自然芽变发生频率低并且很难被人们发现并保存。因此桂花虽然有2000多年的栽培历史，至今依然只有不到200个品种，并且品种间差异不大。因此试图以桂花品种杂交来改良现有桂花品种特性，很难达到预期目标。但如我们扩大杂交育种范围，将桂花与耐寒性较强的木犀属其他植物如柊树等进行杂交，就可以筛选出具有较强耐寒性的桂花新品种，拓宽桂花应用范围。

四、目前由于花量繁密，花香浓郁和花色艳丽，秋桂类品种包括金桂、银桂和丹桂得到广泛应用。但是秋桂类集中在9月下旬至10月上旬开花，花期很短。单个品种的花期仅有一周，严重影响了此类桂花的观赏价值和推广应用价值。四季桂类花量少，花色浅，花香淡，长期以来未受重视。但四季桂具有秋桂类品种所没有的多次开花的特性，在春、秋、夏三季都能开花，在设施栽培条件下冬天也能开花，因此是延长桂花花期优良育种资源。可以把四季桂多季开花的特性，通过基因渗入的方法，导入到现有优良秋桂类品种，达到在保留原有花量繁密，花香浓郁和花色艳丽等特点基础上，兼有延长桂花花期的定向遗传改良效果。

五、当前，桂花在植物景观应用中存在品种概念单薄，配置方式单一，植物搭配不科学，种植地选择不合理和桂花长势衰弱等问题。不仅降低整个植物景观的配置效果，而且损害了桂花在业主和开发商中的形象，最终影响到桂花的产业发展。因此有必要总结出一整套系统的桂花景观配置标准，以便在工程应用中针对不同配置形式和观赏功能，综合考虑土地条件、层次变化、季相变化和文化传统等因素，选择具有适宜性状的桂花品种，以达到最佳观赏效果。

[杭州市园林绿化公司提供（2016）]

第五章　我国桂花主要栽培品种介绍

　　国际栽培植物命名委员会对品种的定义要求极高，如规定：品种要求来自同一祖先；基本遗传性稳定一致；数量必须达到一定规模；单一的植株不能成为品种，必须经过繁殖，形成一个群体。国家林业和草原局也有规定：一个栽培植物的新品种，必须具有新颖性、特异性、一致性和稳定性四方面的综合要求。

　　据称，我国现有约 200 多个桂花品种，但目前在生产上有一定知名度、市场上保证有批量苗木供应的品种不足 40 个。本书现介绍 39 个品种，另增加了同属不同种的 2 个种（柊树和石山桂两个木犀属内种），分别按品种来源、形态特征、生态习性、繁殖栽培和配植利用五大项目加以全面介绍。

第一部分　四季桂品种群（Semperflorens Group）

　　常绿灌木为主。在设施栽培条件下，全年均可开花。花色淡柠檬黄至橙黄色，随季节不同而有深浅花色变化；淡香或中香；花量少至中等。新梢较短，一般 2～3 对叶；叶片形状、大小和叶缘锯齿等性状变化大。本品种群比较适合盆栽。

一　'天香台阁' *Osmanthus fragrans* 'Tianxiang Taige'

　　特点：花里藏叶、花中有花（Leaves mixed with petals, double corollas）

　　●品种来源●　'天香台阁'是浙江省金华市华安桂花研究所农民技师鲍志贤于 20 世纪 70 年代发现并培育成功的一个四季桂类新品种。在设施栽培条件下，全年都可以开花，并且花中有台阁现象，故被命名为'天香台阁'。该品种已在 2001 年 9 月通过省级科研成果鉴定；2002 年 4 月，鲍志贤又为其注册了"奔玉"商标。

　　●形态特征●　常绿高灌木至小乔木。树冠椭球形，紧密度中等；树皮暗灰色，皮孔小，椭圆形；小枝挺拔向上生长。标准株分枝力平均 2.5 个。春梢平均长度 14.0cm；节数平均 5.0 节/梢；顶芽和腋芽总数平均 14.6 枚/梢。叶片深绿色，硬革质，略有光泽。早春梢叶多呈椭圆形，较宽阔、且多全缘。叶长 6.8～11.5cm，平均 9.9cm；叶宽 3.2～4.8cm，平均 4.3cm；叶长宽比约 2.3。侧脉 8～10 对，较整齐，与主脉交角较大，网脉两面均明显。叶尖短尖至长尖；叶基楔形至宽楔形，与其下叶柄稍有连生现象；叶柄粗壮、弯曲，平均长度 1.1cm。晚春梢及其后夏秋梢叶多呈狭长椭圆形，叶缘多短锐锯齿。'天香台阁'全年都可以开花，并以 9 月至翌年 4 月间开花最盛。首末花序为聚伞花序，中间部分多为圆锥花序，有粗壮总花梗。开花有正常花和叶状花两种类型。正常花多见于秋、冬、春三季。花冠裂片内扣，卵圆形，肉质肥厚；花径 1.0～1.4cm。花色随季节而异，夏秋呈绿白至浅柠檬黄色，国际色卡编号为 1B～5B；冬春两季呈中黄色，国际色卡编号为 10B。花香则随气温高低有别，并以 15～20℃ 之间香味最浓。另一种花型是叶状花，多发生在夏季，花径 1.5cm 以上，个别甚至可以达到 3.0cm。在其花冠裂片上可见有叶状脉，颜色有淡黄、黄绿或紫红等多种。在上述正常花和叶状花的内部，常可再次抽长出叶片或花朵，形成人们叹为观止的"花里藏叶"或"花中有花"的台阁现象（图 5-1～图 5-4）。

　　●生态习性●　为阳性树种。小苗要求庇荫，成年树则要求充分光照。一般在肥沃、疏松、排水良好的微酸性土壤上生长良好；不耐湿；在寒冷地区或微碱性土壤上，叶片容易黄化脱落，生长不良。

　　●繁殖栽培●　'天香台阁'在金华地区一般采用单节两叶扦插育苗，当地花农还创造了搜集山林表层下的心土，作为苗床的扦插基质，来防治苗圃杂草、控制病虫害和节约育苗的成本。扦插小苗愈合生根后，要移栽到大田里炼苗，当年苗高可达 1m 以上，翌年即可开花。

　　●配植利用●　'天香台阁'是我国四季桂品种群中的一个珍稀新品种，有花开全年、花径硕大、花型多变、

图5-1 '天香台阁'花部特写（张静提供）

图5-2 '天香台阁'变态花——花里藏叶（鲍健提供）

图5-3 '天香台阁'变态花——花中有花（鲍健提供）

图5-4 '天香台阁'叶部特写（张静提供）

花色多样和花香浓郁五大优点，从而被中国工程院资深院士陈俊愉教授称誉为："奇妙台阁，四季佳景；精选绝品，万里飘香"。一般认为，'天香台阁'既可用于南方各地的园林绿化，又可用作大苗盆栽，室内摆放观赏。其鲜明的品种特性和比较普遍的花部台阁现象，对揭示桂花品种的演变，以及叶与花之间的系统进化关系，也有较高的科学价值。

二 '日香桂' *Osmanthus fragrans* 'Rixiang Gui'

特点：花期长、花香浓（Long florescence with rich fragrance）

• 品种来源 • 本品种是四川省日香桂集团公司创建人王子旭（原白鹤山园艺场负责人），于1983年在四川省苍溪县发现并培育成功的四季桂类新品种。现全国各地都有引种栽培。

• 形态特征 • 常绿高灌木至小乔木。树冠圆球形至椭球形，分枝较紧密。树皮浅灰色，皮孔小，圆或椭圆形，分布较稀疏。标准株分枝力平均3.6个；新梢平均长度16.3cm；节数平均5.3节/梢；顶芽和腋芽总数平均22.1枚/梢。叶绿色，硬革质，有光泽。叶二型，春梢叶较宽阔，倒卵形或倒披针形，全缘；夏秋梢叶常狭窄，长椭圆形，中上部有疏尖锯齿；叶长7.5～12.0cm，平均9.9cm；叶宽2.8～4.3cm，平均3.5cm；叶长宽比约2.9。叶面平展，叶缘微波状，反卷明显。侧脉10～12对，较整齐，网脉两面均明显。叶尖短尖至钝圆；叶基楔形至宽楔形。叶柄较长，平均1.2cm，稍有弯曲，黄绿色、带紫晕。开花主要集中在每年9月至翌年4月之间。首末阶段开花为聚伞花序；中间时段开花则为圆锥花序，具有明显总花梗。秋季花色为绿白色至浅柠檬色，国际色卡编号为1D～2D；冬春两季花色为浅柠檬黄色，国际色卡编号为5D。花冠较平展，微内扣；花冠裂片4枚，偶见5～6枚，匙形，深裂；花梗黄绿色，长短不等。花香较浓。雌蕊完全退化，不结实（图5-5、图5-6）。

• 生态习性 • '日香桂'适应性较广，抗逆性也较强。它喜欢中性偏酸、富含有机质的土壤；要求温凉湿润的小气候，能耐－10℃的低温，是一个比较耐寒的四季桂类品种。'日香桂'原产地四川省苍溪县属秦岭巴山余脉，当地海拔1000m，未见冻害。在东北、华北各地，室内盆栽能正常开花，但需注意加强养护管理，防止焦叶、落叶，影响生长与翌年开花；在秦岭、淮河以南地区，露地可以安全越冬；在全年温度较高的福建、广东、广西和海南等省区，也较为适应，每年能如期开花。据统计：'日香桂'每根新梢各有叶片3～4对，而每张叶片的叶腋里又各有2～3个叠生花芽；其他四季桂类品种每根新梢一般只有2～3对叶片，每张叶片的叶腋里，仅有1～2对单生或叠生花芽。这就造成了'日香桂'开花量较多、开花潜力也较大的客观基础。累计全年花期可达200余天之久，而品种也因此得名为'日香桂'。

• 繁殖栽培 • '日香桂'过去通常在梅雨期间采用软枝扦插育苗。因春梢花芽多、开花养分消耗大，插条扦插后往往仅能愈合、长期不能生根，成活率较低。近年来改用秋季硬枝扦插，效果较好。翌年春季，如能就地移栽一

次进行炼苗，则栽植成活率可以明显更高。

• 配植利用 • '日香桂'根系发达，生长快速。终年叶色翠绿亮丽，可供长期观赏。在中秋、国庆、元旦和春节我国四大重要节日，都能开花不断，香气袭人，说明它是一个不可多得的常绿香花树种。在北方适合用作盆栽；在南方，除盆栽外还可以用于地栽园林绿化。

图5-5 '日香桂'花部特写（张静提供）

图5-6 '日香桂'叶部特写（张静提供）

三 '佛顶珠' *Osmanthus fragrans* 'Foding Zhu'

特点：幼年树花繁叶小，成年树花稀叶大（Young trees with abundant blossoms, small leaves; mature trees carry few blossoms and large leaves）。

• 品种来源 • 产四川成都市，现华东等各地均有引种栽培。因始花期年龄早，花量又特别丰富，很适合用作盆栽。本品种开花多半集中在新梢的顶端，初花时犹如一串串白色的珍珠缀满枝头，从而博得'佛顶珠'的美名。

• 形态特征 • 常绿高灌木。树冠圆球形至卵球形，早年分枝短密，长势旺盛。树皮灰色；皮孔小、圆形或椭圆形，数量中等。标准株分枝力平均3.8个；新梢平均长度13.9cm；节数平均5.3节／梢；顶芽和腋芽总数平均22.2枚／梢。叶墨绿色，硬厚革质，略有光泽。叶二型，春梢叶椭圆形，多全缘，叶尖短尖至圆钝，叶片先端内折成瓢状，叶基近圆形；夏秋梢叶长椭圆形，先端有疏齿，叶尖长尖、平伸，叶片不内折，叶基宽楔形。叶长7.5～13.0cm，平均8.9cm；叶宽3.4～5.5cm，平均3.6cm；叶长宽比约2.5。叶缘平直，反卷不明显。侧脉8～10对，两面网脉极明显。叶柄平均长0.8cm，稍弯曲，黄绿色，带紫晕。新梢叶紫红色，与老叶墨绿色形成鲜明对比。'佛顶珠'始花期很早，一般1年生即开始有花，很快全株银花满树。每年初花期从8月中下旬开始，盛花期集中在9月上中旬至翌年元旦，春节后基本结束，花期长达半年之久。花冠斜展，裂片倒卵圆形，深裂；秋季花色浅柠檬黄至绿白色，国际色卡编号为1D～2C；冬春两季花色为浅柠檬黄色，国际色卡编号为4D（图5-7、图5-8）。

图5-7 '佛顶珠'花部特写（张静提供）

图5-8 '佛顶珠'叶部特写（张静提供）

• 生态习性 • '佛顶珠'喜光照，在阴地发枝差，叶片大、开花少。叶片厚革质，抗高温能力强；但不耐低温，冬季嫩梢易受霜冻危害。性喜肥沃湿润，在微酸性土和中性土上生长良好；在盐碱土上长势很差。幼苗生长快速，并能早年开花。'佛顶珠'萌蘖性强，极耐修剪。在四川成都地区，如抚育管理好，每年能抽梢5次；管理差，则抽梢次数大为减少，盛花年限也将大大缩短；特别如受到病虫害干扰，生长极易衰退。在全光照地栽条件下，如能合理修剪与施肥，可以确保'佛顶珠'稳定生长，常年开花不断。通过在成都温江区的现场调查，我们认为不能单纯根据叶身大小来划分'佛顶珠'不同品种。因为树龄、立地条件、盆栽、整形修剪等诸多因素都能影响和左右叶片的大小；'佛顶珠'在5～8年幼年树期间，叠生腋芽较多，开花非常繁茂，叶形比较小；到8～10年生，长为成年树以后，开花逐年减少，因花叶消长关系，叶形开始变大。故所谓的'大叶佛顶珠'和'小叶佛顶珠'有可能是同一品种。

• 繁殖栽培 • '佛顶珠'在四川成都地区全年均可进行扦插育苗繁殖。半年生小苗，其蓬幅为10～20cm；1年生中苗为20～30cm；2年生大苗为40～50cm。用苗单位可以根据需求，前往产地购苗。定植后，每年要注意整形修剪、施肥和防治病虫害，避免管理粗放带来的"小老树"现象。

• 配植利用 • 在现有桂花品种中，灌木型的桂花品种并不多见，'佛顶珠'可能被认为是其中的典型代表。它花量多、花期集中，并在种植当年即可开花，收到立竿见影的观赏效果。可被确认为是一种集绿化、香化、美化和彩化为一体的优良桂花品种之一，适宜在小区片植或丛植形成色块；也可用为校园、医院、公园等景点观花球篱或墙篱；更适合用作盆栽。

四 '四季桂' Osmanthus fragrans 'Sijigui'

特点：栽培历史最长、栽培地域最广（Has longest and most wide spread cultivation）。

• 品种来源 • 明代王象晋在《群芳谱》中介绍："木犀有秋花者、春花者、四季花者、逐月花者。"说明'四季桂'这一品种，明代已有栽培；如今，本品种已栽遍大江南北，成为我国目前栽培利用最广泛的一个四季桂类群的品种。

• 形态特征 • 常绿性高灌木至小乔木。树冠圆球形，树形低矮，分枝短密。树皮浅灰色，皮孔小，椭圆形。标准株分枝力平均2.9个；春梢平均长度8.9cm，节数平均5.0节／梢，顶芽和腋芽总数平均14.5枚／梢。叶片绿色或深绿色，薄革质，略有光泽。叶二型；早春梢叶片阔卵圆形，全缘，先端钝尖，基部宽楔形。叶长5.0～7.0cm，平均 6.2cm；叶宽 2.0～3.7cm，平均 3.1 cm；叶长宽比约 2.0；晚春梢和夏秋梢叶长椭圆形，叶缘有疏尖锯齿，先端短尖，基部楔形。'四季桂'叶面不很平整，叶肉略凸起，侧脉 7～9 对，叶背网脉较明显；叶柄平均长 0.6cm。本品种的重要特征是，叶片的主脉与侧脉之间的交角很大，接近垂直状态。'四季桂'的花芽常单生或 2～3 枚叠生，每年 9 月至翌年 3 月分批开花；首末花序为聚伞花序，中央时段则为圆锥状花序，具有明显总花梗。秋季花色浅柠檬黄色，国际色卡编号 2B；冬春两季花色为柠檬黄色，国际色卡编号为 6A；花香较淡；不结实。（图 5-9、图 5-10）

• 生态习性 • '四季桂'叶片较薄，抗寒性较差，如遇 −5～−3℃ 低温，老叶黄晕明显，秋梢嫩叶也会受冻黑枯，影响'四季桂'开花。为此，本品种比较适合在钱塘江以南地区露地栽培（有设施条件栽培的地方不受此限）。'四季桂'不耐盐碱，在土壤偏盐碱地方，不宜引种栽培。

在华东地区的气候条件下，'四季桂'每年 9 月下旬至 10 月上旬开始开花。由于它的春梢较短，叠生芽有限，萌发数又少，故花量远不如其他秋桂类品种多。10 月中旬前后，秋桂类品种的花已谢落，而'四季桂'的老梢仍留有不少花芽，连同前期抽发出来的当年生春梢，一起进入边开花、边抽梢的生育高潮。11 月上旬初霜以后，'四季桂'停发秋梢，老梢也开花完毕，开花部位逐渐转移到以当年生秋梢为主的开花阶段，再一次形成'四季桂'的开花高潮。进入严冬以后，在 −5～−3℃ 或更低温度的影响下，'四季桂'叶面开始出现明显的黄晕，秋梢新叶也部分受冻黑枯；然而一旦低温寒潮过后，'四季桂'一如既往，仍会断断续续地现蕾开花，只是呈现出一种开花越来越少、花冠越来越小的趋向。由此可见，'四季桂'的花期前后累计虽有半年左右，分批开花多达 6～8 次，但最佳观赏时期仍为 10～12 月，即第 2～4 批花期间。

• 繁殖栽培 • 以往，'四季桂'常用嫁接法繁殖育苗。南方地区多用小叶女贞作为砧木，北方地区多用流苏树或水蜡作为砧木。如今，大部分地区虽已改用扦插育苗，但在浙江等地还有采用嫁接育苗的习惯。用嫁接法培育的'四季桂'苗木，地栽后都会因砧穗间不亲和带来生长不良或嫁接口风折死苗问题。今后南方地区可考虑用扦插育苗或本砧嫁接法解决此项缺陷与矛盾。

• 配植利用 • '四季桂'过去因始花期早、苗价适中，园林工程上常成批引用，销路一度看好。近年来，因苗木培育过多而滞销，苗价低迷，并对其他桂花品种苗木销售带来一定冲击影响，应通过各地政府部门和行业协会，做好本品种产销供应疏导协调工作。笔者认为，应

图5-9 '四季桂'花部特写（张静提供）

图5-10 '四季桂'叶部特写（杨华提供）

充分发挥'四季桂'株形低矮和开花间隔期短暂的特点，推广'四季桂'的盆花生产。在广州地区，一年一度的春节除夕，以清香四溢的盆栽'四季桂'馈赠亲友，成为广州市民的时尚。对此，我们应该有所启发和借鉴。

五 '月月桂' Osmanthus fragrans 'Yueyue Gui'

特点：花果常相伴，观赏亮点突出（Flowers and fruits appear together, very beautiful）。

• 品种来源 • '月月桂'明代称作'月桂'，有明代诗人李东阳（1447—1516）的《咏月桂》诗为证："一月一花开，花开应时节；未须夸雨露，慎与藏冰雪。"'月月桂'是个古老品种。因花开频繁，花后结实，有较好的观赏价值，现今湖南、浙江等省栽培较多。'月月桂'不能简称'月桂'，因为两者不是同一种植物。月桂（Laurus nobilis）是樟科植物，全株都有樟脑气味。叶互生，披针形。花小，黄绿色，雌雄异株。5 月开花，10 月果熟。以上几点与桂花区别明显。月桂原产地中海，现代文学上通称为"桂冠诗人"，指的是月桂而不是桂花。

图5-11 '月月桂'花部特写（张静提供）

图5-12 '月月桂'果实与叶部特写（张静提供）

• 形态特征 • 常绿高灌木至小乔木。树冠圆球形，冠幅不大，枝条也比较稀疏。标准株：分枝力平均2.7个；春梢平均长度6.5cm；节数平均4.0节/梢；顶芽和腋芽总数平均11.4枚/梢。叶片深绿色，革质，叶面粗糙，稍有光泽。早春梢叶椭圆形；叶长4.0～8.0cm，平均6.9cm，叶宽2.0～3.4cm，平均2.5cm；叶长宽比约2.4。全缘，叶缘微波状；叶面叶肉凸起；侧脉6～8对，叶背网脉分布明显；叶尖突尖至短尖，叶基楔形，叶柄较粗壮，平均长0.7cm。晚春梢及夏秋梢叶长椭圆形，先端有密、细、短锯齿。花芽多单生，很少叠生；开花零星稀疏，常簇生于叶腋；花梗平均长约0.5cm，黄绿色；花冠平展，裂片近圆形，早秋花色绿白色浅柠檬黄色，国际色卡编号为1D～2B；晚秋花色为浅柠檬黄色，国际色卡编号为4B；花香甚淡；花期每年9～10月延至岁末；雌雄蕊发育正常，能每年结实，翌年4～5月间果实黑熟（图5-11、图5-12）。

通常'月月桂'容易与'四季桂'混淆。对比后发现两者区别明显，'月月桂'树势较弱，每年能结实；叶片狭小厚实，抗寒性较强；侧脉与主脉之间的交角较小，多呈锐角状态。而'四季桂'不结实；叶片较薄，抗寒性较弱；侧脉与主脉之间交角大，接近垂直状态。

• 生态习性 • '月月桂'抗寒性较强，但不耐低湿。土壤湿度过高，根易腐烂，导致叶尖枯焦，甚至整株死亡。笔者长年物候观测材料表明：'月月桂'的花期物候与其他四季桂类品种基本相同，春梢的开花期为每年的9～10月，但花量少，即使处于盛花阶段，仍有稀疏冷落之感，观赏价值一时不如其他四季桂类品种好；所幸秋后开花不断、挂果频繁，白花绿果缀满枝头，弥补了深秋园景萧条之感，倒也新颖别致。花谢后，花冠裂片枯焦，子房逐渐膨大。至翌年2～3月，果实大小基本定形，果皮逐渐由绿色转为黄绿色，向阳面开始出现紫晕。4～5月间，果实黑熟脱落。

以'月月桂'为代表的四季桂类结籽品种，因其开花先后不一，结果也有迟有早，因此果实大小不如以'籽银桂'为代表的秋桂类结籽品种那样整齐一致，这也进一步可以帮助鉴别两类不同种群的桂花其他结籽品种。

• 繁殖栽培 • '月月桂'可以采用扦插育苗，也可进行播种育苗。培育出来的苗木除了满足本品种的栽植要求以外，还可以兼作矮化砧，繁育其他桂花品种之用。'月月桂'忌水湿，要求选用高燥土壤种植。该品种开花同时挂果，植株营养长期负担沉重，要求做好培肥管理工作，防止早衰或结实大小年现象。

• 配植利用 • '月月桂'虽然冠幅不大，开花零星，但花后悬果，簇生枝头，经冬不落，有一定观赏利用价值。更难能可贵的是，它是桂花嫁接育苗最好的矮化本砧材料，在良种繁育工作中可起重要的桥梁作用。

六 '金满堂' Osmanthus fragrans 'Jinman Tang'

特点：全年抽梢，新梢紫红至褐红色；全年开花，花色黄至橙黄色（Growing all year, the shoot colour is purple-red to or brown red; flowering all year, the flower colour is yellow to orange）。

• 品种来源 • '金满堂'是四川省成都市温江区与郫都区交界处名为李子村地方的一个特有四季桂类品种。当地花农过去常用为砧木，嫁接秋桂类品种。自从充分认识到它的景观效果和商业价值以后，已开始大规模栽培。因其全年能开出黄色至橙黄色花朵，而被命名为'金满堂'；另因新梢紫红而有'红海'别名。

• 形态特征 • '金满堂'是常绿高灌木至小乔木。自然树冠椭球形，紧密度中等。树皮纵裂，浅灰色；皮孔扁圆形至梅花形，分布较密集。2年生母梢平均分枝力2.5个；1年生新梢平均长17.6cm；节数5.1节/梢；顶芽及腋芽

图5-13　'金满堂'夏梢顶节开花（邬晶提供）

图5-14　'金满堂'春夏秋季修剪后萌发的紫红色新梢（邬晶提供）

数16.9枚/梢。全年不断抽发新梢，春、夏、秋三季呈紫红色；冬季呈褐红色。春叶呈椭圆形至长椭圆形；叶平均长7.8cm、平均宽3.6cm，叶长宽比为2.2；绿色到墨绿色，硬革质、略有光泽；叶面不平整，中脉"V"字内折；侧脉5～7对，较明显；叶背网脉明显；叶缘波状起伏，1/3或1/2以上有粗尖锯齿；叶尖长尖；叶基楔形至宽楔形；叶柄深褐色，平均长0.5cm。秋叶呈卵圆形至椭圆形；黄绿至绿色，叶尖短尖；叶基宽楔形。该品种不仅叶形和叶色随季节而有变化，并且存在有明显的大小叶现象，甚至偶见有螺旋状变态叶。每个花芽有小花6～8朵，整体着花密度中等；花期主要集中在每年9月上旬至翌年3月上旬；首末时段为聚伞花序；中间较短时段为圆锥花序，但总花梗较短或不明显近似腋生。花冠钟形，裂片4枚，花梗黄绿色，平均长1.0cm。花色全年常有变化，春夏季呈乳黄至柠檬黄色，国际色卡编号为5C；秋冬季呈中黄至橙黄色，国际色卡编号为25C。花香则随季节气温高低而明显区别，并以18～22℃之间香气最为浓郁。雄蕊2枚；雌蕊退化，不结实（图5-13、图5-14）。

• 生态习性 • '金满堂'性喜光照，也有一定耐阴能力。耐土壤干旱贫瘠及粗放管理，适应性较强，移栽后成活率较高且无明显的缓苗期。该品种幼苗生长快速，周年可以抽发偏红色新梢；既可以此构成类似"彩叶"桂花品种的美丽景观，又可在其老熟后满足多代扦插育苗的插条供应需要。当然，生长快速也同时有叶大枝粗、生长粗野、树冠不够圆整等问题，这些需要通过修剪等技术手段加以解决。

• 繁殖栽培 • '金满堂'全年均可进行扦插育苗繁殖，并以初夏期间进行软枝扦插效果最好。插条长5～6cm、1～3节、保留1对叶片扦插，50天后愈合生根，当年秋末或翌年早春移栽炼苗，成活率95%以上。1年生苗平均高30cm、蓬幅20cm；2年生苗平均高80cm、蓬幅30～40cm；3年生苗平均高120cm、蓬幅50cm。满3年生及以上苗龄的'金满堂'苗木可提供多种园林工程利用。为了培育丰满圆整树冠，也为了诱发紫红色新梢，定植后每年应进行两次或以上的整形修剪工作，以保持其彩叶景观。

• 配植利用 • '金满堂'枝条的年生长量和通过修剪全年多发新梢的红艳时期位居四季桂品种群之首。因此，常可设计用作彩色绿篱或进行片植组团造型。'金满堂'的景观效果媲美于红叶石楠，并有红叶石楠所没有的芳香气味。成都市园林局利用其彩叶香花功能已将市中轴线人民南路及南延线，打造成一条色彩亮丽缤纷的'金满堂'品香大道；诸多高端房地产楼盘，也把'金满堂'用为彩叶香花绿篱造型的主要树种。

'金满堂'除了适用于长江流域以外，南方珠江流域应该有更大的发展空间。这是因为长江流域冬季日平均气温多在6℃以下，日最低气温低于0℃。在这时生长的'金满堂'冬梢褐红色，并很容易冻萎；花更是越开越少、越开越小，香气几近为零。整个冬季观赏价值不高。但地处中南亚热带的珠江流域，则气候相对比较温和，冬季日平均气温多在10℃以上，日最低气温也常在0℃以上。'金满堂'在此处生长正常，新梢呈紫红色或褐红色，开花较多，也有香气，表现出它是一个值得称道的常绿彩叶香花树种，有较好的市场开发价值。

（本品种编写人：邬晶　杨康民）

图5-15 '淡妆'花部特写（沈柏春提供）

图5-16 '淡妆'叶部特写（沈柏春提供）

七 '淡妆' Osmanthus fragrans 'Dan Zhuang'

灌木，树冠圆球形。分枝密，小枝直立，长势旺盛。树皮暗灰色，光滑；皮孔圆形，分布稀疏。叶色墨绿；叶二型；春叶倒卵状椭圆形；叶长8～11cm，宽3～5cm；叶长宽比2.4；叶面平展，略"V"字内折；基部狭楔形，下延生长，先端突尖；全缘；侧脉6～8对，网脉明显。秋叶长圆形至椭圆披针形，长8～14cm，宽3～4cm；先端渐尖，基部圆形；叶缘中部以上有锯齿；叶柄长9～12cm。花枝长

10～13mm，每节有花芽1～2对，每芽有6～7朵花；着花稠密，花冠直径7～9mm，花梗长10mm；花色淡黄白色，国际色卡编号为4B；有淡香；花冠裂片椭圆形。花后结实，果实较小，淡绿色（图5-15、图5-16））。

八 '天女散花' Osmanthus fragrans 'Tiannu Sanhua'

灌木，树冠卵圆形。树皮浅灰色，光滑；皮孔扁圆形，分布稀疏。枝条直立较长而分枝少。叶色浅绿；叶面"V"字内折；叶二型；春叶较小而宽，长6.7～8.0cm，宽2.6～3.0cm，叶长宽比2.6；秋叶多呈披针形，网眼明显隆起，少数全缘，多数叶缘密生锯齿，叶尖尾尖，叶基楔形。花梗较长而开展，姿态潇洒，花梗长11～12mm。花冠直径5～6mm，内扣形，裂片倒卵形，有浓香（图5-17、图5-18）。

九 '圆叶四季桂'（小叶四季桂）Osmanthus fragrans 'Yuanye Sijigui'

灌木，高2～4m。树冠圆球形，分枝细密，生长旺盛。树皮灰白色，皮孔不多。叶色墨绿、光亮；叶二

型；春叶倒卵形；叶长 6～8cm，宽 2～4 cm；叶长宽比 2.6；叶面平展，微有"V"字内折；基部狭楔形，下延于叶柄成翅状；先端突尖，叶尖向一边微偏；全缘。秋叶较狭长，侧脉 6～8 对，网脉明显。叶柄长 8～10 mm。每节有花芽 1～2 对，每芽有 5～7 朵花，春花较稀疏。花梗长 10～12 mm，黄绿色。花白色或淡黄白色，国际色卡编号为 2A～2B。花冠斜展，直径 7～8 mm；花萼裂齿特别深，黄绿色；花冠裂片倒卵形，分裂较深；雌蕊不发育或退化成"叶状"，不结实。除盛夏外，全年开花不止，以秋季为盛。香味淡（图 5-19、图 5-20）。

十　'长梗素花' *Osmanthus fragrans* 'Changgen Suhua'

灌木，树冠扁球形。叶二型；春叶宽椭圆形或倒卵状椭圆形；叶长 7～9cm，宽 3.5～4.0cm；叶长宽比 2.1；叶基狭楔形，下延生长；叶尖突尖；叶缘全缘或上部有疏齿；网脉稍明显或不明显；叶柄长约 12mm，黄绿色。秋叶长椭圆形，叶基楔形至阔楔形；叶尖渐尖；叶缘有浅锯齿。每节有花芽 1～2 对；花梗长 10～12mm，略下垂；花冠斜展，花冠直径 8～9mm；花冠裂片有椭圆形或倒卵形；花乳白色至淡黄色，国际色卡编号为 2A～5B。雌蕊发育正常或稍退化，花后可部分结实。

图5-17　'天女散花'花部特写（沈柏春提供）

图5-19　'圆叶四季桂'花部特写（沈柏春提供）

图5-18　'天女散花'叶部特写（沈柏春提供）

图5-20　'圆叶四季桂'叶部特写（沈柏春提供）

第二部分 银桂品种群〔Albus Group〕

常绿中小乔木为主。大枝平展或斜展，自然树冠常呈扁球形。每年秋季开花1～3次；花色柠檬黄色为主；花香甜馥或中等；花量中至多。新梢较长，一般有3～4对叶片，叶色较浅；叶片形状、大小和叶缘锯齿等性状多数相比比较稳定。本品种群比较适合用于采花加工利用以及提供观赏。

一 '九龙桂' Osmanthus fragrans 'Jiulong Gui'

特点：枝条自然弯曲，春、夏、秋三季新梢紫红，花冠银白色（Naturally twisted bright red branches, with shimmering silver corollas）。

•品种来源• '九龙桂'又名'龙桂'或'中华龙桂'，原是四川省古老、珍稀的桂花品种。明清年间，曾把它作为名贵花木，进贡给朝廷。以其独特的枝形、绚丽的梢色和深远的龙的寓意，博得皇宫权贵们的赞赏。如今，已在全国各地广泛引种栽培。

•形态特征• 常绿高灌木至小乔木。树冠扁球形。枝条生长有时可下垂及地。树皮纵裂，浅灰色；皮孔小，椭圆形、数量少、较隆起。标准株2年生母梢分枝力平均3.6个；春梢平均生长量14.5cm；节数平均6.4节/梢；顶芽和腋芽数平均23.4枚/梢。叶深绿色，硬革质，有光泽；椭圆状披针形；叶长8.5～11.0cm，平均9.3cm；叶宽2.5～3.7cm，平均3.0cm；叶长宽比约3.2；叶面平展、微内折，叶缘微波状、有不等距细锯齿、反卷明显；侧脉8～10对，较整齐；网脉两面均明显；叶尖短尖至长尖；叶基楔形或宽楔形；叶柄较短，平均长0.6cm，黄绿色、有紫晕。新梢紫红色，保持时间较长，并有多种梢色变化。始花树龄10年生，盛花树龄15年生以后；每年初花期9月下旬至10月上旬，全年开花1～2次；聚伞花序；花梗细长；花冠斜展，裂片倒卵形、微内扣、深裂；花色绿白色至浅柠檬黄色，国际色卡编号1D～4C。花量少至中等；有淡香；花后不结实（图5-21、图5-22）。

•生态习性• '九龙桂'生长快、成型早，这与它分枝力强、新梢生长量较大密切有关，其生长势在秋桂类中处于领先地位。它比较耐阴，叶片保存期较长；又较耐水湿，水浸半日也无恙；抗旱能力也较强，如带好土球移栽并遮阴，抽发嫩梢也不会萎蔫。'九龙桂'不耐重肥，施肥过多容易造成植株疯长，产生偏冠和干身倾斜现象。抗病虫害能力较差，尤以线虫病害为甚，要注意防治。

'九龙桂'幼树每年要抽发3次新梢，即春梢、夏梢

图5-21 '九龙桂'花部与叶部特写（杨华提供）

图5-22 '九龙桂'新梢特写（杨华提供）

和秋梢。每次新梢初发时均为紫红色，其后各经历约10～15天时间，梢色依次转变为褐红、橘红、鹅黄、黄绿等颜色，充分体现了其新梢色彩变化之丰富。更值得提出的是，'九龙桂'新梢有自然扭曲生长的现象。据观察，早春梢及晚秋梢都是常态平直生长的，而晚春梢、夏梢和早秋梢大多数则能自然扭曲生长。造成梢条自然扭曲生长的主要原因，可能是由于受当时气温高和日照强等不利因素影响。梢条的阴阳面感光量不同，影响生长速度有快慢之别，最后形成梢条自然扭曲生长；其后，高温和强光照作用解除，有的梢条能恢复平直生长，有的梢条则维持原状，最终构成树干"龙"的造型。

•繁殖栽培• '九龙桂'现主要分布在成都市。主要采用扦插育苗，个别地方还在采用高压育苗。根据成都地区扦插育苗经验：初夏期间，及时采集半木质化枝条，单节两叶短枝扦插，全封闭或半封闭自动化喷雾管理，可保证95%以上扦插成活率。通过移栽炼苗，培育根系，更能保证90%以上栽植成活率。'九龙桂'主要利用方向为盆栽或露地栽培球状造型，因此，定期修剪和及时施

肥就成为必不可少的两大技术环节。这样做既可加速稠密球冠的形成、促发新梢的扭曲生长，又能欣赏到全年三季多姿多彩的彩叶新梢。生产实践表明3年生扦插苗可养成1.0～1.5m丰满蓬幅的优等球苗。

• 配植利用 • '九龙桂'具有虬曲的枝干。银铃状的花序和通过修剪分期抽发出来的绚丽多彩的扭曲彩色嫩梢，从而深受人民欢迎。因它具有生长快速、树冠紧密、梢色丰富、造型奇特四大优点，非常适合用作高档盆栽和南方小区别墅露地栽植。

二 '早银桂'*Osmanthus fragrans* 'Zaoyin Gui'

特点：早花、高产（Early and abundant blossoms）。

• 品种来源 • '早银桂'原产杭州，又名'杭州早黄'，引种苏州多年。苏杭两地栽培经验证明，'早银桂'是一个非常理想、早秋观赏和采花加工利用的优良桂花品种。

• 形态特征 • 常绿性小乔木。树冠圆球形，大枝开展，枝叶稠密，长势良好。树皮浅灰色，皮孔多且大，形似雪花，非常明显。标准株2年生母梢分枝力平均2.7个，春梢平均长度为15.5cm，节数平均6.6节/梢，顶芽和腋芽总数平均28.6枚/梢，每节单侧3芽及3芽以上叠生率占57.6%，新梢褐红色，十分醒目。叶片绿色或深绿色，厚革质，有光泽；长椭圆形或椭圆形；叶片较宽阔且厚实；叶长8.5～13.0cm，平均10.3cm；叶宽3.2～5.0cm，平均4.2cm；叶长宽比约2.5；叶面较平展；侧脉很整齐，有10～13对；网脉两面较明显；叶缘浅波状、反卷、全缘、偶先端有疏齿；叶尖短尖至长尖；叶基楔形；叶柄粗壮、略有弯曲，平均长0.7cm。华东地区一般开花在9月上中旬，个别年份因气温居高不下，会推迟到9月下旬开花，也有个别年份因气候适宜，雨水量较多而提前至8月下旬开花的情况；花冠斜展，裂片卵圆形；花梗黄绿色，长0.6～0.8cm；花色绿白至浅柠檬黄色，国际色卡编号为2B～4B；香气浓郁；花后不结实（图5-23、图5-24）。

• 生态习性 • '早银桂'树性强健，适应性较强，幼年树全年能抽梢3次，扩冠速度很快。始花年龄7～8年生，15～20年生进入盛花年龄，每株鲜花产量可以达到10～15kg，是个优秀的生产型早花品种。'早银桂'除当年生枝条着花以外，95%以上的2年生枝条，也有花开，这是一个很突出的、目前仅在'金球桂'等少数桂花品种上能发现的这种丰产性状。

• 繁殖栽培 • 在苏州光福桂花产区，'早银桂'多利用当地比较丰富的母树资源，因势利导，采用压条法繁殖育苗。根据今后市场需要，完全可以改用扦插育苗方法，以加快这一优秀产花品种的扩繁速度。

图5-23 '早银桂'花部特写（张静提供）

图5-24 '早银桂'叶部特写（沈季良提供）

• 配植利用 • '早银桂'现是苏州光福地区主栽桂花品种之一。其栽植数量过去约占该产区总株数的20%～30%。'早银桂'树形好，花量多，特别是花期比另一主栽品种'晚银桂'早近半个月，能很好地调剂采花劳动力，保证鲜花的加工质量。园林上也可通过'早银桂'和'晚银桂'这两个品种的搭配种植，来延长桂花的观赏时间。

三 '晚银桂'*Osmanthus fragrans* 'Wanyin Gui'

特点：加工质量超群，观赏效果也好（Superior quality and beautiful）。

• 品种来源 • '晚银桂'是苏州光福桂花产区主栽的桂花品种，在当地俗称'晚黄'。因其开花集中，花朵密集，颜色鲜艳，香味浓郁，并且在加工后仍能保持花色不变和花形完整，品质极佳。现'晚银桂'不仅是驰名中外的加工品种，也是苏州地区观光旅游的重要资源。

• 形态特征 • 常绿高灌木至小乔木。树冠圆球形，树身较矮，枝叶较稀疏。树皮浅灰色，皮孔小，椭圆形或圆形，分布稠密。该品种的重要特征是：成年树树干分叉处

图5-25 '晚银桂'花与叶部特写（杨华提供）

图5-26 '晚银桂'树干分叉处沟痕（杨华提供）

有明显的沟裂痕；枝条细软，容易披垂。标准株2年生母梢分枝力平均2.7个；春梢平均长度为9.2cm；节数平均6.0节/梢；顶芽和腋芽数平均20.8枚/梢，每节单侧3芽及3芽以上叠生率占42.4%。叶片绿色或深绿色，薄革质，有光泽；长椭圆形或椭圆形；叶长5.5～9.5cm，平均8.0cm；叶宽2.4～3.6cm，平均3.1cm；叶长宽比约2.6，是银桂品种群中叶形较小、且叶质较薄的一个品种。叶缘浅波曲、反卷；侧脉8～10对，叶背网脉明显；叶尖短尖、钝尖或渐尖；叶基楔形；叶柄细而弯曲，平均长1.0cm。在华东地区，'晚银桂'初花期为9月下旬至10月上旬，比'早银桂'晚约半个月开花；花冠斜展，裂片椭圆形；花梗长0.8～1.1cm；花色浅柠檬黄至柠檬黄色，国际色卡编号为3C～6C；有浓香；花后不结实（图5-25、图5-26）。

● 生态习性● '晚银桂'幼树耐庇荫，中年以后则喜光照。一般酸性土和钙质中性土都能适应，但其极不耐涝，宜选用地势高燥地段种植。据笔者在苏州光福窑上村观察：'晚银桂'的生长势阴坡好于阳坡；而花的产量则阳坡多于阴坡、山地多于平地，特别是以向阳山坞花的产量最高。'晚银桂'幼树的新梢生长量不大，造成早

年的生长速度不如'早银桂'那样的快；但其开花和投产期则比'早银桂'要早得多。一般'晚银桂'2年生压条苗，始花树龄为5年生，10年生后就进入盛花投产期。它的经济寿命很长，光福产区现保存有200～300年生大树，单株最高产量可产花80～100kg，说明'晚银桂'是个极其优秀的产花品种。

● 繁殖栽培● 苏州光福地区是'晚银桂'的中心产区，当地母树资源极其丰富，有条件也有经验进行压条繁殖育苗。当压条苗长到高30～40cm时，可在春季移栽到苗圃或套种在幼林及果园内，3～4年后即可出圃定植。为了保护母树健康成长和加快扩繁速度，应大力提倡扦插育苗。

苏州光福乡桂花产区的辖地范围，多半是面临太湖的丘陵山地。'晚银桂'采用了"梯田种植"和"科学控梢"两种办法，来确保桂花产业的发展。所谓"梯田种植"指的是根据山地地形起伏不同的情况，沿等高线修筑一道幅宽约4m、长20～30m不等的石壁梯田，然后再在相对平坦的田面上种植桂花；所谓"科学控梢"指的是每年人工上树采花，根据不同树势进行人工匀枝，并在采花后再进行一次补充修枝，使其树冠充分通风透光，以确保桂花来年花量增产。如此高度集约经营模式已有上千年历史。

● 配植利用● 苏州光福是我国桂花五大历史产区之一，'晚银桂'为主栽品种，其栽培数量过去约占种植总数的60%～70%，处于举足轻重地位。'晚银桂'投产早，产量高，质量更臻上乘，具备有色、香、味、形四大特色，不愧为一个观赏和加工兼用、品质十分超群的桂花品种。在我国南方丘陵山区，结合农业改制和旅游事业的发展，推广香料树种桂花的栽培已提上日程。引进优良采花品种'晚银桂'及其梯田种植和科学控梢等栽培模式，可供各地桂花新区学习参考。

四 '白洁' Osmanthus fragrans 'Baijie'

特点：生长快、投产晚、生产潜力大（Grows rapidly but matures late, magnificent blossoms with careful cultivation）。

● 品种来源● '白洁'过去在苏州光福桂花产区栽培数量占有一定比例。其幼树长势旺，生长快；7～8年生后进入始花期；15～20年生开始转入盛花期，花的产量明显上升，超过同龄主栽品种'早银桂'和'晚银桂'。

● 形态特征● 常绿小乔木。树冠圆球形，树势强健，枝条开张、较紧密。树皮浅灰色，皮孔中等大小，圆形或椭圆形。标准株2年生母梢分枝力平均2.1个；春梢平均长度为10.0cm；节数平均5.1节/梢；顶芽和腋芽总数平均23.6枚/梢，每节单侧3芽及3芽以上叠生率

图5-27 '白洁'花部特写（张静提供）

图5-28 '白洁'叶部特写（杨华提供）

占51.8%。叶片深绿色，革质，有光泽，长椭圆形；叶长8.0～11.0cm，平均10.2cm；叶宽2.4～4.0cm，平均3.5cm；叶长宽比约3.0。叶质较厚，叶肉凸起，侧脉9～13对，很整齐，两面网脉明显；幼年树的叶缘偶有锯齿，成年树多为全缘；叶缘深波曲，反卷明显，特别是缘边有一条极为明显黄白色带痕，以此可与其他品种区别；叶尖短尖或钝尖；叶基楔形或宽楔形；叶柄粗壮，平均长0.8cm。花期9月下旬至10月上旬；花冠斜展，裂片圆阔肥厚，微内扣；花梗黄绿色，长0.8～1.1cm；花色绿白至浅柠檬黄色，国际色卡编号为2C～5B；花香浓郁；花后不结实（图5-27、图5-28）。

在苏州光福产区，'白洁'有阔叶'白洁'和狭叶'白洁'两个品种类型。阔叶'白洁'叶片较宽大，长宽比约2.8，叶色墨绿，有光泽；枝叶稀疏，节间长，着花少，产量较低；狭叶'白洁'叶形狭长，长宽比3.5，叶色深绿，有光泽；枝叶茂密，节间短，着花多，特别丰产。

• 生态习性 • '白洁'植株比较高大，适应性很强。幼年长势旺、生长快，营养生长常压倒生殖生长，因此始花年龄要比'晚银桂'晚2～3年；但在15年生投产

以后产量很快就会逐年提高。花冠裂片既大又厚，丰产性状良好。

笔者等常年物候观测表明：'白洁'与'速生金桂'等品种一样，有特殊的生长物候期颜色标记，它的枝芽和其后延伸出来的"先出叶"均以绿色为主；进入抽梢展叶期和封梢期后，它的新梢和嫩叶便逐渐由淡绿→褐绿→绿→深绿色方向变化。而'早银桂'和'金桂''堰虹桂'等其他品种则迥然不同，它们的枝芽和"先出叶"都是紫红色；进入抽梢展叶期和封梢期后，新梢和嫩叶的颜色才逐渐由紫红褐→红褐向深绿色变化。

• 繁殖栽培 • '白洁'在苏州光福桂花产区仍沿用历史传统的地面压条法，就地压条育苗。为了让这一优良桂花品种尽快在南方地区推广，有必要鼓励园林企业进行规模化、工厂化的扦插育苗生产。

• 配植利用 • '白洁'生长快，干形好。花香接近'晚银桂'；鲜花产量与'早银桂'相近，但质量却明显超过'早银桂'。各项综合指标表明：'白洁'是个观赏和经济价值并重的优秀桂花品种。

五 '籽银桂'*Osmanthus fragrans* 'Ziyin Gui'

特点：秋赏花、春观果、生长快、干形好（Blooms appear in autumn and fruits can last until spring, grows rapidly, has beautifully shaped trunks）。

• 品种来源 • '籽银桂'是广西桂林地区桂花主栽品种，现已发展有多个不同类型的品种，如'七星银桂'和'王城银桂'等。本品种生长快，干形好，各地常有引种栽培。但因播种育苗繁殖关系，存在始花年龄偏晚、品种优良性状不够稳定等缺点。

• 形态特征 • 常绿小乔木。树冠圆球形，枝叶常集中分布在树冠表层。树皮浅灰色，皮孔小，圆形，数量中等。标准株2年生母梢分枝力平均2.2个；春梢平均长度为7.8cm；节数平均6.0节/梢；顶芽和腋芽数平均15.6枚/梢，每节单侧3芽及3芽以上叠生率占30.9%。叶片深绿色，革质，略有光泽，长椭圆形，先端常较宽、呈肩胛状；叶长4.0～10.5cm，平均7.0cm；叶宽2.4～3.6cm，平均2.7cm；叶长宽比约2.6；叶面平展，粗糙，侧脉9～11对，网脉两面明显；幼树80%以上叶缘有明显锯齿，成年树多为全缘或仅先端有疏细锯齿；叶尖长尖，反曲；叶基楔形；叶柄平均长0.8cm。花期9月下旬至10月上旬；花冠近平展，裂片卵圆形；花梗淡紫色，长0.5～0.7cm；花色浅柠檬黄色，国际色卡编号为5C；花量不多；香味中等。花后结实，核果椭圆形，翌年3～4月间成熟，紫黑色（图5-29、5-30）。

• 生态习性 • '籽银桂'是阳性树种，幼年较耐阴，

图5-29 '籽银桂'花部特写（张静提供）

图5-30 '籽银桂'叶部特写（张静提供）

成年后则要求充分光照。一般在肥沃、疏松、排水通畅的地方生长良好。幼树长势旺盛，成年树挂果后，果实在秋、冬、春三季要依赖母树营养。由于挂果消耗大量养分，使母体生长物候期明显滞后，开花物候也相应不够整齐和一致。'籽银桂'始花期树龄一般在10年以后；如果立地条件良好，抚育管理细致周到，始花年龄还将提前。

• 繁殖栽培 • '籽银桂'常用播种育苗，培育单干桂花大苗。据广西桂林地区经验：播种育苗应从优良母树上采种，经堆沤、洗净、晾干后，混沙贮藏，来年春季宽幅条播。历经三次移植，当苗木胸径达到6～8cm时方可出圃栽植。笔者认为，目前应该进一步评选优级实生母树，采条扩繁扦插育苗，以此提高和改善'籽银桂'品种的质量。

• 配植利用 • '籽银桂'实生苗根系发达，生长健壮，适应性强，寿命长，尤其是干形生长良好。园林配植可用作郊区干道树（要求整个路段土质均匀良好），或用作庭院小区景观树；也是繁育优良品种本砧的理想材料。

六 '长叶早银桂' *Osmanthus fragrans* 'Changye Zaoyin Gui'

特点：花期早、叶身特长（Blooms early and has special long leaves）。

• 品种来源 • 2000年，在上海市桂林公园，发现有两株开花早、叶身狭长的银桂新品种，暂定名为'长叶早银桂'。

• 形态特征 • 常绿小乔木。树冠圆球形，主干挺拔，稀疏度中等。树皮浅灰色，皮孔圆形，大小不一，数量中等。标准株2年生母梢分枝力平均2.6个；春梢平均长度为15.5cm；节数平均6.0节/梢；腋芽数平均26.5枚/梢，每节单侧3芽及3芽以上叠生率占54.8%。叶片绿色，薄革质，有光泽；长椭圆形；叶长8.5～14.5cm，平均10.8cm；叶宽2.8～4.5cm，平均3.6cm；叶长宽比约3.0。叶面较平展，叶缘波曲、反卷，基本全缘，偶前端有疏细锯齿；侧脉9～11对，较整齐，网脉两面明显；叶尖长尖，叶基楔形；叶柄平均长1.0cm。花期早，9月中下旬开放。花冠近平展，椭圆形；花色浅柠檬黄色，国际色卡编号为3C；有淡香；不结实（图5-31、图5-32）。

图5-31 '长叶早银桂'花部特写（张静提供）

图5-32 '长叶早银桂'叶部特写（张静提供）

• 生态习性 • '长叶早银桂'的利用亮点在于它的花期早。笔者等历年花期物候观察均如此。除了花期早之外，其他生态习性有待进一步观察研究。

• 繁殖栽培 • 可在标准株上采条，进行扦插育苗，作为后备母株扩繁利用。

• 配植利用 • '长叶早银桂'干形好，叶身长，开花早，能拓展桂花品种的花期；花冠稠密，可提高桂花品种的观赏价值。配合'早银桂'用作园林绿化，是一个花期早的银桂类品种。

七 '柳叶银桂' Osmanthus fragrans 'Liuye Yingui'

特点：叶片狭长，形似柳叶 (Leaves are long and narrow, very similar to leaves of willow)。

• 品种来源 • '柳叶银桂'为长江以南地区常见的栽培品种，过去很多地方又称其为'柳叶桂'。为了避免与其他品种群的柳叶品种名称发生重复，故改添名为'柳叶银桂'。

• 形态特征 • 常绿高灌木或小乔木。树冠圆球形，冠层较薄，小枝下垂，稀疏度中等。树皮浅灰色，皮孔小、圆形或椭圆形，数量中等。标准株分枝力平均2.5个；春梢平均长度为14.9cm；节数平均5.8节/梢；顶芽和腋芽总数平均25.0枚/梢，每节单侧3芽及3芽以上叠生率占55.1%。叶片绿色，革质，有光泽；叶身狭长，长椭圆状披针形；叶长10.5～13.5cm，平均11.8cm；叶宽3.2～4.4cm，平均3.6cm；叶长宽比约3.3；叶缘微波曲、反卷明显，基本全缘，偶先端少量疏齿；侧脉9～11对，网脉两面较明显；叶尖短尖至长尖；叶基楔形；叶柄平均长1.0cm。花期9月下旬至10月上旬；花冠近平展，裂片倒卵形；花梗长0.6～0.8cm，黄绿色；花色浅柠檬黄色，其后渐转银白色，洁白似玉，非常显眼，国际色卡编号为5C；花香中等；不结实（图5-33、图5-34）。

• 生态习性 • 叶片平列，分布在树冠层层，内膛中空状况比'籽银桂'还要明显，说明它是一个趋光性较强、比较典型的阳性桂花品种。芽鳞修长，嫩梢褐紫，叶片长似柳叶，开花比较集中，老梢也能开花等。这些都是'柳叶银桂'在生育时段表现出来的一些特色。

• 繁殖栽培 • 可用扦插育苗，丰富桂花品种资源种类。

• 配植利用 • '柳叶银桂'小枝低垂，叶似柳叶，开花繁茂、洁白如玉，是一个优良的桂花观赏品种，除地栽外还可以盆栽欣赏。

八 '玉玲珑' Osmanthus fragrans 'Yu Linglong'

特点：叶片狭、花稠密、枝条紧抱、"迷你型"的银桂类品种 (Narrow leaves, dense blossoms, crowded branches, mini type cultivar)。

• 品种来源 • '玉玲珑'是华东地区原有的桂花老品种，常见栽培。因其枝密、叶狭、花稠、造型也十分精巧雅致，从而植株恰如其分地被命名为'玉玲珑'。

• 形态特征 • 常绿灌木至高灌木。树冠椭球形，分枝直立性强，长势良好。标准株2年生母梢分枝力平均5.8个；春梢平均长度为16.4cm；节数平均7.0节/梢；顶芽和腋芽总数平均32.4枚/梢。叶片深绿色，厚革质，有光泽；披针状长椭圆形；叶长平均7.0cm，叶宽平均2.5cm，叶长宽比约2.8；全缘；叶缘微波曲、反卷明显；叶面有侧脉6～7对，网脉两面明显；叶尖短尖至长尖；叶基楔形；叶柄平均长度0.8cm。花期9月下旬至10月上旬；花冠近平展，花冠裂片倒卵圆形至倒卵形；花梗长1.0～1.2cm，淡黄绿色；花色浅柠檬色柠檬黄色，国际色卡编号为2D～6C；有香味；不结实（图5-35、图5-36）。

• 生态习性 • '玉玲珑'已完全适应华东地区土壤气候条件。它分枝力强，新梢长度和粗度也相差不大，容易形成紧密树冠。新梢节数多，特别是腋花芽较多，致

图5-33 '柳叶银桂'花部特写（张静提供）

图5-34 '柳叶银桂'叶部特写（沈季良提供）

图5-35 '玉玲珑'花部特写（鲍健提供）

图5-36 '玉玲珑'叶部特写（鲍健提供）

使开花时花序相对集中在一处，普遍产生"花盖叶"现象。本品种始花年龄很早，一般2年生扦插苗就可在其顶端见有花开；4年生苗能迅速转入盛花阶段。

• 繁殖栽培 • '玉玲珑'常用扦插育苗。初夏期间，两节四叶长条扦插（成苗快）或单节两叶短条扦插（成苗慢），均可有较高的扦插成活率。因树身不高、分枝紧抱，可考虑相对密植增产。

• 配植利用 • '玉玲珑'树形好、花量多、香味足，观赏价值很高，是园林栽培和采花利用的优选树种。因其顶端优势不明显，枝密、叶狭、花稠，也是盆栽的极好材料。

第三部分　金桂品种群（Luteus Group）

常绿中小乔木为主。大枝挺拔斜上，自然树冠常呈圆球形。每年秋季开花1～3次；花色中黄色为主；花香浓郁或中等；花量中至多。新梢较长，一般有3～4对叶片。叶色较浅；叶片形状、大小和叶缘锯齿等性状多数相对比较稳定。本品种群比较适合用于采花加工利用及观赏。

一 '波叶金桂' Osmanthus fragrans 'Boye Jingui'

特点：花色、花香、花量表现一流，常见栽培（Common cultivar with excellent color, fragrance and blossoms）。

• 品种来源 • '波叶金桂'过去简称'金桂'，是个观赏价值和经济价值都高的桂花品种，尤以观赏价值为最好。古代即盛行栽培，而今已推广到全国各地。

• 形态特征 • 常绿小乔木。树冠圆球形，树势强健；枝条挺拔，且又十分紧密。树皮灰色，皮孔圆形或椭圆形，数量中等。标准株2年生母梢分枝力平均2.7个；春梢比较粗壮，长度平均15.9cm；节数平均7.0节/梢，其中有叶节数平均4.2节/梢；顶芽和腋芽总数，平均33.8枚/梢，每节单侧3芽以及3芽以上叠生芽占69%。叶色深绿，革质，富有光泽；叶片椭圆形；叶长7.8～11.5cm，平均10.4cm；叶宽3.2～4.7cm，平均4.1cm；叶长宽比约为2.5；叶面不平整，叶肉凸起；侧脉8～10对，网脉两面均明显；叶缘波曲、反卷明显；全缘，偶先端有疏齿；叶尖短尖至长尖；叶基宽楔形，两边常不对称，并与叶柄连生；叶柄粗壮、略有弯曲，平均长0.9cm。花期9月下旬至10月上旬；花冠斜展，裂片卵圆形，微内扣；花径大，平均0.9cm 花梗较短，长0.6～0.8cm；花色橙黄，国际色卡编号为15B；有浓香；不结实（图5-37）。

• 生态习性 • '波叶金桂'适应性强，比较耐阴。在苏州光福桂花产区，2年生压条苗栽植后一般5～7年生

图5-37 '波叶金桂'花部与叶部特写（杨华提供）

即可开花；一般不用作采花品种，原因是它的花梗较短，并且鲜花的含水量高，加工后产量较低，质量又不如'晚银桂'和'早银桂'等主栽品种好。为此，闻名遐迩的'波叶金桂'在苏州多用作观赏栽培苗出售，销路极好。

● 繁殖栽培 ● '波叶金桂'在苏州光福桂花产区多用压条育苗，而在全国其他地方则多采用嫁接育苗。为了加快育苗速度，避免嫁接带来的小叶女贞等砧木与'波叶金桂'接穗不亲和而导致死苗等种种问题，应提倡并推广扦插育苗。

● 配植利用 ● '波叶金桂'树形好、长势强，花色、花香和花量占有优势，从而成为我国南方各地园林竞相引种栽培、特别是用作观赏栽培的理想对象。当今，'波叶金桂'在南方城市的一些大型绿地和公园都有引种栽植，也可作为郊区或旅游观光点的景观树来应用。

二 '球桂' Osmanthus fragrans 'Qiu Gui'

特点：一个古老又著名的桂花品种（An ancient and famous osmanthus cultivar）。

● 品种来源 ● '球桂'是江浙地区一个比较古老的桂花品种。明代嘉靖年间，曾担任过浙江绍兴县令的江苏太仓人王世懋，在其撰写的《学圃杂疏》(1587) 一书中，曾记有如下一段文字："木犀，吾地为盛，天香无比。然须种早黄、球子二种。不惟早黄七月中开，球子花密为胜，即香亦馥郁异常……"据考证分析：'早黄'有可能是现今苏杭一带盛行栽培的'早银桂'，而'球子'也很有可能就是目前杭州、绍兴一带比较集中栽培的'球桂'。

● 形态特征 ● 常绿小乔木。树冠圆球形；树皮上有较密集的、大小不等的、椭圆与圆形两种形状不同的皮孔。标准株 2 年生母梢分枝力平均 2.9 个；春梢平均长度 9.7cm，节数平均 7.0 节／梢；顶芽和腋芽总数平均 24.5 枚／梢，每节单侧 2～3 芽叠生为主，少则 1 枚，多则 4 枚。叶片深绿色，薄革质、略有光泽；叶片椭圆形为主，少数长椭圆形；叶长平均 10.9cm，叶宽平均 4.1 cm，叶长宽比约 2.4；叶面凹凸不平，叶缘波状较明显，基本全缘，偶先端有粗尖锯齿；侧脉 7～9 对，背面侧网脉明显；叶尖短尖；叶基宽楔形；叶柄较长，平均长 1.3cm。一般 3 年生进入始花期；每年初花期集中在 9 月中下旬；花冠平展，裂片 3～4 枚，匙形或圆形、厚实、内扣；花径较大，平均 0.9cm；花梗长而弯曲，平均长 1.2cm，黄绿色、基部带紫色；花色中黄至黄色，国际色卡编号 8A；花香中等；雌蕊退化，不结实（图 5-38）。

● 生态习性 ● '球桂'是偏阳性树种，树冠表层叶片相对密集，树冠里层叶片则甚为稀疏。喜欢温暖湿润的气候条件和疏松肥沃的微酸性土壤。始花期一般从 3 年

图5-38 '球桂'的花部特写（鲍健提供）

生开始，每年开花 2～3 次，花量多、花色艳丽。

● 繁殖栽培 ● 每年初夏，嫩枝扦插育苗愈合生根快、生活率高。小苗怕干旱和寒冷，夏秋要做好喷雾保湿，冬季要做好防冻保暖工作。幼树生长迅速，年抽梢 2～3 次，唯分枝力不强，不太耐修剪，不适宜盆栽。

● 配植利用 ● '球桂'是个比较古老的桂花品种。目前，杭州地区普遍栽培，绍兴柯岩风景区还保存有古老大树。'球桂'春梢节数多（平均 7 节），节间距短（平均 1.4cm），节位上花芽又较密（即开花较多）；花梗又长又弯曲，会把节位上诸多小花编组成一个个等距的大花球，有很高的观赏价值。'球桂'花冠裂片厚实内扣，百花重平均为 1.872g，在金桂类品种群中位居前列，有一定的经济利用价值。这是一个优秀的桂花品种，建议可在一些市花城市推广栽培。

三 '金球桂' Osmanthus fragrans 'Jin Qiu'

特点：观赏采花两相宜（Good for ornamental and flower production）。

● 品种来源 ● 早在 20 世纪 60 年代初，我国原轻工业部等部委大力发展香料工业，桂花作为主要香料树种，在南方省区大量栽种。当时建立有浙江省金华市香料厂，相应开发了数十公顷桂花种植基地，并在国内各地广泛收集桂花品种。通过香料厂科技人员和广大员工的多年努力，在大量的桂花良种中进行筛选和培育，终于选育出花量大、香精含量高，既有观赏价值、又是香料工业极佳原料的桂花品种——'金球桂'。该品种由金华市金球桂花农庄自主研发生产，并于 2001 年 12 月与'状元红'一起，通过省级科技成果鉴定。2004 年经国家林业局审

图5-39 '金球桂'花部特写（占招娣提供）

图5-40 '金球桂'叶部特写（占招娣提供）

定为国家级林木良种（编号为国 S-SV-OF-018-2004）。

• 形态特征 • 常绿小乔木。树冠圆球形，大枝挺拔，小枝伸展方向常不一致，冠形既丰满又美观。树皮暗灰色，皮孔圆形或椭圆形，数量中等。标准株 2 年生母梢分枝力平均 5.3 个，最多可达 11 个；春梢平均长31.1cm；节数平均 8.0 节／梢，最多可达 10 节／梢；顶芽和腋芽总数平均 54.0 枚／梢，每节单侧 4 芽和 5 芽叠生率占 72%。叶色深绿，革质，有光泽；叶片长椭圆形；叶长平均 11.6cm，叶宽平均 4.2cm，叶长宽比约 2.8；叶

面不很平整，叶缘微波曲、反卷明显，基本全缘，偶先端有粗尖锯齿；一般具侧脉 7～11 对，侧、网脉两面均明显；叶尖短尖至长尖；叶基宽楔形；叶柄较粗壮，平均长 1.1 cm。花期 9 月下旬至 10 月上旬；花冠近平展，裂片肥厚、椭圆形；花色中黄，国际色卡编号为 10B；有浓香；雌蕊退化，不结实。

本品种花芽密集。对生节位上两侧各 4～5 个花芽，盛花时全部开放。数十朵小花聚集在同一个节位上围合成一串串小花球，非常美观醒目，从而被命名为'金球桂'。'金球桂'与杭州市常见栽培的'波叶金桂'外观很相似，但仍有一定区别。区别在于：'金球桂'春梢长（平均 31.1cm），叶缘微波曲，花梗短（平均 0.7cm）、花径小（平均 0.8cm）、花色较淡（10B，黄）；而'波叶金桂'则春梢较短（平均 15.9cm），叶缘深波曲，花梗长（平均 0.9mm）、花径大（平均 0.9cm）、花色较深（15B，黄橙）（图5-39、图5-40）。

• 生态习性 • '金球桂'与一般秋桂类要求相似，喜欢温暖湿润的气候条件和疏松肥沃的微酸性土壤。国家林业局建议适宜种植的范围是：长江流域海拔 500m 以下地区或华南海拔 800m 以下地区。

• 繁殖栽培 • '金球桂'扦插育苗技术已经基本过关，扦插成活率可以保证在 95% 以上。如能及时移栽炼苗，加上带好土球、堆土种植和栽后灌足定根水等技术措施，平地栽植的存活率能稳定在 98% 以上；山地栽植的存活率也能保证在 90% 以上。

• 配植利用 • '金球桂'树形丰满、枝叶茂盛、花朵稠密、花香浓郁，可广泛用于城镇园林绿化，观赏价值极高。据测定：'金球桂'香精含量高达 0.3%，其他桂花品种香精含量平均仅为 0.14%。为此，在适生桂花的山区，可以列为退耕还林优选的香料树种。

四 '速生金桂' *Osmanthus fragrans* 'Susheng Jin'

特点：生长快、始花早、生育矛盾巧解决（Grows rapidly, with early buds and blossoms, ideal for propagation）。

• 品种来源 • '速生金桂'是成都市香王园林公司近年来从当地八月桂籽育苗'青拈子'桂花品种中筛选开发出来的一个生长速度快、始花年龄早的金桂类品种，在园林上正在被广泛应用。

• 形态特征 • 常绿小乔木。树冠圆球形，长势好，紧密度大。标准株 2 年生母梢分枝力平均 5.8 个；春梢平均长度 24.1cm；节数平均 7.8 节／梢；顶芽和腋芽总数平均 40.4 枚／梢。嫩梢黄绿色，与一般桂花品种紫红色不同。老叶墨绿色，硬革质，有光泽；长椭圆状披针形至长椭圆形；叶长平均 10.2cm，叶宽平均 3.1cm，叶长宽

图5-41 '速生金桂'花部特写（王思明提供）

图5-42 '速生金桂'边抽梢、边可开花（王思明提供）

比约3.3；叶面凹凸不平，叶缘中上部有稀疏不等距细锐锯齿，反卷明显；主脉两侧稍有不对称现象，侧脉11～13对，比较整齐，网脉两面均明显；叶尖长尖；叶基楔形；叶柄平均长1.1 cm。始花年龄3年生，盛花年龄5年生后；每年初花期9月下旬至10月上旬；花冠近平展，裂片椭圆形、微内扣；花色柠檬黄，国际色卡编号为8B；花量多；香味浓；花后不结实（图5-41、图5-42）。

• 生态习性 • '速生金桂'较耐低湿，对气候适应性较强，不怕高温与霜冻，对粉尘等大气污染也有一定的抗性。这也可能就是本品种能迅速推广栽培的有利基础。在原产地成都地区，'速生金桂'的最大特点在于生长快速，顶端优势非常明显。1年生苗高可达1.2～1.6m，全年延伸生长，不抽发侧枝，并且每节都保存有叶片，长期不脱落。一般秋桂类品种进入开花年龄以后，往往会每年只抽一次春梢，'速生金桂'则不同，它在春梢的基础上往往会延生夏梢，再从夏梢的先端抽长出秋梢和晚秋梢，全年抽梢总长度在1m以上。此外，'速生金桂'还可以边抽梢、边开花，表现如同四季桂类，这也是一般秋桂类做不到的地方。

• 繁殖栽培 • '速生金桂'扦插育苗全年都可以进行，并以初夏扦插最为安全可靠。过去扦插育苗不过关，成都地区常用小叶女贞作为砧木，进行嫁接育苗。嫁接育苗初期生长快速，但成年大树移栽难以成活，主要因为嫁接口容易断裂死苗。近年来，成都地区花农多采用"靠接换根"办法，力求解决这一矛盾。'速生金桂'苗木生长特别快速，对水肥管理方面的要求比较严格，应多用有机肥、少用化肥，防止'速生金桂'疯长伤苗。'速生金桂'病虫害不多，但需注意蛀干害虫——吉丁虫的入侵为害，栽植后要注意加强防治。

• 配植利用 • '速生金桂'形态美、树势强、花色艳、香味浓、生长快，是个发展潜力比较大的香花树种。非常适合在风景名胜区、古典园林、现代公园、都市广场、居民小区、政府部门和高档别墅区引种栽培。

五 '狭叶金桂' *Osmanthus fragrans* 'Xiaye Jingui'

特点：叶片狭长整齐，花色黄橙可爱（Orderly arrangement of narrow long leaves, lovely orange-yellow flowers）。

• 品种来源 • '狭叶金桂'又称'早黄'，过去属银桂类品种。但从枝型、花色等方面分析，应划归金桂类品种。

• 形态特征 • 常绿小乔木。树冠圆球形，大枝挺拔、小枝披散，紧密度中等。树皮灰色，皮孔小，圆形、数量少。标准株2年生母梢分枝力平均3.1个；春梢平均长度为14.0cm，节数平均6.1节/梢；顶芽和腋芽总数平均23.4枚/梢，每节单侧3芽以及3芽以上叠生率占53.2%。叶色深绿至墨绿，革质，有光泽；叶身狭长，长椭圆状披针形；叶长8.0～11.5cm，平均9.0cm；叶宽2.5～3.5cm；平均3.1cm；叶长宽比约2.9；叶面内折，全缘；侧脉9～11对，较整齐，与主脉交角较大，网脉两面均明显；叶尖短尖或长尖，反曲；叶基楔形；叶柄平均长0.7cm。花期9月中下旬；花冠近平展，裂片椭圆形，微内扣；花色黄，国际色卡编号为15C；香味中等；雌蕊退化，不结实（图5-43、图5-44）。

• 生态习性 • '狭叶金桂'是阳性桂花品种。叶片整齐排列，镶嵌在树冠外围，内膛有空秃现象。忌水湿，在低湿土壤上生长不良。生长期物候和开花期物候比较整齐，老梢也能开花。花径大（平均1.0cm）、花梗长（平均0.9cm）、百花重也较重（1.271g），优于一般金桂类品种。

• 繁殖栽培 • 扦插繁殖育苗。栽培时注意选用高燥土壤栽植，及时调整种植密度并要求注意防治桂花瘿螨等病虫危害。

图5-43 '狭叶金桂'花部特写（沈季良提供）

图5-45 '柳叶苏桂'花部特写（刘清平提供）

图5-44 '狭叶金桂'叶部特写（杨华提供）

图5-46 '柳叶苏桂'叶部特写（刘清平提供）

• 配植利用 • '狭叶金桂'树形优美，分枝匀称；花期偏早，花色纯正，开花整齐，适合园林观赏和采花加工利用。

六 '柳叶苏桂' *Osmanthus fragrans* 'Liuye Sugui'

特点：叶身狭长、产花量高、加工质量上乘（Narrow long leaves, great blossoms and superior quality）。

• 品种来源 • '柳叶苏桂'过去是湖北咸宁市桂花产区的主栽品种，栽培面积占总面积的49.8%。当地俗称"麦穗花"，很受群众欢迎。是观赏和采花两用品种。在咸宁市桂花镇，现保存有一株约500年生的古桂，是明桂中的典型代表，至今生长、开花正常，据鉴定该品种就是'柳叶苏桂'（见本书图16-5）。

• 形态特征 • 常绿小乔木。树冠圆球形，紧密度中等。标准株2年生母梢分枝力平均3.0个；春梢平均长度为16.1 cm，节数平均6.5节/梢；顶芽和腋芽总数平均31.1枚/梢。叶片墨绿色，厚革质，有光泽；叶身狭长，长椭圆形；叶长平均10.7cm，叶宽平均3.6cm，叶长宽比

约3.0；叶面微内折，全缘，偶见疏齿，叶缘微波曲，反卷明显；一般具侧脉9～13对，网脉两面均明显；叶尖短尖；叶基楔形；叶柄较粗壮、稍扭曲，平均长0.9cm。花色中黄，国际色卡编号为10B；香味浓；雌蕊退化，不结实（图5-45、图5-46）。

• 生态习性 • '柳叶苏桂'较耐干旱，要求酸性土壤，适合山边地头栽植。生长健壮，产花量高，寿命也长。本品种耐修剪，病虫害相对较少，但需注意防治红蜘蛛危害。

• 繁殖栽培 • 在咸宁地区，有引种栽培'柳叶苏桂'的历史习惯。近年来，这一优良品种遭到很大破坏，损失惨重，有必要抓紧扦插繁殖育苗，进行恢复性生产。

• 配植利用 • 咸宁地区是我国中部九省通衢湖北省武汉市的后花园，也是历史上有名的桂花中心产区，是生态园林开发宝地。当前应该尽快恢复原有栽培品种，如'柳叶苏桂'（麦穗花）、'球桂'（金花）、'晚桂'（末花）等的育苗和栽植，使其早日成为桂树林立、温泉密布的国内外有名的休闲旅游胜地；还要求进一步推动桂花生产，使其成为我国最大的桂花加工利用基地。

七 '长柄金桂' *Osmanthus fragrans* 'Changbing Jin'

特点：植株雄伟挺拔，叶片明亮秀丽 (The trunk is splendid, the leaves are beautiful and bright)。

• **品种来源** • '长柄金桂'是四川成都市温江区和盛镇花农选育出的一个金桂类品种群的优秀品种。该品种树干直立、挺拔、刚劲有力，被誉为桂花品种中的"钢铁战士"，因其叶柄特长，超过一般桂花品种，故被命名为'长柄金桂'。

• **形态特征** • 常绿小乔木，树干通直，自然树冠圆球形，分枝丰满紧密，成型快速。树皮深灰色，较为光滑略显纵裂；皮孔椭圆形至梅花形，分布较为密集。标准株 2 年生母梢平均分枝力 4.1 个，新梢平均长 24.9cm/梢；节数平均 6.4 节 / 梢；顶芽和腋芽总数平均 35.2 枚 / 梢。嫩梢红褐色。叶片长椭圆形至披针状椭圆形；墨绿色，厚革质，光泽度高；叶片平均长 14.2cm，平均宽 4.6cm，叶长宽比为 3.1；叶面较平展，稍有 "v" 形内折，中脉深凹，有较明显侧脉 8 ~ 10 对，背面网脉明显；叶缘平直，稍有反卷，1/3 以上有锯齿；叶尖渐尖，叶基楔形与叶柄相连下延生长；叶柄黄褐色，长度 1.5 ~ 2.2cm，平均长 1.8cm，属长叶柄品种。花枝每节花芽 2 对，每芽有小花 6 ~ 8 朵，整体着花密度中等；花色中黄，国际色卡编号为 9B，花冠钟状，香味中等，花径 6 ~ 7mm，花梗平均长度 0.9cm，基部紫红色，雄蕊 2 个，雌蕊退化，不结实。花期 9 月下旬至 10 月上旬，较其他金桂品种约晚 1 周左右（图 5-47、图 5-48）。

• **生态习性** • '长柄金桂'喜阳光，不耐密植，扩冠速度很快，长势良好，根系发达。3 ~ 5 年生扦插苗，可在 1.5cm 处分枝定干后移栽，其后进行精细化管理，则年生长量米径可达 2cm，是桂花标准化产业园精品苗木首选品种之一。'长柄金桂'适应性强，抗逆性好，提前断根并保持土球完整，引种上海和武汉等多地，当年可继续生长且无明显缓苗期，生长效果良好。

• **繁殖栽培** • '长柄金桂'在成都温江当地多采用扦插育苗，秋季硬枝扦插，插条长约 6cm，每亩（约 667m²）可扦插 20 万条，其成活率 95% 以上。来年春季，按照 30cm×30cm 株行距移栽炼苗；其后，再按 2.5m×2.5m 移栽培育至米径 3cm 后，再次抽稀将株行距调整为 5m×5m 以培育'长柄金桂'大苗（内部套种海桐或茶花等耐阴灌木，收取短期经济效益）。本品种抗逆性强，耐粗放管理，且少有病虫害发生。目前苗源短缺，售价偏高。

• **配植利用** • '长柄金桂'花色、花香和花量等花部指标，虽然并不出类拔萃，但它植株生长高大雄伟，树形极其美观；它的叶片宽大亮丽，可供全年观赏，相对

图5-47 '长柄金桂'花部特写（邬晶提供）

图5-48 '长柄金桂'叶柄特写（邬晶提供）

能弥补花期短暂的不足。因其树势强健、刚劲挺拔，是南方各地市政工程建设干道树苗理想栽培品种。

（本品种编写人：邬晶 杨康民）

八 '潢川金桂' *Osmanthus fragrans* 'Huangchuan Jingui'

特点：一个古老、分布偏北、比较耐寒的桂花品种 (An ancient cultivar, usually distributed in northern China, cold resistant cultivar)。

• **品种来源** • 河南省潢川县古称光州，是夏、商、周三代的黄国属地。历史上曾大面积种植过桂花。据史籍《光州志》卷 28 记载：公元前 273 年，秦欲伐楚。楚襄王派春申君黄歇出使秦国议和。呈《上秦昭王书》。昭王展开来书，异香扑鼻。问曰："何来之香？"春申君答："书中夹有花香。"昭王复问曰："何花？产何地？"春申君答："今日幸晤昭王，正值中秋，唯黄花盛也，产黄国。"昭王赞曰："今遇黄君撮合，缓解秦楚之战，实属贵人、贵事，此花乃贵（桂）花也。"

图5-49 '潢川金桂'花部特写（王长海提供）

图5-50 '潢川金桂'叶部特写（王长海提供）

图5-51 '潢川金桂'果实特写（王长海提供）

潢川县有一延绵十余公里长的丘陵山岭，古时就曾遍植有桂花。每逢金秋季节，桂花盛开，香飘数里，因而得名为"桂花岭"。历代逢年过节，潢川县人民流传有打桂花糕、做桂花糖、酿桂花酒的风俗。目前，虽然时过境迁，但在卜塔集镇马湖村，还保留有一株5分枝、最粗干径达40cm、树高12m、冠幅10m的百年生古桂，是往昔潢川种桂的最好物证。

潢川县桂花品种很多。通过历代培育选种，'潢川金桂'脱颖而出，成为当地代表品种。2009年6月，'潢川金桂'获得木犀属栽培植物桂花新品种登录证书。2009年11月，河南开元园林生态实业公司会同潢川县质监局、林业局等单位，起草制定了'潢川金桂'省级地方标准并发布实施。2010年12月，'潢川金桂'被国家工商行政管理总局商标局正式确认为地理标志商标，这意味着

‘潢川金桂’的原产地、质量及其特定品质得到了国家正式认可，受法律保护。

• 形态特征 • 常绿小乔木或高灌木。树冠圆球形，树皮灰白色，皮孔密集。叶片卵状椭圆形，叶长 7～11cm，宽 3～4cm，叶长宽比为 2.6。叶片深绿色；厚革质；叶面平展，光滑，侧脉明显下陷。花期 9～10 月；花序聚伞状；小花钟形，密集；花色中黄，国际色卡编号为 10B；花香较浓郁。雌雄蕊发育正常，浆果状核果，橄榄形（图 5-49～图 5-51）。

• 生态习性 • ‘潢川金桂’喜湿润中性土壤，偏碱性土壤也可以栽植。喜光照，稍耐阴。喜肥沃土壤，稍耐瘠薄。在阳光充足、土壤肥沃、湿度良好的土壤上生长很快，干径年平均生长量可达 1cm。潢川县地处河南省东南部，南依大别山、北临淮河水，是亚热带花木北移和温带花木南迁的适生地带。年绝对最低温度为 -15℃ 或更低；但土生土长在这里的‘潢川金桂’未见有冻害。说明它是自然分布在我国偏北地区较耐寒的桂花品种之一。

• 繁殖栽培 • 在潢川地区，‘潢川金桂’的育苗方法有播种、扦插和嫁接等方法。目前以嫁接育苗为主，比例高达 80% 以上。当地花农认为嫁接育苗不仅能保持桂花品种的优良品质，还可提高幼年桂花苗木的生长速度，缩短始花期年龄等。现将开元园林公司负责人王长海 30 年嫁接育苗经验简介于下。

在潢川，桂花嫁接育苗有就地嫁接和移砧嫁接两种方法。所谓就地嫁接指的是在早春将桂花接穗，用切接法或劈接法，嫁接到流苏树或小叶女贞的砧木上。嫁接后进行常规的浇水、松土和除草工作，一般不采取遮阳和保温措施。而移砧嫁接指的是在秋末冬初将桂花接穗，用切接或劈接方法嫁接到已经移挖起来放置在室内的流苏树或小叶女贞的砧木上，然后按 15cm×20cm 的株行距，把嫁接好的桂花，栽入到小苗繁育床中。此后开展常规浇水、松土、除草以及遮阳、保温等一系列抚育管理工作。理想砧木为地径粗度在 0.8cm 以上、生长健旺、无病虫害流苏树播种苗；接穗则应选择品质优良、枝形优美、生长健壮、无病虫危害、已开花多年的成年植株。最好选用树冠中上部向阳面、发育充实的 2 年生枝作接穗。穗长一般 5～7cm，保留 2 节芽。嫁接后 10 天左右即可检查是否成活，若接穗仍保持新鲜，皮层不皱缩失水，芽头饱满表示成活；否则，嫁接失败，需抓紧时间补接。

在生产中往往要根据经营目的和市场需求，对‘潢川金桂’嫁接苗进行多次移植。初次移植在翌年春季或秋季进行，一般为裸根苗移植，株行距 40cm×40cm。要做到扶正苗木，根系舒展，不窝根，种植深度要求埋住

嫁接口，栽后浇足“定根水”。初次移植后，当桂花生长到相邻树冠重叠时，需进行再次移植。一般带土球，春秋季进行。

• 配植利用 • 当地人民对‘潢川金桂’有特殊感情。现今县城主干道两旁，政府、社区、医院、学校等处无不遍植桂花。全县‘潢川金桂’种植面积已发展到 2 万亩，种植范围遍及 17 个乡镇和 1 个农场，产品远销南北方广大地区。

（本品种编写人：王长海 杨康民）

九 ‘柳叶金桂’ Osmanthus fragrans ‘Liuye Jin’

特点：树形好、花香浓的江西省桂花良种（A famous osmanthus cultivar in Jiangxi Province with shapely crown and rich fragrance）。

• 品种来源 • 20 世纪 90 年代初，江西省南昌市湾里区绿地苗圃（现江西翰林实业有限公司前身），有针对性地选取多个不同种源桂花品种优良苗木，进行栽培对比试验。1999 年和 2005 年先后两次开展株形、花期和花量 3 项指标的筛选活动。‘柳叶金桂’因表现良好，得以胜出。2006 年开始大量繁殖育苗，2008 年‘柳叶金桂’通过江西省林木良种审定，并在全省发布推广。

• 形态特征 • 常绿小乔木。树冠圆球形，分枝紧密。树皮浅灰色，较光滑；皮孔扁圆形，分布密度中等。2 年生母梢平均分枝力 4.0 个 / 梢；当年生新梢长度平均 19.5cm / 梢；节数平均 7.1 节 / 梢；顶芽和腋芽总数平均 33.2 枝 / 梢。嫩梢红色。叶片披针状长椭圆形，长 7.0～11.0cm，宽 2.5～3.5cm，长宽比为 3.0；叶色深绿；厚革质、有光泽；叶面“V”字形内折，叶缘微波状，反卷明显，1/2 以上有粗尖锯齿；侧脉 9～13 对，网脉两面明显；叶尖短尖至长尖；叶基狭楔形；叶柄黄绿色，平均长 0.9cm。簇生聚伞花序；花冠斜展，裂片 4 枚，倒卵形，微内扣；花径 0.6～0.8cm；花梗黄绿色，平均长 0.9cm；花色柠檬黄，国际色卡编号为 8B；花香浓郁；雌蕊退化，不结实（图 5-52、图 5-53）。

• 生态习性 • 阳性树种，幼年稍耐庇荫。怕水湿和盐碱，有一定耐低温能力。分枝力强，能自然成型。枝条柔韧性好，可供编结造型育苗利用。花期 9 月下旬至 10 月上旬，平均每年开花 2 次。10 年生单株平均产花量为 1.8kg。

• 繁殖栽培 • 扦插育苗繁殖，可在梅雨季（5 月下旬至 7 月中旬）或秋季（9 月中旬至 10 月中旬），将当年生春梢或夏梢的半木质化枝条，剪成两节四叶的插条，在设施栽培的条件下，插入苗床土壤或其他混合基质内，扦插成活率 95% 以上。其后移栽要点如下：①整地移

图5-52 '柳叶金桂'花部特写（熊一华提供）

图5-53 '柳叶金桂'叶部特写（熊一华提供）

栽。选择光照充足、土层深厚、富含腐殖质微酸性土壤作为移栽苗圃。挖苗时，尽可能多留苗根并要求及时栽植，浇足定根水。②水肥管理。移植后加强排灌水分管理，每年施肥3次；3月下旬施一次速效氮肥，促其长高和多发新梢；7月施一次速效磷钾肥，提高其抗旱能力；10月施一次农家有机肥，提高其抗寒能力，为越冬作准备。③整形修剪。剪除枯死枝和病虫枝，及时抹除树干基部发现的萌芽。④病虫防治。本品种有炭疽病、叶斑病、红蜘蛛和蛎盾蚧等病虫害，可用石硫合剂、退菌特、甲基托布津和三氯杀螨醇等药剂进行防治。通过两次移栽，苗龄8～10年生、树高3.5m，冠幅3m，可培育为园林工程优质用苗。

• 配植利用 • 江西省南昌市现有苗圃约6万亩，其中仅'柳叶金桂'的栽培面积就有2万余亩，是该省园林绿化的当家品种。可大量引种在风景名胜区、公园广场、居民小区和高档宾馆别墅等各处。利用'柳叶金桂'分枝力强、柔韧性的特点，还可制作花瓶、花柱等造型

苗，提高苗木的附加值。'柳叶金桂'的花有很好的食用价值和药用价值，特别是其中香精的含量高达0.3%。如能合理规划、精细设计、大量种植、并设立专门工厂提炼桂花浸膏和桂花香精，满足国内外香料工业发展的需求，其对国家和人民的贡献就更加巨大了。

十 '小叶金桂' *Osmanthus fragrans* 'Xiaoye Jingui'

特点：一个既古老又时尚的金桂品种群桂花新品种（An ancient and fashionable new cultivar of Luteus Group Osmanthus）。

[链接]"八月桂花遍地开，鲜红的旗帜竖啊竖起来，张灯又结彩……"。这是20世纪30年代大别山革命老根据地，依据当地民间曲调"八段锦"，由罗银青谱写的一首革命歌曲。该歌曲曾伴随着红军长征的足迹，唱响红遍了大江南北。1964年大型音乐舞蹈史诗"东方红"在北京人民大会堂隆重亮相，也收录了这首歌曲。从而使"八月桂花遍地开"成为我国家喻户晓、人人皆知的一首革命经典歌曲。歌曲的原创地，经过多方面考证，确认是现在安徽省六安市金寨县的麻埠镇，而涉及的桂花品种正是本文下面介绍的'小叶金桂'。

• 品种来源 • 在金寨县原名鲜花岭镇（现改名为麻埠镇）的桂花村，现生长有株国家一级保护古树——"皖桂王"。据称：该树已有一千余年树龄（如能用14C原子示踪法进一步核实，将是唐代古桂）。距地面0.2m处，干围周长为3.3m，树高14m，冠幅16m。至今枝繁叶茂，生机盎然，每年产鲜花150～200kg（图5-54为"皖桂王"全景；图5-55为"皖桂王"斑驳树干）。

麻埠镇桂花村现有采花投产树两千余株（包括百年生以上古桂100余株），尚未开花投产小树5万余株，均是上述"皖桂王"繁衍下来的后代。因该株品种的叶片是已知金桂品种群最小的一个品种，故暂名为'小叶金桂'。

• 形态特征 • '小叶金桂'是常绿乔木，树冠圆球至扁球形，分枝稠密。标准株2年生母梢分枝力平均3个；当年生新梢长度平均10cm；节数平均5.0节/梢；每节两侧腋芽2～3枚，腋芽总数平均20枚/梢。新梢褐红色，成型老叶墨绿色、厚革质、有光泽；叶片近椭圆形，叶长平均7.5cm，叶宽平均2.8cm，叶长宽比2.7；叶缘微反卷、近全缘（未开花小树叶缘则锯齿明显）；叶面内折，中脉明显，侧脉7～9对，网脉较明显；叶尖渐尖，叶基楔形，略下延，叶柄平均长0.7cm，淡紫色。初花期一般为每年9月下旬（2012年提早为9月上旬）；花冠近平展，花径1.4cm，裂片椭圆形，花梗长平均0.9cm；花色黄，国际色卡编号为10B（中黄）；花量中等；花香浓

图5-54 '小叶金桂'全株（孙爱军提供）

图5-55 '小叶金桂'树干特写（孙爱军提供）

图5-56 '小叶金桂'花部特写（孙爱军提供）

图5-57 '小叶金桂'叶部特写（孙爱军提供）

郁；花后不结实（图5-56为'小叶金桂'古桂花部特写；图5-57为'小叶金桂'古桂树叶部特写）。

● 生态习性 ● 金寨县麻埠镇位于安徽、河南和湖北三省交界处的低山丘陵地区，是茶中名品"六安瓜片"的主产地，也是安徽省著名水库——"响洪甸水库"的所在地。该地区海拔200～300m，雨量充沛，空气湿度很高，生态条件良好，是桂花的适生地带。'小叶金桂'在此地能充分体现出适应性和抗逆性都很强的特点。由于当地村民奉行一种"不施肥、不修剪和不防治病虫害"很粗放的经营管理模式，致使现有'小叶金桂'的生长速度不够理想，有待今后示范教育对比提高。另外，'小

叶金桂'始花期偏晚，一般7～8年生才能开花。

● 繁殖栽培 ● "皖桂王"这株古桂现任监护人是孙爱军。他多年来在对"皖桂王"进行悉心保护和宣传的同时，积极引领村民开展'小叶金桂'苗木的培育工作。目前主要采用硬枝扦插法进行繁殖育苗，成活率在90%左右。3年生苗高1.2m、地径粗1cm；5年生苗高2.0m、冠幅0.6～0.8m。每年全省各地纷纷来此采购苗木。

● 配植利用 ● 由于"皖桂王"千年古桂的客观现实存在，致使'小叶金桂'健康长寿的优良秉性，已经人所共知，非常适合用于城镇园林绿化；'小叶金桂'因花香浓郁，六安香料厂历来另眼看待，鲜花收购价超过一

般桂花品种20%以上，说明将来深加工利用前途极为广阔；'小叶金桂'叶片较小，生长速度慢，但此却是盆栽桂花和盆景桂花的优选素材。

在"搞好革命老区建设"科学发展观认识的基础上，由"皖桂王"繁衍至今并被暂命名为'小叶金桂'的桂花新品种，现已得到省、市、县、镇各级领导的高度重视和政策扶持。有关单位和部门正在开展以下四项工作：一是注册"皖桂王"商标，打造品牌效应，走精品发展道路；二是成立皖桂王桂花专业合作社，提高组织化程度，逐步做大、做强桂花产业；三是建立桂花育苗基地，提供优质种苗资源，奠定桂花产业发展的物质基础；四是计划用5年时间，建成万亩桂花基地，打造特色经济，发展生态旅游，造福一方群众。

（本品种编写人：孙爱军 杨康民）

十一 '云田彩桂' Osmanthus fragrans 'Yuntian Cai'

特点：本品种每年3月至4月叶片的颜色，从紫、红、橙黄、淡黄，再到黄绿相间色彩；观赏价值很高。(The colour of the leaves changes frequently from purple, red, orange yellow, light yellow, during March to April; and then mixed with green and light yellow; extremely beautiful)。

• 品种来源 • 湖南省株洲市云田乡春秋花木场经理易剑雄在1999年从外地购进一批桂花种子。翌年在培育的播种苗中，发现几株彩叶苗木。经过其后5年的扩繁种植，彩叶性状始终保持稳定不变，证明它是一个桂花新品种。2008年顺利通过木犀属桂花品种国际登录和湖南省科技成果鉴定，南京林业大学向其柏教授将其命名为'云田彩桂'。2009年国家林业局授予桂花新品种保护证书。2010年'云田彩桂'被澳洋生态农林公司整体收购，易剑雄也被公司聘任为项目经理。自此双方合作经营，品种商业名称被冠名为澳洋'云田彩桂'。

• 形态特征 • '云田彩桂'在自然生长情况下是常绿小乔木；在人为控制生长的情况下可成为常绿灌木。树势中等；树冠幼年为椭球形，成年为伞球形；树皮较光滑，分布有椭圆形皮孔。叶片椭圆形或卵圆形，叶长7.4～10.0cm，宽2.6～3.5cm，叶长宽比为2.8；叶革质，质地较厚；叶尖短尖或渐尖；叶基楔形或狭楔形；叶缘3/4以上有锯齿；叶面侧脉7～9对，网脉两面明显；叶柄黄绿色，长0.5～0.8cm。新梢3～4月间呈现紫红色，嫩叶由紫红、红、橙黄、淡黄再到其后稳定的黄绿相间色彩。且只有再次修剪才可以重新萌发紫红色新梢。2009年秋季，模式母本进入始花期，据称花冠裂片黄色，经鉴定属金桂类品种（图5-58、图5-59）。

图5-58 '云田彩桂'新梢特写（兰成兵提供）

• 生态习性 • '云田彩桂'为阳性树种。苗期要求庇荫，成年树在光照充足、疏松肥沃、微酸性土壤条件下生长良好。喜温暖湿润气候，具有较好的耐寒性，2007年冬季，湖南株洲地区遭遇－12℃短时低温，也没有发现'云田彩桂'植株冻死情况。本品种不耐土壤低湿。未见有严重病虫害。据全年物候观测：在自然条件下，幼树每年可抽发春梢、夏梢、秋梢和晚秋梢共四次新梢；而在温室大棚中，全年可抽发5～6次新梢。春梢叶色紫红、红和橙色；夏梢和秋梢的叶色，上部为红和橙黄色、中下部为橙黄和黄青色；冬季叶色仍基本保持夏秋时段不变。'云田彩桂'新梢叶色，季节间差异小，持续时间长，色彩又非常醒目亮丽，明显不同于一般桂花品种。本品种亮点在于"彩叶"而非"彩花"，因此笔者建议将其品种名称调整为'云田彩叶桂'。

• 繁殖栽培 • 2000—2009年，在湖南省株洲市云田乡苗木基地，易剑雄通过近10年的对比栽培试验，掌握了'云田彩桂'无性繁殖育苗方法（包括早春切接育苗；初夏利用幼年砧带叶腹接育苗；初夏半木质化春梢扦插育苗；秋季半木质化夏梢扦插育苗等），培育出一批嫁接大苗和扦插小苗，准备适时投放国内外市场。

图5-59　'云田彩桂'黄绿相间老叶片（杨华提供）

• 配植利用 •　桂花在我国栽培历史悠久，品种也极其繁多，但始终缺少彩叶品种。但木犀属另一种柊树（即通称为刺桂），则与桂花遭遇不同，早被西方国家拔得头筹，培育成多个色叶品种（如'银斑柊树'和'金边柊树'等），在欧美苗木市场上红火销售。因此，加强对桂花彩叶品种的选择和开发，就具有极其重要的现实意义。'云田彩桂'这一彩叶品种的出现无疑能促进桂花产业更好的发展。一般桂花品种只是花香秋季，而'云田彩桂'不仅花香秋季，而且叶赏全年，其彩叶性状非常稳定。可以广泛用于公园、庭院和大型精品园林工程；也可盆栽或制成盆景，放置在室内、大型宾馆和广场供人欣赏；还可以通过"高接换头"嫁接手段，把名品桂花和彩叶两个优良性状融合在一起，发挥更好的绿化、美化、香化功能。

（本品种编写人：兰成兵　易剑雄　杨康民）

第四部分　丹桂品种群〔Auranticus Group〕

常绿中小乔木为主。大枝峭立、小枝直立，自然树冠常呈椭球形；叶片常分布树冠表层，内部常呈中空状态。花色橙黄至橙红色；花中香或淡香；花量中至多。新梢较长，一般有 3～4 对叶片。叶色较深；叶片形状、大小和叶缘锯齿等性状多数相对比较稳定。本品种群比较适合用于观赏。

一 '硬叶丹桂' *Osmanthus fragrans* 'Yingye Dangui'

特点：树势强健，花期短促（Tree grows vigorously but blooms is short）。

• 品种来源 •　'硬叶丹桂'是一个古老的丹桂品种。幼树叶缘锯齿明显，中年以后叶缘锯齿渐少乃至全缘，常被人们误认为是两个不同桂花品种。

• 形态特征 •　常绿高灌木至小乔木。树冠圆球形，枝条峭立，树势强健，紧密度中等。树皮浅灰色，皮孔圆形或椭圆形，数量中等。标准株 2 年生母梢分枝力平均 2.8 个；春梢平均长度为 13.4cm，节数平均 7.0 节/梢；顶芽和腋芽总数平均 28.0 枚/梢，每节单侧 3 芽及 3 芽以上叠生率占 58.4%。叶片深绿至墨绿色，硬革质、质地厚硬，有光泽；叶身狭长，呈长椭圆状披针形；叶长 8.0～13.0cm，平均 10.0cm；叶宽 2.1～4.0cm，平均 3.3cm；叶长宽比约 3.0；叶面内折、中脉深凹；侧脉 8～10 对，网脉两面明显；叶缘微波曲、反卷，全缘或中上部有疏尖锯齿；叶尖长尖、反曲；叶基楔形或宽楔形；叶柄略带紫红色，平均长 0.8cm。花期 9 月下旬至 10 月上旬；花冠近平展，裂片卵圆形；花梗平均长 0.7cm，黄绿色；花色橙黄，国际色卡编号为 23A；花香淡；花后不结实（图 5-60、图 5-61）。

• 生态习性 •　'硬叶丹桂'树冠广阔，树势强健，枝条峭立，内膛容易空秃，耐阴性较差。本品种开花迅猛，与其他丹桂类品种比较，花期相对比较短暂。以 2003 年花期观测为例：上海市桂林公园'硬叶丹桂'的花期为 7 天，而'败育丹桂'和'砾砂桂'的花期为 9～10 天。'硬叶丹桂'的花冠裂片较薄，采下后非常容易萎蔫。

• 繁殖栽培 •　'硬叶丹桂'多用嫁接育苗繁殖。南方常用砧木为小叶女贞，北方常用砧木为流苏树。嫁接繁殖常会带来砧本不亲和矛盾，影响以后的苗木生长与寿命长短问题。建议今后南方用扦插育苗方法解决苗源问题。

• 配植应用 •　'硬叶丹桂'树冠广阔，挺拔新梢犹如把把火炬，开花时红火一片，极其壮观。用作园林绿化，宜相对稀植；并要求与其他桂花品种混栽，以丰富花色、延长花期，提高观赏价值。

图5-60 '硬叶丹桂'花部特写（沈季良提供）

图5-62 '败育丹桂'花部特写（杨华提供）

图5-61 '硬叶丹桂'叶部特写（张静提供）

图5-63 '败育丹桂'叶部特写（沈季良提供）

二 '败育丹桂' *Osmanthus fragrans* 'Baiyu Dangui'

特点：花后结实，不能完熟而中途夭折（Hardly fruit after blooming）。

● 品种来源 ● 在丹桂类品种群中，既发现有结籽的'籽丹桂'，也发现有更多不能结籽的丹桂品种如'硬叶丹桂'和'硃砂桂'等。2000年在上海市桂林公园笔者还另发现有花后结实、但发育极缓慢、中途夭折的一个丹桂品种，暂时命名'败育丹桂'，它是处于结实与不结实之间的中间类型的桂花新品种。其发育机理究竟如何，有待今后进一步研究与探讨。因它不是上海地区的特有品种，不宜命名为'上海丹桂'。

● 形态特征 ● 常绿高灌木至小乔木。树冠圆球形，枝条较稀疏。树皮浅灰色；皮孔圆形，数量中等。标准株2年生母梢分枝力平均2.6个；春梢平均长度10.3cm，节数平均7.0节/梢；顶芽和腋芽总数平均24.2枚/梢，每节单侧3芽及3芽以上叠生率占51.5%。叶片绿色至深绿色，硬革质，有光泽；披针状长椭圆形，大小不整齐；叶长6.7～11.0cm，平均9.7cm；叶宽2.3～4.0cm，平均

3.5cm；叶长宽比约2.8；叶面微内折，叶缘微波曲、反卷，全缘，偶先端有疏齿；侧脉7～11对，与中脉近垂直，网脉两面均明显；叶尖短尖；叶基楔形；叶柄平均长0.8cm。花期9月下旬至10月上旬；花冠近平展，裂片椭圆形；花色橙黄，国际色卡编号为24A；花香中等；花后结实，但发育缓慢，未能完熟，中途夭折（图5-62、图5-63）。

● 生态习性 ● '败育丹桂'树冠稀疏，枝条细弱，叶片大小分化比较明显，叶龄较短，树上常见有黄叶。为了追踪'败育丹桂'花而不实、难成正果的全过程，笔者特查阅了2003年花期物候观测资料：2003年夏秋间，上海地区高温干旱无雨，桂花品种的花期大大推迟。'败育丹桂'的花期为10月10日至19日，累计花期10天；同时，园内'硬叶丹桂'的花期为10月9日至15日，累计花期7天；'硃砂桂'的花期为10月10日至18日，累计花期为9天。说明'败育丹桂'的花期要比其他丹桂品种长1～3天。10月下旬，'败育丹桂'花谢，绝大多数枯花冠残留在树上；11月份枯花冠陆续脱落，但

子房未见膨大；12月份子房缓慢发育，果实小米大小；2004年元月期间，因低温关系幼果发育停顿；2月份'败育丹桂'枝芽萌动，满树幼果大量脱落，残留在树上的少量幼果，加快发育且大小分化明显；3月份'败育丹桂'进入到抽梢展叶期，老叶大量黄落，绿色幼果也同时接近全落。经解剖后发现：种仁不饱满，子房未完全发育；4月下旬，'败育丹桂'进入到封梢期，树上已找不到一粒果实，而此时'籽银桂'果实变紫黑色，已成熟；'月月桂'果实也由绿色转为淡紫色，将成熟。

●繁殖栽培● '败育丹桂'主要用扦插育苗繁殖，也可以试用'籽银桂'或'月月桂'等结籽品种的播种苗作为砧木，与'败育丹桂'接穗嫁接，进行本砧嫁接育苗。

●配植利用● '败育丹桂'与一般丹桂品种比较，花期要长些，花量也要多些，从而有比较好的观赏价值。它是一个处于结实与不结实之间的中间类型品种，也是研究丹桂品种群进化里程中一个较好的试验材料。

三 '硃砂桂' Osmanthus fragrans 'Zhushagui'

特点：花色犹如硃砂，古今闻名（Crimson flowers, a famous cultivar known in ancient and modern times）。

●品种来源● '硃砂桂'是我国一个古老的桂花品种，因其花色红艳，仅次于'状元红'，现时栽培推广较多。

●形态特征● 常绿小乔木。树冠圆球形，紧密度中等。树皮浅灰色，比较平滑；皮孔稀疏，形状、大小不等。标准株2年生母梢分枝力平均2.5个；春梢平均长度6.9cm，节数平均5.0节/梢；顶芽和腋芽总数平均22.5枚/梢，每节单侧3芽及3芽以上叠生率占49.1%。叶片绿色，硬革质，有光泽；长椭圆形或椭圆形，大小不等；叶长6.0～12.0cm，平均9.1cm；叶宽2.3～4.7cm，平均3.2cm；叶长宽比约2.9；叶面较平整，微皱，叶缘微波曲、反卷；全缘，偶先端有疏齿；侧脉8～10对，较整齐，网脉两面明显；叶尖钝尖或短尖；叶基宽楔形；叶柄紫色，平均长0.9cm。花期9月下旬至10月上旬；花冠斜展，裂片卵圆形、微内扣；花梗长0.6～0.7cm，黄绿色；花色中橙红，国际色卡编号为28B；香味淡，与其他秋桂类品种香味有明显区别。花后不结实（图5-64）。

●生态习性● '硃砂桂'幼年时长势旺盛主干挺拔。在四川地区，树干直径达到5～7cm时才开花，始花期较晚。成年后长势不如其他丹桂类品种好，耐阴性较差，局部树冠容易空秃。另外，本品种不甚耐寒和耐湿，冬季严寒或夏秋水涝，常有叶片枯黄脱落现象。

●繁殖栽培● '硃砂桂'常用嫁接育苗，砧木多用

图5-64　'硃砂桂'花部与叶部特写（杨华提供）

小叶女贞。因砧穗不够亲和，成年树常会发生长势衰退甚至死苗现象。可用桂花本砧嫁接来改善砧穗间亲和性，也可试用扦插育苗，提高成活率。'硃砂桂'骨架大，根系分布较广（留圃期间不注意移栽），起苗时大部根系切除，容易造成土球破损，影响栽植成活。

• 配植利用 • '硃砂桂'花梗较短，开花比较集中。根据历年花期物候观察材料：铃梗期至香眼期，花色橙黄；初花期花色红橙，盛花初期至盛花期则转为橙红色，花色极艳丽，观赏价值很高，深受人民群众欢迎。由于'硃砂桂'喜阳不耐阴，在种植或配景时，多用孤植的手法，在公园或一些绿地景观中作为干道树和景观树加以引种。也可种在开阔草地，或种于亭台楼阁旁，配以假山、湖石及花灌木，一般不宜群植。

四 '状元红' Osmanthus fragrans 'Zhuangyuan Hong'

特点：花色红艳，夺人眼球（Bright red colored flowers）。

• 品种来源 • '状元红'这一品种的命名缘于历史上一段传奇故事。北宋年间，与苏轼郊游唱和的僧人仲舒，曾作词赞美桂花曰："种分三色，三种清香。状元红是，黄为榜眼，白探花郎……。"现借用这一典故，将该品种命名为'状元红'，喻示其花色红艳，犹如古代殿试状元，身着皇帝赏赐的鲜艳红袍。本品种由浙江省金华市桂花农庄自主研发，并于2001年12月通过省级桂花珍稀品种成果鉴定，2004年12月通过国家林业局审定为国家级林木良种（编号为国S-SV-OF-019-2004）。

• 形态特征 • 常绿高灌木至小乔木。树冠圆球形，分枝较多，内膛比较丰满。树皮暗灰色，较粗糙；皮孔圆形，数量中等。标准株2年生母梢分枝力平均5.6个；春梢平均长度16.0cm，节数平均7.0节/梢；顶芽和腋芽总数平均30.4枚/梢，其中每节单侧4芽叠生率占35%。叶片深绿或墨绿色；硬厚革质，有光泽；披针状长椭圆形，叶长平均11.5cm，叶宽平均3.3cm，叶长宽比约3.5；叶面较平展；叶缘反卷；侧脉9～11对，网脉两面明显；叶尖短尖至长尖、反曲；叶基楔形；叶柄平均长1.0cm。花期9月下旬至10月上旬；花冠近平展，裂片近圆形，微内扣；花梗长0.7～1.0cm，黄绿色；花色橙红，国际色卡编号为30C，花色红艳程度位居丹桂品种群首位；花有香味；花后不结实（图5-65、图5-66）。

20世纪90年代末培育出的'状元红'和古老品种'硃砂桂'堪称"丹桂双绝"。南方各地园林竞相栽培这两个品种。表5-1介绍'状元红'与'硃砂桂'这两个品种的区别。

图5-65 '状元红'花部特写（占招娣提供）

图5-66 '状元红'叶部特写（占招娣提供）

表 5-1 '状元红'和'硃砂桂'生育情况差异对照表

'状元红'	'硃砂桂'
树冠紧密，大枝挺拔。	树冠比较松散，大枝斜向上生长。
树皮暗灰色，比较粗糙。	树皮浅灰色，比较平滑。
新梢长 16cm；节数 7.0 节 / 梢；腋芽数 30.4 枚 / 梢。	新梢长 6.9cm；节数 5.0 节 / 梢；腋芽数 22.5 枚 / 梢。
叶片深绿至墨绿色，颜色较深。	叶片绿至深绿色，颜色较淡。
叶片较狭长，长宽比约 3.3。	叶片较宽阔，长宽比约 2.9。
叶面比较平展，主脉与侧脉交角较大。	叶面微皱，叶缘微波曲，主脉与侧脉交角较小。
嫩梢绿色为主。	嫩梢红色。
花梗较长，花色深橙红，国际色卡编号为 30C。	花梗较短，花色中橙红，国际色卡编号为 28B。
初夏扦插育苗，切口愈合慢，10 月中旬顶梢未抽发。	初夏扦插育苗，切口愈合快，10 月中旬顶梢已抽发。
小苗生长较慢，1 年生扦插苗高 1.0m。	小苗生长快，1 年生扦插苗高 1.0m 以上。

• 生态习性 • '状元红'对栽培环境的要求与远缘亲本丹桂一样，需要温暖湿润的气候和疏松肥沃的微酸性土壤。建议适宜种植的范围是：长江以南海拔 500m 以下，pH 酸碱度值 5.5 ～ 6.5，土层深厚肥沃地区。

• 繁殖栽培 • '状元红'目前采用扦插育苗繁殖。成活率在 95% 以上。

• 配植利用 • '状元红'树冠浓密，造型良好；分枝力强，生长量大；花径大、花量多；花色红艳，观赏价值极高。非常适合公园景点和小区庭院种植，也是南方地区盆栽的良好材料。

五 '雄黄桂' Osmanthus fragrans 'Xionghuang Gui'

特点：主干端直明显、但冠幅不大 (Straight trunk, but crown is not large)。

• 品种来源 • '雄黄桂'是四川成都地区栽培历史较久、分布面积较广、产苗量较大的一个丹桂类品种。现郫县有大量栽培。

• 形态特征 • 常绿性小乔木。树冠椭球形，主干明显，枝条稀疏、分枝角度较小，冠幅扩展受到一定限制。标准株 2 年生母梢分枝力平均 2.2 个；新梢平均长度 15.7cm，节数平均 5.8 节 / 梢；顶芽和腋芽总数平均 19.2 枚 / 梢。嫩梢褐红色。成年叶墨绿色、硬革质、略有光泽；叶片倒卵状披针形，最宽部一般在中部以上；叶长平均 9.8cm，叶宽平均 3.4cm，叶长宽比约 2.9；叶面平直，叶缘有不等距尖锯齿；侧脉 7 ～ 11 对，网脉两面明显，脉纹较粗；叶尖短尖至长尖；叶基宽楔形至楔形，略有下延生长；叶柄平均长 0.8cm，黄绿色，有紫晕。花芽紫色；花期 9 月中下旬；花冠裂片平展，椭圆形；花径较大，花梗较长；花量较多；

图5-67 '雄黄桂'花部特写（张林提供）

图5-68 '雄黄桂'叶部特写（张林提供）

花色浅橙红，色调比较暗淡，国际色卡编号为26A；香味较淡。雌蕊败育，花后不结实（图5-67、图5-68）。

• 生态习性 • 丹桂类品种一般都有不耐高温干旱、不耐低湿盐碱、抗病力较差等问题，'雄黄桂'也不例外，需要注意防范。

• 繁殖栽培 • '雄黄桂'现采用扦插育苗。扦插育苗成活率很高。

• 配植利用 • 在成都地区，'雄黄桂'是个传统桂花栽培品种。利用其小苗生长快速和主干端直明显两大特点，常用作干道树栽培。

六 '堰虹桂' Osmanthus fragrans 'Yan Hong'

特点：自然成型，"健"与"美"完美结合（Shapes naturally, beautiful）。

• 品种来源 • '堰虹桂'原名'余金桂'。本品种是成都地区都江堰市天马镇花农余代林20世纪70年代，参加庙会活动时从一高姓85岁高龄花鸟爱好者手中购得此品种的高压苗。经80年代高压繁殖和90年代扦插育苗多代繁殖育苗以后，已培育有一定数量的苗木供应市场。本品种因是都江堰市近年来开发出来的丹桂类新品种，笔者经与原培育人余代林师傅商讨后，将其更名为'堰虹桂'。张林等（2011）在四川省成都市新都区龙藏寺内惊喜发现了'堰虹桂'模式母树。该树米径35cm、树高10m、冠幅11m，既是模式母树，又是百年古桂，应列为重点保护对象。但其西北侧不远处，有株冠层高居在上的香樟树，严重威胁该模式母树的正常生长，亟待有关部门研究处理（图5-69）。

• 形态特征 • 常绿小乔木。树冠圆球形，小枝披散下垂，冠形发育良好。树皮灰白色，皮孔圆形，分布稀疏。标准株2年生母梢分枝力平均3.7个，幼年少数甚至可多达9个，由此造成树冠非常紧密；新梢平均长度20.6cm，节数平均7.3节/梢；顶芽和腋芽总数平均48.9枚/梢，其中4芽和5芽叠生常见。新梢叶褐红色，成年叶片墨绿色，硬革质，有光泽；叶片长椭圆状披针形，叶长平均10.7cm，叶宽平均3.1cm，叶长宽比约3.5；叶面较平展，叶缘微波曲、稍反卷；基本全缘、偶先端有粗稀锯齿；侧脉7～9对，侧、网脉两面均明显，脉纹较细；叶尖短尖至长尖；叶基狭楔形，部分与叶柄相连；叶柄平均长1.1cm，黄绿色。花芽绿色；'堰虹桂'2～3年生即进入始花期，一般4～5年生后可进入盛花期；每年初花期为9月中旬至10月上旬；花冠近平展，裂片椭圆形；花径较小，花梗较短，但着花多、花量丰富。花色浅橙红，色调明亮，国际色卡编号为27A；花香较浓。雌蕊败育，花后不结实（图5-70、图5-71）。

'堰虹桂'和'雄黄桂'两者的叶形、叶色、花型和花色都很近似，但冠形、稠密度、开花量和适合用途则相差很大。见表5-2以资识别。

• 生态习性 • '堰虹桂'幼年较耐阴，可以相对密植；成年后喜光照，要求及时扩大株行距。'堰虹桂'根系发达，抗旱能力较强。叶龄可以保持三年，抗寒性能表现良好。抗逆性强，病虫害较少。'堰虹桂'分枝力较强，2年生母梢上分生出来的当年生春梢，其长度和粗度均相仿，平展延伸下垂，极性生长不明显，无需修剪便能自然成型，这在丹桂品种群中还不多见。

• 繁殖栽培 • 在成都地区，初夏扦插育苗，全封闭管理，插后40～50天生根。10月下旬移栽炼苗，盖薄膜全封闭越冬。来年3～4月间，分次揭膜，常规管理，翌年可抽长7～8次新梢，年终1年生苗高可达1.0～

表5-2 '堰虹桂'和'雄黄桂'生育情况差异对照表

'堰虹桂'	'雄黄桂'
树冠圆球形，大枝平展，冠幅扩大快，无需修剪能自然成型。	树冠椭球形，主干挺直、大枝斜展，冠幅扩大慢。
标准株分枝力＞3个，枝叶量较多。	标准株分枝力＜3个，枝叶量较少。
叶片长椭圆形至长椭圆状披针形，最宽部在中部以下。	叶片倒卵形至倒卵状披针形，最宽部在中部以上。
叶长平均10.7cm，叶宽平均3.1cm，长宽比约3.5。	叶长平均9.8cm，叶宽平均3.4cm，长宽比约2.9。
叶基本全缘，偶先端有粗稀锯齿；阳光透视叶片网脉脉纹较细。	叶缘有不等距尖锯齿；阳光透视叶片网脉脉纹较粗。
花芽绿色，花径较小，花梗较短。	花芽紫色，花径较大，花梗较长。
着花多，花序紧密。	着花中等，花序松散。
花色橙红，色调明亮。	花色橙红，色调暗淡。
树冠浓密，枝条披散，分枝力强，适宜用作景观树。枝条柔韧，适合编结造型育苗。	枝条斜展，主干明显，常用作干道树。
目前产苗量有限，特别大规格苗木紧缺。	过去跟风种植，育苗量大，采购苗木比较方便。

图5-69 成都市新都区龙藏寺内‘堰虹桂’模式母树（张林提供）

图5-70 ‘堰虹桂’花部特写（张林提供）

图5-71 ‘堰虹桂’叶部特写（张林提供）

1.3m，地径粗 0.8cm。以后，薄肥勤施，精细管理，2年生苗高可达 1.8～2.0m，地径粗 1.3cm。苗干粗硬，新梢挺拔有力，叶片也保存完好。移栽后，在苗圃继续留养3年 (满 5 年生)，可培育成高 3m、地径粗 5cm、冠幅达1.5m 的园林工程小规格苗木；如在苗圃再次移栽并留养3年 (满 8 年生)，可培育成高 4m、地径粗 7～8cm、冠幅达 3.0m 园林工程较大规格苗木。

2005 年 3 月上旬，杭州市种业绿地公司从四川都江堰市香满林苗园引种 9700 株‘堰虹桂’2 年生苗，定植在该公司泉口基地。据当年 7 月 17 日现场调查，成活率近 100%，并有 20%～30% 的植株抽发出夏梢。2010 年8 月，植株地径已达 5～7cm，冠幅 1.8～2.0m，生长开花均良好。说明‘堰虹桂’在华东地区有一定的发展前途。近年来，‘堰虹桂’陆续在江苏、浙江、安徽、上海、湖北、广东和广西等地推广栽培，均收到良好的种植效果。采购事先断根并保持土球始终不松散，是确保高成活率和旺盛生长并不致落叶的技术关键。

• 配植利用 • ‘堰虹桂’是丹桂品种群中一个出类拔萃的新品种，表现在“健”与“美”的完满结合。所谓“健”，指健康，体现在该品种生长好、长势旺、抗旱、耐寒、病虫少、无需修剪能自然成型；所谓“美”，指美好，体现在该品种始花年龄早，能早报秋光；花色鲜艳，宛如东方彩虹；花量丰富，落花能染红林间小径。它比‘硃砂桂’始花年龄早，冠形发育良好；它比‘雄黄桂’分枝多，冠幅稠密度高，用作园景树非常适宜。

此外，‘堰虹桂’因其有始花早、长势好、花色艳、花量大、分枝多和枝条柔韧性强不易折断等六大优点，已被都江堰市香满林苗圃捷足先登，用作造型苗素材，批量开发出花柱、花瓶、花球和花篱等 4 种造型苗木，本书有专章介绍。

七 ‘满条红’*Osmanthus fragrans* ‘Mantiao Hong’

特点：长势旺、始花晚、花量丰富 (Grows rapidly, blooms late but profusely)。

• 品种来源 • ‘满条红’在湖北咸宁地区称作“红花”，自古享有盛名，是当地常见的丹桂类品种。原是常绿灌木，可以长成小乔木 (图 5-72)。

• 形态特征 • 常绿高灌木或小乔木。树冠圆球形，紧密度中等，生长势强壮。标准株 2 年生母梢分枝力平均 3.1 个；春梢平均长度 24.0cm，节数平均 7.7 节 / 梢；顶芽和腋芽总数平均 38.6 枚 / 梢。叶片墨绿色，硬革质，有光泽；叶长椭圆形，叶长平均 9.4cm，叶宽平均 3.3cm，叶长宽比约 2.9；叶面微内折；叶缘反卷明显，1/3 以上有疏细尖齿；有侧脉 9～11 对，网脉两面明显；叶尖长

图5-72 ‘满条红’可成长为小乔木 (刘清平提供)

图5-73 ‘满条红’花部特写 (刘清平提供)

图5-74 ‘满条红’叶部特写 (刘清平提供)

尖；叶基宽楔形；叶柄平均长 0.7cm，较粗壮，绿色、带有红晕。聚伞花序，每个花序平均有小花 8.6 朵；花冠裂片倒卵状椭圆形，几乎全裂；花径平均 1.0cm；花梗长度平均 0.8cm；每百朵小花平均重 1.05g；花色中橙红；国际色卡编号 28A；花香中等；雌蕊退化，花后不结实 (图5-73、图 5-74)。

• 生态习性 • ‘满条红’耐水湿，怕盐碱；枝条密，

耐修剪。小叶女贞嫁接苗，5～6年生可以进入始花期；扦插苗始花期则要推迟到8年生左右。盛花期约为12年生。花色在当地丹桂类品种中是最为红艳的一种。

• 繁殖栽培 • 采用扦插育苗。比一般秋桂类品种生根晚约半个月，一般要求两个月才能愈合生根；但成活率也能保持在90%以上。投放市场苗木价格约比普通秋桂类苗木高30%左右。

• 配植利用 • '满条红'可供园景树栽培利用。

八 '莲籽丹桂' *Osmanthus fragrans* 'Lianzi Dan'

特点：观花又观果，为生长速度较快的丹桂类品种（Flowers and fruits appear together, grows rapidly, a Auranticus Group cultivar）。

• 品种来源 • '莲籽丹桂'的发源地在四川省成都市温江区寿安镇。因其花色橙红且色泽柔和、叶片清秀美丽、果实形如莲籽，故被命名为'莲籽丹桂'。本品种与浙江一带现行栽培的'籽丹桂'相互对比，在叶形大小、长宽比、新梢生长期和生长量以及花梗、果梗长度等方面有明显差异，是两个不同的丹桂品种。

• 形态特征 • 常绿小乔木或高灌木，树冠长圆形至圆球形，树皮浅灰色，非常洁净；皮孔椭圆形或梅花形，分布稀疏；标准株2年生母梢分枝力3.5个，春梢平均长度为17.6cm，节数平均6.9节/梢，顶芽和腋芽总数平均40枚/梢；嫩梢黄绿色，叶身被针状椭圆形，革质；叶长平均9～11cm，叶宽3.0～3.8cm，叶长宽比约为2.9，叶黄绿色至深绿色，略有光泽；叶面平直，侧脉9～11对，网脉较明显；叶缘近全缘，稀锯齿，叶柄长0.7～0.9cm，绿色；叶基宽楔形，先端钝尖；花枝长13～15(18)cm，每节有花芽2～3（4）对，通常有2对花芽同时开放，每芽有小花7～9朵；花冠内扣，花径6～7mm，花梗较长，长度为1.0～1.4cm，平均长度1.2cm，盛花时期下垂的花序似悬挂的铃铛，与其他丹桂类品种盛花状态迥然不同。花色浅橙红，国际色卡编号为25，花香中等，雄蕊2枚，雌蕊发育正常，结实量多，似'莲籽'状，一般悬挂在1～2年生的枝条上，少数老枝也可见着生有果实；3～4月份果实成熟，色泽由初期的亮绿色逐渐变为紫红色，犹如一串串晶莹剔透的紫葡萄悬挂树梢（图5-75～图5-77）

• 生态习性 • '莲籽丹桂'属中性树种，既喜光又极其耐阴，但是在不同的光照条件下，有各自不同的反映和表现：若栽培在光照条件较好的地区，新老叶色均呈黄绿色；相反，若栽植在高大乔木下层的荫蔽环境中，则叶色呈绿色至深绿色；若在强烈阳光照射条件下，嫩梢有日灼焦叶现象发生。据在产地多年观察结果，'莲

籽丹桂'是丹桂品种群中生长速度较快的一个品种，成年树自然年生长量米径可以达到1.0～1.5cm。'莲籽丹桂'能结籽，但是干径生长量仍能维持较高水平，据分析这可能与'速生金桂'一样，它能边开花边抽梢生长，且在果实发育的季节里仍不停止抽发新梢，与养分积累比较丰富有关。'莲籽丹桂'是晚花品种，这对延伸桂花品种的观赏花期也有一定的帮助。

• 繁殖栽培 • '莲籽丹桂'过去多采用播种育苗或利用小叶女贞作砧木嫁接'莲籽丹桂'接穗，进行嫁接育苗，由此带来性状不稳定或砧穗不亲和断裂死苗的现象。现多采用扦插育苗，在秋季进行硬枝扦插，其成活率高达90%以上；'莲籽丹桂'生长较快，适应性较强，是众

图5-75 '莲籽丹桂'花部特写（邬晶提供）

图5-76 '莲籽丹桂'叶部特写（邬晶提供）

图5-77 '莲籽丹桂'果实特写（邬晶提供）

多秋桂品种群中能在华东、华中地区保持原生地生长优势的品种之一。培育期间注意对红蜘蛛（螨类）进行防范，还要求防治穴居地下的蝉类成虫危害。

• 配植利用 • '莲籽丹桂'是集观花、观叶和观果三者一体，生长速度较快的丹桂品种。目前在湖南、湖北、浙江、江苏、上海、贵州、重庆等地均有栽培。在园林绿化景观配置中，无论是孤植、对植或丛植，均能体现出'莲籽丹桂'花、果、叶并奇的独特之美。

（本品种编写人：邬晶 杨康民）

九 '象山丹桂' *Osmanthus fragrans* 'Xiangshan Dan'

特点：一个古代闻名、花香浓郁、生长量又大的丹桂类品种（Ancient famous cultivar, with rich fragrance, grows rapidly）。

• 品种来源 • 浙江省象山县古称蓬莱或丹城。相传秦方士徐福为始皇求长生不老之药，曾留居此处炼丹。唐神龙元年（705 年），象山早于浙江宁波在此处设立象山县治，至今已有 1300 余年历史。象山县物产丰富，园林花木类中以丹桂（红木犀）最有名气。有如下一则有关'象山丹桂'品种的历史故事。据南宋陈郁撰写的《话腴》一书记载："象山士子史本初，有木犀忽变红色，异香。因接本献阙下，高宗雅爱之，画为扇画，乃制诗以赐从臣。自是四方争传其本，岁接数百，史氏由此昌焉。"本段引文说明南宋高宗皇帝喜爱桂花，有人用嫁接法改良桂花品种花色，献帝争宠。《四明旧志》和《梦粱录》两部古籍均对此有类似描述，内容大同小异。由此证明：历史上确有上佳丹桂类品种流传民间。在象山县西周镇普塘村，现保留有两株树龄已逾 400 年的古丹桂。其中一株生长仍很健康、远近闻名。根盘围 3.0m（根盘直径近 1m），有四大分枝，最粗分枝直径达 57cm；树高 16m、冠幅 17m；每年秋季开花，香闻数里（图 5-78）。

2000 年，在象山县贤痒镇成立了宁波市百汇桂花研究所（前身是宁波市博文园林公司）。该所十年来共引进全国和本地民间散植桂花 4 万余株，其中名品独干丹桂占有一定比例，经与上述普塘村古丹桂反复对比验证，两处桂花竟是同一个桂花品种。经讨论后命名为'象山丹桂'。

• 形态特征 • '象山丹桂'是常绿小乔木。树冠圆球形，分枝紧密，生长势强壮。标准株树龄 9 年生，树高 3.5m，枝下高 0.8cm，冠幅 2m，地径 10cm。主干树皮光滑，浅灰色；皮孔圆形，分布中等。主枝半开展型，开张角度 30°～50°。2 年生母株梢分枝力平均为 5.4 个；春梢平均长度为 28cm/ 梢，节数平均为 6.9 节 / 梢，顶芽和腋芽总数平均为 46.7 枚 / 梢。嫩梢淡红色。叶片长椭圆形，叶长平均为 10.1cm、叶宽平均为 3.1cm，叶长宽

图5-78　浙江省象山县西周镇普塘村古'象山丹桂'（王家兴提供）

图5-79　'象山丹桂'花部特写（王家兴提供）

图5-80　'象山丹桂'叶部特写（王家兴提供）

表 5-3　6 个丹桂类品种每年扩冠速度和树冠紧密度大小的调查对比

品种名称	'象山丹桂'	'堰虹桂'	'硃砂桂'	'状元红'	'硬叶丹桂'	'小叶丹桂'
2 年生母梢分枝	5.4 个	4.6 个	4.6 个	4.4 个	3.9 个	3.8 个
当年生新梢平均生长量	28.4cm	18.9cm	19.5cm	12.6cm	18.4cm	19.6cm

调查人：周董平，调查地点：浙江省象山县贤庠镇百汇桂花研究所。调查日期：2011 年 9 月 17 日。

比 3.1；叶片墨绿色，硬厚革质，略有光泽；叶面较平整，稍有"V"字形内折；侧脉 8～10 对较整齐，正反两面网脉明显；叶缘波状起伏、反卷明显，2/3 以上叶缘偶有不等距粗尖锯齿；叶尖长尖；叶基楔形稍有延伸；叶柄长平均 0.9cm，黄绿色。花期 9 月下旬；聚伞花序，每个花序平均有小花 7 朵，整体着花紧密；花冠斜展，裂片 4 枚，倒卵形、微内扣；花径平均 0.8cm；花梗平均长 1.0cm，淡绿色；花色浅橙红，国际色卡编号为 25；花香枝浓郁；花量较稠密；雄蕊 2 枚，雌蕊退化，不结实（图 5-79、图 5-80）。

• 生态习性 •　'象山丹桂'是阳性树种，喜好阳光，但也有一定耐阴能力。主干粗壮挺拔，抗风能力强。冬季叶色浓绿，能适应一定低温条件。长期生长在海滩冲积平原地区，有一定耐盐碱能力。叶片硬厚革质，抗病虫害能力强。分枝力强并能自然成型。花色和花量在丹桂类品种中处于中上水平；但花香则很浓郁，公司曾组织多人鼻闻对比测试，位居丹桂类首位。

• 繁殖栽培 •　'象山丹桂'采用扦插育苗，有以下几条行之有效、比较成熟的技术经验。

1. 秋季深耕，过冬风化。来年春季再浅耕 1 次，整平、整细土壤。修筑成宽度为 1.4m、高度为 25～30cm 的苗床。床面用多菌灵或托布津药液消毒，覆盖塑料薄膜消毒。插前揭膜，散尽药气后待插。

2. 插条应选自青壮年母树。6 月初剪条进行软枝扦插。届时新梢可剪成单节两叶或双节 4 叶插条。插前用标准模板压出株距为 4cm×7cm 的穴孔，每个穴孔扦条 1 根，其后浇足透水，使插条与土壤密切结合。随即在苗床上方，架设高度为 0.5m 的小环棚。棚上铺农膜，进行封闭管理。再在苗床上方高 2m 处，架设遮阳棚，棚的上方及四周铺挂遮阳网防晒。如此层层控温保温，可保证 95% 以上扦插成活率。

3. 当年 9 月底，大部分插条已愈合生根并长出新梢。此时，可先揭开小环棚两头农膜通风；过 7 天后，可完全揭除小环棚上农膜。入冬前 11 月间，可再次将小环棚农膜盖好，保证幼苗嫩梢不受霜冻。

4. 翌年春季 3 月间，小苗按 0.4cm×0.4cm 株行距进行露天移栽。其后，三伏天用遮阳网防晒；三九天用农膜防寒。如此精细抚育管理，满 2 年生可培养成地径粗 1.5～2cm、苗高近 2m 的'象山丹桂'壮苗。再经 1 次移栽，满 7～8 年生，可培育成米径达 7～8cm、冠幅 2.5m 的园林工程用苗。育苗实践还证明：用黑色地膜覆盖移栽苗地，可以有效地控制草荒。

• 配植利用 •　'象山丹桂'生长量大、抗逆性强；特别突出的是花香浓郁，是丹桂品种群中的佼佼者，值得在南方城市中大量推广栽培。本品种现正酝酿定为象山县的"县花"。在建的象山港大桥，县城至贤庠镇出海口，长 30 余千米的高速公路两侧、各宽 15m 的绿化带，也计划用'象山丹桂'为干道树，以反映'象山丹桂'原产地的历史风貌。

（本品种编写人：王家兴　杨康民）

十　'浦城丹桂' Osmanthus fragrans 'Pucheng Dan'

特点：生长快速、花色红艳、花香清淡的一个丹桂类品种（Fast growing, red colored and light scented）。

• 品种来源 •　'浦城丹桂'又名'福建红'，据传源自福建省浦城县临江镇杨柳尖村地方一株千年生古丹桂。该古桂树高 15.6m，冠幅 18m，覆盖面积 230m²。距树干基部约 0.5m 高处，分生出 9 枝主干，形似九条龙，因而被当地人称之为"九龙桂"。每年秋季开花时花红似火，远眺极为壮观。历经多代繁育后形成今日的'浦城丹桂'。

• 形态特征 •　常绿小乔木。树冠椭球形，分枝紧密。标准株测定：2 年生母梢分枝为平均 4.4 个；春梢平均长 18.7cm/梢；节数平均 7.0 节/梢；顶芽和腋芽数合计平均为 41 枚/梢。叶片狭长椭圆形，叶长 12.4cm，叶宽 3.9cm，叶长宽比 3.2；叶色墨绿、硬革质、有光泽；侧脉平均 10～12 对，与中脉正交；网脉两面明显；叶缘波曲反卷；叶尖长尖，叶基楔形；叶柄呈紫红色，平均长 1.0cm。花色橙黄，国际色卡编号为 25A；花香中等；雌蕊退化，花后不结实（图 5-81、图 5-82）。

• 生态习性 •　阳性树种，幼年稍耐阴，成年后要求充分光照。分枝多、节距长、很容易形成丰满树冠，在丹桂品种群中是生长最为快速的一个品种，由此得到人民群众的普遍欢迎。花量多、花色较红艳。只是花香清淡，为其美中不足之处。

图5-81 '浦城丹桂'花部特写（鲍健提供）

图5-82 '浦城丹桂'叶部特写（鲍健提供）

• 繁殖栽培 • 现以扦插育苗繁殖为主。在设施栽培条件下，成活率可以稳定在90%以上。近年来，因城市绿化大量需求，'浦城丹桂'大苗已经售完断档，1年生扦插小苗也供不应求，售价高出一般丹桂品种30%～50%或更高。市场还存在品种混杂问题，亟待有关部门介入，理顺供需渠道，引导今后苗市健康发展，促进苗市的正常秩序开展。

• 配植利用 • '浦城丹桂'因其生长快速、树冠圆整、花色也比较红艳，被列为优秀丹桂类品种，非常适合用作名胜景点、公园、小区、别墅等地干道树和景观树的栽培利用。因其叶片大、节距长，并不适合用作盆花栽培。

第五部分 木犀属内种　*Osmanthus* spp.

木犀属共有31个种。其中，石山桂（*O. fordii*）和柊树（*O. heterophyllus*）已在我国商业化栽培利用，故在本章加以系统介绍。木犀属内种类型多，花期、花型、花色、花香和叶形、叶色等差异都很明显，今后有巨大开发利用价值。

一　石山桂 *Osmanthus fordii*

特点：适应性强、生长快、临冬可闻花香（Great adaptability, grows rapidly, fragrance lasts until winter）。

• 种的来源 • 石山桂是木犀属的一个种，而不是桂花的一个品种，与桂花保持同属异种兄弟亲缘关系。石山桂能延伸桂花的群体观赏花期，花型和花香也比较别致，值得向读者推荐介绍。现广西壮族自治区等地有引种栽培。

• 形态特征 • 常绿高灌木至小乔木。树冠扁球形，枝叶茂盛，有浓荫。树皮灰色；皮孔扁圆，中等大小，分布较密。标准株2年生母梢分枝力平均3.0个；春梢平均长度15.7cm，节数平均6.5节/梢，其中有叶节数为4～6节/梢；顶芽和腋芽总数平均18.0枚/梢，每节单侧3芽以及3芽以上叠生率占13.9%。叶片小，厚革质，叶面平整，墨绿色，有光泽；叶背灰绿色，无光泽，反差明显；叶片椭圆形至倒卵形；叶长5.0～9.0cm，平均6.8cm；叶宽2.5～4.0cm，平均3.1 cm；叶长宽比约2.2，侧脉6～8对，网脉两面不明显；叶全缘，先端圆钝或短尖；基部楔形；叶柄平均长0.8cm。石山桂花期略同于柊树，比秋桂类晚近一个月；花冠荷花型、内扣、半闭合；花梗长；花色浅柠檬黄或绿白色，国际色卡编号2B；花有甜香味，常招引蜂类聚集；雄蕊发达，2～3枚，部分植株能结籽（图5-83、图5-84）。

• 生态习性 • 石山桂分布于我国岭南各地，广西桂林、阳朔等地分布较多，自然生长于石山疏林中。适应性强，比桂花耐干旱，且适合中性石灰土生长。抗病力较弱，不大耐庇荫。上海市桂林公园1986年曾从广西桂林引种14株石山桂小苗，如今已蔚然成林。据2010年测定：地径15～20cm，冠幅3.0～3.5m，远远超过已知同龄其他桂花品种的生长量。说明原产西南地区的石山桂，完全能在华东地区生长良好。

• 繁殖栽培 • 石山桂扦插育苗尚在实验总结。桂林地区花农采用播种育苗、埋条育苗或挖移野生苗，来提供苗源。种植不苛求土壤肥力，但需注意防治白粉病和煤污病等病害。

• 配植利用 • 石山桂有以下几点比较突出的优良性状：
（1）对气候和土壤的适应性较强。它能耐干旱高温，且能耐土壤瘠薄和适度盐碱，这是桂花不能与其相提并论的。

（2）生长快速，能及早郁闭成林。它分枝较多，新梢较长，特别是有叶节数较多，意味着叶量多，导致光合作用效率较高，扩冠快，树冠也更见紧密和丰满。

（3）石山桂的花期较晚。据多年来花期物候观测资料：在上海地区，石山桂的初花期一般为每年的11月上旬，个别年份延至12月上旬，比当地秋桂类和四季桂类品种初花期晚近一个月。

（4）石山桂能丰富木犀属的花型。石山桂的花冠裂片为典型的内扣荷花型，非常别致少见；一般秋桂类和四季桂类品种花冠多为斜展或平展型，而柊树则花冠裂片为反卷型。

（5）石山桂的花芽不多，但开花比较集中。盛花时满树银花，非常壮观，临冬前夕能有此花欣赏确实不易。虽然此时气温较低，花香不浓，但也有一股甜香气味吸引游人驻足观赏。

鉴于上述理由，推荐在华东各地园林栽培推广这一木犀属优良树种，特别是各地的桂花观光园，不应缺少这一推延桂花群体观赏花期的木犀属植物。

图5-83 石山桂花部特写（杨华提供）

图5-84 石山桂叶部特写（杨华提供）

二 柊树 *Osmanthus heterophyllus*

特点：叶缘有刺齿，花冠裂片反卷（Leaves have jagged edges, crack and curl corollas）。

•种的来源• 柊树又称刺桂，也是木犀属的一个种，与桂花平起平坐，并不是桂花的一个品种。柊树的叶、花、果都有很好的观赏价值，发展潜力很大。现国外繁育彩叶品种极多。

图5-85 柊树花部特写（张静提供）

图5-86 柊树果实特写（张静提供）

图5-87 柊树叶部特写（张静提供）

● 形态特征 ● 常绿高灌木至小乔木。树冠圆球形或椭球形；树皮灰色，皮孔圆形，数量中等。标准株 2 年生母梢分枝力平均 2.6 个；春梢平均长度 9.2cm，节数平均 6.4 节／梢；顶芽和腋芽总数平均 11.5 枚／梢，每节单侧 3 芽以及 3 芽以上叠生率占 12%。叶片厚革质，深绿色，有光泽，卵形至长椭圆形；叶长 4.8 ~ 7.5cm，平均 5.6cm；叶宽 1.6 ~ 3.0cm，平均 2.2cm；叶长宽比约 2.5；叶面平展，全缘或叶缘每边有 1 ~ 4 个刺状齿；侧脉 6 ~ 8 对，平直不弯曲，网脉两面不明显；叶尖先端刺状；叶基楔形至宽楔形；叶柄平均长 0.6cm。花期与石山桂基本同时或稍晚，约在每年 11 月上旬开花，比秋桂类晚约一个月。花冠 4 深裂，裂片初时平展，其后很快反卷；花色洁白，国际色卡编号 1D；花略带青草香味。花后结实，幼果绿色，翌年 5 ~ 6 月果熟，呈紫黑色（图 5-85 ~ 图 5-87）。

现国外通过人工选择和培育，柊树种内形成了大量的观赏品种。这些品种特点，主要表现在叶片的形状，刺齿多少、有无以及叶色的差异和变化上。如'圆叶柊树''全缘柊树''紫叶柊树'和'金叶柊树'等。

● 生态习性 ● 柊树原产日本和中国台湾。在日本柊树已有数百年的栽培历史，并于 1856 年引入英国，目前在欧美各国都有栽培。现我国江苏、浙江、广东、广西、云南、贵州等省区均有生长。柊树喜光，也能耐阴，在稀疏大树下生长良好。其耐寒性强于桂花，在山东青岛和北京等地，选择小气候条件好的地段栽培柊树，获得成功。它对土壤的要求低于桂花，在排水良好、湿润肥沃的砂壤土上生长旺盛。萌蘖性强，分枝短密，极耐修剪。

● 繁殖栽培 ● 柊树适应性强，繁殖栽培容易，我国各地可以进行广泛的扦插育苗或播种育苗，用于园林栽培。也可以考虑从国外引进一些叶形和叶色变化大的品种类型，丰富园林景色。

● 配植利用 ● 柊树的叶、花、果都有很好的观赏价值，具体表现在：叶色翠绿，并有黄、白、紫杂色，叶形奇特，全缘或有刺齿；花色洁白，花冠裂片反卷；冬春挂果，果色由绿转呈紫黑色，斑斓可爱。它是一种优良的园林景观树，既可以用于庭院、小区和公园绿化，也可盆栽观赏，更是桂花观光园必栽的配套木犀属植物。此外，柊树的叶片为厚革质，不易燃烧，在日本作为优良的防火树种，如同我国的珊瑚树（法国冬青）一样，常植为防火篱。在欧美，柊树现已培育出许多观叶的园艺品种在市场上出售。观叶的柊树品种在国外被认为全年均有装饰效果，所以深受市场欢迎。

（本章编写人：张静　杨康民，少数品种另有注明）

附录2　对桂花彩叶树种的一些认识和评价

现时，彩叶树种已成为园林植物选材中的宠儿。其中，集绿化、美化和彩化三种功能于一体的彩叶桂花自然更受到市场的追捧。现将目前对彩叶桂花品种的一些分析认识和评价介绍如下。

（一）彩叶桂花的系统分类

1.周年性彩叶桂花品种。这类品种的彩叶性状都比较稳定，当年生的新梢嫩叶，颜色变化多端；其下2~3年生的老叶也并非单一的纯绿色。植株全年上下均是彩叶，故称之为周年性彩叶桂花品种，其代表性品种是'云田彩桂'。

2.季节性彩叶桂花品种。这些品种当年生春梢和其后夏秋梢萌发时也都是变化多端的彩色；但在它们封植后，成型的新叶连同其下2~3年生的老叶，却都是常规的绿叶而非彩叶。由于彩叶效果只局限在每年三季抽发的新梢，故称之为季节性彩叶桂花品种，其代表品种为'金满堂'。

（二）彩叶桂花形成规律及其"返祖回绿"现象的原因分析

桂花叶片细胞内有叶绿素、花青素和类胡萝卜素三类色素，这些色素在细胞中的比重大小能决定这些品种叶片颜色。当叶绿素比重较大时，叶片呈现绿色；花青素比重较大时，叶片呈现紫红色或红色；类胡萝卜素比重较大时，叶片呈现橙色或黄色。有时上述三类色素分布并不均匀，或集中分布在叶片边缘，或集中分布在叶片主脉中央部位，由此形成双色相间或三色相间的彩叶现象。

一般桂花品种最常见的叶色时绿色或深绿色。这表明桂花叶片细胞叶绿素含量很高，光合作用产生的物质能量极其丰富，从而抵御外界恶劣环境条件的能力很强，生长速度也随之较快。周年性彩叶桂花品种的表现则不太理想。它们的叶片细胞内，叶绿素含量较少，制造和积累养分的能力较差，生长速度往往不如一般桂花品种。在受到恶劣环境条件影响后，为了保障其正常的生长发育，体内会自动调整增加叶绿素的含量，增强光合作用和养分积累，这是周年性桂花彩叶品种产生"返祖回绿"现象的主要原因。

（三）对彩叶桂花品种今后发展工作的几点建议

1.应加强彩叶桂花品种的基础理论研究工作，诱导产生更多、更好的彩叶桂花新品种。

2.周年性彩叶桂花品种，如'云田彩桂'，它能全年观赏，应列为开发利用首选对象。同时，应积极研究创造优越的环境条件，延缓或阻止"返祖回绿"现象的发生几率。

3.季节性彩叶桂花品种，如'金满堂'在确保它有自然的上红下绿4个月之久的观赏佳期的情况下，全年其他8个月的时间，可以逐月进行人工刺激性修剪，配合周到细致的水肥管理工作，诱导'金满堂'持续抽发紫红色新梢，达到类似周年性彩叶桂花同样的观赏效果。

4.我们预测：今后优秀的彩叶桂花新品种极有可能在四季桂品种群中集中诞生。这是因为秋桂类品种群的生长物候期和开花物候期全年只有一次，上半年是生长物候期，下半年是开花物候期，而四季桂品种群的生长物候期和开花物候期每年要交替4~5次甚至更多。生长和开花次数的频繁交替会造成四季桂品种群要比秋桂类品种群的细胞更容易产生基因上的突变。

（本文编写人：邬晶　杨康民）

第六章 桂花品种检索表的编制和桂花品种示范园的建设

要想做好桂花品种的识别工作，必须事先搞好桂花品种检索表的编制工作和桂花品种示范园的建设工作。两者相辅相成，缺一不可。

一 桂花品种检索表的编制

据有关部门 2018 年不完全统计，我国现有约 200 个桂花品种。为了正确识别这些品种的差异，当前迫切需要编写一份《全国桂花品种形态特征检索表》供桂花产业部门应用。该检索表主要是根据二歧法分类原理，把桂花诸多关键性特征相互对比，抓住区别点，相同的归为一类，不同的归为另一类。在相同的一类里，抓住其他差异点，进一步加以分类。如此不断地寻找下去，最后即可得到我国桂花所有不同的品种。

（一）现时国内工作开展情况

目前，我国共有以下两个单位进行过桂花品种形态特征检索表的编制工作。现将他们的研究方法和存在问题介绍于下。

（1）南京林业大学向其柏教授 2002—2004 年间，先后派出多名研究生前往我国南方各省区，采用"一次性流动观测法"调研当地桂花栽培品种，据此编写出《我国桂花品种分类检索表》，发表在 2008 年他主编出版的《中国桂花品种图志》专著上。该检索表最大亮点是"立竿见影"，短期突击调研就有《中国桂花品种检索表》编成问世。最大不足之处则是因为南方各省区面积很大，气候条件和土壤条件互不相同，造成调研所得的一切生长和发育数据，都不是品种这个单因子的本质表现，却全是这个品种和当地气候、土壤、苗木养护和苗龄大小等诸多环境条件综合影响的结果。向教授采用这种"一次性流动观测法"，仅代表这些桂花品种在南方各当地的生长发育表现，并不代表这些品种引种到南方其他地区，也有同样的生长发育效果。再有，调研桂花品种编制检索表还有一个"时间"上的要求。比如测定花香，要求各品种在只有一天时间的"初花期"这天清晨采样。此时花香绝大部分仍滞留在小花内，没有逸散到大气中。又如，测定花色，要求各品种在只有两天左右时间的"盛花期"内完成。此时 1 年生新梢绝大部分小花都已开放，

方便观察记载花心最深处的标准花色。两项实例都在进一步说明桂花各品种应该栽培在同一个桂花品种园内，方便解决上述"时间差"方面的技术难题。

（2）湖北省咸宁市职业技术学院王振启教授采用"多次定点观测法"调研潜山桂花品种专类园引种的 88 个桂花品种，据此编制成《咸宁地区桂花品种检索表》，发表在他 2015 年编写出版的《咸宁桂花产业与文化》专著上。这份品种检索表的最大亮点是：王教授没有跑遍全国只跑了一处潜山桂花品种专类园，就能编写出《咸宁地区桂花品种检索表》。最大遗憾处则是他存在"选点"上的失误，不应该把桂花品种检索表这个重要的研究课题安排在潜山旅游区。理由有如下两点：首先，潜山的地形非常复杂，原先它开辟为国家山地公园，坡向有南北之分，坡位有上下之别，坡度又有缓急不同变化。造成桂花品种标准株山上各观测点位的气候条件和土壤条件互不相同，并不适合开展桂花品种间的对比研究工作。其次，潜山位于咸宁市中心城区，旅游观光点极多，完全没有必要把桂花品种检索表这个重要的研究课题安排在此处。因为科研工作要求有相对安静的环境条件，观测数据不能有任何闪失遗漏。这在全年都开放、游客如织的潜山旅游区来说更是无法完成的任务。

（二）我们的看法和建议

我们建议：应在桂花主产区咸宁市南部平原地区选择一处土壤肥力比较均匀一致、地势较高、交通条件又方便的地方，设立一个桂花品种示范种植园，引种栽培国内所有一切桂花栽培品种。当这些品种都进入到"始花期"后，就可以开展模式桂花品种检索表的编制工作了。这是桂花产业界的终生大事，必须要努力去完成。下面有专节单独研讨这一问题。

根据咸宁现有资料，王振启教授和作者通力合作，编写完成了一份《咸宁地区四季桂类品种检索表》，率先发表于下，供有关人士分析研究参考。

咸宁地区四季桂类品种检索表

1. 雌蕊发育正常或稍退化，子房膨大，花后可能结实或少量结实。
  2. 花白色或浅黄白色
    3. 春叶较大，长 8~11 cm，宽 3~5 cm，叶长宽比 2.4，叶基狭楔形，下延生长。
      4. 花冠直径 7~9 mm，花梗长 10 mm，花后结实，果实较小，淡绿色。 ·················1.'淡妆'
      4. 花冠直径 8~9 mm，花梗长 10~12 mm，略下垂，花后可部分结实。 ·········2.'长梗素花'
    3. 春叶较小，长 6.5~7.5 mm，宽 2.8~3.3 mm，叶长宽比 2.3，叶基楔形，不下延生长。
      4. 花冠直径 5~6mm，花梗长 4~6 mm，花色乳黄，国际色卡编号 7D，结实大小不一，与四季桂其他结实品种有别。 ···3.'月月桂'
1. 雌蕊完全退化，花后不结实
      5. 叶面显著"U"形内折，花集中在新梢顶部开放 ························4.'佛顶珠'
      5. 叶面开展或呈"V"形内折，花并不集中在新梢顶部开放。
        6. 花白色或淡黄白色，国际色卡编号为 1B~2B，冬季花略带橘黄色，国际色卡编号为 22B。
        7. 叶色浅绿，秋叶常卵形，花冠直径 10~15mm，雌蕊常退化成绿叶状。 ········5.'天香台阁'
        7. 叶色浅绿，秋叶常椭圆状披针形，花冠直径 5~6 mm，花梗长度 11~12 mm，姿态潇洒，叶基楔形，叶尖渐尖，叶柄长 9~12 mm ····························6.'天女散花'
        7. 叶色墨绿，光亮，秋叶比例卵状，春叶更为狭长，叶基狭楔形，下延叶柄成翅状，花冠直径 7~8mm，叶柄长 8~10mm。 ································7.'小叶四季桂'
    3. 春叶倒卵状披针形，长 6.5~8.0 cm，宽 2.0~3.5 cm，长宽比 2.6(是四季桂类叶长宽比最大的一个品种)。秋叶常全缘，花梗长短不一 (4~11mm)·····················8.'日香桂'
    3. 春叶阔卵圆形，长 8~12 cm，宽 4.2~6.2 cm，长宽比 1.9 (是四季桂类叶长宽比最小的一个品种)，叶基圆形，不下延生长，柄长 12~15 mm，花冠直径 6mm，充分反映叶圆、柄长、花小特点。 9.'圆叶四季桂'

二 桂花品种示范园的建设

众所周知，我们以往调查和鉴定的桂花品种，不少都是短期在野外进行的。也就是说，并不在同一个地点，也不是在同一个时间段里进行桂花品种的调查和鉴定工作。由于受"时间差"和"空间差"双重不利因素的影响，调查结果难以十分客观公正和稳定一致。因此启发和教育我们：为了确切调查和鉴定好桂花品种，一定要在土壤肥力比较均匀一致，设施条件又比较完善的品种园内同步进行较妥。因为只有在这里气候条件和土壤条件才有可能相对一致，养护管理条件和树龄大小才可能相对一致，从而调查结果才能确切反映品种这个单因子自己的本质表现，而不是外界不同环境条件对它们施加影响所致。

品种鉴定示范园建设的重要性和必要性认识问题解决了，接下来就是让谁来建园，在什么地方建园以及建多少个园的问题。笔者权衡利弊得失以后，推荐由国家或主产区地方来投资建园。数量不必多，全国 1~3 个。如果是 3 个，建议华东地区 1 个，设在杭州；华中地区 1

个，设在咸宁；西部地区 1 个，设在成都。

之所以要求由国家或主产区地方来投资，并且数量不必多也不能多，是因为桂花品种鉴定示范园是一项长期的基本建设，带有一定的公益性质。投资金额巨大，短期却很少有经济回报。按一个有规模、上档次的品种鉴定示范园，它要搜集全国所有的桂花品种（包括木犀属其他种类）；它要设立组培室，快速繁殖品种个体；它要设立化验室，精确测定品种香气成分和含量高低；它要设立标本室，长期储存品种的模式标本；它要设立塑料大棚或连栋温室，甚至要求在临近高海拔山地，设立栽培试验区，研究调控桂花品种的花期等。如果没有国家或地方资金的投入帮助，是很难完成上述这些基础科研方面任务的。一旦完成了，诸如耐低温的桂花品种、耐盐碱的桂花品种、抗病虫害的桂花品种和花期能覆盖整个秋季甚至全年的桂花品种都能一一解决。那么，对国家、社会、人民的贡献，也就非常巨大了。集中人力、物力和财力，搞好少数几个桂花品种鉴定示范园，可以减免各地全面开花、低水平、重复建立品种园带来的巨大浪费。

在"桂花品种示范园"建设开始阶段，还有一项非常重要的工作，就是品种鉴定标准株的选拔工作。绝不允许在市场上采购，而是应在产区订购。订购时应全面贯彻以下 4 大工作原则：原则 1：选用平地苗，不用山地苗作为品种鉴定标准株。理由是平地苗能充分反映这个桂花品种的本质特色；而山地苗则因为坡向、坡位和坡度都有明显差异，造成局部小气候和土壤条件也有明显差异，把这个品种原有的品质特色全都掩盖冲淡了。原则 2：选用散生苗，不用密生苗作为品种鉴定标准株。理由是散生苗周围比较宽敞，光照足，植株能自由生长发育；而密生苗则地上枝叶相互交错竞争阳光，地下根系也相互交错竞争土壤中的水分和养分，造成标准株的能量都用到种间竞争中去了。原则 3：选用青壮年苗，不用幼老年苗作为品种鉴定标准株。理由是青壮年苗朝气蓬勃，叶片大，有光泽，开花好又多；而幼年苗生长虽好，但多数还没有达到始花年龄；而老年苗则生长衰退，叶片变小，无光泽，开花稀又少，难以和青壮年苗一比高下。原则 4：选用定植始花满 3 年苗，不用刚移栽 1～2 年生苗作为品种鉴定标准株。理由是定植始花满 3 年苗已完全适应当地的生长环境条件；而刚移栽 1～2 年新栽苗还没有度过返苗返青期，有生长停滞和中途夭折死亡的风险。总之，上述 4 项工作原则犹如一个由 4 块木板组成的盛水木桶，缺少其中任何一块，必将滴水难存。

（本章编写人：杨康民）

第七章 桂花品种十大质量考核指标的制定和应用效果初步研究

希望做好桂花品种质量考核鉴定工作，其共性要求是：树冠圆整度要好，新梢抽长度要长，米径加粗度要大，品种抗逆性要强，护理度要低，苗木利用范围要广。其个性要求是：丹桂类品种，花色要求红艳；金桂类和银桂类品种，花香要求浓郁；四季桂类品种花期要求长久。

一 研究目的

湖北武汉市花果山农业生态园2009年曾在其办公大楼附近建立了一个桂花资源圃，引进栽培了100多个桂花品种。如今这些品种大多生长良好，都已进入"始花期"，可供观赏利用。这个资源圃占地约3hm²，地势平坦，小气候条件和土壤条件基本相同，只是品种不同，能比较客观地反映出各品种原有的本质特色。应该说，这是观察研究桂花品种质量优劣比较理想的地方。

2013—2018年，我们从桂花资源圃内挑选出16个丹桂类品种作为首批研究对象，设立了一个名为"丹桂类品种十大质量考核指标的制定和应用效果初步研究"这一研究课题，计划筛选出若干个优秀的丹桂品种，供桂花产业界选用参考。之所以首选丹桂类品种，是因为它花色红艳，为我国人民所喜爱。若课题完成顺利，再向金桂、银桂、四季桂三大品种群拓展，做到桂花四大品种群全覆盖。

二 研究方法

（一）选定丹桂品种标准株

根据以下标准选定研究植株：①定植后"始花期"满3年；②植株生长发育正常；③没有感染病虫害；④苗龄相近；⑤植株处于同园环境中，比较宽敞明亮。据此，从16个丹桂类品种中分别各选出1个标准株，作为长期观测研究对象。

（二）制定丹桂品种标准株质量考核十大指标

1. 植株圆整度

这是鉴定该品种主干通直程度和树冠紧密程度的一项考核指标。测定工作统一安排在初夏各品种标准株都进入"封梢期"后进行。届时先"定性"观察记载标准株主干通直和树冠紧密情况，再"定量"测定标准株树冠中上部向阳面共10支2年生母梢上生长的1年生新梢数量总和，除以10，得出标准株平均分枝力。按达标要求分别登记评分。

2. 新梢抽长度

这是鉴定该品种1年生新梢年平均生长量大小（即年平均扩冠能力多少）的一项考核指标。测定工作同样安排在初夏各品种标准株都进入"封梢期"后进行。届时先"定性"观察记载上述10支2年生母梢上生长的1年生新梢生长速度，再定量测定这些1年生新梢的长度总和，除以10，得出1年生新梢年平均生长量。按达标要求分别登记评分。

3. 米径加粗度

这是鉴定该品种年米径加粗量多少的一项考核指标。测定工作统一安排在冬季各品种标准株都进入"休眠期"后进行。届时把持续2年冬季米径测值相减，即得出每个品种标准株年米径加粗生长量。按达标要求分别登记评分。

4. 花香浓郁度

这是鉴定该品种花香浓淡程度及其化学组成和含量高低的一项考核指标。测定工作统一安排在各品种秋后头茬花的"初花期"清晨时进行。此时花香绝大部分还贮留在小花内，没有逸散到大气中。届时应凑近小花鼻闻记载花香浓淡程度，按达标要求分别登记评分。限于现时化验条件的不足，花香化学成分及含量比例定量测定工作可暂缓进行。

5. 花色亮丽度

这是鉴定该品种花色红艳程度的一项考核指标。测定工作统一安排在各品种秋后头茬花进入到"盛花期"时进行。此时桂花小花绝大多数已开放，能看到花心最深处的标准花色。届时，先"定性"目测记载花色橙黄至橙红程度，再采样入室在朝北房间内，利用英国皇家园艺学会印刷发行的"国际色卡"，"定量"测定小花色卡色系编号，按达标要求分别登记评分。

6. 花量稠密度

这是鉴定该品种花量多少的一项考核指标。测定工作可分先后两期进行："定性"观察记录花量多少可同时安排在各品种秋后头茬花"盛花期"时进行；至于"定量"测定花量多少，则应提早安排在该年初夏"封梢期"后进行，分别"定量"测定记载上述 10 支 2 年生母梢上生长的 1 年生新梢着生的顶、腋芽数总和，除以 10，得出 1 年生新梢顶、腋芽数平均数。其中，除少数是明年抽发的枝芽（一般可事先扣除 3 支），绝大多数都是今秋开花的花芽。按达标要求分别登记评分。

7. 品种抗逆度

这是鉴定该品种对晴旱、雨涝和低温雨冻三大自然灾害因素抗性强弱大小的一项考核指标。晴旱标志是持续干旱 30 天或以上无有效降水；雨涝标志是连日阴雨，场圃积水两昼夜排不出去；低温标志是冬季最低短暂低温为 -10℃ 或以上。根据品种抗性强弱和生长表现，按达标要求分别登记评分。

8. 护理需求度

这是鉴定该品种对水肥供应、病虫害防治和修剪整形三大苗木养护管理措施依赖程度高低的一项考核指标。根据各品种在花果山和全国各地实际表现加以测定，按达标要求分别登记评分。

9. 苗木实用度

这是鉴定该品种在干道树（包括行道树）、景观树（包括球、篱）和编结造型树（包括盆景）三大类商品苗在市场上的供销占比的一项考核指标。对干道树来说，要求主干端直挺拔，树冠稠密；对景观树来说，要求分枝多，分枝点低；对编结造型树来说，要求耐整形修剪，同时枝条柔韧性强，不易折断。按达标要求分别登记评分。

10. 特需满意度

我们试从以下三方面考核：①品种新梢是否红艳似火，引人喜爱？②品种能否在国庆期间开花迎客？③品种花后能否结实进一步拓宽观果功能？从这三方面特需要求开展调研，按达标要求分别登记评分。

这次丹桂品种标准株十大质量考核指标，采用"百分制"评分。一个指标定位 10 分，十个指标合共 100 分。根据各品种定性和定量两方面的实际观测表现，可以划分出优秀、良好和及格三个不同的等级。三项通过优秀者评 10 分；两项通过良好者评 8 分；一项通过及格者评 6 分。十大质量考核指标累积相加后，即可得到该品种的质量考核总评分。

通过 2013—2018 年三次"大数据"的收集（2014 年、2017 年和 2018 年）和"云平台"的计算整理，我们先后完成了题为《丹桂类品种标准株十大质量考核指标的达标要求和评分标准（2018）》和题为《16 个丹桂类品种质量考核十大指标评分汇总（2018）》两份表格，供下面品

种研究成果分析利用（表 7-1、表 7-2）。

三 研究成果分析

（一）前三甲丹桂类品种的重点介绍

1. 冠军'堰虹桂'

总评 92 分。品种卵球形，树冠紧密，标准株 2 年生母梢平均分枝力 5.1 个，1 年生新梢年平均生长量 18cm，米径年加粗量 1.1cm，序号 1～3 三项"生长"指标合共评分为 28 分。'堰虹桂'花香较浓，色调明亮，国际色卡色系编号 28A。花量稠密，1 年生新梢顶、腋芽总量平均数 38 枚。序号 4～6 三项"开花"指标合共评分为 28 分。'堰虹桂'耐晴旱、雨涝和冬季短暂低温。它对水肥要求不高，病虫害较少，新梢生长整齐，能自然成型。它主干不够挺拔，不适合用做干道树，适合用做景观树和编结造型树。它新梢褐红色，国庆节期间可开花迎客。花后不结实，没有观果功能。序号 7～10 四项"经营"指标合共评分为 36 分。'堰虹桂'因同时具有长势好、抗性强、始花早、花色明艳、花香较浓、分枝柔韧性强、不易折断、适合进行编结造型生产经营六大特点，已在南方各省区推广栽培。

2. 亚军'朱砂桂'

总评 90 分。品种圆球形，主干直立挺拔，树冠紧密。标准株 2 年生母梢平均分枝力 5.8 个，幼年生长快速，1 年生新梢年平均生长量 22.5cm。米径年加粗量 0.8cm。序号 1～3 三项"生长"指标合共评分为 28 分。'朱砂桂'花香较淡，花色橙红，红艳亮丽，国际色卡色系编号 30B。花量幼年稀疏，10 年生后逐年增多，可至稠密程度，1 年生新梢顶、腋芽总量平均数 31.4 枚。序号 4～6 三项"开花"指标合共评分为 26 分。'朱砂桂'耐晴旱和冬季短暂低温，但怕雨涝。它要求水肥用量较大，次数较多。病虫害要求一般防治。修剪每年一次，用以诱导新生枝条填补空缺树冠。它树形好，骨架大，是干道树和行道树的首选品种。因喜光照，适合孤植或对植，不宜群植。它新梢紫红色，能丰富早春景色。国庆期间能开花迎客。花后不结实，没有观果功能。序号 7～10 四项"经营"指标合共评分为 32 分。本品种过去常用嫁接法育苗繁殖，因砧木小叶女贞与之亲和力欠佳，愈合不好，常发生风折死苗现象。现多改用扦插法育苗繁殖，情况已有较大改善。因主根长，侧根小，须根不发达，起苗时土球欠完整，就会造成移栽成活困难，容易散球成为"生球"，应在场圃多次移栽，成为多根"熟球"，可以解决此瓶颈难题。

3. 季军'浦城丹桂'

总评 88 分。品种椭球形，主干挺拔，直立性强，树冠紧密能培养成大树。标准株 2 年生母梢平均分枝力 5.3

个，1 年生新梢年平均生长量 20.6cm。节距长，扩冠能力强。米径年加粗量 1.1cm。特别是成年树年增粗量更大。序号 1～3 三项"生长"指标合共评分为 30 分。'浦城丹桂'花香较淡，花橙色，国际色卡色系编号 25A。花量较稠密，1 年生新梢顶、腋芽总量平均数 35.5 枚。序号 4～6 三项"开花"指标合共评分为 24 分。'浦城丹桂'对晴旱、雨涝和冬季短暂低温都有较好的耐受能力。它对水肥供应、病虫防治和修剪整形养护措施要求中等。它生长快速，主干挺拔，是干道树理想品种。但因叶片大，质地硬脆，易破损，同时枝条柔韧性差，易折断，不适合用做编结造型树和盆景树。它新梢紫红色，国庆期间能开花迎客，花后不结实。序号 7～10 四项"经营"指标合共评分为 34 分。本品种花色和花香表现一般，但生长快速，生长量很大，能充分满足市政绿化大量用苗的需求，为此苗木十分畅销，苗价偏高。再有，它是古老品种，传承至今有千年历史。市场上品种混杂，良莠不齐，有待主管部门督导纠正。

（二）其他 13 个参试品种补充介绍

受篇幅限制，其他 13 个应试丹桂的系统文字介绍和佐证彩照不再统一刊登，可从评分汇总表中查出这些品种的各自单项具体评分和最后的总评分。藉此，可以明确每个品种的主要优缺点和今后的利用改良方向。试举以下 3 例于下：①'状元红'，总评 84 分。它的花色特别红艳，与'朱砂桂'可以并驾齐名。但生长速度较慢，而且树冠不够圆整，要求多次整形修剪。本品种适合用做盆景栽培。②'新洲红'，总评 84 分。它是武汉本地特产。生长快，花色艳，始花早，可以考虑扦插育苗试行推广。③'莲籽丹桂'和'早花籽丹桂'。总评分别为76 分和 74 分。这两个丹桂品种花后结实，可以用做丹桂类品种有性杂交的母本树。

四　今后工作展望

众所周知，识别桂花品种，需要我们编制全国性桂花品种形态特征检索表。至于进一步鉴定这些桂花品种的质量，则要求我们系统完成品种质量考核指标的测定。对此，我们还有许多以下工作需要大家齐心协力来完成。

（1）据有关部门统计，全国现有约 40 个丹桂品种，我们这次参加考评的只有 16 个品种，尚有 24 个品种没有参加此次考评。今后如能增加丹桂类品种，则可大大增加本文的权威性和号召力。

（2）秋桂类品种共有金桂、银桂和丹桂三大品种群。我们这次只搞了丹桂类局部品种，金桂类和银桂类品种群尚未涉及。今后如果开展这方面的工作，我们建议上述丹桂类品种十大质量考核指标，序号 1～9 九项指标均可沿用下去，只是序号 10"特需满意度"这个观赏性质的对比指标，可以换改为"加工普及度"这样利用性质的对比指标。工作流程如下：金桂类和银桂类品种群小花香气浓郁，都有很好的加工利用价值。这些小花既可制作桂花浸膏，提炼桂花香精，又可酿酒窖茶，还可制作中西糕点。凡能满足上述三点要求的优秀品种记 10分；满足两点要求的良好品种记 8 分；满足一点要求的及格品种记 6 分。同时可对花香浓郁度和花色亮丽度指标略作调整和修改（表 7-3、表 7-4）。如此一来，可以做到秋桂类三大品种群全覆盖。

（3）桂花共分为四季桂和秋桂类两大类。秋桂类下面有金桂、银桂和丹桂三大品种群约 100 多个桂花品种。它们全年只有 1 组生长和开花物候期，即上半年是生长物候期，下半年是开花物候期，一年轮换一次，十大质量考核指标确也方便统筹安排。但四季桂类下面只有一个品种群约数十个桂花品种。它们全年都有 4～6 组或更多组生长和开花物候期（即有的品种 4 组，有的 5 组，有的 6 组或更多），造成今后全年近百次调研活动难以安排和总结。迫切期待桂花产业界有识之士，能在国内有限的少数桂花品种园蹲点，落实诸如四季桂品种群品种的调查指标、调查部位和调查时间等要求，尽快解决这一棘手的技术难题。敢问路在何方？路在我们脚下。

表 7-1 丹桂类品种标准株十大质量考核指标的达标要求和评分标准 (2018)

编号	考核指标	定性与定量达标要求	评分
1	植株圆整度	主干端直，树冠紧密，隔株不见人影；2 年生母梢平均分枝力 > 5。示为优秀	10
		主干不够端直，树冠密度中等，隔株能见人影；2 年生母梢平均分枝力 4～5，示为良好	8
		主干欠端直，树冠稀疏，隔株可见五官；2 年生母梢平均分枝力 < 4，示为中等	6
2	新梢抽长度	1 年生新梢生长快速；年平均生长量 > 20cm。示为优秀	10
		1 年生新梢生长速度中等；年平均生长量 15～20cm，示为良好	8
		1 年生新梢生长缓慢；年平均生长量 > 15cm。示为中等	6
3	米径加粗度	植株米径生长快速；年加粗生长量 > 1cm。示为优秀	10
		植株米径生长速度中等；年加粗生长量 0.5～1cm。示为良好	8
		植株米径生长缓慢；年加粗生长量 < 0.5cm。示为中等	6
4	花香浓郁度	花香较浓，示为优秀	10
		花香较淡，示为良好	8
		花香极淡，示为中等	6
5	花色亮丽度	花色橙红，国际色卡色系编号 30～32，示为优秀	10
		花色浅橙红→中橙红，国际色卡色系编号 26～29，示为良好	8
		花色浅橙黄→橙色，国际色卡色系编号 18～25，示为中等	6
6	花量稠密度	花量稠密；1 年生新梢顶、腋芽总量平均数 > 30 枚。示为优秀	10
		花量中等；1 年生新梢顶、腋芽总量平均数 25～30 枚。示为良好	8
		花量稀疏；1 年生新梢顶、腋芽总量平均数 < 25 枚。示为中等	6
7	品种抗逆度	对晴旱、雨涝和低温 3 大自然灾害抗性 3 强的品种，示为优秀	10
		对晴旱、雨涝和低温 3 大自然灾害抗性 2 强的品种，示为良好	8
		对晴旱、雨涝和低温 3 大自然灾害抗性 1 强或尚不明确的品种，示为中等	6
8	护理要求度	对水肥供应、病虫防治和修剪整形 3 大护理措施要求小或次数少的品种，示为优秀	10
		对水肥供应、病虫防治和修剪整形 3 大护理措施要求程度中等的品种，示为良好	8
		对水肥供应、病虫防治和修剪整形 3 大护理措施要求大或次数多的品种，示为中等	6
9	苗木利用度	各品种干道树、景观树和造型树 3 大类商品苗在市场上占比，满足 3 项利用要求的品种，示为优秀	10
		各品种干道树、景观树和造型树 3 大类商品苗在市场上占比，满足 2 项利用要求的品种，示为良好	8
		各品种干道树、景观树和造型树 3 大类商品苗在市场上占比，满足 1 项利用要求或暂不明确的品种，示为中等	6
10	特需满意度	根据新梢是否红艳、国庆节期间能否有花和花后是否结实观赏 3 项特需要求，3 项齐全的品种，示为优秀	10
		根据新梢是否红艳、国庆节期间能否有花和花后是否结实观赏 3 项特需要求，满足 2 项，示为良好	8
		根据新梢是否红艳、国庆节期间能否有花和花后是否结实观赏 3 项特需要求，满足 1 项，示为中等	6

表 7-2　16 个丹桂类品种质量考核十大指标评分汇总（2018）

名次	品种名称	植株圆整度	新梢抽长度	米径加粗度	花香浓郁度	花色亮丽度	花量稠密度	品种抗逆度	护理需求度	苗木利用度	特需满意度	总评分
冠军	'堰红桂'	10	8	10	10	8	10	10	10	8	8	92
亚军	'朱砂桂'	10	10	8	6	10	10	10	10	8	8	90
季军	'浦城丹桂'	10	10	10	8	8	8	10	8	8	8	88
4	'雄黄桂'	8	6	8	8	10	10	8	8	10	8	84
4	'象山丹桂'	10	6	8	8	8	10	8	10	8	8	84
4	'状元红'	10	8	8	8	10	8	8	8	8	8	84
4	'红桂'	10	10	6	8	10	8	8	8	8	8	84
4	'新洲红'	10	10	6	8	8	8	10	8	8	8	84
9	'橙红丹桂'	8	8	6	8	8	10	8	6	8	8	78
9	'满条红'	8	8	6	8	8	8	8	8	8	8	78
9	'硬叶丹桂'	8	8	6	8	6	10	8	8	8	8	78
9	'齿叶丹桂'	8	8	6	10	8	8	8	8	6	8	78
13	'醉肌红'	8	8	8	6	8	6	8	8	8	8	76
13	'莲籽丹桂'	8	8	8	6	8	6	8	8	8	8	76
15	'早花籽丹桂'	8	8	6	6	6	8	8	8	8	8	74
16	'娇容'	8	8	6	6	6	6	6	8	6	6	66

表 7-3 银桂类品种十大质量考核指标的达标要求和百分制评分标准（2019 年试行）

序号	考核指标	定性和定量达标要求	评分
1	植株圆整度	主干端直，树冠紧密，隔株不见人影；2 年生母梢平均分枝力 >5 个，示为优秀	10
		主干不够端直，密度中等，隔株可见人影；2 年生母梢平均分枝力 4-5 个，示为良好	8
		主干不端直，树冠稀疏，隔株可见五官；2 年生母梢平均分枝力 <4 个，示为及格	6
2	新梢抽长度	1 年生新梢生长快速，年平均生长量 >20cm，示为优秀	10
		1 年生新梢生长速度中等；年平均生长量 15～25cm，示为良好	8
		1 年生新梢生长缓慢；年平均生长量 <15cm，示为中等	6
3	米径加粗度	植株米径生长快速；年加粗生长量 >1.0cm，示为优秀	10
		植株米径生长速度中等；年加粗生长量 0.5～1.0cm，示为良好	8
		植株米径生长速度缓慢；年加粗生长量 <0.5cm，示为中等	6
4	花香浓郁度	花香浓，示为优秀	10
		花香中等，示为良好	8
		花香淡，示为及格	6
5	花色亮丽度	花色纯白或微带绿晕或紫晕，国际色卡色系编号 1A～2D，示为优秀	10
		花色浅黄白色，国际色卡色系编号 3A～5D，示为良好	8
		花色浅黄色，国际色卡色系编号 5A～8D，示为中等	6
6	花量稠密度	花量稠密，1 年生新梢顶、腋芽总量平均数 <30 枚，示为优秀	10
		花量中等，1 年生新梢顶、腋芽总量平均数 25～30 枚，示为良好	8
		花量稠密，1 年生新梢顶、腋芽总量平均数 <25 枚，示为中等	6
7	品种抗逆度	对晴旱、雨涝和低温雪灾 3 大自然灾害抗性 3 强的品种，示为良好	10
		对晴旱、雨涝和低温雪灾 3 大自然灾害抗性 2 强的品种，示为良好	8
		对晴旱、雨涝和低温雪灾 3 大自然灾害抗性 1 强或尚未明确的品种，示为中等	6
8	护理需求度	对水肥供应、病虫防治和整形修剪 3 大护理措施需求少或次数少品种，示为优秀	10
		对水肥供应、病虫防治和整形修剪 3 大护理措施需求或次数中等品种，示为良好	8
		对水肥供应、病虫防治和整形修剪 3 大护理措施需求大或次数多品种，示为中等	6
9	苗林利用度	在干道树、景观树和造型树（包括盆景）3 类商品苗中，满足了 3 项要求品种，示为优秀	10
		在干道树、景观树和造型树（包括盆景）3 类商品苗中，满足了 2 项要求品种，示为良好	8
		在干道树、景观树和造型树（包括盆景）3 类商品苗中，满足了 1 项要求或尚未明确品种，示为中等	6
10	加工普及度	桂花可提炼高级香精、酿酒窨茶和制作中西糕点，凡能满足 3 项要求品种，示为优秀	10
		桂花可提炼高级香精、酿酒窨茶和制作中西糕点，凡能满足 2 项要求品种，示为良好	8
		桂花可提炼高级香精、酿酒窨茶和制作中西糕点，凡能满足单项要求品种，示为及格	6

注：序号 1～3 是生长指标，合评 30 分；序号 4～6 是发育指标，合评 30 分；序号 7～10 是经营指标，合评 40 分。十大指标共评 100 分。

表 7-4　金桂类品种十大质量考核指标的达标要求和百分制评分标准（2019 年试行）

序号	考核指标	定性和定量达标要求	评分
1	植株圆整度	主干端直，树冠紧密，隔株不见人影；2 年生母梢平均分枝力 >5 个，示为优秀	10
		主干不够端直，密度中等，隔株可见人影；2 年生母梢平均分枝力 4～5 个，示为良好	8
		主干不端直，树冠稀疏，隔株可见五官；2 年生母梢平均分枝力 <4 个，示为及格	6
2	新梢抽长度	1 年生新梢生长快速；年平均生长量 >20cm，示为优秀	10
		1 年生新梢生长速度中等；年平均生长量 15～25cm，示为良好	8
		1 年生新梢生长缓慢；年平均生长量 <15cm，示为中等	6
3	米径加粗度	植株米径生长快速；年加粗生长量 >1.0cm，示为优秀	10
		植株米径生长速度中等；年加粗生长量 0.5～1.0cm，示为良好	8
		植株米径生长速度缓慢；年加粗生长量 <0.5cm，示为中等	6
4	花香浓郁度	花香浓，示为优秀	10
		花香中等，示为良好	8
		花香淡，示为及格	6
5	花色亮丽度	花色中黄，国际色卡色系编号 9A～12D，示为优秀	10
		花色金黄，国际色卡色系编号 13A～17D，示为良好	8
		花色浅橙黄，国际色卡色系编号 18A～22D，示为中等	6
6	花量稠密度	花量稠密，1 年生新梢顶、腋芽总量平均数 <30 枚，示为优秀	10
		花量中等，1 年生新梢顶、腋芽总量平均数 25～30 枚，示为良好	8
		花量稠密，1 年生新梢顶、腋芽总量平均数 <25 枚，示为中等	6
7	品种抗逆度	对晴旱、雨涝和低温雪灾 3 大自然灾害抗性 3 强的品种，示为良好	10
		对晴旱、雨涝和低温雪灾 3 大自然灾害抗性 2 强的品种，示为良好	8
		对晴旱、雨涝和低温雪灾 3 大自然灾害抗性 1 强或尚未明确的品种，示为中等	6
8	护理需求度	对水肥供应、病虫防治和整形修剪 3 大护理措施需求少或次数少品种，示为优秀	10
		对水肥供应、病虫防治和整形修剪 3 大护理措施需求或次数中等品种，示为良好	8
		对水肥供应、病虫防治和整形修剪 3 大护理措施需求大或次数多品种，示为中等	6
9	苗林利用度	在干道树、景观树和造型树（包括盆景）3 类商品苗中，满足了 3 项要求品种，示为优秀	10
		在干道树、景观树和造型树（包括盆景）3 类商品苗中，满足了 2 项要求品种，示为良好	8
		在干道树、景观树和造型树（包括盆景）3 类商品苗中，满足了 1 项要求或尚未明确品种，示为中等	6
10	加工普及度	桂花可提炼高级香精、酿酒窨茶和制作中西糕点，凡能满足 3 项要求品种，示为优秀	10
		桂花可提炼高级香精、酿酒窨茶和制作中西糕点，凡能满足 2 项要求品种，示为良好	8
		桂花可提炼高级香精、酿酒窨茶和制作中西糕点，凡能满足单项要求品种，示为及格	6

注：序号1～3是生长指标，合评30分；序号4～6是发育指标，合评30分；序号7～10是经营指标，合评40分。十大指标共评100分。

表 7-5 四季桂类品种十大质量考核指标的达标要求和百分制评分标准（2019 年试行）

序号	考核指标	定性和定量达标要求	评分
1	植株圆整度	主干端直，树冠紧密，隔株不见人影；2 年生母梢春秋梢平均分枝力 >4 个，示为优秀	10
		主干不够端直，密度中等，隔株可见人影；2 年生母梢春秋梢平均分枝力 3～4 个，示为良好	8
		主干不端直，树冠稀疏，隔株可见五官；2 年生母梢平均分枝力 <3 个，示为及格	6
2	春秋梢长度	1 年生首次春秋梢生长快速；年平均生长量 >10cm，示为优秀	10
		1 年生首次春秋梢生长速度中等；年平均生长量 5～10cm，示为良好	8
		1 年生首次春秋梢生长缓慢；年平均生长量 <5cm，示为中等	6
3	基径加粗度	植株基部直径生长快速；年加粗生长量 >1.0cm，示为优秀	10
		植株基部直径生长速度中等；年加粗生长量 0.5～1.0cm，示为良好	8
		植株基部直径生长速度缓慢；年加粗生长量 <0.5cm，示为中等	6
4	花香浓郁度	花香较浓，示为优秀	10
		花香较淡，示为良好	8
		花香极淡，示为及格	6
5	花色亮丽度	年花色变化在银桂 - 金桂 - 丹桂之间的品种，国际色卡色系编号 1A～22D，示为优秀	10
		年花色变化在银桂 - 金桂之间的品种，国际色卡色系编号 1A～17D，示为良好	8
		年花色变化与银桂同步的品种，国际色卡色系编号 1A～8D，示为中等	6
6	花量稠密度	花量稠密，1 年生春秋梢顶、腋芽总量平均数 >20 枚，示为优秀	10
		花量中等，1 年生春秋梢顶、腋芽总量平均数 15～20 枚，示为良好	8
		花量稠密，1 年生春秋梢顶、腋芽总量平均数 <15 枚，示为中等	6
7	品种抗逆度	对晴旱、雨涝和低温雪灾 3 大自然灾害抗性 3 强的品种，示为良好	10
		对晴旱、雨涝和低温雪灾 3 大自然灾害抗性 2 强的品种，示为良好	8
		对晴旱、雨涝和低温雪灾 3 大自然灾害抗性 1 强或尚未明确的品种，示为中等	6
8	护理需求度	对水肥供应、病虫防治和整形修剪 3 大护理措施需求少或次数少品种，示为优秀	10
		对水肥供应、病虫防治和整形修剪 3 大护理措施需求或次数中等品种，示为良好	8
		对水肥供应、病虫防治和整形修剪 3 大护理措施需求大或次数多品种，示为中等	6
9	苗林利用度	在干道树、景观树和造型树（包括盆景）3 类商品苗中，满足了 3 项要求品种，示为优秀	10
		在干道树、景观树和造型树（包括盆景）3 类商品苗中，满足了 2 项要求品种，示为良好	8
		在干道树、景观树和造型树（包括盆景）3 类商品苗中，满足了 1 项要求或尚未明确品种，示为及格	6
10	年开花天数	全年开花 >100 天，示为优秀	10
		全年开花 50～100 天，示为良好	8
		全年开花 <50 天，示为中等	6

注：序号1~3是生长指标，合评30分；序号4~6是发育指标，合评30分；序号7~10是经营指标，合评40分。十大指标共评100分。

（本章编写人：杨康民　黄胜书　刘光德）

第八章 桂花的繁殖育苗

目前，桂花苗木生产主要分布于南方各省区。其中，浙江金华和新昌、四川温江和郫都、湖南长沙和浏阳、湖北咸宁、江苏苏州、安徽六安、广西桂林、河南潢川、江西南昌等地是全国闻名的桂花苗木产地。近年来，随着园林绿化和桂花相关产业的快速发展，桂花育苗面积快速增长，品种日益丰富，市场销售持续火爆，特色基地已初步形成。

一 现时苗木生产的状况

目前桂花育苗的特点主要体现在以下三个方面：

其一，各产区结合当地的自然气候条件，重视发展自己的优势品种，形成桂花苗木的地方风格与特色。如四川温江的'日香桂''九龙桂''堰虹桂'和'速生金桂'；浙江金华的'天香台阁''金球桂'和'状元红'；杭州的'波叶金桂'；湖北咸宁的'柳叶苏桂'；河南潢川的'潢川金桂'；江西南昌的'柳叶金桂'等。

其二，由于育苗面积的扩大，专业分工逐渐形成。目前，四川温江、郫都，浙江萧山、金华，江苏苏州等地都出现了专门从事桂花扦插、嫁接、起苗、包装、运输等工种的专业队伍。各地还在逐步推广"公司＋农户"和花农合作社等经营模式，使设施条件和供销渠道得到进一步改善。这些变化对桂花产业化起到了很好的推动作用。

其三，桂花苗木企业改变了传统的只管生产或只搞销售的经营模式，主动涉足到绿化工程的设计、施工、养护以及租摆等领域，开始走上以生产、销售、设计、施工到养护租摆的一体化经营、一条龙服务的集团化道路，使桂花这一特色产业成为花木市场的航母。

桂花的繁殖育苗可分为有性繁殖和无性繁殖两大类。有性繁殖育苗采用单一播种的方法，无性繁殖育苗则包括有扦插、嫁接、压条和分株等多种方法。无论采用何种育苗方法，首先都要从建立苗圃开始。

二 苗圃的设立

（一）苗圃地的选择

桂花苗圃应设立在背风向阳、地势平坦、接近水源和排灌方便的地方。地下水位不能过高，不要邻近有污染源的工厂。交通要方便，以利于集装箱运苗车辆的进出。土壤要求深厚肥沃，微酸性的砂质壤土或壤土为最佳；经过耕作改良后的红、黄壤也可辟为苗圃地。宿根性杂草多、土壤贫瘠、石砾多以及病虫危害严重的地方，最好不要选作苗圃地。凡种过烟草、麻类和蔬菜等作物的地方，容易发生菌核性立枯病和根腐病，不经过严格消毒处理，也不宜选作桂花苗圃地。

（二）苗圃地的整理

（1）适时整地。新开辟的桂花苗圃地，应在头年的夏天或初秋，将杂草砍倒晒干，平铺在地面上烧毁，随即将地块深耕曝晒，以利土壤风化，留待翌年春季整地作床育苗。老苗圃地或农田，应在起苗后或前茬作物收获后，立即翻耕，任其风化，留待以后适时整地育苗。总之，不论选用什么地块育苗，都不能边挖土、边作床、边育苗。

（2）土壤消毒。苗圃地在育苗前应采取消毒和灭虫措施，以减少病虫危害。该项工作一般在第2次犁耙整地时进行。新开苗圃地与利用水稻田作苗圃地，病虫害通常较少，首次育苗可以不预先消毒。

有些桂花产区老苗圃的病虫害比较严重，可将桂花苗木与其他农作物换茬轮作，有利于增加土壤有机质和改善土壤结构及减少病虫危害。

（3）施足基肥。桂花苗圃地的施肥应以基肥为主，肥沃土壤少施、瘠薄土壤多施。一般每亩施充分腐熟的厩肥1500～2000kg或豆饼、麻油渣、菜子饼（任选一种）100～150kg；也可施入相当于等量肥力的农作物粉碎性秸秆等作为基肥，以满足桂花苗木生长过程中所需的肥力。

（4）开沟作床。苗床的设置要有利于排灌和提高土地的利用率。苗床的方向依地形而定，一般以东西向为宜，这样可以使苗木早晚能均匀地得到阳光。苗床的长度不限，为了便于排水，凡长度超过20m时应开中沟。苗床的宽度2.0m左右，高度为20～30cm。床面表土要整平整细、略呈龟背形。在砂壤土上做苗床时，床边要拍实，以防雨水淋洗冲垮床边。苗床步道底宽 30 ~ 35cm，并要求向步道两端地势低的地方倾斜，以利排水。苗圃里排水沟要相通，沟底要平，其深度应该是外围大沟比中围中沟深、中围中沟又要比内围小沟（步道）深，保证沟沟相通，排水通畅，雨过沟干。

苗圃地整理好后，可以直接用于桂花的播种育苗和扦插育苗。在适当改变苗床的规格以后（主要是加大苗床的宽度和高度），也可以用作桂花大苗的移栽苗床。

三 育苗方式

（一）播种育苗

1. 种子的采集和贮藏

（1）采种。大多数桂花栽培品种，因子房退化而不能结实。但也有部分栽培品种，因花部器官发育齐全而能够结实，这些品种一般在每年 9 月中下旬至 10 月上旬间开花，翌年 3 ~ 4 月间果实成熟。当果皮由绿色逐渐转变为紫黑色，进入到形态成熟期时即可采收。采收后，洒水堆沤果实，使果皮软化，然后装入箩筐，用木棒轻轻捣碎果皮，洗净果肉，收取种子后阴干，切忌将种子晒干，以免失水过多而影响发芽。

（2）贮藏。桂花种子有后熟作用，采收种子时，外部形态虽已完全成熟，但内部种胚发育尚不完全，生理上还没有完全成熟，需要通过贮藏，历经长达数月之久才能完成生理后熟。为此，阴干后的种子要按种子与沙为 1:2 或 1:3 的比例及时进行混沙贮藏，藏至当年 10 月秋播或翌年春播。如不经贮藏而直接进行夏播，则当年发芽率很低，要留待第 2 年甚至第 3 年春季才能全部发芽。

沙藏期间沙层不宜太干，也不宜过湿，一般以"手握成团，手松即散"为最好。为此，要经常检查沙的湿度，过干则喷水、过湿则通风。此外，还要注意防治鼠害。种子沙藏到 10 月，一般开始萌动露白，当露白量达到 30% 时即可播种。桂花种子沙藏的过程也是桂花种子催芽处理的过程。

2. 播种和播后管理

（1）播种。一般采用条播法，即在苗床上开横向或纵向的条沟，沟宽 12cm、沟深 3cm、行距 20cm。在沟内每隔 6 ~ 8cm，播放 1 粒催芽后的种子。播种时要将种脐侧放，以免发芽后胚根和幼苗茎弯曲，影响幼苗正常生长。在广西桂林地区，通常采用宽幅条播，行距 20 ~ 25cm、幅宽 10 ~ 12cm，每亩播种 20kg，可产苗木 25 000 ~ 30 000 株。

播种后要随即覆盖细土，盖土厚度以不超过种子横径的 2 ~ 3 倍为宜，盖土后整平畦面，以免积水；再盖上薄层稻草，以不见泥土为度；并用绳压紧稻草，防止盖草被风吹走；最后，用细眼喷壶充分喷水，至土壤湿透为止。盖草和喷水可以保持土壤湿润，避免土壤板结，促使种子早发芽出土。

（2）播后管理。种子萌发后管理工作应及时跟上，以培养健壮的实生苗。播种苗的生长发育情况如图8-1 所示。

在具体操作时应做好以下六项抚育管理工作。

第一，揭草和遮阳。当种子萌发出土后，在阴天或傍晚要适当揭去盖草。揭草过早，达不到盖草目的；揭草过迟，会使幼苗折断或形成高脚苗。揭草应分次进行，并可将盖草的一部分留置幼苗行间，以保持苗床湿润，减少水分蒸发，防止杂草生长。

揭草后，进入夏季高温季节，应及时搭棚遮阳，保持荫棚的透光度为 40% 左右。每天的遮阳时间一般是上午盖，傍晚揭；晴天盖，阴雨天揭。约到 9 月上中旬，可以收藏遮阳用的芦帘或遮阳网。

第二，松土和除草。松土要及时进行，深度 2 ~

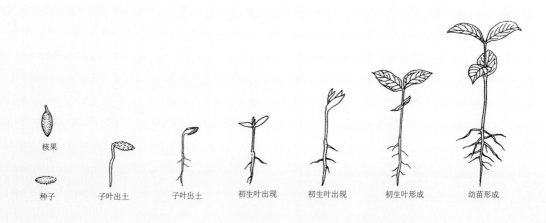

图8-1　桂花播种苗生长发育进程（王宏志绘图）

3cm，宜浅不宜深，以免伤根。除草可结合松土同时进行，力求做到除早、除小、除尽。此外，沟边、步道和田埂的杂草也要除净，以清洁圃地，消灭病虫孳生场所。

第三，间苗和补苗。桂花幼苗比较耐阴，生长速度又慢，一般不必间苗，适当"移密补稀"即可。移苗时不要损伤保留苗的根系，移苗后要进行一次灌溉，使苗根与土壤密切结合。

第四，灌排和施肥。夏秋干旱季节必须注意抗旱保苗，灌溉以早晨或傍晚进行为宜。采取速灌速排方法，水要浇透浇匀，雨季要加强清沟排渍，避免苗木受涝。

幼苗出土 1 个月以后，进入苗木旺盛生长时期。每月应浇施 1 次腐熟稀薄的厩肥或氮素化肥溶液。浓度以每 100kg 水掺兑 10kg 厩肥原液或尿素 150～200g 或硫铵 300～400g 为宜。随着幼苗的生长，施肥浓度可以适当增加。入秋后，停止追肥，以防苗木徒长遭受冻害。在追肥时，不要使肥液沾附幼苗，避免伤苗。

第五，病虫害防治。桂花连作的苗圃容易发生褐斑病和立枯病害，造成叶片大量枯黄脱落，或导致苗木根颈和根部皮层腐烂，全株枯死。同时幼苗期间还容易发生蚜虫危害。因此，病虫害防治工作不可忽视。

第六，适时移植。桂花 1 年生播种苗高 20～30cm，翌年早春进行裸根移植。2 年生苗高约 60cm，3 年生苗高约 1m 时，则要求带土球进行多次移植。用作景观树或干道树，一般要求培育 8～10 年、高度 2～3m、基径 8～10cm，才有利于出圃定植。

3.播种育苗的生产实践与评价

(1) 播种育苗是利用种子来繁殖后代的一种育苗方法。它能获得大量的桂花实生苗。实生苗生长健壮、根系发达、生活力强、寿命长，尤其是干形发育良好，适宜用做干道树或园景树。

(2) 桂花播种苗生长速度虽快，干形发育也好，但始花期树龄很晚，定植后没有 10 年很难开花。此外，播种苗野生性状比较明显：叶片大、锯齿多；花小、花少、香味不足；遗传性状不够稳定、变异多，有返祖现象。据分析，这可能与母树自然杂交或采收的桂花种子里部分混进铁桂与山桂等野生种类有关。

(3) 解决播种返祖现象的最好办法是利用桂花播种苗作为本砧，在本砧上嫁接优树的无性系。为此，要注意建立优树种子园；还可以进行人工杂交，培育更多、更好的桂花新品种。

(4) 20 世纪 90 年代以来，苏州地区采用高密度播种，在畦面上覆盖塑料薄膜，使出苗整齐，其后，以适当株行距移栽。此法可以节约育苗土地和种子用量，并节省大量育苗管理成本。21 世纪伊始，浙江农林大学等单位还进行了桂花种子冷藏及穴盘育苗技术研究。此法能促进种子提前两个月发芽，为桂花播种苗工厂化生产及提高设施利用率创造了良好途径。

(二) 扦插育苗

扦插育苗主要是将桂花当年生半成熟枝条，在一定栽培设施条件下将其插入土壤或其他基质中，利用植株的再生能力，长成桂花新植株的方法。

1.常规扦插法

(1) 养条。桂花 2 年生母梢，每年有抽发 2～3 条或更多根 1 年生新梢的习性，往往因发条多而生长细弱，用做插条不够理想。所以，除生长期施追肥、冬季施基肥，用来增加桂花树体的营养以外，在秋季花后或早春发芽前，还必须通过修剪，去除徒长枝、纤细枝、内膛枝和病虫枝，使养分集中在留下的粗壮母梢上，保证新梢发育强健，生产出理想合格插条。

(2) 剪条。一般 6 月上中旬剪条扦插。此时桂花新梢已停止生长，新老叶色基本无异处于新梢老结期。枝条内含有丰富的生长激素和可溶性酶类，酶的活动十分旺盛，这时温湿度条件也非常适宜，有利于插条愈合生根。

剪插条最好在阴天或早晨有露水时进行。一般宜选择品种优良、生长健壮、树龄 20 年生左右的桂花母树，剪取树冠中上部向阳面当年生中央粗壮新梢作为插条。插条剪回后，应迅速摊晾在室内通风阴凉处，随即组织人力进行复剪。首先剪去梢端和基部隐芽区段，然后按照保留两节 4 叶或三节 6 叶的原则，把它剪成待用的正规插条（如插条来源紧张而栽培设施条件良好，也可复剪成单节双叶的短条）。上剪口应距第一个芽芽尖 0.2～0.5cm 处平剪，下剪口则应在第 2 节或第 3 节下，斜剪成马蹄形以便扦插。剪好的插条应按照粗细进行分级，绑扎成捆整齐排放，用浓度为 100mg/L 的萘乙酸溶液浸湿插条基部数小时或用 300～500mg/L 的萘乙酸溶液快蘸插条基部数秒钟，随即取出扦插。20 世纪 90 年代以来各地改用广谱、高效、复合型的 ABT 生根粉处理插条效果更好，能使插条发根早而且生根数量多、成活率也高。

(3) 扦插。在扦插之前，应先准备好插床。插床基质通常以黑色的砂质壤土为宜，不宜用黏质土或过分肥沃的土壤。扦插前 1 个月，可用 800～1000 倍的美曲膦酯药液喷洒土壤，以消灭线虫；插前半个月，还可用 1:100 的福尔马林药液再次消毒土壤，以防止插条感染病菌烂根。施药后床表盖上农用塑膜消毒，数天后揭除农膜以散发余药，防止药害；临插前 2～3 天，再用清水浇透插床，干燥后整平床面待插。

扦插一般在上午 10 时以前及下午 4 时以后进行。当天采条，要求当天插完。插时，可将插条直接插入砂壤土的苗床中，也可先用竹签开孔，再将插条插进苗床。扦插深度为插条长度的 1/2～2/3，不宜过深；若扦插过深，则透气不好，容易烂根。插条如有 3 节，一般 2 节入土、1 节在外，争取多生根（如为 2 节，则 1 节入土、1 节在外；如为 1 节，则 1 节入土、保留叶片在外）。插时要求均匀整齐，叶片的朝向一致，互不拥挤重叠，以保证通风透光和单位面积最大的扦插量。插后用手将土压实，并浇足透水，使土壤与插条密接。扦插密度为：行距 10～12cm，株距 3～5cm，每亩可扦插 10 万条左右。

桂花插条经受不起高温、日灼、干燥的刺激，要求插床小气候凉爽、湿润、少风。因此，扦插后必须及时遮阳，特别是在插后的 1 个月内更应注意防护，否则就难以愈合生根成活。遮阳材料需选择既通风透气、又能达到遮阳效果的遮阳网、芦帘或竹帘等。为了提高遮阳效果，还可在扦插初期设计使用双重荫棚，即搭盖一个高 2m 的高荫棚（下面可供人通过），在其上方和四周盖上或挂上帘子，再在高荫棚的下面，按插床的规格搭盖起 0.7m 高的低荫棚，同时覆上帘子。实践证明：采用双重荫棚办法扦插桂花，其成活率比单层荫棚有很大提高。

（4）插后管理。扦插后的管理工作主要是指对土壤水分、空气相对湿度和温度以及光照的控制和调节等。

扦插后要保持足够的土壤水分，但不宜过多。在多雨季节还需注意排水，以免切口腐烂难以愈合生根。但在高温干旱天气，则应经常向叶面喷水，做到喷量少而喷次勤（每天喷水 4～5 次，主要中午前后喷湿叶面为度），以起到降温保湿效果，促进插条愈合生根。插后 1 个月内，高低两层荫棚在晴朗白天都应密盖，切忌阳光直射，棚内透光度控制在 30% 以内。平时遮阳要做到"两揭两盖"，即早上盖，晚间揭；晴天盖，阴雨天揭。如苗床水分过大，则可减少浇水次数；或荫棚早上迟盖 1 小时，下午早揭 1 小时，让其蒸发部分水分。荫棚内的温度要求保持在 20～25℃，空气相对湿度保持在 80%～90%，在此种小气候环境条件下，约 30 天插条产生愈合组织、40～50 天新根也会陆续发生。

桂花插条产生愈合组织后，早晚苗木可略受阳光。10 月份开始可拆除低荫棚，逐步增加光照时间，并减少喷水次数。11 月份可再拆除高荫棚，改装成暖棚，准备过冬。桂花插条生根时间很长，当年发根不多，或仅愈合而不发根，因此当年必须注意保护幼苗过冬。除搭盖暖棚外，还可在株丛间撒盖些干草，以免除部分未发根的插条遭受日灼，兼可预防霜害。冬季干旱时，应注意浇水，但要求午间进行，以防结冰。翌年春季 4 月上旬，可以拆除暖棚并揭去盖草。如遇春旱，应随时浇水。梅雨季节可增施稀薄畜粪水。到年底，扦插苗的平均高

度为 30～50cm。这年冬季可以不必防寒，第 3 年春季要求再次移栽培育。

常规扦插法设施要求不高，投资不大，并可就地取材，架设荫棚和暖棚，进行安全育苗生产。个体花农和经济欠发达地区，过去经常采用此种育苗办法。

2．封闭扦插法

所谓封闭扦插育苗，就是在设施栽培条件下（主要是塑料大棚），分设若干条封闭性的塑料薄膜环形小棚。桂花插条在大小两个环棚保护下，得到最佳的温度和湿度生态条件的配合，从而获得更为理想的育苗效果。目前，我国南方各地苗圃已广泛采用。设立封闭性环形小棚的方法是：修筑宽度为 1.1m 的插床（实际利用宽度为 1.0m），用宽约 5cm、长约 2.5m、两端削尖的毛竹片，间距 1.5m，弓形跨插在床边两侧的土壤内，入土深度 20cm，统一维持弓顶高度为 0.5m。全畦所有弓顶制高点，用首尾衔接的帐杆竹绑扎联系固定好，以增加环形小棚的牢固度。如图 8-2 所示。

按常规扦插法进行养条、剪条和插条，扦插处理完成后，随即在弓形环架上，铺设农用塑膜进行封闭管理。小棚两侧用泥土压紧，不能留有空隙；但小棚两头不必封死，以便通风和检查，平时可用砖石压紧，以防透气漏风。扦插后，由于小棚整天封闭，棚内空气湿度饱和，因而可以大大减少喷水次数。一般每月喷 1 次水就足够了，喷水过多反而容易烂根。喷水时可将农用喷雾器的喷头绑扎在竹竿上，从小棚两头或两侧伸入棚内喷雾。喷后随即将小棚封闭。

在高温天气来临之际，应在塑料大棚上面架设遮阳网，起常效降温作用。还要每天从上午 10 时到下午 3 时，把小棚两头或一头打开，适当通风，降低小棚温度。据测定：揭开小棚一头农膜通风可降温 1～2℃；揭开两头可

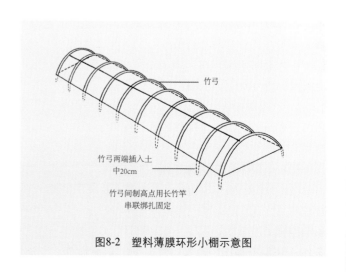

图8-2　塑料薄膜环形小棚示意图

降温 3～4℃。具体要求是：如温度超过 30℃，即应揭膜通风降温。至于湿度，在密闭状态下常为饱和，通风后则显著降低。揭开小棚一头农膜通风，空气相对湿度可下降到 88%；揭开两头通风，则可下降到 75%。棚内空气相对湿度应尽量控制在 90% 以上，为此应尽量避免、少揭开两头农膜同时通风。湿度大小的检测标准可根据农膜上水滴的大小来判别。一般水气粒应掌握在芝麻粒到米粒大小之间：如小于芝麻粒而且数量较少，表示小棚内湿度偏低，可于清晨或傍晚用农用喷雾器喷雾补湿；如大于米粒或聚集成条状沿农膜淌下，则表示小棚内湿度过大，应适当启膜通风。桂花叶片革质，幼苗又极其耐阴，因此非常适合用封闭育苗法来培育插条苗木。

小棚上的农膜和大棚上的遮阳网覆盖时间一般为 50 天。待桂花插条根系平均长度生长达 2～3cm 时，即可揭膜去网，使幼苗接受较多的阳光，促其生长健壮。揭膜时，首先应把小棚的两头打开；过 4～5 天完全除去小棚上农膜；再过 6～7 天才完全除去大棚上遮阳网。这样，可使桂花扦插苗对自然环境有一个逐步适应和锻炼的过程（图 8-3）。

封闭扦插法特别适合一般花农应用，其优点有：

(1) 操作简便，节约用工。除搭盖大、小塑棚所需材料以及扦插时一次性用工外，平时基本无需管理，育苗用工及产苗成本较低。

(2) 插条生根快，成活率高。一般封闭育苗扦插后 30 天左右即开始愈合、40～50 天普遍生根、60 天后可移栽炼苗。在一般正常气候条件下，成活率可达 95% 以上；即使气候条件恶劣，成活率一般也可以维持在 80% 左右（图 8-4）。

(3) 扦插适期长，苗床利用率高。封闭育苗可安排在夏秋两季进行：夏季扦插利用半木质化春梢，于 6 月上中旬进行；秋季扦插则利用半木质化夏梢，于 9 月上中旬进行。在此基础上，还可以考虑一年两季分批育苗。第 1 批春梢扦插的生根苗，8 月下旬移栽；第 2 批夏梢扦插的生根苗，到翌年 3 月份移栽。这在全年比较温暖湿润的成都地区已经实现。

(4) 插条规格选择利用余地较大。如利用 2～3 年生带踵的粗壮枝条进行扦插，不仅可以保证其有较高的成活率，而且成苗后就具有一定的蓬幅，可以缩短育苗年限，提高育苗的经济效益。

3. 全光照自动喷雾扦插法

全光照自动喷雾扦插育苗是在塑料大棚、连栋大棚或玻璃温室内，安装人工可控的自动喷雾设备，以保证长期稳定的空气相对湿度；再利用扦插基质的方便排水条件，协调好插床内透水通气关系，是使插条发根快、

图8-3　用塑料小环棚保护插条成活（张林提供）

图8-4　插条愈合生根并抽长新梢（张林提供）

成苗率高的一种快速育苗方法。它与常规育苗和封闭育苗方法相比较，具有适应性强、生根期短、成活率高，以及省时、省力等优点，现已开始在大型园林育苗公司中推广使用。

全光照自动喷雾扦插育苗的具体操作方法如下：在塑料大棚、连体大棚或玻璃温室内，用墙砖砌成多条宽度约 1.3m 的苗床，床面铺上约 30cm 厚的扦插基质。常用基质有黄沙、蛭石、珍珠岩、菌渣或砻糠灰等。在铺设基质前，苗床底部先交错平铺两层墙砖以利排水；苗床上方约 1.5m 高度，架设自动喷雾设备。先安装好与苗床走向一致、若干条平行的软塑料管，在水管上再安装若干个喷雾头；根据喷头射程的远近，决定喷头的间距和安装数目，要求喷出的雾滴越均匀越好。在扦插前 2～3 天打开喷头喷雾，充分淋洗扦插基质，以降低基质的碱性，同时使其下沉紧实，然后按常规的扦插要求进行扦插。扦插完后就进入到喷雾管理阶段。一般晴天要不间

断地喷雾，阴天时喷时停，雨天和晚上则完全停喷。在全光照喷雾育苗的条件下，桂花插条伤口愈合很快。一般插条如上部腋芽萌动，表示插条下部已开始生根；待插条新梢长出1～2对叶片、以手提插条感觉有力时，表示根系生长已经比较完整，可在室内移栽上盆，或移栽到大田进行炼苗。移苗前一周，停止喷雾并要适当遮阳。移苗时要细心操作，不伤苗根。力求做到边掘、边栽、边遮阳，并及时浇足透水。以后每天可向叶面喷雾2～3次，使其适应环境（图8-5）。

4.扦插育苗的生产实践与评价

(1) 20世纪80年代前因桂花扦插育苗技术未过关，扦插成活率只有20%～30%或更低，故对扦插育苗不够重视，应用较少，往往被播种、嫁接和压条等繁殖方法所取代。但自从20世纪80年代开始，各地先后应用了高低层双层荫棚育苗、封闭扦插育苗以及全光照喷雾扦插育苗取得成功后，成活率提高到95%以上。于是，扦插育苗就得以广泛应用，并成为当前桂花产业化的发展方向。扦插育苗的优点很多：一是操作技术相对比较简单，一般工人都能熟练掌握；二是如能选择到优良母树采条，就能保持品种原有的优良性状；三是可以进行批量生产，为今后桂花工厂化、规模化产苗事业铺平道路。

(2) 扦插育苗成功的技术关键在于"三得当"：即选条得当、扦插得当、插后管理得当。为此，在具体操作时要达到以下三点要求：一是要选用品种优良和品质优良的壮龄母树，并在树冠向阳面中上部剪条；二是要在梅雨前夕，采集当年生粗壮新梢作为插条并用生根粉等处理插条；三是要搞好插后的遮阳管理和水分管理，勿令插条因脱水落叶而妨碍插条愈合生根，影响成活。

(3) 目前，桂花扦插育苗技术已相当成熟，主要表现在单节双叶扦插和全光照自动喷雾扦插育苗双双告捷，取得成功。采用单节双叶扦插：一是能节约插条用量，从而大大提高育苗效益，特别对优良品种的扩繁速度起到巨大的推动作用。二是采用全光照自动喷雾扦插育苗法，大大降低了育苗成本，减轻了工人的劳动强度，提高了苗木质量。

(4) 桂花扦插育苗成功销售与否，其关键在于母树与

图8-5 塑料大棚内设有微喷设施的桂花扦插苗床（邬晶提供）

插条选用、扦插密度设计和扦插小苗炼苗与否这三个问题能否得到全面正确的认识与贯彻。例如：一般应在壮年、健康、优良品种母树上采条；而有的单位却用老树条、细弱条和病虫枝条进行扦插。通常每亩适宜扦插 10 万根插条，而有的苗圃却插了 30 万条，进行盲目扩繁。一般要求扦插苗必须经过移栽炼苗，方可出售，而有的苗圃却大量抛售刚从封闭棚中移出的小苗；由于小苗还不能适应外界自然环境的变化，根系也不够发达，往往导致种植失败。

(5) 由于种条来源复杂，难于保证质量，多代扦插育苗以后，也存在有扦插幼苗生活力逐代下降的隐患，应做好优树采穗园的建设工作。

(三) 嫁接育苗

嫁接育苗就是将 1～2 年生的桂花枝条，嫁接到另一株与桂花亲缘关系比较接近、带有根系植株的适当部位，使其两者愈合，成为一株独立的桂花新植株。被接的枝条叫做接穗，承受接穗的植株称为砧木。由嫁接法育成的苗木叫做嫁接苗。

1. 砧木的选择和应用

桂花砧木应选择对接穗有较强的亲和力、并对当地自然环境条件有较强适应性的木犀科树种。利用砧木的良好性能，增强桂花抗寒、抗旱、耐涝、耐盐碱和抗病虫害的能力。目前，各地常用的砧木种类有女贞、小叶女贞、小蜡、水蜡和流苏树等。现将上述 5 个树种各自嫁接效果分析介绍于下。

(1) 女贞 (*Ligustrum lucidum*)。又称大叶女贞，是木犀科女贞属植物，常绿小乔木。枝条开展，无毛。叶对生，革质，卵状椭圆形，全缘。顶生大型圆锥花序，花白色，几无柄。花冠裂片与花冠筒近等长。核果长圆形，熟时紫黑色，被白粉。女贞性喜光，耐旱也耐涝，是古代常用的桂花砧木材料。嫁接成活率高，初期生长也快；但亲和力表现较差，嫁接口愈合不好，缺乏持久的生活能力，大风过后砧木女贞与亲本桂花容易断离。

(2) 小叶女贞 (*Ligustrum quihoui*)。木犀科女贞属植物，落叶或半常绿灌木。枝条披散，小枝有细短柔毛。叶片椭圆形至倒卵状椭圆形，两面光滑无毛。花序直立，长 7～21cm，无花梗，花冠裂片与花冠筒长度相等。小叶女贞常生于南方石灰性土壤上的灌木丛中或石崖上，抗寒性稍差，冬季容易落叶。20 世纪以来，小叶女贞常用为桂花的砧木材料，嫁接成活率高，亲和力初期表现良好，但后期不够协调，砧木小叶女贞生长慢、干径细，亲本桂花生快、干径粗会形成上粗下细的"小脚"现象。

(3) 小蜡 (*Ligustrum sinense*)。木犀科女贞属植物，落叶或半常绿灌木。枝条直立，小枝密生短柔毛。叶片椭圆形，叶背沿中脉有短柔毛，叶绿波状起伏比较明显。花序直立，长 4～10cm，花梗明显，花冠裂片长度大于花冠筒。小蜡野生南方各地，常生长在疏林下或路旁沟边，抗寒性较差，冬季易遭冻害。用作桂花砧木，嫁接成活率和亲和力以及"小脚"现象接近小叶女贞。

(4) 水蜡 (*Ligustrum obtusifolium*)。木犀科女贞属植物，落叶灌木。枝条拱曲，小枝稍有柔毛，叶片长椭圆形，叶背沿中脉有长柔毛。花序常下垂，长 2.0～3.5cm，花梗较短，花冠裂片长度小于花冠筒。水蜡野生全国各地，常生长在荒野山坡，耐寒性较强，用作桂花砧木，嫁接成活率和亲和力与小叶女贞相近，但"小脚"现象比小叶女贞还要明显。

(5) 流苏树 (*Chionanthus retusus*)。又称牛筋树，木犀科流苏树属植物，落叶小乔木。枝条开展。叶对生，革质，椭圆形或长椭圆形顶端钝或钝尖，基部阔楔形或近圆形，全缘或有少量小锯齿。松散复聚伞花序，生于有叶的侧枝先端；花白色，花冠 4 深裂，几达基部，裂片线形。核果卵圆形，蓝黑色。流苏树耐寒又耐盐碱，是我国北方地区嫁接桂花常用的砧木树种。嫁接苗生长旺盛，亲和力初期表现良好，但后期仍不够协调。砧木流苏树生长快、干径粗，而亲本桂花生长较慢、干径细，常形成上细下粗的"大脚"现象。

以上砧木由于与桂花亲缘关系较远，嫁接效果都不很理想，易产生"小脚"或"大脚"现象。

在我国南方地区，如能改为本砧嫁接，即用能结籽的桂花品种实生苗作为砧木，嫁接桂花优良品种的亲本接穗，则可顺利解决嫁接亲和力差以及"大脚"和"小脚"等问题。这应成为南方嫁接育苗一个科研方向。当然，在我国北方地区，因受天气寒冷和土壤盐碱等立地条件的影响，并不适合利用桂花本砧来进行嫁接育苗，但是选流苏树优良品种作砧木，解决亲和力差距，应是技术攻关的主要方向。

2. 嫁接方法和技术

桂花嫁接一般用枝接而不用芽接。常用的枝接方法有切接、腹接、皮接、劈接和靠接五种方法。

(1) 切接法。此法应用较为广泛。嫁接时在距地面 5～7cm 处，将砧木剪断，选择树皮较平滑的一侧，稍带木质部垂直下切，切口深 2～3cm。另把亲本桂花嫁接枝条的接穗剪去叶片，保留叶柄并将接穗的下端，削成长 2～3cm 的斜削面，并在其反向再斜削成长约 1cm 的短削面，同时保留 1～2 对芽。最后，再横截亲本枝条，使其成为断离完整接穗 (接穗不是先剪成一段一段的再削，而是先在基部削好削面后，从上端再行剪断。这样既便于手持接穗枝条安全操作；又便于选择穗芽，保证嫁接苗质量）。接穗削好后，随即将长削面紧贴砧木切削面，妥善地插入砧木切口。插入时操作要轻，务必使砧木和接穗两个切削面的形成层密切结合（将砧木与接穗切削面上绿色皮层与白色木质部之间的一条界线相互对齐，使形成层自然吻合，这是切接成活的关键所在）。如果接穗比砧木细，则应将接穗插在砧木一侧，使至少有一侧的形成层能密切结合。接穗插入砧木后，随即将砧木的切开部分包被在接穗外面，用农用塑膜带绑扎固定；同时封闭砧木切口和接穗顶端，防止水分蒸发。绑扎时应小心，不要使结合处有移动，防止相互形成层离位而影响嫁接成活（图8-6）。

(2) 腹接法。此法应用也较广，它是一种不截砧冠的枝接方法。嫁接时在离砧木根颈 3～5cm 范围内，以 20°～30° 的倾斜角，斜切入砧木，深达砧木直径的 1/3～1/2，然后将接穗枝条下端两侧各削成长 1～2cm 的斜削面，保留 1～2 对芽，横截断离成接穗，随即将断离的削好接穗插入砧木切口内，对齐砧木一侧的形成层，用农用塑膜带绑扎好整个结合部。腹接法的优点在于：嫁接时对砧木要求不严格，一般不能用作切接的砧木均可作为腹接的砧木；操作简便，效率高；嫁接部位低，容易培土，有利成活。由于腹接法比切接法具有更多的优点，目前各地已开始推广用腹接法繁殖桂花苗木（图8-7）。

(3) 皮接法。近年来此法应用也很广，适用于桂花生长季节树液流动时期进行，便于砧木能剥离树皮。嫁接时先在接穗下芽的背面 1～2cm 处，削一个长 2～3cm 的斜面，再在斜面背后尖端削长 0.6cm 左右的小斜面。另在砧木离地面 1～2cm 处剪断砧干，用快刀削平断面。选在砧木树皮光滑的地方，由上向下垂直划一刀，深达木质部长约 1.5cm，顺刀口用刀尖向左右挑开皮层，把接穗插入切口。如接穗不易插入，也可在砧木边侧切一个宽 3cm 左右、上宽下窄的三角形切口，以便于把接穗插入。插时马耳形的斜面要向内紧贴，并轻轻地插入，使接穗削面和砧木密接。插好接穗后用塑料薄膜带绑扎固定（图8-8）。

(4) 劈接法。劈接又名割接，一般仅在较粗的桂花砧木上嫁接或在高接换种时应用。嫁接时将砧木在一定高度处锯掉，削平切面；然后用劈接刀在砧木切面中央垂直下劈，劈成深 4～5cm 的切口，再以刀背的先端插入切口，使其张开。接穗选用 2 年生、长约 10cm、带有 2～4 个节位的枝条，将其两面削成相等楔形，然后将接穗插入砧木的接口，使两者的形成层相互密切结合，并用塑料薄膜带绑扎牢固，同时用农用塑膜带封盖切面和接穗顶端。

劈接与切接的操作方法基本相同，其区分主要在于：劈接接穗的两个削面等长，而切接接穗的两个削面不等长；劈接砧木的切口从断面中央劈入，而切接砧木的切口从断面边侧稍带木质部垂直下切。劈接法能使砧木与接穗夹合牢固，成活机会增加；但劈接的切伤面较大，必须特别注意包严伤口，以免影响成活（图8-9）。

(5) 靠接法。靠接又名诱接，它的特点是砧木和接穗在嫁接的过程中各有自己的根系，均不脱离母体，只有在成活后才各自断离。培育盆栽'四季桂'桂花苗，经常采用本法。靠接数月后，即可切离母株，当年即能开花。靠接的具体做法是：在 5～6 月间将作为接穗的枝条和作为砧木的枝条（可以双方都是盆栽苗，或至少砧木一方为盆栽苗），在相应高度，各削去长 5～10cm、深及干径 1/3～1/2 的两个靠接斜口，对准皮层使它们互相结合，并用农用塑膜带绑扎好。待接活后，将接穗自接合部以下剪去，而砧木自接合部以上剪去，即成一个独立的新植株。由于靠接法的砧木和接穗双方均不离开母体，所以嫁接成活率较高。但要求砧木和接穗两者枝条的粗度十分接近；同时，由于靠接的嫁接口高高在上，不可能像其他嫁接法那样允许降低嫁接高度，甚至可以贴近地面，让桂花接穗此后萌出新根，因此，砧木接穗不亲和带来的"小脚""大脚"或断离现象更易发生，在培育时应注意克服和纠正这一问题（图8-10、图8-11）。

3. 嫁接苗的培育和管理

桂花嫁接后约 10～15 天即可检查是否成活。如接穗仍保持新鲜状态，皮层不皱缩失水，芽头饱满则表示已成活；否则嫁接失败，要抓紧时间补接。嫁接苗成活后，应轻轻地将培土扒开，选留一个旺长的新梢培养，除去多余的新梢。对发自砧木上的砧蘖，在嫁接成活后，应及早全部除去。因为砧蘖与接穗新梢会因相互争夺水分和养分，直接影响嫁接苗的正常生长；如砧蘖苗生长超过接穗新梢，往往造成接穗"回芽"死去。嫁接苗新梢抽长达 15～20cm 时，即应设立支柱加以固定，以防风折或风歪致使今后树姿不正；整个生长期间要注意中耕除草和抗旱排涝工作。当嫁接苗生长高达 10cm 以上时，应追施稀畜粪水 1 次，以促进苗木生长；以后每隔 1 个月追肥 1 次，秋后停止施肥。1 年生嫁接苗当年苗高可达 30～40cm，最高可达 70cm 以上。可在翌年春季进行移植，在达到规格要求后，再出圃栽植利用。

需要强调的是，嫁接苗接后管理工作，应随砧木不同种类而定。

(1) 女贞作砧木。其缺点是嫁接部位不牢，易从嫁接口折断。改进方法：第一，接点要低，能相对增加强度。第二，接口要长，砧木愈合会较好，靠接更要达到此要

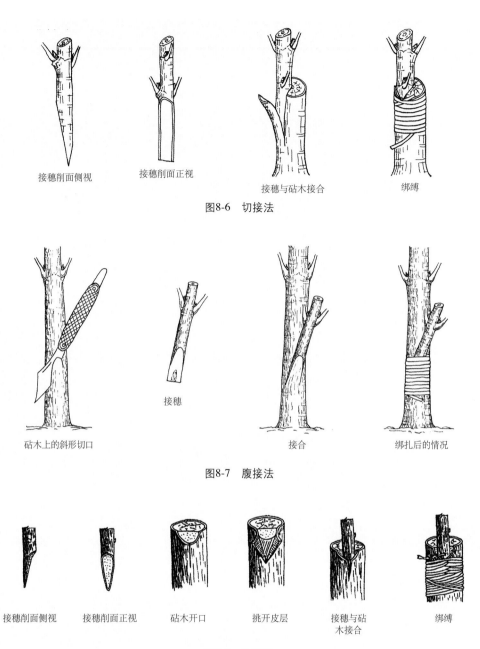

接穗削面侧视　　　接穗削面正视　　　接穗与砧木接合　　　绑缚

图8-6　切接法

砧木上的斜形切口　　　接穗　　　接合　　　绑扎后的情况

图8-7　腹接法

接穗削面侧视　接穗削面正视　砧木开口　挑开皮层　接穗与砧木接合　绑缚

图8-8　皮接法

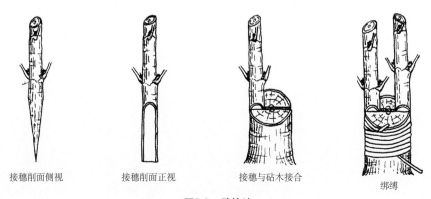

接穗削面侧视　　　接穗削面正视　　　接穗与砧木接合　　　绑缚

图8-9　劈接法

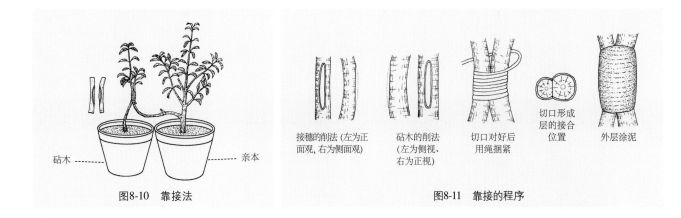

图8-10　靠接法　　　　　　　　　　　　　　　　　　图8-11　靠接的程序

（图8-10标注）砧木　　　亲本

（图8-11标注）接穗的削法(左为正面观，右为侧面观)　　砧木的削法(左为侧视、右为正视)　　切口对好后用绳捆紧　　切口形成层的接合位置　　外层涂泥

求。第三，上盆或换盆栽种要深，这样可以诱导桂花自身生根，增加附着能力。第四，拆绑要晚，嫁接成活苗木的包扎物最好在入房前或翌年发芽后再拆除，以巩固成活。

（2）小叶女贞等作砧木。易出现上粗下细"小脚"毛病。要消除"小脚"必须从预防入手：第一，嫁接点要低，能靠近根部最好，既可增加嫁接点强度，又可诱导桂花自身生根。第二，栽种上盆时，要将嫁接点埋在盆土下2cm左右，以掩盖可能出现的"小脚"部位；在今后翻盆时，更须重视掩埋接口这一技术措施。第三，如果"小脚"毛病出现在靠接法嫁接的桂花苗木上，嫁接点必然会高。唯一的消除方法就是将植株换入深盆，在嫁接点上方环剥或部分环割后，掩土培植，待桂花自身生根后，再重新栽种。

（3）流苏树作砧木。流苏树作砧木嫁接桂花，常发生"上细下粗"的"大脚"毛病，致使桂花树冠难以成型。改进方法：第一，加强生长期的肥水管理，促使桂花抽生健壮的枝条，加快干径生长速度。第二，对过密枝、交叉枝、病虫枝和影响观赏的枝条，必须及时进行适度修剪、通风透光，以利于今后理想树冠的形成等。

4.嫁接育苗的生产实践与评价

（1）我国是发明嫁接技术最早的国家。早在汉代，就有记载植物嫁接的《氾胜之书》的发表。成语"移花接木"就是由此演绎而来。20世纪70年代以前，嫁接育苗广泛应用于桂花的苗木生产，现今虽然南方地区大部分为扦插育苗所取代，但在我国北方，目前仍以嫁接育苗为主，提供桂花盆栽苗木或偏盐碱地区地栽桂花苗木应用。

（2）嫁接苗木生长好、成型快、开花早，较比扦插苗能提早3～5年开花，有的靠接苗甚至当年就能开花。嫁接苗能保持品种的优良特性，选用比较耐寒和耐盐碱的砧木，还能进一步扩大桂花的引种栽培范围，这是嫁接育苗始终未被淘汰出局的一个重要原因。但也应同时看

到，由于嫁接技术要求较高，目前只能由熟练技工手工生产，大规模产业化开发经营受到一定限制；同时，砧穗亲和力往往不高，切口容易产生断裂或"小脚""大脚"等技术问题，要认真对待，加以妥善解决。

（3）嫁接育苗有切接、腹接、皮接、劈接和靠接等多种方法。但无论采用哪一种嫁接方法，都应该注意掌握如下几点技术关键：第一，接穗应从品种优良、生长健壮、已开花且无病虫害的青壮年母树上，选取发育充实的1～2年生枝条。生长在树冠内部的枝条以及下垂或向上生长的徒长枝条，都不要选作接穗。第二，从远地剪来的接穗，要用湿青苔或浸水的脱脂棉花包裹，以保持接穗的新鲜。如果就地取材剪取接穗，应随剪随接；一时嫁接不完，可用湿沙贮藏，但贮藏的时间不宜过久。第三，嫁接时，要先剪去接穗的叶片，留下叶柄，然后再行嫁接。在操作过程中，嫁接刀要锋利，保证削面平滑，接穗与砧木的形成层要对准。第四，一些南方苗圃，为了时间和劳力的合理安排，常采用掘接法进行嫁接育苗。即在每年11月至翌年3月间，将桂花的砧木掘起后，在室内进行嫁接。接好后放进温室或温床内沙藏，以后再移入苗圃栽植。这种掘接方法能降低工人的劳动强度，提高工人的劳动生产率，兼可相对降低嫁接口的高度；但掘接时段须注意保湿护根，否则将大大影响嫁接育苗的成活率。第五，可以考虑在一株桂花苗木的不同部位上，嫁接数种花色和花期不同的品种接穗，待长成之后，就可以在一株桂花树上，开放出多种花色和花期不同的桂花，以此提高栽培桂花的经济效益和社会效益。

（四）压条育苗

压条育苗就是把生长在桂花母树上的枝条，用刀刻伤或进行环状剥皮，然后将枝条埋压到母株附近的土中；或用砂壤土、基质、苔藓等一些湿润材料包裹在被刻伤或环状剥皮的空中枝条上。促使被压入土的枝条或被包裹的枝条生根，以后再与母株割离，从而成为一株桂花

的新苗木。桂花的压条育苗一般分为地面压条法和空中压条法两种方法。

1. 地面压条法

现分别介绍杭州、苏州和咸宁三地的操作方法于下。

(1) 杭州花园岗苗圃。选用 15 年生左右的青壮年母树，将其全部新梢分散压埋在土内，两年后断离母体，每株母株可得数十株规格均匀的小苗。原来的母树经过 1～2 年的恢复休养后，可又再次利用培育新苗。据花农介绍，合理选择压条季节是压条繁殖成功的关键。一般以 5～6 月份，当年生新梢半木质化、叶片刚转入绿色时进行为好。过早或过迟均不适宜。过早，新梢太嫩，养分不足，容易受损；过晚，则错过生根季节，同时新梢太老，容易折断。一年中最好的压条时间一般只有一星期左右。据调查，发根部位大多的离伤口 2～3cm 的上部皮孔处。

(2) 苏州光福桂花产区。每年 3～6 月间，选用低干母树，将其下部 2～3 年生枝条压入 3～5cm 深的沟内，壅土覆盖枝身，并用木桩或竹片加以固定。仅留梢端和叶片在土外。每株母树通常可繁育出 10 株左右小苗，据当地花农介绍，母树应选择树势健壮、品种纯正、丰产优质的成年树。从这种母树上繁育出来的压条苗，长势好、投产早、花质好、产量也高。反之，如用幼龄母树，长势虽旺，但始花投产期往往较迟。

(3) 湖北咸宁桂花产区。系统经验总结有以下六条。第一，母树年龄一般不应超过 20 年。凡树龄大、肥培管理条件差以及病虫枝条多的植株均不得选作母树。第二，母树应在头年 9～10 月间沿树冠线翻土、开沟和施入基肥。第三，压条全年均可进行，但以早春 3～4 月间进行效果最好。第四，凡树冠分枝好又是在平坦地，可进行四周

弯伏压条；坡地上的母树，坡上压条容易，可以坡上压、坡下不压。第五，压条后要经常保持土壤湿润。连续晴天或雨天，要注意浇水或开沟排水。每次大雨后要及时检查，如发现压条土堆被冲垮，应立即培土压实。对压条苗附近的杂草，只能用手拔，不可用铲锄，防止松动压条，影响发根。第六，压条苗在起苗时，应沿发根处剪断，使之与母株脱离，然后挖沟起苗。压条苗在出栽时要剪除大部分叶片，促使上下水分平衡，以保证其稳定成活（图 8-12）。

2. 空中压条法

简称高压法，国外称之为"中国压条法"。因桂花枝条性脆，高处枝条不易弯曲至地面进行地压，所以采用此法来培育高压苗。

(1) 方法。每年 3～4 月，在强健的母株上，选择不影响树冠完整而又生长发育充实的 2～3 年生枝条，于压条前 3～4 天进行环状剥皮，使养分聚集在枝条上，以促进生根。剥皮或刻伤的部位，宜选择靠近主干并有庇荫的地方。剥皮宽度不可过大，以免枝条受伤，一般为被压枝条粗度的 2/3（1.0～1.2cm 宽）。剥口处涂抹 200～300mg/L 萘乙酸溶液，促进愈合随即用塑料袋或对开的竹筒、花盆等物，包扎固定在刻伤或环状剥皮处。包扎物内放置砂壤土或其他基质，上覆苔藓，经常保持湿润。

最好用一个毛竹筒或废铁罐，在筒罐内盛水，底部打一小孔，悬挂在包扎物上端孔隙处，使水能慢慢地滴入包扎物内，以保证成活。

(2) 管理。高压后，通常 3 个月后发根，至 10 月份可与母株分离，成为新的植株。为了防止空中压条苗折断，有时高压还需用竹竿支撑或加固包扎。此外，在剪离母株和解除塑物袋、竹筒、花盆等包扎物时，要扶好高

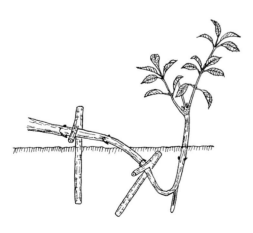

图8-12　地面压条法

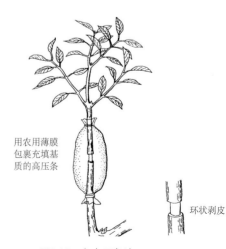

用农用薄膜包裹充填基质的高压条

环状剥皮

图8-13　空中压条法

压苗的土球，防止其带根坠落而前功尽弃。另高压苗在剪离母体后，要剪除部分枝叶，先移植在阴凉处，经过一年时间的恢复培养，再移出盆栽，或另行地栽培育大苗（图8-13）。

3. 压条育苗的生产实践与评价

(1) 压条育苗在我国有悠久的利用历史。现以地面压条法应用较为普遍，如在苏州光福桂花产区，目前仍以压条作为繁殖桂花苗木的主要方法。空中压条法现今利用不多，侧重用于常年气温偏高、空气湿度大的南方和西南山区，供繁育桂花优良品种时使用。

(2) 在进行压条育苗作业时，由于被压的枝条本身与母树并不分离，从母树根部吸收上来的水分和养分，仍可顺利地输送给这些压条，因此压条育苗生根成活率较高。同时，被压枝条本身就是母树的一部分，所以能保持其原有品种的优良特性，也不存在嫁接育苗中"大脚""小脚"或砧穗断离等问题。

(3) 压条育苗具有操作简单、生根容易和成活率高等优点，用来营造桂花新林，生长快、开花早、花质好、产量高、树体寿命也较长。但压条育苗仅局限在产区母株附近地区进行，受母树资源约束力影响，产苗数量有限，不适合现代大规模生产经营。有时还会对母树产生不利影响，如破坏树冠的完整和植株的美观等。特别是空中压条法更要慎重采用。

（五）分株育苗

分株育苗也叫分蘖繁殖法。一般露地桂花多安排在秋季进行；室内盆栽桂花多安排在春季新叶未发、树液尚未流动之时进行。方法是：丛状生长的母树，其萌蘖多从根颈部位萌发而出，可在容易分割之处用刀或锄将其劈开，分成若干蘖；每蘖要求各带有一部分须根。然后，将这些带根小苗，修剪掉大部分枝叶，及时移栽，浇足透水，以保证成活。

分株育苗也是一种无性繁殖育苗方法。分株苗接近于自然形成的压条苗，其优点是简便易行，不用自身育苗，就能得到较大规格苗木，有比较好的经济效益；而缺点则繁殖系数很低，生产意义不大。

四　小苗移栽和大苗培育

（一）小苗移栽

桂花各类小苗移栽前，应先将用作移栽园地进行一次深耕，同时施入腐熟厩肥，3000～4000kg/亩。施肥翻耕后，做成宽1.5～2.0m的高畦备用。小苗移栽大多在春季时行。以2月上中旬枝芽即将萌发前最为适宜。小苗根系比较发达，可采用裸根移植。在起苗2～3天前浇足透水，起苗时多保存根系，起苗后适当整修根系，

以利苗根愈合。株行距可定为40cm×60cm，即1500～2000株/亩。栽种时要按小苗的高度和粗度分级，分区栽种以便因苗管理，提高苗木质量。苗木最好随挖随栽，防止根系受干；栽种完毕后，随即浇一次透水，以保证成活。

移栽当年，在小苗稳定成活并萌发新梢后，应加强中耕除草，勤施薄肥，以促进苗木生长。秋后应及时停止施肥，适当控制浇水，以增强苗木抗寒能力。移栽次年，苗木生长加快，除注意中耕除草和追肥外，还要加强抗旱排涝和病虫害防治工作，以保证苗木健壮生长。

（二）大苗培育

桂花的成型大苗，在苗圃中需培育8～10年，其间需进行2～3次移植。移植苗如原先株行距设计为2m×2m的，过3～4年，可隔行或隔株疏移；再过2～3年，可进行第2次隔行或隔株疏移，最后培育成高2～3m、干径8～10cm、冠幅1.5～2.0m左右的成型大苗，即可供栽植利用。

移栽桂花的季节是每年的2月中下旬。细致整地、施足基肥和喷洒除草剂后，隔一时段再行移栽，对之后苗木生长和降低圃地除草费用有明显效果。

在长期的大苗培育过程中，应注意培养完整健美的树形。分枝点的高度也应早作决定，但要分期逐步执行，防止操之过急减缓苗木生长速度。桂花大苗有较高的经济效益，同时绿化效果也比较理想，目前我国南方各地都在重视培育大苗。在大苗培育期间应随时注意出圃的可能。所以，地栽每年切根促生须根培养"熟球"等措施都应贯彻执行。

五　化学除草剂在苗圃中的应用

桂花小苗移栽或大苗培育，都有很多抚育管理工作要做，其中一项巨大投入是清除苗圃地里的杂草。杂草生长迅速，不但与桂花争夺养分和水分，还是许多病虫害的中间寄主。目前，防治杂草的主要方法是人工除草。

当今全国各地都在推广标准化育苗，努力提高育苗质量，苗木种植株行距明显加大，造成杂草有机可乘，长势十分旺盛；而人工除草劳务成本则随着经济的发展，又在成倍增长。在杂草长势旺和人工除草劳务成本高双重压力影响下，各地纷纷采用化学除草剂，取代人工除草，来防治苗圃地里的杂草。调查实践表明：大多数苗圃化学除草效果良好，不仅杂草得到了全面控制，而且化学除草费用支出仅为人工除草劳务工本的1/5或者更低。但也有部分苗圃，由于化学除草剂种类选择不当或使用方法欠妥，导致防治杂草效果不够理想，桂花苗木反而产生药害。张伟兴（2011），提出如下3条建议：

（1）使用化学除草剂，要学会识别常见的杂草。针对杂草不同种类选择除草剂。

（2）使用化学除草剂，必须要坚持正确的用药方法，即定药量、定水量和定喷施面积的"三定原则"。特别是初次使用化学除草剂，千万不能违背这个"三定原则"。

（3）使用化学除草剂，都要求进行一次小面积试验；不要未经过试验就开展大面积使用。当杂草长出 1～2 片叶时，抗药性很差，这时使用浓度的下限，即可有很好的除草效果；杂草生长稍大时，就需要合理增加用药量，使用除草剂推荐的浓度上限。

笔者（2016），另补充介绍 3 点使用化学除草剂时注意事项：

（1）使用化学除草剂，应在晴天、无风天气条件下进行。大风、有雾及叶片上有露珠时都不宜施药。

（2）施药人员应穿好防护服和戴好防毒面罩；施药器械应做好清洗工作；最好专桶专用。

（3）化学除草剂对苗圃土壤有严重的毒害作用。不能长期多次使用，可以改用十分安全有效的地膜覆盖法来除草。

六　购苗指南

目前，桂花苗木市场表现为：大苗量少，售价高昂；小苗充斥市场。价格低廉、造型好、成活有保障的优质苗难求；造型不理想、稳定性差的劣质苗俯拾皆是。按桂花苗木价位的构成，取决于规格大小、繁殖方法和品种品牌效应三大因素。现逐项提供购苗注意事项于下。

（一）苗木规格

当前，市场上的桂花苗主要是扦插苗，应按苗龄大小来确定其价格。

1. 苗床扦插苗

是指在苗床上刚扦插成活，还没有移栽过的小苗。由于育苗时间短，占地和用工也不多，所以苗价低廉。采购这类苗木风险较大，要特别保证其安全运输和栽植后养护管理要到位。否则，在封闭环境条件下培育刚成活的小苗，不经炼苗就直接采购移栽到大田里，会导致因环境条件变化太大而产生大量死苗现象。

2. 短期移栽，锻炼过的扦插苗

是指在苗床扦插成活的小苗，就近在苗圃的露地移栽一次炼苗，使其继续生长，养好根系。这种扦插苗木根系比较发达，成活也稳定可靠。如果价格优惠，应该选购这种苗木，在自家苗圃内进一步培育成大苗利用。

3. 移栽过 1 次，1～3 年生扦插小苗

此类小苗应以高度为主，参考地径粗度确定其合理价格。一般买方多是苗圃，或者拥有后方苗木基地且不急于安排使用这批苗木的园林绿化工程公司。

4. 移栽过 2 次，4～6 年生扦插中苗

此类苗木应以地径为主，参考冠幅大小，确定苗木合理价格。买方如有采购计划，要避免购进密度过高，地径过细，冠幅不大，仅移栽过 1 次，根系发育不良的劣质苗木。

5. 移栽过 2 次以上，7～10 年生的扦插大苗

此类大苗应以冠幅为主，参考苗干米径（即离地 1m 高处的直径）和造型好坏确定苗木价格。现阶段很多园林工程公司都喜欢采购这种苗木，满足现场施工需要。这也是此类苗木当前热销的主要原因。

从上述情况可见，随着苗龄的增加，桂花苗木的定价核心逐步由高度转向地径，再转向苗干米径、冠幅和造型。因此，只有冠幅大而又圆整、干径粗且造型好的桂花大苗，才能获得更高的经济效益。

此外，不同城市之间，对桂花造型也有不同的理解和追求。上海、武汉等东部与中部城市，暴雨风害大，爱好分枝点低、造型美观的园景树型桂花；成都、重庆等西部城市，则爱好分枝点高、主干挺拔的干道树型桂花。

（二）苗木种类

桂花苗木繁殖有播种、扦插、嫁接和压条等多种方法。其中扦插和压条苗能保持品种优良性状，成活率和保存率均较高，从而受到用苗单位的青睐，苗木价格自然也较高。播种苗和嫁接苗的情况有所不同，特做如下分析。

播种苗株形好，生长速度也快，但始花期较晚，品种的优良性状也不能稳定保持；嫁接苗始花期很早，往往种下不多时即可开花，但砧木多是女贞或小叶女贞，砧穗不亲和现象非常突出，地栽后砧穗不亲和、容易造成嫁接口断裂产生死苗危险。因此，播种苗、嫁接苗在南方某些地区并不被行家看好，苗木价格就比较低廉。

由于播种苗、嫁接苗存在上述隐患，买方一时难以察觉，而卖方则因深知其中奥妙，往往不惜低价抛售。一些不知情的买方，见苗价低廉大量购进，结果上当吃亏，落进"只有买错，没有卖错"商业陷阱中去。因此，在购买苗木时，客户应尽量提高识别能力，南方地栽桂花，应拒购女贞和小叶女贞砧木的嫁接苗；北方盆栽桂花应选购耐低湿和盐碱的流苏树砧木嫁接苗。

（三）苗木质量

桂花作为香花树种，花部性状自然应列为衡量苗木质量和价格高低的首要因素。一般以花量稠密、花色鲜艳和花香浓郁三项指标为基础，适当参考树冠紧密度和新梢生长量，来确定苗木的合理价格。优良品种和知名品牌基本能满足上述要求。必须强调的是：即使是好品种，只有在适宜的立地条件和良好的抚育管理下，才

能充分发挥并表现出该品种的优良特性，形成优良的品质。生产方要下苦工夫培育苗木，不可单凭品种名牌来卖钱。

七　苗圃经营管理要点

在市场经济的条件下，在强手如林的竞争环境中，桂花品牌苗圃如何能够做到脱颖而出、始终立于不败之地呢？主要应该掌握好以下 6 条准则。

（一）以人为本，讲求诚信

首先，是要注重提高苗木的品质，努力做到产品质量与价格合理对接。通过广泛引种、加强管理、及时移栽和轮作换茬等措施，提高苗木质量。用"人无我有，人有我优"的经营策略，以新颖、健康、粗壮而又丰满的各种规格的桂花苗木，来吸引广大顾客。

其次，要诚信履约，不可弄虚作假。俗语说得好："一个人没有信誉，就别做生意；要想做好生意，应该先学着做人。"这里所谓"学着做人"，其实很简单，就是讲诚信。在选苗、挖球、包装、运输等问题上，严格按照客户的要求办事，争取稳定长期的客户来源。

（二）订单生产，规避风险

近年来，有的花木企业开始推行一种"订单生产，优惠回赠"的营销策略，不仅让新老客户逐渐适应了这种订单生产的销售模式，而且也使企业本身的生产经营，逐步进入到一种更加稳定的良性循环状态。"订单生产，优惠回赠"的具体实施办法是：凡是预订桂花种苗的客户，可在价格上获得较好的折扣；而对临时前来购置现货苗的客户，则严格执行"现苗现价"的销售策略。企业由此减少了生产的盲目性，规避了市场潜在风险；同时也让客户真正在"订单生产"中尝到了甜头。

（三）设施栽培，提高质量

过去，有的花木企业一味地侧重降低育苗成本，致使产苗质量低劣。近年来有关部门通过宣传种植新理念，组织现场观摩交流，使企业深切感受到如不转变传统落后的种植观念，产品质量就无法提高，更谈不上产销两旺。于是，温室与大棚设施、新型基质、不同盆具材料以及容器育苗等一系列先进育苗技术，逐渐被一些桂花企业所接受并贯彻执行，产生可观的经济效益。

（四）培育新品种，保护知识产权

我国从 1999 年开始，实行原产地产品保护制度。这是国家为了维护生产者、经营者和消费者三方面的合法权益，保护原产地知识产权的重要举措，也是与世界贸易组织（WTO）制定的"原产地规划协议"接轨、扩大名牌产品出口的迫切要求。

目前，我国已形成地方特色的桂花品种为数不少，但申请品种专利保护和注册商标却并不多见。由于缺乏保护意识，有些地方的特色品种不断流失外地，反而威胁到原产地品种的切身利益。据悉，我国今后将建立和健全全国植物新品种保护代理网络体系，以鼓励育种者培育出更多、更好的桂花新品种。

（五）开展规模化和标准化生产

当前，我国苗木市场发展还不够成熟。尽管育苗面积和产苗量逐年增加，但符合标准、规格统一的苗木产品却并不多见。曾有美国园艺专家参观我国一些苗圃后尖锐地指出："中国产苗虽然很多，但恐怕只有 1% 能达到标准化的水平。"那些不达标的苗木，在他们看来就是废品。因此，管理规范的苗圃和营销单位，迫切希望实用性和操作性都很强的苗木生产标准化技术规程能够及早问世。

我们期待桂花产区知名品种的标准化育苗方案，包括扦插育苗、容器育苗、无土栽培育苗、园景树和干道树大苗培育方案等，能够尽快制订并颁布实行。

（六）凭借电子商务平台，开展苗木网络交易

苗木交易市场在我国园林苗木产业的发展进程及苗木流通中，起着至关重要的作用。许多地区现都定期召开苗木交易会，形成了一些成规模的苗木交易市场，与此同时，网络市场今后也变得日益重要。尽管当前网络苗木销售额占总销售额的比例并不很大，但成长迅速，有逐渐赶上并取代实体市场的趋势，值得重视。

1. 苗木网络交易市场的分类

（1）电子商务平台。2009 年，温江花木电子商务中心首先在四川省成都市温江区建立。这是因为温江花木种植面积有 13 万亩，从业人员近 6 万人，是国内知名的花木之乡，发展网络电子商务很有必要。再加上，温江目前已有很多花木品种建立了生产标准，这些花木标准的编制、推广和广泛应用，也为发展电子商务平台提供了有利条件。

（2）绿化门户网站。这类网站有的依托传统媒体，有的专注于互联网行业门户，点击量大，影响较为广泛，广告效应显著。

（3）园林植物专业网站。例如，桂花有"中国桂花网"、兰花有"易兰网"等。这些专业网站也都采用会员交费制，由于是专业网站，收集有很多供销信息，为广大专业人士提供更为便捷和低成本的交流平台。

（4）单位自建网站。有些经济实力较强的园林公司或苗圃，通过一定的报批手续，也可以自建网站，与客户直接联系业务。还可以在绿化门户网站同时刊登广告，进行联网宣传。有的自建网站，每年苗木网络交易额能在百万元以上。

2. 苗木网络交易的特点和产生效果

苗木网络交易是继苗木实体市场之后，又一新的苗木销售平台。买卖双方都切身感受到它既快捷、方便、节约等多方面优势。

对买方客户来说：①通过网络，可以及时了解有哪些供苗单位，有哪些客户需要的苗木。②根据网络文字和图片介绍，就有"货比多家"的有利条件，能择优选购到客户自己心仪的苗木。③网上购苗，无须经纪人中介，既节约了买苗时间，更节约了买苗经费。

而对生产商卖方来说：①能提高企业的知名度。这对新近成立或偏远地区的生产企业来说，尤为有效。②参加网络售苗，可以大大加快苗木的流通速度。生产商只需坐在家中，上网推销苗木，无须央请经纪人为其卖苗；更不必亲自出马，为卖苗而奔走。③苗木销售网络一旦全面开通，生产商可以集中精力搞好苗木生产；还可以在网络论坛上交流技术经验，进一步提高产苗地企业的经营水平。由此看来，网络交易买卖双方可称互利双赢。

3. 苗木网络交流存在的问题与解决途径

由于苗木网络市场是建立在虚拟的网络平台上，交易双方互不见面，无论对买方客户或是卖方生产商来说，都存在有一定风险。买方的问题可能集中在毁约不买苗或蓄意拖欠苗款；卖方的问题可能集中在做虚假宣传，如夸大产品优点、掩饰和回避产品缺点等。为了杜绝此类事件发生，笔者认为双方在电子商务平台达成初步协议后，必须亲临苗圃现场，确认采购苗木实物，签订正式购销合同，现场付款提货，完成苗木网购全部操作程序。

（本章编写人：杨康民）

第九章　桂花小苗编结组合造型育苗

进入 21 世纪以来，桂花育苗产业有以下 3 方面有创新成就：一是培育或选育桂花的新品种，力求在花型、花径、花色、花香和花期等方面有所突破；二是推广无土盆花栽培，努力开拓盆栽桂花的国内外市场；三是开展桂花小苗组合造型育苗试验，缓解当前桂花大苗市场紧缺矛盾，提高桂花小苗的附加值，增加广大花农的经济效益。本章就是针对第三项创新要求于 2001—2011 年期间，在四川省都江堰市香满林苗圃内顺利完成的。2011—2018 年又有了明显的进步和创新。

一　小苗编结组合造型育苗的概念、分类和制作方法

所谓编结组合造型育苗指的是：将多株符合质量要求的桂花小苗，有序地编结在一起地栽。通过地上苗干相互愈合的"连理枝"和地下融合生长在一起的"连理根"，共享水分、养分和光照条件的供应，最后将其培育成为一株组合成品大苗。按小苗苗干编结方法的不同，又可将其划分为以下 3 种不同造型。

（一）苗干交叉网眼式造型育苗

将枝条通直、柔韧性又强的桂花品种小苗（本章采用的是丹桂类新品种'堰虹桂'），两两配对在苗干基部 10cm 处，相互交叉成 60° 角，用棕线或塑料绳绑扎固定成一对对苗组，供下述花篱、花柱和花瓶 3 种苗木造型编结造型使用。

1. 花篱造型

在 2m 或 3m 长的种植带前后两排、排间距 40cm，按 20cm 株距，在排内排列好若干对'堰虹桂'小苗，挖浅沟堆土种好这两排苗木；继而将其上方交叉苗干，各自编结成一个个菱形网眼，并分别用棕线或塑料绳将其绑扎固定。数年后交叉网点全部愈合成为一扇扇随时可以挖用首尾能相互拼接组装的花篱。造型花篱制作很简单，栽植更方便，犹如建筑业上的预制件，运到工地栽种成活率 100%，并且没有缓苗期，有立竿见影的效果，有隔离空间和防尘减噪的作用，兼有绿化、香化和美化诸多功能（图 9-1）。

2. 花柱造型

在种植点区域内，按 3m × 3m 的株行距，置放直径为 30cm 的金属圆环。在圆环内外，等距排列好若干对'堰虹桂'苗木，用棕线或塑料绳绑扎固定好这些苗干和圆环，扶正培土种好各组苗木。继而在种植点上方，距地面 0.5m、1.0m 和 1.5m 高处，各水平置放好直径同为

30cm 的第 2、第 3 和第 4 个金属圆环，也分别用棕线或塑料绳将内外苗干与圆环加以绑扎固定。同时把交叉苗干全部编结绑扎固定为一个个菱形网眼。数年后，交叉网点悉数愈合成为一个个精美的造型花柱。造型花柱适合单株或成对配植在公园、小区、别墅、旅游景点或成片草地上，也是景观大道两侧理想的种植材料（图 9-2）。

3. 花瓶造型

造型花瓶与造型花柱类似，先按 3m × 3m 株行距在各种植点位置放直径为 30cm 的金属圆环。然后在各圆环内外等距排列好若干对'堰虹桂'苗木，用棕线或塑料绳绑扎固定好这些苗木和圆环，扶正培土种好苗木。继而在种植点上方，位于花瓶的瓶肚、瓶颈和瓶口 3 处的不同高处，扣放直径大小不同的第 2、第 3 和第 4 个金属圆环，以此构成瓶身外围轮廓曲线，同步做好苗干与圆环以及瓶身上下交叉苗干的菱形网眼的编结和绑扎固定工作。数年后，交叉网点先后愈合，成为一个个婀娜多姿的造型花瓶。造型花瓶谐音富贵平安，深受人们的欢迎，适合地栽在公园绿地、居住区和休闲别墅等各处，更是楼、堂、馆、所门前地栽的精品造型苗木（图 9-3）。

上述花篱、花柱和花瓶 3 种造型苗木都是苗干交叉网眼式造型育苗。这种造型育苗的优点有：造型效果比较理想，随着岁月流逝，古朴风味会更加浓厚；苗干间各网眼的交会点，犹如金属间"点焊"，一旦愈合生长在一起，牢固程度就大大增加；单株组合大苗通风透光好，抗风能力强，可确保稳定长寿（图 9-4）。

但存在问题也有两个：技术要求较高，特别对花瓶这类造型苗木来说需要较丰富的制作经验；养护管理要求十分到位，防止苗干网眼各交会点愈合滞后，影响组合造型大苗今后稳定成活。

图9-1 花篱造型苗（张林提供）

图9-2 花柱造型苗（张林提供）

图9-3 花瓶造型苗（张林提供）

图9-4 花篱、花柱和花瓶3种造型苗木，苗干间"点状愈合"情况（张林提供）

（二）苗干平行并列靠贴式造型育苗

1. 人工速成大树造型

在种植点上，各置放一段长约2m、粗约30cm的木桩。围绕桩面，紧贴排列好若干株等粗、等长而又通直的'堰虹桂'苗木。用棕线或塑料绳将排满苗木的木桩桩身横绑成几个各宽约数个宽约50cm的"愈合作用带"，同时把苗木堆土种好。几年后，苗干间相互靠贴愈合，成为一株径粗30cm的人工速成大树。我们实践结果发现这种造型存在有两大问题：①苗干与苗干间是"长线状愈合"，

远不如上述苗干交叉网眼式育苗，苗干与苗干间是星罗密布般的"点状愈合"那样的牢靠结实。一有外力碰撞，很容易崩裂死伤小苗。②苗木依附的中心木桩存在病虫隐患。要求进一步研究改进（图9-5、图9-6）。

2. 花球造型

在种植区按3m×3m株行距各置放一段长约50cm、粗约10cm的毛竹筒（比人工速成大树所用的木桩要短要细）。然后，紧贴筒面排列好若干株'堰虹桂'小苗。用棕线或塑料绳紧贴地把竹筒外围苗木横绑，同时堆土把苗

图9-5　人工速成大树造型苗全景（张林提供）

图9-6　人工速成大树苗干间"长线状愈合"情况（张林提供）

图9-7　花球造型苗（张林提供）

图9-8　花球造型苗苗干间"短线状愈合"情况
（张林提供）

木种好。一般不出 3 年，即可培养成为一株圆整硕大、冠幅达 3m 的造型花球。造型花球只有一个宽仅 50cm 非常贴近地面的"短线状愈合"带，周围小气候环境条件良好，很少发现线崩死苗问题。核心竹筒口径小，全封闭，也不存在病虫隐患，造型效果要比人工速成大树好很多。造型花球可广泛用于道路、公园、居住区的绿化，也可以盆栽置放在楼、堂、馆、所各处供人欣赏（图9-7、图9-8）。

（三）苗干扭曲麻花式造型育苗

即选用三五株高度与粗度相仿的'堰虹桂'苗木，去除苗木根际土壤，然后把一株较为标准的苗木作为核心，其他则众星捧月似地与其扭曲缠绕在一起；再用棕线或塑料绳分上下两道分别绑牢，堆土种好这些苗木。几年后，扭曲的苗木可以完全愈合成为一株组合大苗。

此种造型育苗优点在于：用苗规格要求不高，回旋余地较大。不像交叉网眼式育苗和平行并列靠贴式育苗要求苗木具有等长、等粗、且又十分通直等诸多用苗苛刻要求。三五株苗木拧成一条绳的造型育苗方法，因苗干接触面积大，很容易促成相互愈合，苗木成活有充分保障。其不足之处在于：因苗木强力扭合导致苗干和苗根受损严重，今后快速生长有一定难度。扭曲组合大苗冠幅和根系都没有自由发展空间，造型不自然，景观效果不够理想。因此，我们没有进一步推广栽培。

二　小苗编结造型育苗养护管理要点

（一）花篱造型

其养护管理关键技术在于：花篱下部不允许"脱脚"；整个篱面枝叶分布均匀，没有孔洞；要求起苗运苗方便。为此，制订出如下技术措施：

（1）生长期间适当扣水、扣肥，防止枝叶徒长，避免花篱上下生长不平衡。

（2）每年冬季将花篱顶部和两侧旺长枝条，全部用大排剪剪平，收"控上促下"生长效果。

（3）每年雨季将半木质化新梢用棕线或塑料绳牵引，向壁面有孔洞处延伸，用以填补花篱壁面空缺部位。

（4）每年春秋两季根系生长高峰前夕，用利锹断切根系，促使植株吸收根生长密集，成为不松散的"长熟球"。方便起苗运输和栽植成活。

（二）花柱造型

其养护管理要求与重点，和花篱有所不同。

（1）成活后不要扣水、扣肥；相反，却是敞开水肥供应，令其迅速扩大冠幅。

（2）研究和制定分枝点的合理高度。花柱的培养目标是景观树而不是行道树，其分枝点高度以定在 0.5～1.0m 处比较合理。定高了，会明显削弱花柱的长势，大大推迟花柱商品苗的上市时间；定低了，生产效果虽好，但因枝叶覆盖干身，人的视线看不到花柱基部的"独干"和其干身漂亮的菱形网眼，景观效果也不理想。花柱的分枝点一旦确定，就可按既定方案办事：每年雨季，将分枝点以上新梢分别用棕线或塑料绳牵引，向柱冠外围空旷方向拉出去。如此，既扩大了柱冠，也帮助了内层枝叶，得以通风透光，生长良好。而对分枝点以下枝条则应在当年或翌年冬季，由下而上、分期分批，加以疏剪淘汰。

（三）花球造型

一切养护管理工作都是围绕早日能形成一个稠密、圆整而又十分硕大花球方向去努力。为此，需要采取如下技术措施：

（1）适当调整初植密度，株行距可一次性设计为3m×3m 或更大，以便确保造型花球在苗圃三年培育期内不移栽，也有足够的扩冠空间。

（2）科学有序地进行水肥管理。栽前花球伤苗严重，苗干下部枝条要全部剪光，根部土壤也要大部剥离，接近裸根栽植。所以，栽后仅要求及时浇水并遮阳，以确保小苗全部成活。等稳定成活发根后，再大量供应水肥，满足小苗快速生长需要。

（3）早日养成圆整丰满球冠，还要求每年生长初期进行摘心、抹芽，生长后期进行拉枝扩冠以及冬季开展疏剪、短截等修剪技术手段来完成。

（四）花瓶造型

制作和养护造型花瓶存在有三大技术难关：①制作花瓶时，要求土球小、枝叶少，同时苗干能随意扭曲造型，致使入选制作的小苗伤害严重，死苗现象在所难免。②制作技术不熟练，导致瓶身曲线不美观，网眼大小不匀称，交叉苗干交会点难密合。③装运造型花瓶时容易发生瓶身挤压变形和干皮磨损等意外事故。有鉴于此，应有针对性地安排如下技术措施：

（1）安排每年 4～5 月或 9～10 月制作花瓶。在此期间气候比较适宜，苗木根系正在活动，能保证植株成活，恢复生长也比较容易。

（2）种植区加盖荫棚。种植点覆盖地膜。努力控温保湿，创造有利于造型花瓶愈合生长的小气候环境条件。

（3）认真学习和掌握造型花瓶的制作技术。编结大小一致的菱形网眼和美丽流畅的瓶身外围轮廓曲线，金属圆环一定要水平安放，不可倾斜；交叉苗干网眼的交会点也要相互水平一致，不允许忽高忽低。如此，才能构成大小一致的菱形网眼和端庄自然的花瓶轮廓曲线。必要时可用模具完成此项任务。

（4）装载和运输造型花瓶时，要整齐竖放；瓶间要有隔离衬垫物，防止瓶身挤压磨损干皮。

通过长达 10 年的摸索与创新，在好品种——'堰虹桂'、好造型——苗干交叉网眼式造型和好管理——全面、及时有针对性的科学管理，在如此"三好"基础上，试验共完成了 4 种桂花造型苗木的批量生产（表9-1）。

据悉：表9-1 所列的四种编结造型苗木早已售罄。除了继续发展传统造型苗木外，各种新颖的造型苗木，现都在试点编结完成中。

三　小苗编结组合造型育苗的特点优势和发展前景

（一）育苗特点

1. 产品创新

造型苗木由苗圃培育的 2 年生丹桂类新品种'堰虹桂'多株小苗编结而成。与我国历史传统上的桂花树桩盆景，多半挖移山野桂花大树制成。两者对比，在长势、体形和完成要求年限时间上，有着明显的差异。

2. 风格别致

4 种桂花造型苗木群体性强、整齐度高、外形朴实大方，与当今园林要求的自然风格十分贴近；也和时下我

表9-1　4种桂花造型苗木的培育效果和生育数据调查

造型种类		组合成品大苗		编结小苗			
		完成量	规格	用苗量	成活率	开花率	苗干交会点愈合率
苗干交叉网眼式	花篱造型	120m	篱高2m，带幅1.0m	4800株	100%	100%	100%
	花柱造型	650个	柱高3.5m，冠幅3.0m	13000株	100%	100%	100%
	花瓶造型	80个	瓶高1.8m，冠幅1.2m	2400株	100%	100%	70%
苗干平行并列式	花球造型	140个	球高2.0m，球幅2.5~3.0m	4200株	100%	100%	100%

调查人：张林　杨康民，调查日期：2010年10月　　调查地点：四川省都江堰市天马镇香满林苗圃

国消费市场的规格要求非常吻合。

3. 质量上乘

小苗编结造型苗木的成活率、开花率和苗干愈合率，大都接近或达到100%的高水平。说明这是一种经济、高效且能保证高质量的育苗手段。

4. 节约投资

小苗编结造型苗是劳动密集型很突出的商品苗，投入成本低，主要是人工、土地和苗木。完成期限也较短，一般5年左右即可成苗。符合当今快速发展园林的要求。

5. 回报丰厚

当前，可以帮助缓解市场桂花大苗难求的供需矛盾，减少因大树进城，给桂花自然资源造成的无情破坏。可以满足市场需求，并能获取高额利润回报。

（二）育苗优势

笔者2009年曾有文章介绍：较之移栽桂花野生大树，桂花造型花柱精品大苗有如下5大优势：

第一、桂花大树移栽时，外围吸收根在起苗时损失大半，由此造成上下水分失调，叶片脱落，树冠稀疏。定植后，至少要求有3～5年的缓苗返青期，才能恢复生长。但造型花柱精品大苗由于苗龄小、生长健壮，吸收根大部集中在树干附近，起苗时损失很少。只要包装运输不出问题，定植后，基本没有缓苗返青期，当年或翌年即可恢复生长开花，从而受到绿化部门的欢迎。

第二、桂花大树只在秋季开花期间有很好的观赏价值。而造型花柱精品大苗不仅秋季可观花，而且全年都可用它婀娜多姿、华表式的网眼造型增加观赏价值。

第三、桂花大树采购多半来自南方山野，受品种混杂、树龄大小不等和立地条件悬殊等干扰因素的影响，现场栽植后，景观效果往往不够理想。而造型花柱精品大苗全部来自规模化、专业化和标准化苗圃，柱高、柱径和冠幅等生长指标差异很小。绿化效果更佳。

第四、受野生资源紧缺影响，目前胸径30cm的桂花大树售价很高，且一株难求（国家禁止流通）。但柱径30cm的造型花柱精品大苗，售价却相对较低，可谓质优价廉。

第五、桂花大树多年来历经人、畜、病虫和自然雷电袭击等破坏影响，定植后抗逆性和适应性表现较差，持续健康生长难以实现。但造型花柱精品大苗因起苗时伤根很少，恢复快，定植后不仅柱高和冠幅逐年仍在增长，而且编结苗木粗度也在不断增加，菱形网眼在逐年缩小，以致最后可能完全闭合。较之移栽野生桂花大树，更加健康和美丽。

（三）发展前景

由于编结组合造型育苗能提升小苗的附加值和市场的竞争力，现已成为南方风景区、公园居住区、别墅、宾馆等处，备受欢迎的桂花精品苗木。对今后发展，我们提出如下4点建议：

1. 创建桂花小苗编结造型育苗生产基地

我国西南地区是桂花的原产地。该地区冬无严寒、夏无酷暑、春秋也少见干旱；终年雨量充沛、空气湿度很高；土壤多疏松肥沃、呈微酸性反应。在此类地区建立造型苗木发展基地，生产桂花编结造型苗木，可望有较高的小苗成活率和苗干编结愈合率。

2. 建立桂花优良品种采穗园

造型苗木的理想规格要求是：①小苗生长快速。②枝条柔韧性强，方便结扎造型。③干皮薄嫩，苗干网眼交会点容易愈合，能早日培育成长为组合大苗。为此，建议建立‘堰虹桂’等优良桂花品种的采穗园，专门提供上述优质扦条满足造型苗木用苗要求。

3. 总结推广造型育苗的成功经验

包括：①造型前小苗假植养根。以确保栽植成活。②提倡堆土种苗，方便现场造型操作。也有利于成品苗挖掘和运输。③定植后，水肥科学管理。早期满足水分要求，后期强调薄肥勤施。④认真学习和掌握造型育苗技术。采用各种技术手段，并在设施栽培的帮助下，促使苗干交会点及早愈合成为"连理枝"。按苗干交会点"高度愈合率"是今后编结造型苗木长期稳定存活的重要关键技术。⑤研究使用经济实惠的绑扎材料，并在苗干交会点愈合后及时加以剪除。防止它们嵌入造型苗体内，

影响造型苗木日后的正常生长。

4. 重点培养花柱精品造型苗木，解决桂花大苗紧缺的矛盾

2009 年 5 月全国绿化委员会和国家林业局联合发布了《关于禁止大树、古树移植进城的通知》，目的在于减少对山野间自然生长的桂花大树掠夺破坏。桂花小苗编结造型苗木中，以造型花柱精品大苗的景观效果最好，商品价值也最高。今后完全有条件，取代桂花大树，协同并配合现有苗圃的桂花大苗，共同完成各地国家生态园林城市的建设任务。

四　香满林苗圃小苗编结组合造型育苗十八年历史回顾

2001—2010 年，这十年是香满林苗圃桂花小苗编结组合造型育苗的初创期。我们采用了苗干平行并列贴合式、苗干交叉网眼式和苗干扭曲麻花式 3 种不同的编结方法进行对比试验。筛选出花柱、花瓶、花球和花篱 4 种造型苗木并随即投入批量生产，取得可观的经济效益。

2011—2018 年，这八年是香满林苗圃小苗造型育苗的发展期。我们的造型育苗技术有了明显的进步，主要反映在以下三方面：

（一）造型育苗树种及其品种的选用问题

我们根据存活寿命长和观赏价值高两大要求，选用了桂花和紫薇这两个园林树种及其代表品种，作为组合造型育苗主要发展对象。现分述理由依据于下：

1. 桂花

又名木犀或九里香。常绿小乔木或高灌木，高 5 ～ 8m。原产中国寿命可长达千年以上。现陕西汉中市圣水寺内，还生长保存有株 2200 年生高龄的古汉桂。桂花是一种享誉古今，集绿化、美化和香花于一体，具有观赏和实用价值优良的园林树种。一般集中在每年的 9 ～ 10 月间开花；花开时芬芳扑鼻、香飘数里；花小，腋生，聚伞花序，花色有黄、红、白三色。桂花喜光照；喜温暖湿润气候，不耐水涝；喜肥沃疏松土壤，不耐盐碱。桂花组合造型育苗适宜在长江流域大量推广种植。特别是其中的秋桂类品种（群众俗称为"八月桂"），更是首选品种。香满林苗圃现用的是自己培育的丹桂类名种'堰虹桂'。它有始花早、长势好、花色艳、花量大、分枝多和枝条柔韧性强不易折断六大优点，在长江流域各地引种效果良好。

2. 紫薇

又名百日红或满堂红，是千屈菜科紫薇属植物，拉丁学名：*Lagerstroemia indica*。落叶小乔木或灌木。树皮光滑。小枝略呈四棱形，有枝翅。顶生圆锥花序，长 6 ～ 12cm；花瓣 6 枚，花径 3cm，近圆形，呈皱缩状，边缘有不规则缺刻，具长爪，形态极其奇异别致；花色有粉红、大红、紫、白多色。每年夏秋 5 ～ 10 月间开花，是夏秋两季重要的木本花卉。冬春两季园林景色萧条，但紫薇这一树种仍可用它光莹润滑、古朴自然的树皮，吸引游客的眼球。紫薇原产中国，自然分布在黄河流域以南各地，现不少地方仍可见有百年生古紫薇。紫薇喜光照；喜温暖湿润气候；土壤以富含腐殖质的砂壤土为宜，怕水涝，较耐旱，稍耐盐碱。它是落叶树种，耐寒性比桂花强，但在北京仍应栽在向阳避风处，始可安全越冬。紫薇小苗组合造型育苗适宜在黄河流域以南大半个中国地区推广栽培。'大红'和'二红'紫薇是一般选用的品种。

（二）造型育苗规格设计问题

过去香满林苗圃编结组合的都是高 1 ～ 2m 的小型造型苗，一般适合种植在居民小区。2013 年以来，我们开始研制出一批高 3 ～ 4m 的中大型造型苗，完全可以满足我国绝大多数城市公园、绿地、广场、单位和宾馆等处编结组合大量造型苗木的用苗需求。当然，用苗规格提高，则编结小苗的原料标准化也得相应提高。原先编结小型造型苗，只需提供苗干长度为 2m 的普通苗；如今编结中大型造型苗，则要求提供苗干长度为 3m 或 3m 以上的优质小苗。我们通过浇水、施肥、假植和修剪等技术手段，终于解决了上述难题。

（三）造型育苗产品种类供应问题

香满林苗圃目前主要生产有花柱、花瓶和花葫芦 3 种组合造型苗木。其中，数量最多的是花柱；数量最少的是花葫芦；数量居中的是花瓶。情况分析如下：

1. 花柱造型苗

花柱柱身相当是一个形似圆桶形的立柱。编结这种立柱，无须耗用大量体力，编结过程中小苗的苗干无须过度扭曲，只要严格按照技术规程办事，3 ～ 5 年后柱身上苗干各交叉网眼悉数愈合成为"连理枝"；地下根系也全部串连愈合成为"连理根"，一棵组合花柱造型大苗也就诞生了。这种花柱造型苗因苗干伤害少、无死苗，恢复快、生长好、质量高，深受客户欢迎，成为"人无我有"的热销产品苗（图9-9 ～图9-11）。

2. 花瓶造型苗

花瓶瓶身是一个左右相互对称、弧线伸展极其自然流畅的瓶状物。造型花瓶的组合编结技术要求极高，必须有位虚心学习、善于思考、动手能力较强的工人老师傅或领导来主持这项工作。香满林苗圃也确实这样做了：出过许多挂历和画册上花瓶彩照；参观过重点文物古玩商店里陈列的各种花瓶实物；丈量过这些花瓶的瓶底、瓶肚、瓶颈和瓶口 4 大关键部位的尺寸大小。回到苗圃后，反复操作实践，用巧力弯曲苗干，使瓶身弧线自然美观，而苗干却不会折断，小苗不会死亡、瓶身不会破相。由

图9-9　花柱造型苗

图9-10　花柱造型苗

图9-11　花柱造型苗

图9-12　花瓶造型苗

图9-13 花瓶造型苗

于我们妥善解决了造型美和不死苗两大技术难题，一棵棵人工编结、谐音富贵平安、婀娜多姿的造型花瓶终于供应上市。原有模具制造、形象呆板的造型花瓶难以在市场上立足。香满林苗圃的造型花瓶赶到了"人有我精"示范效果（图9-12、图9-13）。

3. 花葫芦造型苗

香满林苗圃自家庭院种有葫芦，葫芦谐音"福禄"，象征吉祥如意，苗圃为此又创造了一种花葫芦造型苗。按花瓶造型只有一个瓶状物，而花葫芦造型则有两个瓶状物；花瓶的瓶口直径较大，而花葫芦的芦口直径则较小。因此，花葫芦造型技术和维修技术要比花瓶造型困难得多。目前苗圃仅在少量试验生产，主要在起"人精我奇"宣传效果（图9-14）。

生态文明建设是我国的基本国策，绿水青山就是金山银山已成为我国人民广泛的共识。在当今的绿化高潮中，我们认为组合造型育苗因其耗时短、收效快、质量高，备受各界的青睐和重视。我们将一如既往，全身投入生产与科研，始终以"人无我有、人有我精、人精我奇"的三创精神，领跑全国，争当全国组合造型育苗的先行者和排头兵。

（本章编写人：张林 杨康民）

图9-14 花葫芦造型苗

第十章 桂花盆栽容器苗栽培技术

　　盆栽桂花有很多优点：一是不受空间和地形条件的限制，在居民点的庭院、天井、阳台、窗口和走廊等处，只要是有阳光之处，都可以盆栽桂花；二是盆栽桂花可以随时移动，管理方便，直接有利于布置庭园和装潢室内，美化环境；三是利用盆栽技术手段，可以人为地调节光照、温度、水肥、土壤等环境条件，有利于调控桂花的花期；四是受气候和土壤条件的限制，原本在北方不能露地生长的桂花，通过盆栽也能安然越冬，达到正常开花，丰富绿化树种的目的。当然，受盆土容积的限制以及水肥不能及时满足供应等问题的干扰，盆栽桂花生长一般不如地栽的好，容易产生冬季落叶、生长期叶片黄化，秋季开花不良甚至有不能开花等现象。这也正是本章准备开展讨论研究解决的问题。

一　传统盆栽技术

（一）栽培容器的选择

1. 栽培容器的类型

（1）瓦盆。又称泥盆，是过去最常用的一种花盆。其特点是排水透气性能良好，适宜桂花生长，且价格低廉。但质地粗糙易碎，不美观，用于室内陈设时，可用稍大的陶盆或釉盆作套盆，以弥补其不足。因烧制瓦盆的原料是黏土，资源有限，瓦盆有逐渐淘汰淡出市场的趋势。

（2）塑料盆。体形轻巧，有软、硬塑料两种类型。运输携带方便，但排水透气性差。导热率高，在严寒气候条件下，盆土温度低，塑料盆中的根易受冻伤；而在夏季烈日照射下，盆土又变得很热，对根系生长不利。故不适合长期栽植桂花。

　　出于环保和节约资源的考虑，世界上已有许多国家决心尽快终止塑料花盆的使用。例如，年使用量超过20亿个花盆的花卉大国荷兰在2001年召开的花卉环保会议上，希望大规模推广可降解的植物纤维花盆，要求在10年内完全用植物纤维花盆取代塑料花盆。现今，我国也开始生产并推广这种植物纤维花盆。这种盆具系由稻壳、秸秆、芦竹、茅草等植物纤维，加入水溶性胶黏剂及其他物质压制而成。具有美观、轻便、环保等优点，可以在自然状态下降解，不会对环境造成污染，但目前制作成本较高，还不能大面积推广使用。

（3）瓷盆。不透气，不能排水，故不宜直接栽植桂花。但外形美观，适宜用作陈列套盆用（图10-1）。

（4）陶盆。有紫砂盆、乌砂盆和白砂盆等多种，具有缓慢的排水性和一定的透气性，对桂花的生长较为有利。

其造型、色彩、图文等均可满足室内陈设要求，不必加用套盆。

（5）釉盆。是在陶质的基础上，外表加涂釉层制作而成。色彩鲜艳、花纹美观并有光泽。但价格较贵，且排水透气性能较陶盆差，可用作套盆。较大规格的釉盆亦可直接用于桂花盆栽。山东省青州市华仁桂花盆景园用特大紫砂釉盆（盆径1.4m），栽种了一株树龄100年生"丹桂王"，蔚为大观（现株高3.0m、蓬径3.6m、地径25cm）（图10-2）。

（6）木桶。多为圆形或方形，常用规格直径为0.8～1.0m、高1.0～1.2m，桶的外壁涂以油漆。木桶栽植桂花的优点是排水和透气性好。为了搬运方便，可在桶的外壁中上部金属箍上设置2～4个铁环，以供搬运时扣扎绳索用（图10-3）。

（7）美植袋。由无纺布制成。优点是质量轻，透水透气性好，运输方便，损耗少，适合无土栽培利用。缺点为使用寿命不长，价格偏高（图10-4）。

（8）控根育苗器。由PVC黑色硬塑料底盘、侧壁和扣杆等三部件组装而成，侧壁上留有边缝。当苗木根系长到边缘接触到空气时，根系便停止生长，留下具有活力的根尖，同时促进形成更多的须根，但不会形成盘旋根。当其后脱离地栽后，根尖可继续生长再次发展成为发达的根系。这种方法是目前最先进有效地防止根系盘旋的方法，有人称之为空气修根（air prunning）。其作用优点明显，适合用作容器苗，但价格昂贵，尚难普遍推广（图10-5）。

（9）种植槽。一般可用砖块平地上砌成，高度为40～60cm，槽底留几个排水孔。在其上种植桂花。在南方，种植槽可以露天设立，槽壁就是盆具壁，方便水肥管理，

图10-1 瓷盆栽桂花（方永根提供）

图10-2 釉缸栽桂花（高茂仁提供）

图10-3 木桶栽桂花（杨华提供）

图10-4 美植袋栽桂花（王思明提供）

图10-5 控根育苗器栽桂花（占招娣提供）

一旦反季节绿化需要，可以随时拆砖启运栽植。严格说来，种植槽和上述的美植袋、控根育苗器都是过渡性质的育苗用具，最终都会或拆砖、或脱袋、或脱器露地种植。只有北方，考虑到天气寒冷和土壤盐碱，种植槽可以长期在温室中保留（图10-6）。

2. 栽培容器大小的选择

至于选用多大的栽培容器才能最适合盆栽桂花的需要，可参考以下几点。

(1) 容器的盆口直径应与桂花枝叶的冠径大体相等。盆径与冠径相当，桂花根系的生长才有余地。

(2) 如果栽植的桂花带有土球，容器盆径就要大些，盆径与土球应保持有 2～3cm 的间隔。这样，在以后上盆时，既便于添加新土加以捣实，又有利于桂花根系的生长。

(3) 如果栽植的是桂花的裸根苗，则应考虑桂花的根系在容器内是否能舒适伸展；个别根系太长时，可酌情修剪，但不能过分损伤根系。

(二) 盆栽培养基质的配制

盆栽桂花的根系生长受容器的限制，要维持正常的生命活动，必须使有限的盆土具有比自然土高得多的土壤肥力。这就需要人工配制培养基质来进行桂花的盆栽。

1. 基质的种类

用于培养土配制的材料通称基质，除应考虑就地取材、来源方便和不带病虫以外，还要求具有良好的物理性质和化学性质。配制成的培养土要求干时不裂，湿时不黏，灌

图10-6 砖砌种植槽栽桂花（张林提供）

水后不板结，能保持盆土内水分和养分不致很快流失。具体指标是：质地轻，容重宜小于1.0；疏松透气，孔隙度为20%～30%，使其有足够的氧气，供根系呼吸之用；pH值以6～7最为适宜；有机质的含量宜在40%以上。现可供选择配制培养土的基质有以下几种。

(1) 腐叶土。阔叶树林下落叶经堆制腐熟、过筛、晒干后，称之为腐叶土。腐叶土的腐殖质含量高，排水性能好，且有一定的保水性，质地疏松，中性或偏酸，不含石灰质。江浙一带通称之为山泥。

(2) 泥炭。又称草炭泥，是古代沼泽地带的植物被埋藏在地下，在淹水的嫌气条件下，因分解不完全而形成的堆积物。泥炭风干后呈褐色或黑褐色，微酸性，容重小，总孔隙度高，持水量也高，有机质含量高达40%以上，为配制培养土的理想基质。现时有多个中外品牌的泥炭在市场销售。

(3) 园土。又称菜园土，是经过长期耕作的表层熟土。团粒结构好，肥力较高，排水及透气性尚可，一般为壤土。有病虫害隐患，用前最好消毒。

(4) 旧盆土。北方称还魂土，系一般盆栽植物换盆后的陈土，经过数月堆积并经摊晒后过筛使用。旧盆土的特点是疏松透气但养分缺乏，不能单独使用。

(5) 砻糠灰。是稻谷壳经过燃烧后的残灰。质地疏松，总孔隙度大，通气，排水性能好，含钾，偏碱性。各地园林植物上盆时，常搭配使用。

(6) 锯末。又称木屑，价格十分低廉，是目前常用的一种盆栽基质。优点是容重小，质地轻；孔隙度大，排水、透气性好；pH值也不高，为6.5～7.5。缺点是含氮量少；有的树种锯末含树脂和单宁成分偏高，对盆栽桂花有毒害作用。因此，要求使用树脂和单宁含量较少的锯末，且要经充分腐熟后才能使用。

(7) 蛭石。是一种铝硅酸盐矿物，加热处理后呈薄片状，外表犹如云母。蛭石的pH值在7以上，含钾5%～8%，能吸附大量的氨态氮，保水性强，透水性较差，与泥炭混用效果较好。

(8) 珍珠岩。也是一种铝硅酸盐矿物。园艺上用的是经过轧碎和加热处理，变成白而轻、封闭多孔性的碎粒结构时使用。具有良好的排水和通气性能，但持水量较低，并缺少植物所需的营养物质，也常混以泥炭应用。

以上8种培养土基质的理化性质分析见表10-1。

2. 基质的配比

由于各种基质材料只具有某些理化性质的优点，而不能兼具所有的优点，只有把各种基质的优点集中起来，才能达到培养土的要求。因此，培养土常是用两种以上的基质，并以一定的容积比例配制而成。以下是栽植桂花常用的几种培养基质配方：

表 10-1 常用培养土介质的物理性质与化学性质（葛根，1983）

介质	容重（g/cm³）		持水量体积（%）	总孔隙度（%）	通气孔隙度（%）	酸碱度（pH 值）	水溶性盐类（%）	100g 干土平均含量（mg）		
	干	湿						N	P₂O₅	K₂O
腐叶土	0.86		43.8	67.5	23.7	6.5	0.20	23.08	4.6	20.0
砻糠灰	0.22		68.8	91.1	22.5	8.4	0.08			
泥炭	0.26	0.95	68.6	77.0	8.4	5.7	0.09	21.32	3.4	19.7
砂壤土	1.58	1.59	35.7	37.5	1.8	7.2	0.08	7.6	1.2	2.5
旧盆土	1.05		43.7	60.7	17.0	7.8	0.10	5.2	0.6	4.0
木屑	0.21	0.60	38.2	80.8	42.6	7.5	0.10			
蛭石	0.11	0.65	53.0	80.5	27.5	7.3	0.10			
珍珠岩	0.11	0.29	19.5	73.6	53.9	7.4	0.25			

配方一：园土 1 份，泥炭 1 份，砻糠灰 1 份

配方二：园土 1 份，砻糠灰 0.5 份，厩肥 0.5 份

配方三：腐叶土 1 份，砻糠灰 1 份

配方四：泥炭 1 份，蛭石 1 份

配方五：泥炭 1 份，珍珠岩 1 份

为了增加培养基质的养分，上述配方最好混拌过磷酸钙、蹄角粉、骨粉等肥料。添加量以 1m³ 培养土加 1kg 为宜。如酸性过高（如岭南地区的砖红壤），可再添加一些石灰粉或草木灰；如碱性过重（如华北地区的棕壤），则可加入一些硫酸铝或硫酸亚铁等。苏州市郊花农，每年于秋季水稻收割后，取水稻田表土平铺在广场上，经冬季冻融风化，然后过筛，除去稻根和杂草残株，再按稻田土 3 份加砻糠灰 1 份进行混合拌匀，供茉莉、菊花等盆栽使用，也可用于桂花盆栽。

3. 培养基质的消毒

培养基质在使用前还要求进行消毒，其目的是消灭培养基质中的病虫并使其中杂草种子失去萌发能力。最常用的消毒方法是日光暴晒和喷洒福尔马林（甲醛）。

(1) 日光暴晒法：将培养基质放在阳光下暴晒，并经常翻动研碎；也可将培养基质淋湿后，用塑料薄膜覆盖，再放在阳光下暴晒，利用闷晒的作用，使培养基质的温度升高到 50℃ 以上，以杀灭其中的病菌。

(2) 福尔马林消毒法：培养基质配制后，用 0.1% 浓度的福尔马林溶液均匀喷洒，1m³ 培养基质喷洒 400～500ml 福尔马林，再用塑料薄膜密封 1 昼夜，起到熏蒸消毒作用。然后，揭去塑料薄膜，再晾摊 3～4 天，待福尔马林完全挥发后，方可装盆栽植。

对于个体养花者来说，也可就地取材制作简易适用的培养基质，方法如下：在高燥处挖一个坑，先铺上一层菜园土、稻田土或河泥等泥土，土上放一些菜叶、树叶、杂草、稻草、木屑、瓜皮、豆壳等植物材料以及其他一些牛、羊、猪、鸡、兔等动物粪便材料，然后一层土、一层动植物体的多次逐层堆积，浇水，并加以捣实，最后用泥土封盖。经过一定时间的发酵腐烂后，扒出掩埋物，在阳光下晒干捣细，混拌 20%～30% 的砻糠灰，再用筛子筛过，筛下来的泥土就是一种很好的培养基质。

(三) 盆栽桂花品种选择

四季桂品种群中有很多品种都是灌木型桂花品种，均以植株矮小、株形紧凑、枝叶繁茂、开花长久见长，故用盆栽极为普遍。

1. '四季桂'

树冠圆球形，分枝短密。叶形美观，叶色青绿。每年 9 月至翌年 3 月分批多次开花，香味淡雅。栽培容易，特别适合在我国南亚热带地区生长。

2. '月月桂'

枝条稀疏，树冠较小。叶片较小，叶缘有密、细、短的锯齿。开花零星，香味较淡。但花、果常相伴生，比较别致；且花后悬果，簇生枝头，经冬不凋，由绿变紫，延至翌年 4～5 月间成熟，可供观赏。1983 年，合肥市进京展销的盆栽桂花主要就是 '月月桂'。

3. '佛顶珠'

树冠圆球形或长椭圆形，分枝紧凑。叶片长椭圆形，质地较厚，叶色浓绿。花淡乳黄至纯白色，花朵密集，有独特顶生花序。花期相对集中在国庆至元旦间，观赏价值较高。

4. '日香桂'

树冠圆球形或椭球形，分枝比较松散。叶片长椭圆形，叶色翠绿，全缘或有疏齿。花色淡黄，香味较浓。因树形矮、花期长、香味浓，已推广全国各地盆栽。

此外，银桂品种群中的 '九龙桂' 和 '晚银桂'、金桂品种群中的 '小叶金桂' 和丹桂品种群中的 '堰虹桂' 等均可列为盆栽桂花的候选品种。上述秋桂类品种都必须在水肥管理、整形修剪和病虫防治三方面多下工夫，才能确保盆栽成功。

(四) 盆栽桂花育苗

在我国南方地区，桂花盆栽育苗一般选用适宜的四季桂类品种，在其扦插成活后，通过移栽炼苗和再次移栽后，长成 1～2 年生壮苗，选用其中植株低矮、蓬幅丰满的植株，直接栽植上盆出售。

但在我国北方地区，因受气候寒冷和土壤盐碱等影响，桂花扦插苗上盆后不能稳定成活，必须改用北方乡土树种流苏树播种苗作砧木，嫁接南方四季桂类或秋桂类等桂花品种的接穗，使其成为健壮的嫁接苗，然后再移栽上盆。据山东省花卉协会桂花分会负责人介绍：目前在北方地区生长的桂花品种嫁接苗，受砧木流苏树的影响，枝条紧密、树形紧凑、叶片小而厚、抗逆性很强，非常适合用作盆花栽培。今后完全可以在立足北方市场的同时，开展 "北花南销" 业务，使桂花产业得以有序持续发展。

(五) 栽植上盆

桂花盆栽苗的上盆工作，宜在 10 月下旬或翌年 3 月上旬进行。上盆之前，先按桂花苗的大小，选取相应规格的花盆或其他栽培容器。上盆时，先在容器盆底排水孔上方，用一块碎瓦片盖住一半排水孔（使瓦片凹面向下，不要堵塞洞孔），再把另一块碎瓦片斜搭在上面，形成一种 "盖而不堵，堵而不死" 的垫孔（图 10-7）。然后，在上面铺垫一层碎瓦片和小石子，以利排水；继而再铺上一层培养基质，使总高度约为盆深的 1/3。接着，将根部带有土球的桂花苗放进容器的中央，用手扶正苗木并

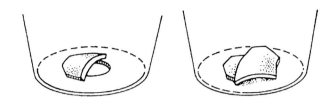

图10-7　上盆时用瓦片遮盖排水孔

加上基质，边填基质、边压实，至距盆口2～3cm处为止。注意：不能填平盆口，以利浇水。如果栽的是裸根的桂花苗，则当基质加到一半时，应先将苗木轻轻地向上提一下，务使根系舒展，不要卷曲。根系过长的，需加修剪，剪口务求平滑，切面向下，以利愈合。栽植完毕后，用喷壶浇足透水（即要浇到有水从花盆底部排水孔流出为度），使培养基质充分与盆栽桂花苗根系密切结合。

为了提高盆栽桂花苗的成活率，桂花栽植前最好适当修剪枝叶，以维持根系吸水和叶片蒸腾失水间的平衡。栽后应放在庇荫处5～7天，使其服盆。桂花喜光，生长期内可以放置露天，但不要放在风口，以免枝叶摩擦受伤。桂花性喜高燥，因此盆底应用空盆或砖石垫高，不要直接放在泥地上。北方地区10月下旬移入室内，放在向阳处越冬，南方地区无冬季入室要求。

（六）上盆后抚育管理

主要是做好盆栽桂花水、肥、气、热4方面的调节工作。

1.浇水

盆栽桂花浇水应掌握"见干见湿"的原则，即不干不浇、浇则浇透。"见干"的标志是盆土颜色变淡，定睛观察有细裂纹，用手指按盆土感觉比较坚硬，就说明盆土已干，需要浇水；反之，如盆土呈褐黑色，手按盆土有松软和潮湿感觉，则说明盆土还比较湿润，不需要浇水。"见干"和"见湿"两者间及时相互交替，能解决盆花通常存在的过干或过湿带来的供水不足或通气困难等诸多矛盾，使盆栽桂花能处于最好的水分条件。

浇足透水的检验标准是盆底刚能漏出水来。盆栽桂花平时排出的有毒废弃物，常积聚在根部，浇了透水以后能将这些废弃物淋洗出盆外，不危害桂花根系的生长发育；同时盆底漏水表明水已浇透，盆土从上到下都充满了水分。盆花浇水最怕只浇湿表面盆土而下层盆土却是干的，俗称"半截子水"，这样会严重影响盆栽桂花的生长发育。有时由于盆沿土壤龟裂，浇的水一下子都沿盆壁流失走了，也会造成浇透了水的假象。遇到这种情况，就需要慎重对待，可先疏松花盆表土后，有节奏地再分2次浇水，使下面的盆土也能吃透进水。

在南方地区，多用河水或塘水等进行浇水；在北方地区，则多用深井水或自来水等进行浇水。北方的水偏碱性，酸性盆土用含盐碱的水长期浇灌就会变质。因此，在北方最好雨季用大缸或水池贮存雨水，作为浇花用水。如用当地水，应每50kg水加入500g硫酸亚铁，调节水的酸碱度，然后再用于浇盆栽桂花。

春季，随着天气变暖和新梢的抽发，盆栽桂花的需水量也会逐渐增加。这时应根据盆土的干湿情况，每隔2～3天浇水1次。但要注意雨湿天气，特别是多雨或梅雨季节，不能使盆内积水。水多会导致烂根或使叶片脱落。

夏季气温高，盆内水分蒸发快，叶片水分蒸腾量也大，此时盆栽桂花的浇水量就要大大增加。日平均气温25℃以上，每天浇水1次，宜在下午进行；日平均气温30℃或以上，每天宜早晚各浇水1次，中午烈日当空，还要适当遮阳，同时向枝叶喷水，防止桂花叶片灼伤。此外，在盛夏暴雨之后，需及时倒除盆内积水。否则，雨过天晴，盆土晒热会烫伤根系，导致植株死亡。

秋季气温开始下降，宜适当减少浇水量，浇水过多常常会造成盆栽桂花早期落蕾，影响开花。但在盆栽桂花开花前夕，要对地面和盆栽桂花叶面多喷水，增加空气相对湿度，以利于桂花孕蕾与开花。

冬季入室后，更要控制水分。浇水过多会引起烂根。可以稍干但又不能缺水，一般每隔7～10天浇水1次。冬季浇水可在中午前后阳光下进行，以便水温接近土温，使盆栽桂花根系少受低温刺激影响。据观察，盆土过湿和光照不足是造成盆栽桂花越冬落叶的主要原因。如盆栽桂花冬季落叶则来年树势衰弱，花少甚至无花。

再有，北方地区春旱比较严重，盆栽桂花的喷水工作被视为与浇水同等重要。自春分开始，每天向温室内的盆栽桂花叶面喷水1次。5月份出房后，每天坚持喷水2次。7月份花芽形成后，正值北方高温季节，每天也应该向地面和叶面喷水降温，保证桂花正常生长和如期开花。

2.施肥

盆栽桂花由于盆土有限，养分不足，难以满足长期桂花生长和发育的需要，因此须不断补给肥料。否则，植株瘦弱、新梢生长不良，花芽少、开花稀、甚至不能开花，严重影响观赏效果。

盆栽桂花在3月上、中旬枝芽萌发，很快进入新梢生长旺期。为此，需要在萌发前后，施用1～2次速效性氮肥，使新梢生长粗壮充实，为花芽分化奠定基础。

6月中旬叶片长成，新梢老结，转入养分积累期。这时应以磷、钾肥为主，适当施用氮肥，以满足花芽分化的需要。在施肥前，盆土要稍干一些，且最好先松土、后施肥；施肥后，再浇1次水，以淋洗叶片上可能沾上的肥液，并有助于盆栽桂花根系吸收肥料。

10月中旬以后，盆栽桂花开花基本结束。此时气温尚高，桂花叶片的光合作用仍在进行；同时，桂花根系生长尚未停止，也正进入秋季生长高峰。这时应追施1次，以氮肥为主、磷、钾肥配合的速效性肥料，以利于盆栽桂花积累养分，强化根系，为来年生长开花打下基础。肥不宜浓、量不宜多、时不宜早、避免抽发晚秋梢造成冻害。

北方冬季入室前，可在盆土表面撒些饼粉，或浇1次浓肥越冬。肥料经过漫长冬季的缓慢分解，能提高和补充盆土的肥力，使来年春季枝壮叶茂。

盆栽桂花施肥应就地取材，以农家有机肥为主。家庭养花者可施用腐熟的豆饼水或黄豆水等。在使用化肥时，应弄清楚肥料的成分和含量，根据盆栽桂花不同的生长发育阶段合理施用化肥。尿素的安全浓度是0.5%～1.0%，过磷酸钙的安全浓度是2%。

在具体施肥时，还要注意以下四忌。一忌热肥，盆栽桂花夏季施肥不宜选在中午或中午前后，因为这时盆内土温高，追肥容易烧伤根系，最好在傍晚施肥，然后浇水。二忌浓肥，盆栽桂花施肥不可浓度过大或施用量过多，应掌握薄肥勤施的原则，一般以七分水、三分肥或更低些为宜。三忌生肥，施入不经腐熟的肥料，在盆内发酵会产生高温，容易伤根。四忌坐肥，盆栽桂花换盆时可施足基肥，但要在肥料上面先加一层土，或把肥料埋入盆底和盆边土中，严禁把裸露的根系直接埋入肥料中。

3. 翻盆

翻盆又称换盆，是指把盆栽桂花从盆中倒出来，调换部分培养土，再将其换到较大的盆中去栽植。这是由于盆栽桂花的盆土有限，养分易被树根吸收消耗殆尽，土质也随之变劣；同时，盆内老根密布，也影响新根的萌发和生长，对植株生长不利；而且桂花上盆数年后，植株逐年长大，盆与树的大小比例失调。因此，每隔2～3年应翻盆1次。除去部分旧土，更换新土和新盆；剪除老根，促发新根，以增强盆栽桂花的吸水和吸肥能力。翻盆除有改善植株营养条件的好处外，还可以发现桂花根部病虫害，及时加以防治。

翻盆宜在10月下旬或翌年3月上旬桂花盆栽生长缓慢时进行。如因特殊情况需在其他季节翻盆，则需精心养护。如冬季在温室内翻盆，夏季在荫棚下翻盆，只要精心管理，都能成活良好。

翻盆的方法依用盆的大小而略有区别。盆径小于40cm的花盆，翻盆时可用左手握住植株主干基部，右手轻轻拍打盆壁（或用种植刀旋松盆壁土壤），然后将盆横倒，用拇指用力推顶盆底排水孔的垫底瓦片，使盆土与盆壁分离；再将花盆扶起，两脚夹住盆身，双手将植株连盆

土拔起。至于栽植在大缸或木桶里的桂花，最好在翻盆前2天浇足透水，翻盆时先用绳索把树冠枝叶束拢好，两人配合操作，小心把缸（桶）横倒，用脚轻踢缸（桶）的四边，使缸（桶）土与内壁分离；然后一人双手紧握缸（桶）口，一人紧握植株主干，双手用力拉出完整的土球。另一种做法是先不浇水，翻盆时树冠用绳索束拢好，用锋利的铁锹先把表土铲去一些，以见到上层侧根为限；然后，再沿内壁仔细纵深切断根系，将缸（桶）横倒，用脚轻踢缸（桶）底，最后用双手紧握主干，用力把植株拔出。

从盆中倒出的桂花植株，第一步是清理土球，用竹片轻轻剔除土球外围的旧盆土，约去掉原盆土量的1/2。第二步是修剪根系，如发现根系已沿盆壁卷曲，可以重修，即剪短一些；如果根系刚接触盆壁，可以轻剪，即留长一些。然后换上新的培养土，栽植在较大的新盆中。

一般来说，换用的新盆其盆径约等于或稍小于盆栽桂花植株的冠径为宜，切忌大盆栽小苗。这是因为，花盆大、苗木小，浇水后盆土不易收干，土壤长时间处于泥泞烂湿状态，易使盆栽桂花发生缺氧现象，影响根部正常呼吸，导致盆栽桂花烂根，也容易造成盆栽桂花发生病害。

北京颐和园根据多年的实践经验，采用的是一种换土不换桶（桶径已达70cm）和盛夏期间作业（意在促进花芽分化）的新方法。即在花芽形成以后的8月初，把桂花从木桶内取出，修剪掉约1/5的毛根，再放入到原桶内，换上新土。新换的土是2/3原土加1/3腐殖质土，每桶掺入0.5～1.0kg腐熟的麻渣，分层砸实并浇足透水。通过换土，树势虽略有减弱，但可促进花芽分化，能保证节日开花；还可使桂花在开花后有足够的养分，尽快恢复树势。

4. 整形修剪

整形修剪对提高盆栽桂花的观赏价值极为重要。因为盆栽桂花一般顶部抽发枝条较多，中下部则抽发单枝较多，甚至不抽发枝条，主干"脱脚"现象较为严重。应在幼年阶段及早选留1根主干，当主干达到预期粗度后，即可剪去顶梢，令保留下来的主干下部发生多个侧枝。这些侧枝可采取压、牵、拉、扭等方法令其张开，以达到削弱顶端优势、扩大树冠、矮化树身和提早开花等效果。

整形修剪，特别是配合水肥综合管理的重度修剪措施，对改善老龄盆栽桂花的生长，有很好的调节与促进作用。它能协调盆栽植株高度与温室高度之间的矛盾，妥善地解决北方盆栽桂花的越冬管理问题。

北京颐和园盆栽桂花已有百年以上的历史，不但数量较多，而且树龄较大。较老的丹桂至少已有百余年的树龄，目前仍然枝叶繁茂，花香四溢。近年来，由于采用靠接方法繁殖桂花苗木，使盆栽植株下部枝条大量减少，形成下部空秃，树势上强下弱等异常现象。由此带

来树形不够美观以及由于树高增加逼近室顶，温室就需要翻建加高；而随着温室的增高，冬季温室里的温湿度就更不易控制，这对桂花越冬管理极为不利。基于上述存在的实际问题，该园根据盆栽桂花树龄大小和树势强弱的不同，分别制订出不同的修剪方案，取得了比较满意的效果，具体方法如下。

（1）强壮型。本类型树体健壮，枝条丰满，叶色正常，正处于生长旺盛阶段。存在的主要问题是：枝条过密，细弱枝多，通风透光性较差。对这类植株采取疏剪方法，即剪去弱枝、过密枝及徒长枝，同时剪去病枯枝及交叉枝，使主枝和侧枝层次清楚，枝条均匀分布呈圆头形，特别对树冠外围的突出枝（探头枝）应及时将其剪除，以保持树冠整齐圆满。

（2）病弱型。本类型树势衰弱，病枯枝较多，枝条纤细零乱，当年生新梢生长量很少；叶片薄小下垂，颜色浅淡；在夏季翻盆时，发现新生根极少。这类植株多半是病虫害所致。修剪方法是在保持原型的基础上，适当短截和

疏剪，做到去弱留强，并严格加强养护管理工作，促使发生大量新根，保持上下平衡，达到恢复树势生长的目的。

（3）老树型。这种类型是过去清代宫廷遗留下来的老桂花树，因常用来进行靠接繁殖，采用基部枝条较多，故树冠下部常光秃没有枝条，主要发枝部位上移，甚至个别老干已出现腐朽现象。可采用逐年回缩修剪的办法，重压主干，促使基部萌发新梢，达到更新复壮的目的。通过修剪强度对比试验表明：重度修剪的植株，不管新梢的长度、粗度、萌发量和叶片大小等，均大大超过轻剪的对照株。

5.病虫害防治

盆栽桂花相对比较集中，经营面积一般不如苗圃或林地那样的广大和分散，便于定时巡视观察，消灭病虫害于初发之际。要求管理人员平时加强盆栽桂花的抚育管理，提高盆栽桂花的免疫能力。然后才是考虑采用高效低毒农药，进行盆栽桂花病虫害的化学防治。

盆栽桂花常见病害有缺铁黄化病、煤污病、叶斑病、

表 10-2　盆栽桂花的常见病害及其防治

病害名称	危害状况	防治方法
缺铁黄化病	桂花适宜在酸性土壤上生长，当栽植在偏碱性培养土内易造成生理性病害。开始时叶缘褪绿，进而叶面失绿泛黄，最终全叶变黄枯落。凡患此病的植株，一般都不能开花。	(1) 将病株换盆，配制酸性培养土进行养护。 (2) 发病初期浇施矾肥水；同时，每隔半月持续数次，向叶面喷洒 0.1% ～ 0.3% 硫酸亚铁溶液。 (3) 北方地区用耐盐碱的流苏树作为嫁接桂花的砧木。
煤污病	危害桂花的枝叶及果实。发病初期叶片出现褐色霉斑，后逐渐扩大形成黑色煤污状霉层。此病一般在高湿条件下，伴随介壳虫、粉虱及绿盲蝽等虫害同时发生。	(1) 场地要通风透光，并注意降低空气湿度。 (2) 发病初期，每隔半月交替喷洒多菌灵或托布津或百菌清各 500 ～ 1000 倍液。 (3) 及时消灭介壳虫等虫害。
叶斑病	叶斑病的类型很多，在桂花叶面上造成病斑，致使植株早期落叶。不仅影响观赏效果，而且使树势衰弱。	(1) 摘除病叶，集中烧毁。 (2) 发病初期，每隔半月交替喷洒多菌灵或托布津或百菌清各 500 ～ 1000 倍液。 (3) 加强栽培管理，剪除病弱枝，调整密度，增强树势。
炭疽病	病菌在病叶和病落叶上越冬，春季借风雨传播，高温高湿和梅雨季节发病严重。初期叶面出现褪绿小斑点，逐渐扩大成圆形或椭圆形浅褐色病斑。最后形成深褐色轮纹状病斑，生出黑色小斑点，同时分泌粉红色黏液。	(1) 冬季清除病叶并用 1% 波尔多液或 3°～5° 石硫合剂消毒。 (2) 发病初期，每隔半月，交替喷洒多菌灵或托布津或百菌清各 500 ～ 1000 倍液。 (3) 加强栽培管理，剪除病弱枝，调整密度，增强树势。
根、干腐烂病	树桩在采挖或加工造型时，由于伤根、伤干严重，导致真菌或细菌由伤口处侵入，致使根、干腐烂。	(1) 修根截干时注意截面平滑，涂抹保护剂并消毒上盆的培养土。 (2) 精心养护，合理施肥浇水，尽快恢复树势。 (3) 轻病株可用多菌灵等药液防治；重病株则销毁。
根结线虫病	此病害主要危害植株根部。最初形成许多大小不等的根瘤，继而联结成串，使根部形似肿根。须根和根毛减少，病株长势衰退、黄化、矮小、枯死。	(1) 严禁从发病地区引进带病苗木。 (2) 用 10% 克线丹颗粒剂消毒上盆的培养土。 (3) 浇灌乐果 500 倍液。

炭疽病、根干腐烂病和根结线虫病等。其危害状况和防治方法可参见表10-2。

盆栽桂花常见虫害有红蜘蛛（叶螨）、介壳虫（蚧虫）、粉虱（飞虱）、绿盲蝽（小臭虫）、刺蛾（洋辣子）、蓑蛾（皮虫、避债蛾）和蛴螬（地老虎）等多种。其危害状况和防治方法可参见表10-3。

6. 抗寒防冻

(1) 黄河流域冬季寒冷，霜降后盆栽桂花企业要把桂花放进冷室地窖越冬。室温宜保持在0～5℃，空气相对湿度保持在60%～80%。如温度过高、湿度过大，易造成桂花在冷室内提前萌发，对之后出室生长开花不利。冬季冷室内光照要好，尤其是早春枝芽萌动前，更要求阳光充足；翌年春季，可延至谷雨后出室。出室后，先集中放置在室外背风向阳处，以后再散放成排，使其逐渐适应外界环境。黄河以南淮河流域盆栽桂花企业冬季搬进冷室比华北要晚，一般在立冬后进室比较安全，在露地经受些轻度霜冻，对来年生长和开花并无妨碍。相反，如果入室过早，诱发秋梢，对来年生长和开花有严重影响。在本地区置于冷室中过冬。室温一般控制在3～5℃，不能太高。至于来年春季，盆栽桂花出室也要早些，一般在枝芽萌发前较为适宜。如枝芽已萌发而尚未出室，就要影响当年开花。

由于盆栽桂花秋春两季进出冷室的劳动量很大，在冬季的冻土层并不是很深的地方，往往采取带盆就地掩埋盆栽桂花植株，也可以保证其安全露地过冬。

为了确保安全，目前，不少生产单位还改用设施栽培办法，就地贮放桂花，即在背风处设架大棚钢架，夏季铺盖遮阳网防酷暑，冬季换用塑料农膜御严寒（图10-8）。

(2) 北方爱好桂花的市民没有冷室（地窖）贮放盆栽桂花的条件，也没有大搞设施栽培御寒的可能，如何在

表10-3　盆栽桂花最常见的虫害及其防治

虫害名称	危害状况	防治方法
红蜘蛛（叶螨）	体形极小，是一种杂食性害虫。多在桂花叶背为害，导致落叶，影响开花结实。高温干燥季节，繁殖速度较快、危害性大。	(1) 冬季喷洒石硫合剂消灭越冬虫卵。 (2) 盛夏喷水降温，增加空气湿度。 (3) 发生初期用三氯杀螨醇、尼索朗、克螨特药液交替防治。
介壳虫（蚧虫）	种类很多，杂食性，常成群吸附在植株干、枝、叶、果上。受害植株长势不良，叶片枯黄，严重者整株死亡。还能分泌糖液和蜡质，引发煤污病。	(1) 冬季清园，剪除带虫枝条。 (2) 少量发生时，用硬毛刷蘸肥皂水刷除，或人工捕杀。 (3) 大量发生时，用乐果1000倍液等喷杀（若虫早期防治效果好）。
粉虱（飞虱）	幼虫吸食桂花叶液导致叶面出现很多花纹斑，造成叶片黄枯脱落。同时分泌蜜露，诱发煤污病。成虫善飞，在光线强处，活动能力很强。	(1) 冬季清园，剪除并烧毁带有粉虱幼虫及蛹的枝条。 (2) 幼虫盛发时，连续数次喷洒乐果1000倍液等药液。 (3) 利用成虫善飞特点，设立黄色捕虫板，诱杀粉虱成虫。
绿盲蝽（小臭虫）	各龄若虫和成虫吸食树液，使叶面苍白，叶背锈黄并黏附黑色分泌物引发煤污病。由于成虫期长，世代重叠突出，为药剂防治带来一定困难。	(1) 冬季清园，清除隐藏在各处的越冬成虫。 (2) 夏秋成虫羽化时，利用黑光灯诱杀成虫。 (3) 在若虫群集、少数成虫出现、但未产卵前，喷洒乐果1000倍液。
刺蛾（洋辣子）	夏季初孵幼虫常群集蚕食桂花叶片下表皮和叶肉，造成叶面很多透明斑点；老龄幼虫则分散蚕食叶片造成许多虫孔，继而吃光全叶，仅剩主脉和叶柄。	(1) 冬季清园，清除树干和表土层内越冬虫茧。 (2) 生长期摘除斑枯叶片，消灭群集幼虫；夏秋夜晚利用黑光灯诱杀成虫。 (3) 初孵幼虫群集期，交替数次喷洒美曲磷酯1000倍溶液等。
蓑蛾（皮虫）	卵孵化后，幼虫随风扩散。边食叶、边吐丝，织成虫囊并终生躲在囊内。耐饥性强，间或从袋口伸出虫头取食，并能背负新囊缓行。夏秋干旱高温时危害严重。	(1) 冬季清园，摘除虫囊用作鸟食。 (2) 生长期人工摘除幼虫新囊；夏秋夜晚用黑光灯诱杀成虫。 (3) 幼虫低龄期囊壁较薄时，交替数次喷洒美曲磷酯1000倍液。
蛴螬（地蚕）	成虫俗名金龟子，初夏傍晚出土活动，蚕食桂花叶片，觅偶交配，清晨再返回土中潜伏在土层深处产卵，约两周孵化为幼虫，啃食苗根。是桂花的根部害虫兼食叶害虫。	(1) 冬季清园，清除幼虫蛴螬和成虫金龟子。 (2) 上盆时拌毒饵防蛴螬入侵；翻盆时拣除隐藏的蛴螬。 (3) 用糖醋液或黑光灯诱杀金龟子。 (4) 盆土用美曲磷酯1000倍液浇灌。

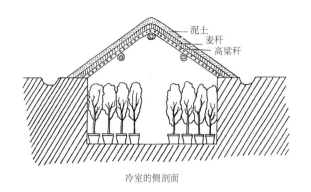

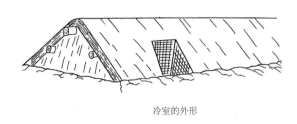

图10-8 冷室（地窖）贮放盆栽桂花

自己居住的楼房中养护好盆栽桂花呢？郑子平（2004）提出：家庭养花冬防高温，夏防干燥。按桂花正常休眠所需的温度在0～5℃之间。低于0℃，桂花可能受冻害；高于5℃，桂花的枝芽就萌动、萌发。现在北方城市楼房一般都实行集中供暖，室温大多在15℃以上。在这样的温度条件下，桂花会打破正常的休眠期，提早抽枝展叶，不仅不能进行正常的休眠，积累充足的营养，还会过早地消耗体内大量养分。到了春天桂花出室后，柔嫩的枝叶经不起寒冷干风的抽打，很快就会萎蔫、干枯。如果连续2～3年，整株桂花就要死亡。所以，住在一楼且有庭院的桂花莳养者，冬天最好不要把盆栽桂花放在阳台或房间里。可以考虑在庭院向阳的一角，视花盆的大小挖一个土坑，将花盆放入，填土与花盆齐平，也可将花盆用土掩埋，搭架，用塑料薄膜覆盖保护好。住二楼及以上的桂花莳养者，冬天可把盆栽桂花放在阳台上，并为桂花创造适宜的环境。具体办法是：将阳台封严，避免冷空气侵入，同时，用玻璃窗或门将阳台与室内隔开，防止室内暖气进入阳台。依靠阳台的自然温度，就能满足桂花休眠的要求。当阳台温度在0℃以下时，可稍稍开启门窗，放入室内少量的暖气，使阳台的气温保持在0～5℃之间，桂花即能安全越冬。春天，随着气温的渐渐升高，要逐步把阳台的窗子打开，使阳台内的温度慢慢与外面的温度持平。当平均气温达到0℃以上以后，就可将阳台的窗子全部打开，注意开启窗子不要过早，以免盆花遭受冷害。

夏天，防止干燥是桂花管理的重要环节。阳台空气炎热干燥，通风不畅，对桂花的生长发育十分不利。因为桂花原生在气候湿润且通风良好的自然环境里，因此，必须为其营造适宜的环境，尽量把阳台的门窗打开，保持空气流通。同时设法增加空气的湿度，可以在阳台的地面上铺一层砖或其他能吸水的铺垫物，把盆花放在上面，经常向铺垫物上泼水，使其充分吸水，依靠水分的自然蒸发为桂花创造湿润的环境。另外，在炎热的夏季，要随时向桂花的枝叶上喷水，既可降低桂花植株的温度，冲洗桂花叶片上的灰尘，又能满足桂花对湿度的要求。

（七）花期调控

桂花是我国人民喜爱的秋花树种，人们常希望能在国庆前夕或中秋之夜闻到她那沁人心脾的幽香，借以增添节日的喜庆气氛。有些年份确能如愿以偿；但也有不少年份因秋季降温过早或太迟，从而影响到桂花如期在节日前夕开放。利用盆栽技术进行桂花栽培，就有可能把桂花的花期调控到节日前夕，满足人们的欣赏需求。北京颐和园花卉园艺研究所周国梁、刘伟提供如下花期调控方案。

1. 花期促成栽培

早春，精选优质盆栽桂花精心养护，在6月选择带有饱满花芽的植株，通过18～23℃低温恒温温室，全封闭式、50%～80%遮阳率处理，30～50天即可控制在8月上中旬，提前30天开花。

2. 花期延迟栽培

为了使桂花能在中秋、国庆两节期间开花，可通过对桂花开花物候期的准确掌握，将饱满花芽的盆栽桂花于8月上旬送进温室作25～30℃的高温处理，延缓其花芽形成及分化速度。即可按预定要求，让桂花在中秋或国庆期间开花。

农历八月十五是我国的中秋节。根据中国科学院紫金山天文台《1901—2000年一百年日历表》一书的介绍：中秋节最早出现在国庆节节前的9月8日（如1957和1976两年）；最晚出现在国庆节节后的10月8日（如1919和1938两年）；也有与国庆节同日或先后出现的多项记录日期。时间跨度长达一个月之久。于是，在中秋节远离国庆节的那些年里，只能依靠花期调控技术手段，来达到该年两节同时赏花的目的要求。这也正体现出花期调控有其实际存在的必要价值。

二 现代容器苗生产

近年来，我国园林事业蓬勃发展，苗木用量明显增多，反季节全年栽培苗木要求十分迫切、容器苗的生产就越来越受到了重视；特别对桂花这个枝叶十分茂密、造型要求很高、定植后缓苗返青期又比较慢的树种来说尤为必要。所谓现代容器苗生产指的是：苗木在苗圃里用盆具精心培育成功再运往工地地栽的一种高质量苗木的培育方法。有关盆栽容器苗的制作技术前节已有了详尽介绍，下面仅补充探讨盆栽容器苗的使用特点和制约因素两大问题。

（一）容器苗特点与使用效果

1. 存活率高

容器苗能形成完整的根团，集中、包装和运输等工序都不伤根，苗木活力强，栽植成活率和保存率很高。

2. 应用灵活

容器苗不受常规造林季节的限制，可以根据实际需要采购苗木，从而能延长栽植时间，保证绿化工程如期完成。

3. 育苗周期短

容器苗大多在大棚或温室内育成。其所需温度、水分、光照等生态条件都可以调整到苗木所需要的最佳状态；而育苗所用的栽培基质，经过精心配制，也最适合苗木的生长。因此，苗木生长迅速，相对育苗周期也能大大缩短。

4. 降低人工成本

良好的设施栽植条件，使育苗全过程都可以实行智能化管理、浇水、施肥、喷药等工序，可由控制系统自动完成，无需人工操作，生产成本可以大大降低。据方永根（2005）介绍：盛夏期间一个管理电闸开关的工人每天能完成 3.3hm² 容器苗的浇水任务。

5. 节约苗圃土壤

容器苗的栽培基质，掺用苗圃土壤比例不大，有的甚至可以完全不用苗圃土壤，只用基质成为无土容器苗。这样，苗圃土壤可以保存下来，损耗很少，有利于育苗工作可持续开展。

正因为容器苗有上述的许多特点，当今世界上已有不少国家大力推广容器苗的生产，我国也在着手开展容器苗的生产工作。

（二）容器苗应用制约因素探讨

1. 容器的选择和使用问题

目前市场上可供容器苗使用的盆具有各种规格的营养钵、塑料盆、美植袋和控根育苗器等多种。营养钵和塑料盆规格较小、价格也便宜，常用来生产小型桂花容器苗脱盆地栽；或以此换用陶盆、釉盆等较大盆具供家庭盆栽。要想这些小型容器苗生长良好，必须在大棚或温室等设施栽培的基础上，完善智能化管理环节，以保证容器苗低成本优质高产。美植袋和控根育苗器均能克服常规育苗带来的盆壁根系缠绕的缺点，现国外都在大面积推广利用。而在国内由于这两种容器价格较高，占用温室面积较大，占用时间也长，往往只能放置在露天养营，不仅导致生长效果不够理想，还有风歪和风倒隐患。现阶段应考虑采用砖砌种植槽来保证安全生产。

2. 容器苗基质的来源和配制问题

泥炭是栽培基质的最佳选择，但国产泥炭质量不稳定，进口泥炭售价又十分高昂。所以研制国内多见的椰糠、锯末等节能环保基质，应尽快提上议事日程。

3. 容器苗的制作流程和合理核价问题

容器苗应该在苗圃设施栽培条件下，历经寒暑、数易容器，然后制作完成出圃。但是，有的苗圃却在出圃前夕，挖出地栽苗，上好容器随即出圃，美其名为容器苗，实际上等于是栽变相的土球苗。为了杜绝此类事件发生，应该尽快制定桂花容器苗生产技术规程，约定生产时限和规格要求，大家共同遵守。

容器苗的核价要求，也应在所有绿化承包合同中予以明确约定。我国过去绿化造价和施工后评价体系不利于容器苗技术的推广。首先，大部分城市公布的绿化苗木预算价格，没有标明容器苗的价格档次，无法体现优质优价、分档列价。因高档容器苗木和普通土球苗苗木没有差价，使容器苗丧失竞争力。其次，现行绿化工程招投标机制中，大都没有标明细致绿化效果的要求。种下的苗木只要不死，达到一定存活率即可，至于景观效果则概不作任何评价约定。从而导致绿化工程承包商采购苗木时往往放弃采购容器苗。因此，今后对桂花苗的评价体系和核价机制需要进一步完善。鼓励绿化工程积极采用高档容器苗苗木，从而带动容器苗产业的健康发展。

（本章编写人：杨康民）

第十一章 桂花标准化育苗技术规程的制定及其应用

第39届国际标准化组织（ISO）大会2016年9月9日至14日在北京召开，国内外与会代表共有700余人。国家主席习近平发来贺信。他在贺信中指出："标准是人类文明进步的成果。……伴随着经济全球化深入发展，标准化在便利经贸往来、支撑产业发展、促进科技进步、规范社会治理中有作用日益凸显。标准化已成为世界'通用语言'。……希望与会嘉宾集思广益、凝聚共识，共同探索标准化在完善全球治理、促进可持续发展中的积极作用，为创造人类更加美好的未来作出贡献。"

据了解，我国现正由一个全球"生产大国"向全球"生产强国"迈进。不少商品质量已经达到或者接近国际质量认证要求。但在园林苗木生产方面进步却不够明显。据有关部门统计："2008年全国苗木生产面积达到1400万亩，但标准化生产的苗木不足1%，存在着生产密度过大，产品一致性较差，品种单一并且同质化现象严重等问题。"由此看来，标准化育苗技术规程的制定工作成为当务之急。现针对桂花这一享誉古今的园林树种，将期育苗技术规程制定情况作如下介绍。

一 桂花标准化育苗技术规程制定的紧迫性和必要性

近年来我国对城市绿化质量要求不断提高，越来越多高质量的桂花苗木被引进应用到绿化工程中。但目前大多数苗圃供应的苗木却都远远达不到用苗单位的要求。业内人士普遍反映，要找到同一品种统一规格一定批量的桂花商品苗非常困难。如今苗木订单化生产和网络化销售已成为海外同行的通常做法，但目前国内桂花苗木产销渠道因不够通畅，苗木生产标准化程度又太低，致使育苗技术规程制定工作进展非常缓慢。如能彻底解决好这一问题，不仅能为桂花苗木生产和销售提供有力的技术支持，还将对规范桂花苗木市场、保护生产者和消费者的权益起到积极的作用。此外，对桂花品种的培育和品牌的创建也有很好的促进作用。

二 桂花标准化育苗技术规程现时国内制定与应用的情况

21世纪以来，南方各省市行政部门纷纷设计专项资金，委托企业、高校或科研机构开展桂花品种标准化育苗技术规程地方标准的制定工作，开始者为湖南省质量技术监督局，他们首先在2007年发布了'月月桂'苗木培育技术规程和质量分级地方标准。随后四川、浙江和河南等省市也纷纷出台了多个桂花品种的育苗技术规程。现选登数家园林公司的资料，介绍他们的做法和经验如下。

（1）浙江省杭州市园林绿化公司等5个单位2010年4月起草发布了《浙江省桂花苗木生产技术规程》。在规程中对桂花种植环境提出如下要求：①年平均气温15～21℃，极端最低气温不低于－13℃，光照充足，年平均降水量800mm以上。②宜在农田、荒地、缓坡栽培，坡度20°以内，海拔800m以下。③土层厚度60cm，排水良好的壤土或砂壤土，土壤pH值5.0～7.5。如能满足以上环境条件要求，就可以顺利、安全地发展桂花产业。以上资料以广大花农和花木公司应有所启发和帮助。

特别值得一提的是，该规程第三部分是"桂花容器的栽培和管理"，其内容包括容器种类、育苗基质、圃地选择、育苗设施以及容器苗的繁育、管理、出圃、质量检测和档案管理等相关资料。容器苗可以随时栽种，不受时间和季节的限制，也能确保成活，是今后桂花育苗的发展方向。目前一般书刊少有涉及这方面的内容，更没有实际操作的经验介绍。本书特将该材料加以转载，供有关部门学习和参考（见附录3）。

（2）河南省开元生态实业有限公司2009年11月起草了"'潢川金桂'苗木培育技术规程和质量分级标准"。该规程体现出以下两大特色：

其一，规程中对'潢川金桂'扦插苗、播种苗和嫁接苗三类小苗的繁育方法都有比较详尽的介绍，这对我国偏北省份发展桂花产业有重要的指导意义。因为长江以南桂花"适生区"，多用扦插苗造林，而在长江以北、黄河以南桂花"次适生区"的淮河流域，必须培育桂花本砧苗或异砧苗（一般指流苏树的嫁接苗），才能提高苗

表 11-1 '潢川金桂' 幼苗等级划分标准

项目			等级					
分类		指标	一级	代码	二级	代码	三级	代码
扦插苗	1年生苗	地径 (cm) ≥	0.7	11QY	0.5	21QY	0.4	31QY
		苗高 (cm) ≥	30		25		20	
	2年生苗	地径 (cm) ≥	1.2	12QY	1.0	22QY	0.8	32QY
		苗高 (cm) ≥	80		60		50	
	3年生苗	地径 (cm) ≥	2.2	13QY	2.0	23QY	1.5	21QY
		苗高 (cm) ≥	170		150		120	
嫁接苗	1年生苗	地径 (cm) ≥	1.2	11JY	1.0	21JY	0.8	31JY
		苗高 (cm) ≥	120		100		80	
	2年生苗	地径 (cm) ≥	2.0	12JY	1.5	22JY	1.2	32JY
		苗高 (cm) ≥	150		130		120	
实生苗	1年生苗	地径 (cm) ≥	0.5	11SY	0.4	21SY	0.3	31SY
		苗高 (cm) ≥	20		16		10	
	2年生苗	地径 (cm) ≥	1.0	12SY	0.8	22SY	0.5	32SY
		苗高 (cm) ≥	60		40		30	
	3年生苗	地径 (cm) ≥	1.6	13SY	1.3	23SY	1.1	33SY
		苗高 (cm) ≥	150		120		100	

注：苗木代码设计第一位数字1或2或3，分别代表苗木的级别等级1级、2级或3级；第二位是数字1或2或3，分别代表苗木的年龄1年生、2年生或3年生及其相应的地径和苗高的要求；第三位是英文字母Q或J或S，分别代表苗木种类。其中Q是扦插苗，J是嫁接苗，S是播种苗；第四位是英文字母Y，代表幼苗。

木的抗寒性和耐盐碱性，使偏北地区种植桂花有较安全的生长保障（见附录4）。

其二，开元公司在规划中还首创一种"苗木代码"办法，用以说明'潢川金桂'上市商品苗主要特征及规格，如苗木代码11GY，就说明它是'潢川金桂'地径0.7cm，苗高30cm，1年生，1级扦插幼苗。另如苗木代码是22JY，就说明它是'潢川金桂'地径2.0cm，苗高150cm，2年生，2级嫁接苗。我们认为这种苗木代码办法进一步改进和完善后，可以在今后开展苗木现代物流交易和电子商务活动中发挥重要作用（表11-1）。

三　桂花标准化育苗技术规程执行效果及问题解决办法

目前，我国发布的桂花品种标准化育苗技术规程都是各省市地方标准，不是国家标准。从发布后的执行效果来看，全面贯彻执行者有之；部分参考应用者有之；不执行者有之；从未知晓有规程，不知规程为何物者亦有之。究其产生原因主要是与规程发布没有很好进行过讨论和论证，规程发布后又缺少推广和辅导有关。为此，我们提出如下5项改进办法。

（一）要重视育苗技术规程的制定和修订工作

回顾以往的技术规程，多半是委托生产单位的专家来制定。在制定过程中，考虑较多的是如何让苗木生长得更快、更壮和更健康，很少关注几年后该批苗木能否卖得出去，卖给谁，以及在绿化工程中如何应用等问题。

今后在规程制定和修订过程中，应事先聘请风景园林设计、园林绿化工程和苗木营销等有关单位共同参与集体讨论，这样所制定的规程内容就会更加全面和成熟，也能在规程问世后得到园林设计单位的认可、绿化工程单位的采用和广在基层用户的热烈响应。

国际学术学会（ISA）中国地区分分长欧永森曾对健康苗木提出5项技术要求。其中第二项技术要求是苗木应有60%以上的活冠比（苗高与树冠厚度的百分比）。但现有的育苗技术规程却把桂花苗木的枝下高定为2.0m甚至更高，结果造成苗木的活冠比只有30%，绝大部分赖以存活和提供营养的在用枝条全部被无情修剪掉，大大推迟这类商品苗木的上市时间，应该引以为戒。桂花原本就是基部多分枝的高灌木至少小乔木常绿树种，不应该违背其自然生长规律，把枝下高定得过高。

（二）应在今后规程修订工作中增加桂花苗木产品种类和应用范围

生产实践证明，如果苗木产品种类和规格标准只有一个，会产生大量同质化苗木，导致苗木供过于求，大压缩了产品的应用空间，对桂花产业发展十分不利。相反，如能采用不同的培育手段，就可以生产出贴地生长的球形苗，保留主干生长的景观树苗、造型树苗和盆景树苗等，能满足不同地区和不同阶层用户的用苗需求。

（三）要对花农进行辅导，开办各种培训班提高他们的业务水平

图11-1　人工挖运桂花大苗极辛苦，唯有调整种植密度、规范道路宽度，苗圃才有实现机械化可能（张林提供）

图11-2　苗圃上空架设智能化微喷管，满足土壤水分和大气湿度要求，桂花生长和开花良好（张林提供）

我国大部分桂花培育面积分散在众多小型种植户手中。有关部门可以定期开办标准化育苗规程培训班，传授有关理论知识，同时就近建设好示范基地。让花农不仅能聆听到规程的理论知识，还能亲自目睹规程在示范基地内的实践成果。如果条件允许，还可以组织花农参观国内外苗木交易市场，让他们了解苗木终端市场交易全过程，进一步肯定标准化育苗的重要性，使广大花农的思想认识普遍提高，从被动的"要我搞标准化"转化成"我要搞标准化"。这样育苗技术规程的贯彻执行问题就会迎刃而解。

（四）应沟通营销渠道

各地行政主管部门和花木协会每年应组织专场苗木信息交流会，动员园林绿化公司和广大花农会员积极参加。会上，园林绿化工程公司代表可以出示桂花苗木采购清单，介绍绿化工程对苗木的标准要求，并就花农如何实现"产品优质化""管理精细化"和"质量标准化"等问题提供参考建议，双方进行对接交流，使育苗技术规程深入人心。

（五）要与时俱进，在育苗技术规程中增加智能化管理新内容

以机械化操作管理为例，现时国外大多数苗圃从整地、作床、播种、扦插、苗期管理，到起苗、包装和运输，都实现了作业全程的机械化。据2011年有关部门统计，我国万亩以上苗圃已有10处，千亩以上苗圃几乎每个省市都有，有的还不止一处。作为南方乡土树种的桂花，发展面积更是十分惊人。占地多而劳动力相对紧缺，成为当今经营桂花苗圃的主要矛盾。只有全面实行机械化生产才能寻找出路。为此，在修订育苗技术规程时，应重视调整种植密度，拓宽圃内道路宽度，为今后苗圃购置机械设备或租用机械设备创造有利条件（图11-1）。

再以水肥管理为例，我国以往苗圃常用手提肩挑或水泵抽水、拉管浇灌办法进行人工浇水。结果不仅灌溉劳务成本大大增加，而且还很容易产生深层渗漏和地表径流，徒然白白浪费了不少宝贵的水资源。国内外试验显示，滴灌和微喷是当代最有效的智能化精确灌溉方法。它能起到省水、省电、省工和全面环保等综合效果。我国现已有多家国家甲级灌溉企业可以提供上述设备（图11-2）。

此外，计算机应用在国外苗圃已十分普遍。从气象观测、灌溉施肥、病虫害防治到苗圃技术档案管理等都进行了计算机的智能化管理。他山之石，可以攻玉，今后新版标准化育苗技术规程，应增加这方面的技术指导内容。

附录3 浙江省桂花绿化苗木生产技术规程(第3部分:容器苗栽培)

（2010年4月11日报批稿）

1 范围 本部分规定了桂花容器苗培育的容器、育苗基质、圃地选择、育苗设施、苗木繁育、管理、出圃、质量检测及档案管理等。本部分适用于桂花容器苗的生产培育。

2 规范性引用文件 下列文件中的条款通过本部分的引用而成为本部分的条款。凡是注明日期的引用文件，其随后所有的修改单（不包括勘误的内容）或修订版均不适用于本部分，然而，鼓励根据本部分达成协议的各方研究是否要使用这些文件的最新版本。凡是不注日期的引用文件，其最新版本适用于本部分。（1）DB33/T 179-2005 林业育苗技术规程，（2）DB33/T 653.1-2007 林业容器育苗标准，（3）《植物检疫条例》，（4）《进出境植物检疫法》，（5）《植物检疫条例实施细则（林业部分)》

3 术语和定义 DB33/T 653.1-2007 界定的术语和定义适用于本标准。

3.1 容器苗 利用各种容器培育的苗木 。

4 容器

4.1 种类 穴盘、网袋容器（无纺布容器）、硬质塑料容器、软质塑料容器、塑料薄膜容器。

4.2 规格 见附录A。

4.3 选择 根据苗龄、育苗年限、苗木规格及运输条件等选择合适的产品类型。见附录A。

5 育苗基质

5.1 种类及配置要求

5.1.1 基质要求 因地制宜、就地取材并具备下列条件 :（1）来源广，成本低，具有一定的肥力 ;（2）理化性质良好，能保温、透气、利水 ;（3）重量轻，不带病原菌、虫卵和杂草种子。

5.1.2 基质种类 见 DB33/T 179-2005。

5.1.3 基质配置 根据苗龄按比例配制。见附录B。

5.2 消毒及 pH 值调节

5.2.1 为预防苗木发生病虫害，基质须消毒，方法见 DB33/T 179-2005 附录 B、附录 C。

5.2.2 基质的 pH 值以 5.5～6.5 为宜。偏酸用生石灰或草木灰调节，偏碱则用硫黄粉、硫酸亚铁或硫酸铝调节。

6 圃地选择和育苗设施

6.1 圃地选择 选择交通方便，地势平坦，灌溉便利、排水良好，便于管理的地块，忌地势低洼、排水不良及风口处。

6.2 育苗设施 具备光、温、水等调控设施。如温室、大棚、遮阴棚、喷灌、喷雾、滴灌等。

7 苗木繁育

7.1 整地作床 清除杂草、石块，平整土地。苗床高10cm，宽100～120cm，步道宽40cm，四周开排水沟。床面覆盖地布或地膜。温室大棚内设置普遍苗床或高架苗床。高架苗床高70～80cm，宽100～120cm。

7.2 装填基质和摆放容器

7.2.1 装填基质 装填之前将基质湿润，以手捏成团、摊开即散为度。穴盘容器、硬质塑料容器、软质塑料容器装填时须将基质装实至容器口。网袋容器用机器装填。

7.2.2 摆放容器 穴盘容器直接放置在普遍苗床或高架苗床上;网袋容器应放在专用托盘上架空;硬质塑料容器、软质塑料容器均排放在普通苗床上。

7.3 扦插育苗

7.3.1　采穗圃的建立

7.3.1.1　圃地

7.3.1.1.1　圃地的选择　排灌方便、土层深厚、肥沃、地势平坦的地块。

7.3.1.1.2　圃地的整理　圃地四周须开挖排水沟，施入有机肥翻地做畦，畦宽 3m。

7.3.1.2　母本培育

7.3.1.2.1　选择良种优株，采用扦插、嫁接、组织培养等方法进行繁殖培育。

7.3.1.2.2　培育 2 年后进入采穗圃，每畦 5 株，株距 0.5m，3 年生苗开始作为采穗母本进行采穗。

7.3.2　扦插繁殖

7.3.2.1　扦插时间　5 月下旬至 6 月下旬或 8 月下旬至 9 月下旬。

7.3.2.2　插穗准备

7.3.2.2.1　母株选择　生长健壮、无病虫害 3 ～ 6 年生的健康植株。

7.3.2.2.2　插穗枝选择　粗壮、整齐度一致的半木质化枝条。

7.3.2.2.3　插穗采集　采集的枝条按不同品种分别装袋、挂牌，注明采剪时间、地点和品名。适时遮阴或喷水，保持湿润。

7.3.2.2.4　插穗剪取　2 ～ 3 节作为一个插穗，保留上部一对叶片。上剪口平剪，距芽 0.5 ～ 0.7cm，下剪口斜剪，距芽 0.5cm。

7.3.3　全光照喷雾扦插育苗

7.3.3.1　扦插　随剪随插，并根据不同品种蘸合适的 α - 萘乙酸；将插穗 2/3 插入基质，每穴 1 ～ 2 个插穗，插好后喷透水，放置在苗床上。

7.3.3.2　管理

7.3.3.2.1　水分管理　愈伤组织形成前，保持叶面湿润；愈伤组织形成后，保持基质湿润。

7.3.3.2.2　通风和遮阴　6 ～ 10 月温度 ≥ 25℃ 开启窗；温度 ≥ 36℃ 遮阴、通风。

7.3.3.2.3　施肥　生根后，每隔 10 天在傍晚叶面水分晾干后喷 0.3% 的磷酸二氢钾 +0.1% 尿素，或苗木专用液肥。

7.3.3.2.4　冬季管理　室外最低温度 ≤ 5℃ 苗床盖二道膜。

7.3.3.2.5　炼苗 80% 的插穗生根后，延长喷雾的间隔时间，进行炼苗。

7.3.4　全封闭扦插育苗

7.3.4.1　苗床　清除杂草、石块，平整土地。作床高 10cm、宽 100 ～ 120cm，步道宽 40cm，四周开排水沟。搭架覆盖荫网。

7.3.4.2　基质　基质配制参见附录 B，在苗床上铺 8 ～ 10cm 基质或装入高 8cm 的 50 穴苗盘蹾实。

7.3.4.3　扦插　做到随剪随插，并根据不同品种蘸合适的生根剂；将插穗 2/3 插入基质，间距 3cm，每穴 1 ～ 2 个插穗；插好后喷透水，覆膜、遮阴。

7.3.4.4　管理　扦插苗未生根前要保持拱棚内的湿度。荫网覆盖层在夏季高温时增加，秋凉后减少，入冬后撤去。

7.3.4.5　炼苗 80% 的插穗生根后，在傍晚或清晨对拱棚两头通风，进行炼苗，逐步扩大通风量直至完全去掉薄膜。

7.3.5　出圃　当扦插苗根系布满穴孔或充分舒展，新梢展开一对完全叶时可出圃。

8　容器苗栽培管理

8.1　上盆

8.1.1　装盆移栽　在容器中装 1/3 基质，将小苗放入容器中间，加上基质蹾实，基质距容器口 1.0cm。

8.1.2　容器摆放　条状摆放，宽 1.2 ～ 1.5m，留 70cm 宽的操作道。

8.1.3 浇水　上盆后浇透水。

8.2 换盆　根系盘满容器、地上部分相互拥挤时换盆。地径≤5cm、冠幅≤1.5m，2年换盆一次；地径≥5cm后不换盆。

8.2.1 换盆时间　全年均可进行，春、秋季为宜。

8.2.2 换盆方法　将苗木从盆中连土脱出，除去土球周围1/3～1/2的宿土。对根系进行修剪后，植入适当的盆中。保持根系舒展，装填基质后压实、浇透水。

8.3 管理　容器苗栽培管理见下表。（表1）

表1　容器苗栽培管理表

项目	1年生	2年生	3年生
培养目标	促进营养生长	促进营养生长和培养株形	培养株形和促进开花
栽培管理	大棚内气温≤10℃ 盖膜；膜内温度≥15℃，通风；气温稳定在20℃时将大棚四周的膜拆去。上盆后10天当大部分小苗发新根时结合浇水施1次0.3%～0.5%的复合肥。温度在15～20℃时每月追肥1次，25～35℃时每15天追肥1次。夏季高温季节每天早、晚浇透水，上、下午各喷雾1次。10月下旬控肥、控水，每5天喷1次0.5%的磷酸二氢钾，连续5次。相邻植株叶片重叠时，调整盆间距为12cm。	春季抽梢前和每次摘心后结合浇水施1次0.5%的复合肥。温度≥20℃每隔10天追肥1次。夏季高温季节每天早、晚浇透水，上、下午各喷雾1次。10月下旬开始控肥、控水，每5天喷1次0.5%的磷酸二氢钾，连续3次。入冬前施1次冬肥。相邻植株叶片重叠时，调整盆间距为20～25m。	抽梢前结合浇水施1次0.5%的复合肥，抽梢后每隔15天喷施0.3%的磷酸二氢钾进行根外追肥，连续2次。夏季高温季节每天早、晚浇透水，上、下午各喷雾1次。10月下旬开始控肥、控水，每5天喷1次0.5%的磷酸二氢钾，连续3次。入冬前施1次冬肥。对影响观赏效果的部分枝条进行修剪。

8.4 病虫害防治　坚持"预防为主、科学防控、依法治理、促进健康"的防治方针，做好容器苗的病虫害防治。常见病虫害有红蜘蛛、炭疽病等，防治方法见本标准第二部分附录A。

8.5 除草　掌握"除早、除小、除了"的原则，做到容器内、床面和步道上无杂草。

8.6 添加基质　如发现容器内基质下沉，须及时添加基质。

9 容器苗出圃

9.1 出圃苗木质量要求

9.1.1 直观综合指标　无检疫性病虫害；苗木结构完整，色泽正常，健壮；分枝均匀，冠形饱满；独干苗主干通直，不分叉；根系发达、形成良好根团，无机械损伤；嫁接苗接口充分愈合。

9.1.2 生长量指标　生长量指标包括分枝点高度、苗龄、地径和冠幅，质量要求见下表（表2）。

表 2　桂花容器苗质量要求表

分枝点高度（≥cm）	苗龄	地径（≥cm）	树高（≥cm）	冠幅（≥cm）
0	0.5	0.2	10	—
	0.5～1	0.5	60	20
	0.5～1～1	0.8	110	30
	0.5～1～2	1.2	150	45
	0.5～1～2～1	1.8	175	60
	0.5～1～2～2	2.5	200	80
20	0.5～1～1	0.8	100	25
	0.5～1～2	1.2	130	35
	0.5～1～2～1	1.8	185	50
	0.5～1～2～2	2.5	220	70
40	0.5～1～1	0.8	100	20
	0.5～1～2	1.2	135	30
	0.5～1～2～1	1.8	190	45
	0.5～1～2～2	2.5	225	65
60	0.5～1～1	0.7	100	15
	0.5～1～2	1.2	135	25
	0.5～1～2～1	1.8	190	45
	0.5～1～2～2	2.4	230	60
80	0.5～1～2	1.1	140	25
	0.5～1～2～1	1.7	200	40
	0.5～1～2～2	2.4	240	50

9.2　质量检测

9.2.1　检测方法

9.2.1.1　抽样　同一个苗批内采取随机抽样法抽样检测，具体见下表。（表 3）

表 3　苗木检测抽样数量表

容器苗株数	检测株数
500～1000	50
1001～10 000	100
10 001～50 000	200
50 001～100 000	350
100 000 以上	500

9.2.1.2　检测　地径精确到 0.1cm；分枝点高度、树高、冠幅精确到 1cm。

9.2.2　检测规则　苗木以直观综合指标、地径、树高、分枝点高度、冠幅 5 项指标来判定。苗批中合格的苗木数量比例 ≥ 95% 时，可判断该批苗木为合格。检验结束后，填写容器苗质量检验证书（见附录 C）。

9.3　苗木出圃　出圃前 1～2 天浇透水，起苗和苗木搬运过程中，轻拿轻放，保持容器内根团完整。

9.4　苗木检疫　容器苗出圃按照《植物检疫条例》《出入境植物检疫法》《植物检疫条例实施细则（林业部分）》进行检疫。

9.5　包装与运输　容器苗运输前可采用容器苗专用箱进行包装。每批容器苗应系上注有苗木类别、树种名称、苗龄、数量、生产单位、生产地点、生产及经营许可编号等内容的标签。苗木搬运时，要轻拿轻放。

10　管理档案　见附录 D。

附录 A　常用容器规格及其适用范围表

容器种类	容器规格（cm）	适用范围
穴苗盘	50 孔	穴盘点播及扦插
软质塑料容器	12×10, 13×12	0～2 年苗龄容器种苗　0～1 年苗龄观赏容器苗
	18×16,	1～2 年苗龄容器种苗　1～2 年苗龄观赏容器苗
	23×18, 26×21	2～3 年苗龄观赏容器苗、组盆容器苗
硬质塑料容器	18×16, 23×18, 26×21	2～3 年苗龄观赏容器苗、组盆容器苗

附录 B　桂花容器育苗的常用基质成分及其配比表

基质成分及比例（按体积比计算）	适用容器	适用范围
泥炭、蛭石、珍珠岩 3：5：2	苗床、穴盘	直播、全封闭扦插
泥炭、珍珠岩 1：2 蛭石、珍珠岩 1：2	穴盘	全光照喷雾扦插
泥炭 50%、园土 25%、珍珠岩 15%、有机肥 10%	软质塑料容器、硬质塑料容器	1 年生容器种苗、观赏容器苗
泥炭 30%、园土 50%、有机肥 20%		2 年生观赏容器苗
泥炭 20%、园土 60%、有机肥 20%		3 年生观赏容器苗

附录 C　容器苗质量检验证书表　　　　　　编号：

生产、经营企业名称＿＿＿＿＿＿＿＿＿＿＿＿＿＿＿＿＿＿＿＿＿＿＿＿＿

生产、经营企业地址 ＿＿＿＿＿＿＿＿＿＿＿＿＿＿＿＿＿＿＿＿＿＿＿

生产、经营许可证编号＿＿＿＿＿＿＿＿＿＿＿＿＿＿＿＿＿＿＿＿＿＿

树种＿＿＿＿＿＿＿＿＿＿＿＿＿　品种＿＿＿＿＿＿＿＿＿＿＿＿＿＿

容器苗种类＿＿＿＿＿＿＿＿＿＿　苗龄＿＿＿＿＿＿＿＿＿＿＿＿＿＿

批号＿＿＿＿＿＿＿＿＿＿＿＿＿　苗木数量＿＿＿＿＿＿＿＿＿＿＿

起苗日期＿＿＿＿＿＿　包装日期＿＿＿＿＿＿＿　发苗日期＿＿＿＿＿

苗木检疫结果（有无极检疫性）＿＿＿＿＿＿＿＿＿＿＿＿＿＿＿＿＿＿

种子（条、根、穗）来源＿＿＿＿＿＿＿＿＿＿＿＿＿＿＿＿＿＿＿＿

抽检数量＿＿＿＿＿＿　合格苗数量＿＿＿＿＿＿　合格率（%）＿＿＿　负责人：

检验结果（合格、不合格）＿＿＿＿＿＿＿＿＿＿＿＿＿＿＿＿＿＿＿　检验人：

检验单位＿＿＿＿＿＿＿＿＿＿＿＿＿＿＿＿＿＿＿＿＿＿＿＿＿　检验日期：

附录 D　容器育苗苗期管理登记表　　　　编号：

项目		内容
上盆	时间	
追肥	时间、次数及施肥方法肥料种类及用量	
遮阳	方法时间	
病虫害防治	病虫害种类及发生时间防治方法（时间、次数）药剂种类、浓度及用量	
除草	方法时间	
换盆	方法时间	
追肥	时间、次数及施肥方法肥料种类及用量	
遮阳	方法时间	
病虫害防治	病虫害种类及发生时间防治方法（时间、次数）药剂种类、浓度及用量	
除草	方法时间	
苗木出圃时间		
苗木生长过程记载		

记录人：　　　　年　月　日

附录 4　‘潢川金桂’苗木培育技术规程和质量分级标准

（2009 年 11 月）

1　范围　本标准规范了‘潢川金桂’及其繁育的术语和定义；以及‘潢川金桂’幼苗的繁育、苗木移植、独干桂花的培育、产品等级划分、包装和运输。本标准适用于潢川县行政区域内‘潢川金桂’的繁育。

2　术语和定义　下列术语和定义适用于本标准。

2.1　‘潢川金桂’指在潢川行政区域内培育、生长的金桂。其主要特征是：树皮灰白色，皮孔密集，树干丰满、苍劲；叶卵状椭圆形，长 8~12cm、宽 4~5cm，厚革质，叶面平展、光滑、深绿色，侧脉明显下陷；花期 9~10 月，花序聚伞状，钟形小花浅黄至金黄色，密集，浓香；浆果状核果，纺锤形，长短径比在 1：2 至 1：3 之间。

2.2　独干　‘潢川金桂’在生长过程中自然或人工作用下形成的具有独立主干，且第一分支点具有一定高度的金桂植株，主干高与植株高的比应不低于 1：3。

2.3　丛生　‘潢川金桂’在生长过程中自然或人工作用下形成的，由多个主枝从基部或较低处发出形成树冠的金桂植株。

2.4　小苗繁育床　用来繁殖小苗，短期培育小苗的苗床。

2.5　幼苗　指苗龄在 3 年以下的‘潢川金桂’扦插苗、实生苗和苗龄在 2 年以下的‘潢川金桂’嫁接苗。

2.6 成品苗　指苗龄在 3 年或 3 年以上可供园林绿化应用的‘潢川金桂’苗木。

2.7 行道树　指供城市道路绿化使用的具有独立主干的成品苗。

2.8　移砧嫁接　指将‘潢川金桂’接穗嫁接到已经移起的小叶女贞、流苏砧木上。

2.9　就地嫁接　指在已培育好的小叶女贞、流苏圃地内将‘潢川金桂’接穗直接嫁接到正在生长的小叶女贞、流苏砧木上。

3　小苗的繁殖与培育

3.1　硬扦插苗繁殖与培育

3.1.1　插穗准备。8~9 月在优良的桂花母树上选择 1~2 年生、无病虫害、无损伤、芽饱满、木质化程度高的枝条作扦插材料。采集的枝条按照保留 3 个芽的标准剪成 7~10cm 长的插穗。剪穗时，上剪口应距第一个芽尖 0.5~0.7cm，上剪口要平滑，下剪口应剪成马蹄形。插穗按粗细进行分级，不同等级的插穗分区扦插。插穗要随剪随插，若不能及时扦插的要打捆用湿沙掩埋置于阴凉处。

3.1.2　小苗繁育床的准备。苗床应选择地势高、不积水、排灌方便，便于管护，土质为壤土、砂壤土的地方。苗床为高床，南北向，床高 20~30cm、床宽 1~1.5m，步道宽为 20~30cm。作床前施少量腐熟的有机肥或复合肥，深翻 20~30cm。床面平整达到松、平、均、碎、直。

3.1.3　扦插。扦插在 8 月底至 9 月中旬间进行。插前插穗浸水 12~24 小时，并按照保留上部 2~3 片叶的标准，剪去下部叶片。扦插在阴天或早晨、傍晚进行。扦插的株行距 2cm×5cm 或 3cm×5cm，插深为接穗长度的 1/2~2/3，插好后应及时喷透水。

3.1.4　插后管理

3.1.4.1　浇水。插后要进行适时浇水保持苗床湿润。

3.1.4.2　松土除草。浇水后应及时进行松土、除草。

3.1.4.3　施肥。苗木生根后，结合浇水要适时追施 0.5%~1.0% 的氮、钾肥 2~3 次。

3.1.4.4　病虫害防治。插后每隔 10 天，用 50% 多菌灵 800~1000 倍液喷洒消毒。

3.1.4.5　遮阳。扦插后宜用 50~70cm 高的遮阳棚进行上方遮阳。

3.1.4.6　保温。10 月中旬后用塑料薄膜进行保温。

3.1.4.7　炼苗。翌年的 3~4 月要进行炼苗，炼苗要逐步进行，宜先开二头，再开二侧，最后全开。

3.1.5　起苗。翌年的春季或秋季起苗，起苗时按照表 1 进行分级和打捆。

3.2　实生苗的繁殖与培育

3.2.1　种子的采集与处理。种子在 4 月末至 5 月初成熟。采种应选择树形优美、花大花香、无病虫害的优良母树，采集优良种子。采种时应避开品种繁杂混栽的桂花群体。

3.2.2　种子的贮藏与处理。采集的种子要精心贮藏，贮藏宜采用沙藏法；将种子与湿沙按 1∶3 的比例层层堆放。沙藏的种子要置于阴凉通风处，在放置期间要经常检查沙的湿度，过干则喷水，过湿则通风。种子沙藏到 9 月开始萌运露白，当露白种子达到 1/3 时即可播种。

3.2.3　实生小苗繁育床的准备。按本标准 3.1.2 条的规定执行。

3.2.4　播种。在播种前要去掉发霉、缺损等不合格的种子。播种以条播、撒播为主。种子播下后要立即用细壤土、砂壤土进行覆盖，覆土厚度 2~3cm，覆土要厚薄均匀。覆土后要用平木板轻轻镇压苗床，使种子与土壤密接。播种后要及时喷水。

3.2.5　播后管理

3.2.5.1　覆盖。播种后宜对苗床进行覆盖，覆盖材料可就地取材，覆盖物厚度 2~3cm。在幼苗大部分出土后应及时分批撤除。

3.2.5.2　灌溉。应根据天气和土壤墒情及时浇水，浇水以喷灌为主。

3.2.5.3　松土除草。幼苗出土前应进行松土，松土要浅，以不超过覆土厚为宜，除草要坚持"除早、除小、除了"的原则。

3.2.5.4 病虫害防治。发生猝倒病用 50% 多菌灵可湿性粉剂 500 倍液 1~2kg/m² 进行喷洒；发生立枯病用 50% 代森锌 200~400 倍 2kg/m² 进行喷洒。

3.2.5.5 施肥、遮阳、保温、炼苗。按本标准第 3.1.4 条的规定执行。

3.2.6 小苗出床。按本标准第 3.1.5 的规定执行。

3.3 嫁接小苗的繁殖与培育

3.3.1 嫁接的方式。嫁接分就地嫁接和移砧嫁接。就地嫁接，每年的 2~3 月在大田内进行；移砧嫁接，每年的 11 月在小苗繁育床内进行。

3.3.2 砧木与接穗

3.3.2.1 砧木。以小叶女贞（*Ligustrun quihoui*）、流苏（*Chionanthus retusus*）为砧木。砧木要求为生长健壮、无病虫害、地径 0.8cm 以上的播种苗。

3.3.2.2 接穗。选择品种优良、树形优美、生长健壮无病虫害、已开花的 2 年生枝作接穗，接穗长 5~7cm，有 2~3 个饱满芽。

3.3.3 嫁接

3.3.3.1 移砧嫁接。11 月份将砧木移起，在离地径 5~7cm 处断砧、固定，将采集剪好的接穗用劈接、切接等方法嫁接到砧木上。

3.3.3.2 就地嫁接。在圃地内选择生长健壮、主干明显、地径 0.8cm 以上、无病虫危害的植株作砧木。砧木在地径上 5~7cm 处断砧后用劈接、切接等方法将采集剪好的接穗接上。

3.3.4 成活率检查。'潢川金桂'嫁接 10 天后即可检查是否成活，若接穗仍保持新鲜，表皮不皱缩失水，芽饱满则表示已成活，否则需补接。

4 苗木移植

4.1 初次移植。初次移植在翌年的春季或秋季的阴天或者早晨、傍晚进行，为裸根苗移植。小苗挖出后要进行分级，同时剪去过长的、劈裂的、无皮的根，过多的叶和病枝、枯枝、过密枝、未木质化的枝。移植要做到：扶正苗木，根系伸展，不窝根，不露根，栽后及进浇足"定根水"。

4.1.1 大田移植区的准备

4.1.1.1 整地。小苗移植前要及时整地。整地要做全面深翻，土壤细碎，无草根石块。

4.1.1.2 施肥。结合整地施足基肥，基肥以腐熟的有机肥为主，可加入少量复合肥，施肥量 7500kg/hm²，有机肥可就地取材。在施肥的同时还可通过渗沙改良土壤。

4.1.1.3 土壤消毒。结合整地有辛硫磷、五氯硝基苯进行土壤消毒。

4.1.1.4 作床。以高床为宜，床高 20~30cm，宽 2m，南弱向。

4.1.2 移植。以穴植为主，也可以用沟植。穴植按 40cm×40cm 的株行距挖规格 20cm×20cm×20cm 或 30cm×30cm×30cm 的穴。移植不宜过深，培土应过原土痕上 5cm，嫁接苗应埋住嫁接口。

4.1.3 抚育管理

4.1.3.1 浇水。苗木定植后要及时浇足"定植水"；生长过程中要视天气、土壤墒情，及时浇水。

4.1.3.2 松土除草。浇水后要及时松土除草；除草、松土时，不要碰动嫁接接穗。

4.1.3.3 施肥。生长期应及时追肥，追肥以无机肥埋施为主，也可在雨季进行撒施。追肥要与根系保持一定距离，防止"烧苗"。

4.1.3.4 病虫害防治。发生煤污病，生长期可喷 1:1:150 的波尔多液，休眠期可和 3~5 波美度的石硫合剂；发生炭疽病可喷 50% 甲基托布津 800~1000 倍液防治；发生介壳虫可喷 50% 马拉硫磷 1000 倍液防治。

4.1.3.5 修剪。生长期间要根据树形进行修剪，首要剪去枯枝、过密枝、交叉枝、病虫枝、柔软无用枝；再根据情况抑强扶弱，使树冠均匀发展。

4.2 再次移植。初次移植后当金桂生长到相邻树冠相接时，需进行再次移植。再次移植在春、秋季进行，株行距 1m×1.5m 或 1m×2m。移植应带土球，土球的直径要大于地径的 8 倍，土球的高要为土球直径的 2/3 以上。再次移植在大田移植区的准备、整地、移植、抚育管理等措施与初次移植相同。

5 独干金桂的培育

独干金桂的培育采取下措施：一是选择修剪法，在金桂移植时选择主干明显、直立性的金桂植株分级分区栽植，并按照树干与树高之比 1:3 以上的比例剪去下面的枝条；二是逐次修剪法，在生长过程中选择有培育前途的植株，随着树高的增加逐步剪去下部的枝条，使其符合独干的要求。

6 '潢川金桂'等级划分

6.1 评价原则

6.1.1 '潢川金桂'等级划分采用苗木形态指标和生理指标相结合的方法进行。

6.1.2 形态指标包括植株的地径、苗高、根系、冠幅等。

6.1.3 生理指标是指苗木的色泽、木质化程度、含水量、伤害、生长状态、香气等。

6.1.4 本标准将生理指标作为第一控制条件，凡生理指标不能达到标准要求的一律视为不合格苗，不能用于生产、绿化；在生理指标达到标准要求的前提下以形态指标对植株进行分级。

6.2 生理指标划分标准。苗木生长健壮，无病虫危害、无机械损伤，叶色正常，叶片排列整齐、分布均匀，树形端正、木质化程度高，花色纯正、浓香，无退化现象。

6.3 形态指标划分标准

6.3.1 '潢川金桂'幼苗等级划分标准（见表 11-1）。

6.3.2 '潢川金桂'成品苗等级划分标准。（从略）

7 包装

土球直径 10cm 以下的，用塑料绳或塑料袋包装；土球直径 10~80cm 的，用草绳包装，草绳包装要紧、实、满，要包至树干第一分支点处；土球直径特大的，应用木箱包装。

8 运输

'潢川金桂'以散装汽车运输为主。装车前要认真查验所运苗木的规格、数量、质量，无误后再装车；装车采用人工、机械两种方式，装车时应放稳、垫牢、挤严土球，码放的土球层不宜过多；在长途远距离运输中要用苫布盖严苗木，运输途中应多次停车察看。

（本章编写人：杨康民）

第十二章　桂花的栽植和管理

　　根据杨康民等（1988）的调查研究，我国黄河以南共有14个省区（包括江苏、浙江、安徽、江西、福建、湖南、湖北、四川、贵州、云南、广东北部、广西北部、河南南部和陕西南部），分布有自然生长的桂花，是桂花的适生带。这些地区水热条件较好，基本上能够满足桂花生长发育要求，可以进行露地栽培桂花。特别适合以采花和深加工为主的桂花产业园和以休闲旅游为主的桂花观光园的建设。但是，如果要想把上述地区整个"面上"桂花栽培工作全部做好，包括各名胜旅游景点、主题公园、居民区、医院、学校、宾馆、别墅等这些"点上"桂花栽培工作搞好，还必须全面贯彻以下栽植点位上局部环境条件的六大择优选择。

一　栽植园地的选择

（一）丘陵山区比平原地区适宜

　　桂花开花要求入秋后有一段白天晴朗、夜晚冷凉兼有雨露滋润的生态条件。在桂花适生的海拔高度范围以内（北亚热带海拔700m以下，中亚热带海拔1000～2500m），只要是群山环抱、峰峦起伏的丘陵山区，就有桂花适生的小气候条件。

　　此外，山区土壤质地偏砂壤，多呈酸性或微酸性反应，排水条件良好，有机质含量一般较高，桂花生长发育良好。而在平原地区，土壤质地黏重，大多呈中性或微碱性反应，地下水位偏高，排水不够通畅。一遇涝渍，桂花根系就要发黑腐烂，叶片也要枯黄早落，从而影响翌年的正常开花。说明山区土壤条件明显优于平原地区。

（二）郊区比市区适宜

　　郊区空气清新，粉尘污染少，叶面清洁光亮，光合效率高。园地土壤少受践踏，通透性良好。在这样良好环境条件下生长的桂花，枝叶繁茂、开花甚多。而市区则空气混浊，工业三废多、污染严重，叶面蒙尘厚、光合效率差；园地土壤板结明显、通透性不良，常有烂根现象。致使桂花枝叶稀疏，新梢短，叶片少，枯梢多，经常不能开花或很少开花。

　　据朱文江等（1983）在上海市区的调查（见表12-1）：位于闹市区的人民公园和漕溪公园沿马路一带，桂花都不开花；而开花较正常的桂林公园和漕溪公园内园，大多处于污染较少的环境。由此可知宜选择在低污染地区种植桂花，低污染的标准建议为：月降尘量小于20t/km²。

（三）通风透光比郁闭阴暗适宜

　　桂花是阳性树种，除幼树比较耐阴以外，成年桂花非常喜好阳光。笔者等（1984）曾在上海市桂林公园，对桂花正常生长发育所需要的光照强度进行过测定研究（表12-2）。结果表明：在土壤条件和抚育管理措施基本一致的条件下，以空旷地为100%对照的相对光照强度在60%以下时，桂花各生长发育指标依次变劣，树冠明显稀疏，自然整枝强烈，抽梢短，标准梢的平均节数、叶片数和腋花芽数也较少；当相对光照强度在60%以上时，桂花的生长势显著加强，树冠圆整，枝叶茂密，叶片大而厚实，腋花芽数量多且饱满，开花繁茂。观测数据还进一步表明，就营养生长而言：相对光照强度宜保持在60%～70%；超过70%，营养生长虽稍逊，但生殖开花则更好。这对国内南方某些公园，桂花定植多年，枝叶重叠交错，开花逐年减少，但仍不进行疏移管理来说，应有所启发。

表 12-1　月降尘量对桂花开花的影响

公园名称	园内地点	月降尘量 (t/km²)	不开花植株 (%)
人民公园	沿马路一带	76.39	100.0
	内园	30.45	78.8
漕溪公园	沿马路一带	105.04	100.0
	内园	19.20	54.5
长风公园	桂花亭	51.28	76.0
	内园	31.65	61.1
	2 号厅	18.38	19.8
蓬莱公园	内园	37.15	100.0
桂林公园	内园	14.64	3.7

（朱文江、邱培浩，1983）

表 12-2 '金桂'和'晚银桂'在不同光照强度下的生长发育情况（杨康民、赵小梅，1984）

品种	标准株号	相对光照强度（%）	新梢生长发育情况（10 根标准主梢的平均值）			
			平均长度（cm/梢）	平均节数（节/梢）	平均叶片数（片/梢）	平均腋芽数（数/梢）
'金桂'	18	8.6	3.9	3.7	4.8	8.8
	19	35.4	9.6	4.5	6.7	13.9
	20	42.5	11.8	5.3	7.5	15.2
	21	56.2	14.5	5.5	8.5	24.6
	22	60.2	15.7	5.6	8.8	25.0
	23	68.9	10.9	5.2	7.5	24.4
	24	74.2	8.5	4.6	6.0	24.7
'晚银桂'	1	9.4	4.9	2.6	3.7	7.4
	2	21.9	9.2	4.2	5.9	19.1
	3	30.2	11.1	4.5	6.1	21.3
	4	51.6	16.6	5.8	7.8	25.7
	5	64.2	12.7	5.1	7.0	26.3
	6	77.8	8.4	4.4	4.7	27.7

观测地点：上海市"桂林公园"

表 12-3 不同光照条件对'晚银桂'产量的影响（杨康民、侯治华，1983）

树 号	相对光照强度（%）	单株产花量（kg）	产量指标（%）
1273	69.3	11.0	100.0
167	48.4	8.5	77.3
1326	22.2	6.0	54.6
170	9.8	4.0	36.4

观测地点：苏州光福镇窑上村小站头

表 12-4 地下水位高低对'金桂'生长发育的影响

地下水位 深度（m）	分枝力（个/母梢）	新梢生长发育情况（10 根标准主梢的平均值）			
		平均长度（/梢）	平均节数（节/梢）	平均叶片数（片/梢）	平均腋芽数（数/梢）
1.2~1.5	1.1	10.2	5.7	6.9	18.3
0.9	1.0	6.2	5.2	5.9	12.7
0.6	1.0	2.7	3.4	3.7	6.0

观测地点：上海市康健公园

表 12-5 地面铺装不同情况对'金桂'生长发育的影响（杨康民、张秀龙，1984）

铺装情况	分枝力（个/母梢）	新梢生长发育情况（10 根标准主梢的平均值）				
		平均长度（cm/梢）	平均节数（节/梢）	平均叶片数（片/梢）	平均腋芽数（数/梢）	开花率（%）
裸地，没有铺装	2.3	11.3	4.4	6.6	10.9	32.3
一半地坪面积用水泥铺装	1.5	6.9	4.0	5.5	8.8	16.0
全部水泥铺装只留树口未铺	1.0	6.6	3.8	5.4	7.8	0.0

观测地点：上海市漕溪公园

关于不同光照强度对单株桂花产量的影响，笔者等（1983）在苏州光福镇窑上村进行过测定（表12-3）。当立地条件和抚育管理措施均基本相同，以空旷区光照为100%对照，相对光照强度仅10%左右的阴暗处桂花单株产花量只有4kg；随着光照强度的增加，单株产花量也依次上升为6.0kg、8.5kg和11.0kg。这也从另一侧面提示：桂花产业园应在建园伊始，充分考虑并制订出桂花园的初植密度和调整后的定植密度。如果没有调整计划，初植密度就是今后的定植密度，则更要慎重决策。

（四）深厚土层比浅薄土层适宜

桂花每年要吸收大量养分提供给它生长和开花的需要，只有深厚土层才能满足这一要求。有时种植桂花的土层并不一定十分浅薄，但因地势低洼，地下水位很高，土壤空隙充斥水分，通气不畅，氧气缺少，可利用的土层容积大为减少，深厚土层也就会变为浅薄土层而难以开发利用。1983年，笔者等在上海市康健公园（现今科普公园），对早年栽植在低湿地和其后部分移栽到高地处的桂花，分别进行了观测研究（表12-4）。测定结果表明：桂花种植地的地下水深度一般应为1.0～1.2m，不宜太浅，桂花才能生长发育良好。

（五）地面无铺装比有铺装适宜

地面无水泥铺装或只用砖块或卵石铺装的园地，其土壤通透性良好，绝大部分降水能由园地土壤孔隙或砖石缝隙中渗透到土壤深层中去；土壤空气能适当流动，根系可以很好呼吸不致氧气缺乏；肥水管理也能够比较正常的进行；因此桂花生长发育较好。相反，用水泥或沥青作为铺装材料的园地，则土壤处于全封闭状态。不仅降低了土壤的通透性，影响到土壤养分的释放和补充，而且还使局部小气候条件变得十分恶劣。贴地层气温升高，湿度降低，地面辐射增强，尘埃增多等现象相继出现，使桂花生长明显衰退。沥青铺装材料还直接对桂花根系有毒害作用。

1984年，笔者等在上海市漕溪公园，曾对桂花园地的铺装问题，进行过研究（表12-5）。在土壤容重、有机质含量和酸碱度值相对一致的条件下，测定结果：没有铺装的园地，桂花生长良好，开花繁多；全部用水泥铺装的园地（只保留30cm直径的树口裸地面积），桂花生长明显衰退，表现为叶色灰绿，新梢很短，枯梢严重，根本不能开花。为了保证桂花的正常生长发育，至少应保留树身周围直径1m以上的地坪面积不能铺装，以便提供桂花根系生长所需的营养面积。

（六）园地有围护比园地无围护适宜

使用竹、铁栏杆或绿篱、灌木带围护的园地，能保护桂花周围的地面，防止游客践踏破坏土壤，是保证桂花正常生长发育的关键性管理措施。特别是在雨天，践踏园地能使土壤板结，增加土壤容量，遏制土壤微生物活动，桂花长势也就随之衰退。国内有的公园设计用草花带或花灌木带来隔离游客，保护桂花园地成效显著；但有个别旅游景点在桂花老林下安排桌椅，满足游客饮食休息之需，则有碍桂花生长发育，应作调整。笔者认为，桂花园地采用栅栏、绿篱围护，或采用草花带、花灌木带使其与外界隔离，非常有利于桂花的健壮生长；而深翻林地、增施有机肥料、及时松土除草等，更是改善土壤团粒结构和促进桂花生长的重要管理措施。

综上所述，如能在种植桂花前慎重选择栽植园地，优先在南方、山地、郊区和土层深厚的地方发展桂花生产；在定植后加强科学管理，注意通风透光、合理铺装和护围桂花园地等，创造一个良好的自然环境，才能使桂花成活良好、生长健壮、开花繁茂、稳产高产。

二　栽植园地的整理

南方各地栽植桂花的土壤条件复杂多样：既有秃山荒地，也有平原沃土；在城市园林中还可遇到堆满建筑垃圾等各种问题。故应考虑进行严格而又细致的整地工作。

（一）整地季节

整地季节的早晚，直接影响整地质量的好坏。在一般情况下，应及早进行整地，以便充分蓄水保墒，并可保证桂花栽植工作的及时进行。一般整地工作应在栽植桂花前3个月或更早的时期进行为妥。以春植为例，整地宜提早在前一年秋季进行。谚语称："秋季翻金、冬季翻银、春季翻铜"，正说明了提前整地的必要性。如果现整现栽，土壤未经充分熟化，栽植效果将会大大降低。但如果是沃土熟地，则可不受此限。

（二）整地方法

根据地形和地物情况的不同，整地方法也各有以下不同形式。

1.坡度平缓（8°以内）地块

如是耕地，可实行全面整地，翻耕30cm深，以利于蓄水保墒、消除杂草和改良土壤；如是荒山草坡，应先清理地面，清除灌丛和宿根杂草，平整好起伏不平的小地形，然后再进行全面整地；如在庭院和风景名胜区栽植桂花，整地初期就要用十字镐等工具，将石灰渣、砖瓦等建筑垃圾加以清除。如因挖除建筑垃圾而严重缺土的地方，则需换填肥土，以利桂花栽植。

2.坡度中等（8°～12°）地块

如原是耕地、草坡或荒山，为了减免水土流失，可按设计要求进行局部水平带状整地，然后栽植桂花。

图12-1 桂花水平梯田种植图

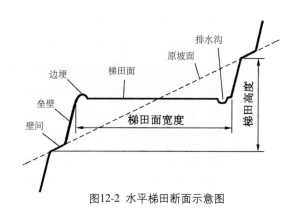

图12-2 水平梯田断面示意图

3.坡度陡峭（12°～25°）地块

在坡度比较陡峭、土层又不太薄的地方，应该应势利导，修筑水平梯田。水平梯田是山地发展桂花种植园的最好整地方法，也是增厚土层、提高肥力、防止冲刷、便于灌溉，有利桂花生长的重要工程技术（图12-1、图12-2）。修筑此项工程的基本要求是梯面等高水平和能灌能排。根据梯田外壁材料的不同，可以分为石坝、土壁和草皮三种不同类型的梯田。

(1) 石坝梯田。梯田外壁用石头砌成。砌时，要求大石头砌外，小石头填里，梯田壁稍倾斜，坡度保持在75°左右，以防崩塌。如果当地大石头多，为了充分利用土地，梯田壁也可以用大石头垂直堆砌而成。

(2) 土壁梯田。梯田的外壁用土筑成。梯壁坡度以50°～65°为宜。土壁梯田的壁面易被雨水冲刷，应种植矮生的草皮保护。有的地方还有用来种植经济作物茶树。

(3) 草皮梯田。梯田的外壁用草皮堆成。梯壁宜有50°～60°的坡度。草皮梯田较适用于荒草较多的地方，也可以用来种植茶树等多年生经济作物。

梯田外壁筑成后，可先把坡面上的表土（较肥沃）集中在一边先不动，然后从梯田的上侧往下侧堆土，逐步取平田面（由于梯田外侧田面的土壤因堆土关系比较疏松，日久会慢慢下沉，所以外侧填土应比内侧多些）。在梯田田面拉平后，再把原先放置在一边的表土，回铺到梯田面上，以备栽种桂花。同时，在梯田面上的外缘处，设一条宽约50cm、高约10cm的小土埂，以截留梯田面上的径流；另在梯田面上的内缘处，离开上一级梯田壁下约20cm地方，挖一宽约50cm、深约30cm的排水沟，以排除梯田面上过多的积水。梯田修筑好以后，就可在靠近梯田面外侧的1/3的地方栽种桂花，把桂花定植在梯田外侧深厚土层上。这里肥力较充足，光照条件也好，能使桂花生长良好。

三　桂花的栽植

（一）栽植季节

桂花在长江以南地区一般进行秋植，以10月上旬至11月中旬进行为宜。秋植的效果比春植好，因为秋植后能很快恢复扎根，根部伤口愈合良好，到翌年春季发芽后，能赶上生长季节，生长条件比较优越。在较寒冷的长江以北地区，则以2月中下旬至3月上旬春植效果较好。春植无冰害之虑，较安全可靠；而秋植则带有一定的风险，如遇秋旱或冬季严寒，当年不能恢复扎根，桂花往往要冻死；或造成大量落叶，以致推迟几年开花。

（二）栽植密度

桂花的栽植密度也就是株行距的大小应该根据栽植目的和苗木的大小来决定。

城镇园林绿化，如果引种的是中等规格的苗木（苗高2～3m、冠幅1.0～1.5m），其初植密度可设计为2m×2m或2m×3m。栽后8～10年期间内，再间移1次改为4m×4m或4m×6m。采用这种相对密植、定期疏移的办法，可用于培育绿化大苗，是一举两得的好事。至于发展山区经济，筹建产业园进行采花生产，多半引种的是小规格苗木，则可参考投产树龄冠幅的大小和间种植物种类来决定其合理的株行距。以苏州光福桂花产区为例，依据坡位和土壤肥瘠度的不同，分别设计：上坡肥沃度较差处的种植密度为4m×4m/亩（每亩种42株）；下坡肥沃度较好处的种植密度为5m×5m/亩（每亩种27株）。3～5年内，种植园内间种农作物或耐阴花灌木以短养长；种植园投产后，就专心养花，不再进行其他经济作物生产。

（三）栽植技术

包括起苗、包装、运输和栽植等相关配套技术。按采购的苗木的大小不同，其技术也各自有异，现分析其特点与要求如下。

1. 小苗栽植技术

桂花1～2年生小苗因根系不够发达，往往带不上土球很容易成为裸根苗。在长途调运或邮寄这些裸根小苗时，要求做好苗根保护以及苗木包装、运输和种植4项工作。

（1）苗根保护。可依据运程时间长短的不同，分别采用两种不同方法。第一，运程时间1天以内，可在起苗时保留苗木根际部分宿土（俗称"护心土"），并用农膜或无纺布包裹保护好这些宿土，当天运抵目的地栽植。第二，运程时间1天以上，过去通常采用打泥浆办法保护裸根，现在应用较多的是水凝胶蘸根法来保护裸根。水凝胶是一项保护苗木根系活力的新技术。方法是将一定比例强吸水性高分子树脂（简称吸水剂）加水稀释成凝胶，然后把苗根浸入，使凝胶均匀附着在根系表面，形成一层保护膜，可起到防止水分蒸发，保护苗根活力的作用。

（2）包装材料。要求具有取材方便、质地牢固、能保持湿度等特点，如竹筐、蒲包和稻草等。不论用哪一种材料包装，裸根苗木的根部最好都衬以青苔和水草等物，使其不致失水干燥，再用厚实农膜包裹好苗干，只留顶

梢在外以利透气。

（3）运输途中要随时检查。如发现苗木包内温度升高发热，应及时松绑洒水、增加湿度、降低温度、防止烧苗。在装卸苗木时，要注意轻装轻卸，防止枝条折断和根部泥土散开。20世纪90年代以来，人们发现钙塑箱是贮运桂花小苗的最佳材料。不仅轻便、坚固耐用，而且具有很好的保湿、防水和防热的性能，尤其是打有通气孔的钙塑箱更为适用。用它直接在苗圃地包装苗木，再用隔热集装箱运输这些苗木，能减少损耗并提高苗木栽植成活率。

（4）苗木送抵目的地后，应及时解除包装材料，将苗木放在庇荫处，检查根部湿润情况。如果保湿情况良好，可以随即栽植。但如果保湿情况不佳、发现根系干燥失水时，可用50～100mg/L生根粉和以多菌灵800～1000倍混合液，对苗根漫浸数小时后，再行栽植。

裸根小苗的种植技术特别重要。正确的挖穴和种植要求是：树穴的上下口径基本一致，根系自然舒展，根颈部位应保持略高于地平面为宜（图12-3）。

2. 大苗栽植技术

桂花大苗和桂花大树植株高大、枝叶繁茂、根系发达，为了保证栽植成活必须带好符合规格要求的完整土球，同步完成以下挖、吊、运、栽多项工作任务。

（1）在起苗前的1～2天内，根据土壤干湿程度，对桂花大苗或大树进行适当浇水，防止挖苗时因土壤过干而使土球松散。此外，因植株较大，作业前应将树冠分

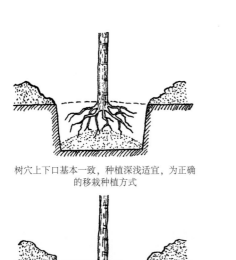

树穴上下口基本一致，种植深浅适宜，为正确的移栽种植方式

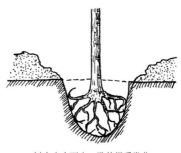

树穴上大下小，致使根系卷曲

种植太深

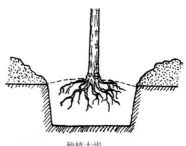

种植太浅

图12-3　正确与不正确的种植图

表 12-6　栽植不同干径桂花要求相应规格的土球直径和土球厚度（高度）（何成俊，2010）

土球规格	树干直径 10cm	树干直径 12cm	树干直径 15cm	树干直径 20cm	树干直径 25cm	树干直径 30cm
土球直径 (cm)	80	100	120	120	150	180
土球厚度 (cm)	60	75	90	90	115	135

股进行收扎，缩小树冠伸展面积，便于挖掘土球和防止枝条折损。

(2) 起苗前以及种植后还要求对大苗或大树进行修剪。起苗前第 1 次修剪约剪去应修剪量的 2/3，目的在于减少树体的水分消耗，保证植物栽植成活；种植后的第 2 次修剪约剪去应修剪量的 1/3，目的是进一步整理好树形，提高种植后的景观效果。结合树体修剪，掘后种前还应该附带修整毁损的根系和清除腐烂的根系。修剪后的枝条和根部伤口，用伤口涂补剂涂抹，使伤口能够最快速度愈合，兼有消毒灭菌作用。

(3) 为了避免阳光直射和干风吹袭树身，减少干枝水分蒸发，兼可杜绝在运输过程中桂花可能遭遇到的各种磨损伤害，应该预先用浸湿草绳对桂花大苗或大树主干进行包裹。即将草绳的一端扎在树干基部，然后自下而上将主干连同主侧枝，用草绳围绕缚紧，草绳外面再用无纺布或农膜包套。草绳、无纺布或农膜栽种后也可短期保留，冬可御寒、夏能防晒，一举两得。

(4) 据何成俊(2010)研究，干径 < 20cm 的桂花大苗，其土球直径应为其干径的 8 倍；干径 > 20cm 的桂花大树，其土球直径应为其干径的 6 倍。另土球厚度为土球直径 3/4 (表 12-6)。

为了方便挖球操作，可先在议定土球直径的外侧，垂直挖掘宽约 60cm 的环状作业沟。挖球时遇到较粗侧根，要利锯加以锯断，不能用铁锹硬扎，防止根端劈裂或土球松散。挖到接近土球规定厚度时可转而由上往下修圆土球，并逐步收缩向内收底断根，推斜修成小平台，方便土球包装。

(5) 无论采用何种方法来包装土球，首先要打好腰箍。打腰箍的方法是：用一根长约 10cm 的枝桩，打入土球上部适当位置，然后将草绳的终端系在枝桩上，一圈一圈地进行横向捆绕土球。绕扎时要将草绳拉紧，同时用木槌锤打草绳，使草绳嵌入土球表层，不使其松散脱落。各圈的草绳间应紧密相连，不得留有空隙；至于草绳的圈数亦即腰箍的宽度，应视土球的大小而定 (图 12-4)。

(6) 土球的包装方法。应随桂花植株大小、泥团土质的紧松程度以及运途的远近不同而定。一般桂花大苗、黏土或近距离运输的可用较简易的"井"字或五角包；

桂花大树、松土或远距离运输的则应该选用较为复杂和牢固的网络包。

"井"字包。先将草绳的一端结在腰箍的枝桩上，然后按照图所示顺序进行包扎。先由 1 拉到 2，绕过土球的下面拉到 3，再拉到 4，又绕过土球的下面拉到 5。这样包扎后就成为"井"字包 (图 12-5)。

五角包。先将草绳的一端结在腰箍的枝桩上，然后按照图的包扎顺序进行包扎。先由 1 拉到 2，绕过土球底，由 3 拉上土球面到 4，再绕过土球底，由 5 拉到 6，如此拉紧包扎即成五角包 (图 12-6)。

网络包。方法同前，也是先将草绳的一端结在腰箍的枝桩上，依图的包扎顺序 1 → 5 由土球面拉到土球底，从正对面再绕上来，在土球面绕过主干，又绕到土球底……如此连续包扎拉紧，直到整个土球均被草绳交叉包扎，就形成了网络包 (图 12-7)。

(7) 土球包装好后应及时启运。启运桂花大苗可用人力协助装车。事先在土穴移出苗木的一面开好斜坡口，方便人工挪抬苗木出穴。其后吊运大苗时，绳索应兜套在土球下方，以免树皮受损或造成土球散落 (图 12-8)。

启运桂花大树，因土球过重，常使用吊车。应事先计算出土球的重量，以便安排相应的起重工具和运输车辆。土球重量可按下列公式计算：

$$土球重量 = 土球直径的平方 \times 土球厚度 \times 土壤容重$$

图12-4　起苗时先用草绳打好腰箍（张林提供）

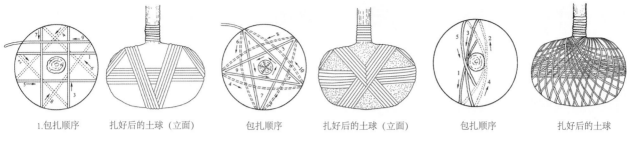

1.包扎顺序　　扎好后的土球（立面）　　　包扎顺序　　扎好后的土球（立面）　　　包扎顺序　　　扎好后的土球

图12-5　"井"字包示意图　　　　　　图12-6　五角包示意图　　　　　　图12-7　网络包示意图

根据上海市园林绿化建设公司的经验（2003），土球直径＞ 80cm，要用宽 10cm 以上的吊带兜土球。吊装方法是用吊带打成"O"字形的油瓶结，托在土球下部；然后在树干上方打活扣呈 75° 起吊。吊带长 3 ～ 4m，两端有尼龙丝织成的圆环套，不会像钢丝绳那样容易磨损树皮。

（8）为了减轻苗木装卸折腾与损失，一般桂花大苗或大树用加长货车装运。应将植株根部朝车辆前进方向搁置；如需将部分树冠或树干支架在车后挡板上时，应在其下方衬以稻草等软质垫物，并用绳索缚稳，以防干枝摩擦挡板，树皮受损；土球两侧则须加以固定，以防土球滚动碰撞松散。如果运苗车辆是敞篷货车，需要备妥遮阳网和防雨布，减少苗木遭受风吹、日晒或雨淋带来的损失。到达目的地后，应按事先约定的位置，将桂花吊卸在栽植点现场，随即用遮阳网将土球覆盖好，并要求及时栽植。

（9）种植桂花一般挖穴直径应较土球大 0.3 ～ 1.0m，以便种植时在土球周围加土捣实，使土球与穴土密切结合。挖穴掘出的土壤，表土和心土应分别堆放在树穴两边。树穴挖好后，应先施下基肥。基肥一般以腐熟厩肥或经过风化的河泥较为适宜，每穴施入 10 ～ 15kg，可促进桂花及早恢复生长。穴底施入基肥后，再填入一定厚度的表土，不让基肥与土球根系直接接触，防止烧苗。另外，在开始填土种植时，还要多回填点表土，使树穴中央略成小丘状突起，保证疏松的底部穴土能与此后栽下的土球紧密结合。

栽植桂花时，可将桂花安放在栽植穴内，把树冠最丰满的一面朝向主要观赏方向，然后把包扎土球的草绳自下而上、小心地加以解除；如果土球质地松软，为了防止土球解体，压在下面的草绳等包扎物可以不取出，但应予剪断，剪断部分拿走。然后向穴内加填土壤，先填较肥的表土、后填心土，每层填土的厚度不得超过 20cm，并要求分层填土捣实，并浇足透水。

桂花栽植地点如果在高地，根颈可与原来的土痕相平或略高些（即土球放置在挖好的树穴内，与穴面取平或略高些）；栽植地点如果在平地，则在开好步道沟的基础上，栽植深度应更浅，土球只进入树穴的 2/3，留在穴外 1/3 厚度的土球则应随堆园土覆盖。桂花忌水湿，浅栽有利排水，可防日后树穴积水烂根（图 12-9）。

（10）桂花栽植后，可在植株堆土区范围内，铺盖一层白色或黑色地膜。既可保持土壤墒情，又能防止杂草滋生，从而可以大大节约浇水和除草劳务工本。经验证明：黑色地膜比白色地膜防草效果更好。平时浇水施肥无须揭膜，可在预留口进行操作（图 12-10）。

（11）为了防止桂花大苗或大树栽植后遭受风吹摇摆，而影响其扎根成活，常用以下两种方法加以支撑稳定。其一，正三角形三桩支撑。本法常用于林地或苗圃，占用土地面积较大，但却是一种最有利于桂花栽后稳定的一种支撑办法。即在桂花植株周边正三角方位，面向树身方向各斜打下一根地桩。三根地桩共同汇聚到树身高度 2/3 处成为支撑点，同时加垫麻皮或无纺布等保护层，防止树皮磨损（图 12-11）。其二，正方形四桩支撑。本法常用于景点路旁种植，占用土地面积较少，比较美观，方

图12-8　吊运苗木时注意绳索兜底并安排工人托扶树冠（张林提供）

图12-9 平原地区要求开沟堆土种植桂花，防止植株水渍烂根（张林提供）

图12-10 堆土区铺盖地膜既保湿又可防草荒（张林提供）

图12-11 正三角形三桩支撑（张林提供）

图12-12 正四方形四桩支撑（杨华提供）

便行人或车辆通行，但耗用材料比较多。其法是先在桂花植株外围正方形四个方位，不破坏土球完整距离处，近垂直状态各打下一根地桩。四根地桩共同汇聚到树身高度适宜处待命。继用四根短桩夹持树身（裹有草绳保护层），在树高1/2处用铅丝扎成为一个"井"字形的支撑架。再用铅丝分别将四根地桩与支撑架绑扎固定好（图12-12）。

（12）如果是反季节栽植，应在桂花大苗或大树栽植后一段时间内，每天中午前后向树冠喷水2～3次，以叶面湿而土面不湿为度。如果条件允许，还应在大苗或大树上方，架设网架，上铺不贴靠树冠的遮阳网。这能有效地减少叶面的蒸腾量和增加空气相对湿度，确保大苗或大树栽植成活。

桂花大苗尤其大树在其种植成活后，往往要经历2～3年、甚至5年之久的缓苗返青期，才能恢复其原有的生长速度和外貌。这主要由于以下两方面因素所造成。第一，大树的年龄较大、生长势较弱，挖掘和栽植桂花大树的过程中，损伤的根系恢复较慢，给之后生长带来一定困难。第二，大树有效吸收根绝大部分都集中在树冠投影

附近。而种植大树时，所带土球不可能这么大，绝大部分有用的吸收根都在挖苗时给抛弃掉了。针对此存在问题，可先期采用"缩坨断根"办法来解决。

"缩坨断根"的具体做法是在种植前2～3年的春季或秋季，以相当于树干直径约5～6倍长度，标出圆形的断根范围。然后以树干为圆心，在断根范围外侧，挖一圈宽30～40cm、深50～60cm的环土沟。挖掘时，如碰到直径＜5cm的侧根，要用锋利的手锯齐平内壁锯断；如碰上直径＞5cm更粗的侧根，为防止大树倒伏，一般不锯断，而在土球边壁进行该根段环状剥皮（宽约10cm），并涂抹生根粉溶液，以有利于促发新根。沟挖好后，先表土、后心土，将原来穴土回填到沟内，分层夯实，并浇足透水。较难移植的桂花大树，断根工作还可分两年进行，第1年春季，在相对的两地段上挖沟；第2年春季或秋季，再挖其余的两地段，分两年断根后再栽植。此时，土球内侧早已生长出稠密的吸收根，挖球时根系损伤少，故成活好、恢复生长也快（图12-13）。

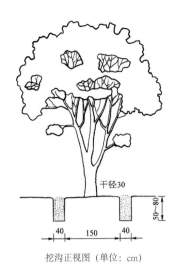

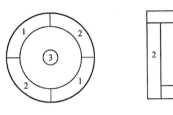

挖沟俯视图
1和2分别表示第一年挖、第二年挖，3为桂花植株

挖沟正视图（单位：cm）

图12-13　桂花大树"缩坨断根"示意图

四　栽植后的抚育管理

（一）幼林的抚育管理

桂花幼林的抚育管理措施是指在桂花小苗栽植后至花前这一阶段时间里所进行的各项抚育管理工作。其任务是创造优越的环境条件，满足幼林对水、肥、气、光、热的要求。使其达到较高的成活率和保存率、快速生长，进而为桂花的速生丰产奠定良好的基础。因此，主要应从土壤管理入手，通过深耕扩塘、松土、除草、施肥和林地间作等措施，改善土壤的理化性质，排除杂草及灌木对桂花的竞争。与此同时，还要求对桂花本身进行必要的调节和保护，如整形修剪和病虫害防治等，使桂花快速健壮地成长。现分述各项措施与要求于下。

1. 深耕扩塘

桂花小苗定植成活以后，应逐年深耕扩塘。第1年在原栽植穴以外深耕扩塘，深度在50cm以上，以后逐年扩大深耕范围，加深耕翻深度。深耕扩塘一般常在晚秋季节进行，结合施用有机肥料，不断熟化土壤，提高土壤肥力，满足桂花根系扩展的需要。翌年早春，在桂花萌芽前，再进行一次浅耕，深度为15～20cm。

土壤比较黏重的桂花产业园，在深耕的同时，要注意施入作物秸秆和枯枝落叶，以增加土壤有机质，改善土壤团粒结构；或施用塘泥，猪、羊、兔、鸡、鸭粪等，既可提高土壤肥力，又可改良土壤。

土壤过于黏重的桂花产业园，或地表以下有黏盘层的园区（这在种植水稻地区经常见到），不宜局部深耕，以防积水成涝，造成烂根。应进行全面深耕，促使深耕部分互相连通，便于排水。

2. 松土除草

中耕除草可以破除地表板结硬壳，保持土壤疏松，改善土壤水分和空气疏通；调节土壤的温度与湿度，促进土壤微生物的活动，加速土壤中的养分分解；排除杂草与桂花幼树争夺水肥；同时还可以消除部分病虫害。从而为桂花的生长发育创造良好的生长条件。

根据新栽桂花植株的大小，在根际50～100cm的土壤范围内，要经常松土除草。可重点安排在春夏期间桂花第2次生长高峰期即将来临之时进行。

松土除草工作宜选择在天气晴朗或雨过初晴以后，土壤不潮湿和不黏结时进行。注意松土除草时，不可锄伤桂花树皮或折损枝条；地面上的瓦砾和石块等要及时耙出，运往林外或挖穴掩埋。此外，桂花植株附近的大灌木可适当保留，以利侧方庇荫；但要注意防止灌木上方荫蔽而影响桂花幼树的生长。

我国南方地区，在伏旱少雨季节，可将中耕除下的杂草，平铺在距离树干基部3～5cm处的周围，上面再覆盖一层3～5cm厚的松土。如此，既能保持土壤中空气和水分的通透，又能隔断土壤水分的毛细管作用，起到明显的抗旱效果。杂草腐烂后，又可以充作肥料。旱季过后，再将培土耙平。杭州风景林养护常采用此法抗旱，称之为"双层培土抗旱法"。

桂花幼林松土除草工作过去多依靠人工进行。近年因劳务成本增加，各地多改用化学除草方法，配合人工除草。

3. 浇水与排水

新栽的桂花树，特别是栽植后的一个月内，要根据天气状况和立地条件，适时进行浇水，每次浇水都要浇透。浇水前应先松土，作好围堰（水穴），然后进行浇水作业。不允许引用有毒污水来浇灌桂花。使用水泵抽引河水浇灌时，不要把桂花植株根部的泥土冲掉。

在梅雨季节和久雨、暴雨之后，要及时检查并做好开沟排涝工作，以保证桂花幼树的正常生长。多年来工作实践表明：在排水不通畅的低洼地方，桂花生长不良，根系发黑腐烂，叶尖黄枯现象严重，均为涝渍危害所致。

4. 合理施肥

根据目前国内的条件，桂花林地施肥应以农家有机肥料为主，如厩肥、饼肥、堆肥及其他各种杂肥等。使用农家腐熟的猪壅最为经济有效并且方便。

桂花树在栽植后至始花期前，施肥管理的重点在于薄肥勤施。全年施肥3次：第1次在入冬前，以猪羊壅、优质河泥等作为基肥，在树冠外围开环沟施入，引导根系深扎土层；第2次在早春萌芽前施入，用腐熟的豆饼、猪壅和鸡粪等兑水施用，促进春梢旺盛生长；第3次在6月底至7月底间进行。后两期施肥或以速效性氮肥尿素化肥为主、配合磷钾肥料，促进夏梢和秋梢生长，增加分枝数和枝叶数量，对桂花加速成型极为有利。新栽的桂花苗木，应适当推迟施肥。

施肥要选择天气晴朗、土壤干燥时进行。由于桂花苗木吸收养料和水分全在树冠外围的须根部位，因此宜在冠径投影外圈挖掘施肥沟。沟深可视根的深度而定，一般能有1条间断深20cm的环沟便已足够。施肥时，肥料不能与枝叶接触，也不能与粗根和须根直接接触。施肥后要求覆盖土壤，并同时平整好地面。种植在草坪上的桂花，施肥可用穴施，也可以先把施肥地点的草皮铲起，施好肥后再把草皮重新铺好。

5. 整形修剪

幼龄桂花具有旺盛的生长势。除了枯枝、病虫枝和损伤枝等应及时修剪以外，一般不宜强修剪。修剪时切口要平滑，以利愈合；同时要求从树冠的上部开始，逐步向下修剪，使操作便于观察和进行。如要培育桂花独干苗，应及时除去桂花根基和主干上的萌蘖，并设立支柱来扶直主干。除萌工作宜在苗期即开始进行，特别要注意应及时除去嫁接苗砧木上的萌蘖，防止砧木萌条喧宾夺主，发生死苗现象。

6. 林苗间作

新定植的桂花园地需要5～10年时间，才能开始采

图12-14 长短结合，林苗间作（张林提供）

花投产。可在始花期以前间作耐阴花灌木，长短结合，化解种植初期的融资困难。例如，苏州光福桂花产区花农，他们在 4m×4m 或 5m×5m 株行距的桂花种植园内，插种棕榈、瓜子黄杨或八角金盘等耐阴花灌木 3～5 年。如果种植的主栽品种是'晚银桂'，或桂花林下种植的是更耐阴的洒金东瀛珊瑚苗木，则种植年限还可延至 8～10 年。这种林苗合作运行的经营模式，近期有林下苗木出售收入，后期又有稳定的采花收益，值得提倡推广（图 12-14）。仿此，还可以进一步开展林禽、林粮、林菜、林药材和林香料植物结合等经营活动。

（二）成林的抚育管理

经过前期的幼林抚育管理，桂花种植园逐步进入到投产收益阶段。此时应采取集约的经营方式，实行精耕细作。技术措施基本上可参照果园的经营管理办法来进行。

1.深耕培土

在桂花产区，每年桂花采收后，可在树冠下，先培 20～30cm 厚的客土，然后用两齿锄在树冠下逐层深翻，以便肥料与土壤均匀结合。把表层土进行深翻和培铺新土，有利于桂花根系的生长发育。有条件时，可在地面上再铺盖一层稻草或山草，以减少雨水对林地表土的冲刷。

公园、庭院以及风景区栽植桂花，以孤植、对植或丛植为主，土壤管理的重点是深耕扩塘，熟化土壤，保持树盘范围内土壤疏松、通气、无杂草。有条件时在树盘四周种植石菖蒲、麦冬、葱兰、萱草、石蒜、红花酢浆草等地被植物，既可提高观赏效果，又可防止践踏破坏林地。

2.中耕除草

桂花林地全年中耕除草的次数，应根据当地的雨水情况、杂草繁茂程度、劳力成本以及管理水平来决定，一般全年共进行 2～3 次。中耕除草时应注意植株基部宜浅、树冠边缘宜深；秋季宜浅、春季宜深。中耕深度一般为 10～15cm，并应同时将桂花四周杂草以及攀缘在树冠上的藤蔓类植物清除干净。桂花成林中耕除草工作，应以机械为主、人工辅助方式进行，以节约运营成本。

3.灌溉与排涝

桂花园地在多雨季节，不需要浇水。但如遇上高温久旱的天气，还应进行防旱浇水工作，否则就会出现夏季落叶现象。梅雨季节和台风天气另需注意排涝。

每年 6～8 月是桂花花芽分化发育时期，此时浇水不宜过多。9 月上中旬，桂花的花芽进入开花前夕的圆珠期，这时宜保持土壤湿润，需适量浇水以利于正常开花。苏州光福地区经验证明：开花前 10 天以内降水情况最为重要。长期雨水调匀、开花整齐；反之，则开花不整齐，必须抗旱浇水，才能保证有较好收成。

桂花不耐涝渍，排水不良或地下水位偏高，对桂花生长有明显的不良影响。在城市园林景点，因排水不良而影响桂花生长开花的现象也常有发现，必须高度重视。

4.科学用肥

桂花在进入始花期以后，要根据树龄大小和长势强弱，科学合理用肥，增强树势，调节开花，增加鲜花产量。

桂花成林一般每年施肥 3 次，时间和方法安排如下：第 1 次施肥在 10 月中下旬桂花采收后至入冬前期进行。这次施肥的主要目的在于恢复树势、补充营养、兼有保暖防寒的效果。宜施用有机肥，每株施猪羊塮 50～100kg 或杂肥 100～200kg，可均匀铺在树身周围，然后再逐层深翻并铺盖新土。对于树身矮小，分枝下垂、树冠下不便施肥的植株，可在树冠外围开沟，均匀施肥并盖上新土。第 2 次施肥安排在早春 2～3 月间桂花开始萌发时进行。这次施肥的主要目的在于促进春梢生长。因为春梢是当年秋季的开花枝，春梢既长又壮，开花就会又多又大。每株施猪羊塮 50～100kg，酌量补充尿素等速效化肥，施肥方法可在树冠下断续开沟，把肥料均匀施在沟内，然后盖土。第 3 次施肥可安排在桂花花芽分化基本完成，开花前约 1 个月 7-8 月间进行。本次施肥的主要目的在于增加鲜花产量和提高鲜花质量。每株施 50% 浓度的厩肥液 50～100kg。方法是在早春施肥沟断续未施肥处，另开新沟施肥，施后及时盖土。与此同时，进行根外追肥：每株喷 0.3% 浓度的磷酸二氢钾溶液、0.2% 浓度的尿素和硼酸溶液各 2～3 次，以叶面喷湿为度，喷施时间以清晨或黄昏为宜。

成年桂花树的施肥工作，要始终注意把树势生长维持在中等以上的水平。因为树势中等的桂花树，既有利于孕花，又有利于长树。树势生长强弱有如下 3 种不同表现，可供施肥参考：

(1) 2 年生母梢平均分枝力 >3 根，新梢平均长度 >15cm，视为生长势强。强势树要控制氮肥的施用，适当提高磷钾肥的比重。

(2) 2 年生母梢平均分枝力 <2 根，新梢平均长度 <5cm，视为树势偏弱。弱势树要增施氮肥，并适当增加用肥数量和次数，以促进桂花生长和延长采花年限。

(3) 2 年生母梢平均分枝力 2～3 根，新梢平均长度 30 年生以内为 10～15cm、30 年生以上为 5～10cm，视为树势中等。长势中庸树可延用常年施肥水平。

5.整形修剪

桂花是一种耐修剪、发枝力较强、容易形成丛状树冠的树种。及时合理地进行整形修剪，既可稳产高产，又可保持完美树冠。这在采花利用的产业园内，是极其重要的工作。在观赏为主的生态景观园里，整形修剪工作可参照如下产业园方法进行。

(1) 始花期阶段。一般在 20 年生以内的始花期间里，修剪应以整形为主，主要是培养主干，选留主枝和各级侧枝以及副侧枝，以迅速扩大树冠。主干上的萌枝和根际上的蘖枝，除留作插条繁殖或压条繁殖外，其余均要及时疏除，以免妨碍主干的健康成长。当年抽发的春梢主要用于产花，夏梢用于扩冠，大部均应保留。秋梢则易遭受冻害，应全部剪除。

在始花期阶段里，如何进一步正确处理生长和开花的关系是个非常重要的问题。方法是：①对枝条直立、长势过旺、适龄不开花或花开很少的桂花强树，要开张主枝角度，多疏枝、少短截，以缓和树势生长。对树冠外围着生的过密枝条，应及时疏除，以改善树冠内部的通风透光条件。对骨干枝条的延长枝要继续留壮枝、壮芽带头，用以不断扩大树冠。在修剪枝条时，可掌握去强留弱、去直留斜的原则，使树势逐渐走向中庸，有利适期开花。②对树势生长过弱、不开花或开花很少的弱树，除加强肥培管理外，在修剪上对骨干枝要适当回缩更新，另选壮枝、壮芽带头，以增强树势生长。外围枝条要去弱留强、去斜留直，其余枝条要多短截、少疏枝，以增加叶量，促进生长，提高新梢质量，有利形成花芽。

(2) 盛花期阶段。在 20 年生以后的盛花期阶段，树体骨架基本建成，树冠扩速缓慢，新梢生长量逐年下降。因此，在肥培管理良好的基础上，要求通过修剪，抽生足够数量的壮枝，维持树势生长，以达到年年开花、高产稳产的目的。

树冠外围着生的过密 1 年生开花枝条，根据苏州光福地区花农的传统经验，要本着"见 5 去 2，见 3 去 1"的原则，去弱留强（弱枝剪下采花淘汰，强枝采花后保留树上），以增强树势生长。要求枝与枝的先端间隔距离保持在 7～10cm，达到"左右不挤、上下不叠、枝多不密、分布均匀"的目的。对干枯枝和病虫枝，一律剪除；对重叠枝、交叉枝和纤弱枝，给予疏剪或缩剪；对徒长枝除因填补空间需要，予以保留利用外，其余的要及时疏除，必要时也可以短截控制改造为开花枝组。通过上述修剪，形成良好的树体结构和保持疏密合理的树形，是促使桂花种植园稳产高产。

苏州光福桂花产区采收桂花非常精细，以上树摘花为主。因而对枝条茂密的成年树，常根据树势的强弱不同，结合采花来进行前述的"见 5 去 2，见 3 去 1"的匀枝修剪。执行匀枝修剪后：2 年生母枝保留 3～4 个梢头，3 年生母枝保留 5～6 个梢头。林内当年枝条虽有空秃之感，但来年秋后又恢复枝叶昌茂、繁花满树的景观。

(3) 老年期更新阶段。如果肥培管理条件良好，桂花可以稳产高产数百年不衰；但如肥培管理不当，80 年生以后，桂花就要转入老年期阶段。老年桂花树表现为树势衰弱、内膛光秃、新梢长短瘦、开花稀少、产花量低而且不稳。

本期修剪的主要任务是更新复壮。首先，要对骨干枝进行回缩修剪，抑前促后，促使主干中下部萌发新梢，增加枝叶量，扩大同化面积。其次，缩剪伸长出来的光杆枝和露头枝，更新树冠。再次，疏除外围的密生枝，打开光路。最后，短截内膛纤弱枝，促使内膛萌发新梢，形成花芽，继续开花。老年期更新复壮修剪要求在加强林地肥培管理、养好地下根系，恢复树势生长条件下，同步进行才有明显成效。

五　桂花生长不良原因及其对策

有些地方栽种的桂花会出现树冠稀疏、生长停滞、落叶严重、开花减少或甚至不再开花的情况。究其原因，既有与外界环境条件有关（主要有光照不足，水湿烂根，烟尘污染，病虫危害和雪灾冻害等）；也有与植株本身存在的问题有关（如引种的是砧穗不亲和的嫁接苗等）。现将这些生长不良现象进行详细论证分析并提供对策改进措施如下。

（一）光照不足

桂花初植密度一般偏密，株行距偏小，再加上没有重视整形修剪工作，致使目前树冠交错重叠，林内光线十分阴暗，光照强度只有空旷区 10% 或更低，新梢生长细弱，开花逐年减少。解决光照不足的方法主要有如下几项措施：

(1) 合理疏移。疏移生长稠密处的桂花树，使保留株和疏移株各得其所：保留株改善了光照条件；而疏移株也可用于他处的园林建设。

(2) 控制邻近乔灌木生长。强度修剪邻近其他乔灌木树冠的生长（特别是一些树冠高度超过或平齐桂花的园林树种），以保证骨干树种桂花的正常生长发育。必要时挖移邻近乔灌木。

(3) 合理整枝。疏剪去除桂花植株探头枝、徒长枝、重叠枝、交叉枝、病虫枝和纤弱枝，改善树冠通风透光和林地卫生条件。

（二）水湿烂根

排水不够通畅，降水较多年份，桂花容易遭受涝害；如不及时挽救，容易造成植株死亡。治理方法因涝害程度不同而异：

1.轻度涝害

树冠稀疏、叶尖枯焦，可采用如下措施：

(1) 及时排除水涝。排水是挽救受涝桂花的首要之举。因为土壤中含水量过高，根系不能进行正常呼吸，必然导致根系腐烂死亡。

(2) 中耕松土。排水后，待表土略干，就要进行中耕松土，其目的是加速土壤水分蒸发，增加土壤的透气性，有利于恢复树势生长。

(3) 适度修剪。植株根系受涝，影响了根系对水分的吸收，而此时地上部分枝叶蒸腾并未停止，造成水分收支的不平衡。开展适度修剪的目的就是为了平衡树体水分的收支；树势越弱、修剪量就相应越大。

(4) 适当遮阳。用遮阳网适度遮阳可以减免阳光直射，有效减少树体水分蒸腾，这对枝叶稠密的桂花涝害植株来说也是非常有必要的。

2. 重度涝害

对涝渍十分严重，树冠稀疏，叶片普遍脱落，树根已经腐烂且黑臭难闻的受涝桂花植株，只好挖起整治后重栽。方法是：用铁锹把受涝植株带土球挖出地面，酌量修剪枝叶，除尽黑臭烂根，并用药液消毒根部伤口之后，重新堆土抬高种植，在栽植点上，拌和大量园土与山泥，使其堆成一个高约50cm的小平台，将移栽土球放置其上，分层填土夯实，灌足定根水，并将树身加以固定。另需加设遮阳网短期遮阳。

对于水涝灾害，笔者认为不能单纯被动去治灾，还需要主动搞好今后海绵城市的建设工作。所谓海绵城市，据上海市政总院王恒栋副总工程师介绍：它是指城市在应对雨水带来的灾害时具有良好的弹性。下大雨或暴雨时，能吸水、蓄水、渗水和净水；需要用水时，可将蓄存的水释放出来加以利用。据他介绍："上海市浦东新区临港地区2015年曾被住建部列为我国30个海绵城市试点地区之一。经过3年来努力打造，2018年该地面貌已经焕然一新。暴雨时，雨水被纳入专用管道，然后排入基地外围的市政雨水管网。通过这种方式，不仅能实现市政绿化的有效利用，还增强了地块的景观效果。"实践证明：海绵城市建设是一项综合性建设工程，涉及部门很多，包括城市规划、建筑、园林、道路和水务等专业部门都在其中。要求我们相互配合，共同工作，才能真正完成建设海绵城市的伟大任务。

据了解：全国海绵城市建设工作速度最快和最好的是浙江省杭州市。在杭州，越来越多的城市地面变成大海绵，雨时能吸水，旱时能抗挤水，"镇住"水分，让城市更好"呼吸"。截至2018年年底，杭州市已建成82个海绵城市项目；2019年将再增加100个海绵城市项目。不仅杭州全市在搞，而且该市海绵办公室还抽出精干力量，前往附近桐庐、建德、淳安等县市传授海绵城市建设经验和技术，帮助解决新增县市建设海绵城市难题。

（三）烟尘污染

桂花原本生长在环境清静的山区，要求洁净的空气，很多城市引进桂花栽植的第一年，几乎都能正常开花，因为这批花芽和开花所需的营养物质，在产地即已形成。但从第二年起，有些植株就很少开花，有的甚至再也开不出花来。究其原因，这主要与当地烟尘污染有关。因为桂花的花芽绝大多数都是着生在当年生新梢上。因烟尘污染，桂花发不出新梢，或新梢生长细短瘦弱，当然就发生无花或少花等现象。

避免烟尘污染对桂花开花的影响应注意以下两点：首先，要合理布局。在尘土飞扬的道路边和附近有污染工厂的地方，慎重种植桂花。应选择环境条件比较清净的内园来种植桂花，并应在其外围适当种植一些防风性能好、滞尘能力强的树种予以掩护；其次，加强养护管理，包括喷水、松土、施肥、排涝和整形修剪等措施，努力培育好当年生粗壮新梢，则仍有可能让桂花比较正常的开花。

（四）繁殖方法不当

在南方地区常有用女贞或小叶女贞作砧木，嫁接优良桂花品种接穗，培育商品苗出售的习惯。结果常因砧穗不亲和，会发生植株生长不良、开花不好，甚至主干断离死亡等现象，尤以地栽嫁接苗问题十分严重。盆栽苗因相对比较容易调整，问题不十分突出。下面介绍两种实践认可的解决方法。

(1) 主干靠接换根法。即在嫁接大苗的根际周围，种上几株原先栽培品种的桂花扦插小苗。随即用嫁接刀划破大苗和小苗的树皮，将两者靠接在一起。等靠接成活后，小苗的茎干会逐渐融合嵌进大苗的茎干内成为一体；小苗下面的根系也会通过大苗的砧根，逐渐取代女贞或小叶女贞的砧根，成为一株健康的桂花大苗。

(2) 堆土诱导主干生长二重根法。即每隔2～3年时间，用嫁接刀划破母本桂花的树皮，再堆土掩埋划口，诱导主干基部在土堆内，重新萌发出第2次新根。如此反复处理2～3次，大苗母体的自发新根就会逐渐取代原有女贞或小叶女贞衰退的老根。

（五）规划设计欠妥

在我国南方地区，举凡名胜古迹、公园广场、居住区、机关单位等处，桂花都是重要的观赏树种，发挥出很好的绿化、美化和香化的效果。但有的城市却把桂花用作行道树，特别是用做闹市区的行道树，结果种植效果不够理想，最后被迫改种其他行道树种。正反两方面的经验教训值得我们充分重视与研讨对策。

行道树是以一定株距、种植在道路两旁、形成浓密树荫、创造优美城市环境和改善城市生态条件的乔木。理想的行道树应该满足以下4项基本要求：

（1）树干端直、冠大荫浓，必须具备至少 2m 或 2m 以上的枝下高度，方便车辆和行人树下通行。

（2）既耐水湿，又耐干旱瘠薄，创伤后恢复快，能适应行道树粗放管理要求。

（3）耐烟尘、抗污染，并能克服城市贴地层下垫面高温、低湿不良小气候条件的影响。

（4）移栽成活率高，缓苗返青早，生长速度快。

据此分析，桂花尚不能满足和适应上述要求，实际表现出来的情况是：

（1）桂花是常绿性小乔木或高灌木，树身低矮、枝下高较低、冠幅不大，扩冠速度也不快，不能起到行道树应有的遮阴效果。

（2）街道土壤混有大量的建筑垃圾，碱性较高，不能满足桂花喜偏酸性的土壤要求。由于市区人流相对集中，行人来往践踏土壤，土壤容易板结，造成透水性和透气性都很差，这对桂花生长极其不利。

（3）市区路面辐射强、气温高、湿度低，难以构成桂花适生的温暖、湿润的小气候条件。而扬尘多、机动车辆尾气污染严重，更与桂花要求洁净空气不符合。

（4）桂花生长开花或挂果都要求补充大量营养；而病虫防治和整形修剪又要投入大量人力和技术。行道树的粗放管理模式与桂花严格精细管理要求之间，无法协调一致。

笔者认为，应从实际出发，不宜把桂花设计用作旧市区、特别是其中闹市区的行道树；也不要在大理石铺装、没有通气条件的绿化广场，或有污染、未经治理过的工矿企业里大量引种桂花。一些市花为桂花的城市，如确有种植桂花要求，可以改用桂花大树容器苗，取代地栽桂花行道树。

（六）雪灾冻害

近年来，我国江淮地区和华北各地陆续从南方引进了大量桂花的工程苗。由于上述地区此前约有 10 年之久的暖冬气候，所以这些移民北方的桂花一度长势十分良好。但在 2007—2010 年间，上述地区却又连续 4 年遭遇到相对的"寒冬"，于是桂花的引种效果就出现了问题。特别是 2009 年末至 2010 年初，我国北方大部分地区遭遇重大雪灾。低温来得早，降温幅度又大，在桂花还处于生长期间，就发生了急剧降温，导致原产南方移植北方的"边缘树种"桂花，遭受到毁灭性的打击。笔者建议：应该按照"因地制宜，因害设防"的治理原则，把桂花受灾地区划归为"次适生带"和"不适生带"两大地理板块，分别采用如下善后治理措施。

1. 桂花"次适生带"

主要包括长江以北、黄河以南的淮河流域。通常冬季绝对低温在 − 10～− 20℃ 之间，尚在桂花极限生存

范围以内。在此地理范围内，种植桂花，确有一定风险，但如能搞好灾前预防和灾后善后处理工作，即使遭遇上 10 年或 20 年一遇"寒冬"的干扰，损失不会太大，也比较容易恢复。

灾前预防性措施包括有：

（1）选择背风向阳、土质疏松、排水通畅的地方来种植桂花，创造适宜桂花生长的小气候条件。

（2）注意桂花栽种质量，努力提高栽植成活率，缩短缓苗返青期。具体措施包括：按规格要求挖好土球，随挖、随运、随栽，定植后浇好定根水，架设支撑和保护桂花的支柱等。

（3）加强桂花日常的养护管理工作。具体措施包括有：薄肥勤施，保证水肥及时供应；秋后不施肥，防止抽发晚秋梢，引发冻害；冬前整形修剪，减少雪压发生概率；全年注意防治桂花病虫害，促进植株健康成长，增强抗寒性等。

（4）根据天气预报，提前做好各种雪灾冻害的应急方案。具体措施包括有：① 浇足上冻水。一般安排在 11 月中下旬土壤封冻前进行。以夜冻昼消、平均气温在 4℃时浇水为宜。浇水过早容易推延桂花休眠，而使植株受冻害；浇水过迟则由于土壤冻结，水分难以在短时间内下渗、聚集在土壤表面，反而容易造成桂花冻害。② 在植株上风方向，架设用无纺布、草帘、芦苇等材料制成的风障防寒。风障的高度应超过树梢的高度，防止"抽梢"；风障贴地处要用土掩埋，不让"扫堂风"横扫植株根颈。③ 树干涂白保暖，并用草绳裹干，外包无纺布或农用塑膜防寒等。涂白工作应在上冻前进行，防止涂白层受冻剥离脱落等。

灾后恢复生产主要措施有：

（1）及时清除掉桂花树冠和枝条上的积雪，防止雪压断树梢和枝条；如果雪量比较大，要抢在枝条能压弯之前，清除掉积雪，同时要在雪后及时扶正和支撑好歪斜的桂花植株。

（2）尽快清理掉枯死植株和断枝落叶，防止发生次生病害。对伤残植株可以从断口下方几厘米处锯断，截面涂抹伤口愈合剂，待截口萌发新梢时，再择优选留主梢。

（3）开春后，根部及时补水，防止干旱大风"抽干"枝条。清明后薄肥勤施，促使受冻桂花恢复生长，尽快复壮。

（4）全国道路冬季普遍洒用融雪剂，雪后又常把含有融雪剂的冰雪堆积在道旁绿化带内，对桂花造成次生性化学毒害。应提倡采用机械和人工为主的作业方式进行除雪，或使用低盐融雪剂。

2. 桂花"不适生带"

主要包括黄河以北、长城以南的华北平原地区。通

常冬季绝对低温超过－20℃，冻土层很厚、持续时间也长，露天地栽桂花在这里生理干旱现象非常严重，雪灾冻害十分明显。一般预防性防寒措施，根本没有效果，露地栽培不可能成功，早有前车之鉴。笔者认为，如能综合运用好以下3项技术措施，仍有可能在桂花"不适生带"的我国北方地区，引种好桂花。措施包括有：

（1）用耐干旱瘠薄和盐碱的流苏树砧木桂花嫁接苗，取代桂花的扦插苗。

（2）用机动灵活、可随时移动的盆栽，取代固定地栽。

（3）用大棚、温室等设施栽培，取代露天栽培。北京颐和园桶栽桂花全国闻名，从晚清年代算起，已有百年以上历史。虽经多年沧桑，至今健康如故。每年金风送爽的开花前夕，颐和园就会集中展示养护在北京近郊基地里的桶栽桂花。花后再运回基地，在大棚内养护过冬。历年来雪灾冻害包括最近几次雪灾，都没有受到影响，收到很好的示范效果。

六　培育精品桂花八大关键技术

如何培育出足够数量的桂花精品苗，迎接今后生态文明建设的用苗需求，成为当前迫切需要解决的问题。现依据桂花本身一系列生物学特性，结合多年的科研和生产实践，我们整理出以下八项培育桂花精品苗的关键技术，供业内人士参考。

（一）就近建圃

桂花是我国长江流域常见的乡土树种，对当地气候和土壤条件有很强的适应能力，生长发育情况普遍良好。为了充分发挥桂花产业最大的生产潜力，我们建议最好在桂花产区就近设立苗圃，培育桂花精品苗。这样不仅投资较少、效果较好，同时也能将不期而遇的各种自然灾害损失条件降至最低程度。

（二）桂花抗旱性较强，耐涝性编弱

根据我们长期现场调查：如果土壤浸涝时间超过72小时，桂花苗木就会烂根死亡（如是当年新栽土苗木，则涝害反应时间将会更短和更早）。为了杜绝此类涝害的发生，在丘陵平原地区首先应该选用相对高燥地块作为苗木培育基地。随后开展大、中、小"三沟配套"建设工程，把整个苗圃修建成若干条长20～30m、宽2m左右、高约20～30cm的苗床。在苗床上先开挖出比待栽土球苗更大、更深的种植穴，穴底辅好农家基肥，再回填土壤到穴深约为待栽土球苗厚度2/3深度时，才把土球苗抬放或吊放到种植穴内浅栽，继续填加土壤种好苗木。随即浇足透水，埋设绑扎好防风支柱。浙江金华和四川成都花农早已证实：只有事前做好上述的选址、水利工程和浅植技术三项工作，才能全面摆脱苗木浸涝灾害，保障桂花精品苗木安全生产。

（三）桂花是阳性树种，必须要有足够的光照条件才能生长发育良好

桂花主产区生产实践证明：桂花如按2m×2m株行距种植小苗，第一年主要是扎根适应生长环境；第二年开始生长；第三年生长旺盛；第四年或第五年苗冠开始对接，相互交叉荫闭，生长速度明显衰退。因此，我们应把第三年或第四年年底的苗冠平均冠幅设计为初植密度，这样做不仅可以大节约育苗用地，还能确保苗木有充分的生长和发育时间。此后应隔一定年限，根据桂花对光照强度的理想要求（光照强度各方面平均值应为空旷区光照强度测值70%），再隔株或隔行抽稀苗木，进行多批次移栽，并对保留下来的苗木及时断根，直到这批苗木达到出售要求时为止。

（四）桂花树冠比较浓密，开花也比较浓茂，是个需水量和耗肥量都比较大的园林树种

在偏酸性、疏松、湿润、肥沃的苗圃里，桂花精品植株生长发育良好。分枝力强，叶色青翠，朝气蓬勃，米径年生长量1.3～2.0cm。但在偏碱性、土层浅黄、干旱贫瘠的苗圃里，植株生长发育不良。分枝力差，叶色泛黄、萎靡不振，米径年生长量只有0.5cm左右。由此足以证明只有加强苗圃的水肥管理工作，才能保证桂花速生丰产。当前，应该尽快淘汰各地常用的"大水漫灌"方法，改为滴灌方法，使有限的水源得以高效利用。慎用、少用或不用化肥，避免土壤板结和地力衰退。提倡多用农家有机肥，以改良土壤结构，保证苗圃土壤持续健康利用下去。

（五）桂花1年生春梢特别是刚萌发的嫩梢是我们重点保护对象

一旦有病虫害感染，则春梢就难以再延伸长出健康的夏梢和秋梢；而春梢上原先着生的大量花芽今秋只能少量开花；另春梢顶端着生的少量枝芽明春也不会再抽发新的枝条。整个桂花精品苗木生存现况会明显衰退，说明病虫害防治工作要刻不容缓抓紧进行。其主要防治措施包括有：①做好苗圃冬季清园工作，把圃内枯枝、落叶、杂草等废弃杂物全部处理干净；②做好引种苗木的检疫和消毒工作，不让他处病虫害入侵到本苗圃；③全年注意观察各种病虫害的发生和发展规律，及时采用喷洒高效低毒农药"毒杀"，设置黑光灯"诱杀"，和放养天敌"捕杀"等一系列方法综合防治。以防为主，防治结合，力求病虫害在圃内不致泛滥成灾。

（六）桂花苗木特别是新栽苗木，对杂草的抵抗力很差，要求及时除草

一般除草方法有以下三种：

（1）人工除草。一般费用较高，苗圃往往不堪负担。一旦资金链发生问题，杂草就会很快覆盖苗木，苗圃将变成一片草圃。

（2）化学除草剂除草。近年来，很多桂花苗圃常用草甘膦和百草枯等化学除草剂。此法除草效果好，费用也不高，但常会误伤到桂花苗木，也会对苗地土壤有持续的毒害作用。另外，对人畜和家禽也不够安全，切不可常年多次使用。

（3）地膜覆盖除草。即在桂花植株周围覆盖一层黑色或银灰色地膜。隐藏在土壤里的杂草种子在膜下虽能萌动发芽，但因光线微弱，杂草幼苗不能正常进行光合作用和生长发育，终于夭折在土壤里。铺设地膜费用较低，兼有保湿和增温效果，今后应在桂花产区大力推广。

（七）桂花是个小乔木兼高灌木的园林树种

基部常有众多的分枝，要注意做好科学的整形修剪工作。桂花整形修剪主要有疏剪和短截两种方法，常相互配合应用。疏剪首先应全部淘汰干枯枝和病虫枝，用以去除污染源；对待树冠外围1年生过密枝条，根据苏州光福地区花农历史经验，应遵循留强去弱、少量淘汰原则进行疏剪。如逢3留2，逢5留3芽，让留下1年生枝条达到"左右不挤、上下不叠、分布均匀、通风透光"的理想要求。短截主要目的在于促进和增加被保留下来枝条的发枝能力，让其后有更多的新生枝条能用来填补树冠的空缺部位，兼可增加原有冠层的厚度，使树冠圆整厚实、少有缺陷。短截枝条的合理长度，应充分考虑剪口芽今后发展方向，让其后的新生枝条能够伸缩覆盖到树冠整个剪口芽今后发展方向，让其后的新生枝条能够伸缩覆盖到树冠整个空缺空间为原则。过去，有的苗圃采用封杀桂花主干顶梢的办法来定向培育分枝点高度完全一致的桂花行道树。我们认为这种做法极不妥当。正确的做法应该是保护好桂花苗木的顶梢，逐年分期自下而上剪除苗木主干基部下垂的枝条，培育出拥有椭圆形至圆球形婀娜多姿的桂花园景树。

（八）桂花是常绿树种，植株内部全年均有相对明显的生理和生化活动，对外界环境条件的变化反应非常敏感，从而对苗圃的经营管理措施有更高要求

以栽植季节为例：长江以南冬季比较温暖地区，种植桂花以秋季花后为宜。此举不仅方便买苗人可以及早及时审定花色浓淡、花量多少和花质优劣，也可以让选购的苗木栽下后能很快扎根，来年早春能提早萌芽抽梢，赶上生长季节。长江以北冬季比较寒冷地区，种植桂花则以春植效果较好。此时种植苗木能减免冬季冰冻灾害。再有，桂花出圃大苗必须保证是土球苗而不是裸根苗。对土球苗还有一项极为关键的技术要求。必须是业内通称的"熟货熟球"，不能是"生货生球"。所谓"熟货熟球"指的是出圃大苗过去在苗圃内曾定期移栽或断根过多次，苗木根系非常密集发达，挖土球时相对伤根量较少，把持土壤能力较强。这种苗木出圃定植后，返青期早、成活率高、生长良好。而所谓的"生货生球"，指的是出圃大苗仅在苗圃扦插成活出棚炼苗时移栽过一次，此后就再没有移栽或断根过，苗木根系分散伸展较远，挖土球时相对伤根量较多，土球非常容易破损。此种苗木出圃定植后，返青期晚、成活率差、生长发育不良。苗圃经营者务必未雨绸缪，先期做好"熟货熟球"的培育工作。

（本章编写人：杨康民）

第十三章　桂花树桩盆景的制作、养护与鉴赏

　　盆景是我国传统的园林艺术珍品。其特点在于"缩龙成寸、以小见大"。往往尺把高的树桩却能枝叶丛生，使人如见参天大树；几块山石竟也雕琢得当，让人如历万丈高山。祖国的秀山丽水和名花异木很多，这就为盆景艺术的创作提供了丰富的源泉。

　　盆景艺术强调"师法自然"，要求顺乎自然之理，又巧夺自然之工。它是诗，却寓意于山林天籁之间，耐人寻味；它是画，但生意盎然、四时多变。据此，盆景常被人称誉为是"无声的诗，立体的画，有生命的艺雕"。由于盆景既拥有美好的艺术造型，又蕴含丰富的思想内涵，从而深受我国人民的喜爱。

一　盆景概说与桂花树桩盆景

　　盆景在我国源远流长，起源在汉晋以前，发展于唐宋之间，兴旺发达于明清两代。近年来，盆景工作得到了很好的保护、继承和发展。全国性的盆景博览会从1997年开始，每隔4年举办一次，取得了很好的宣传教育效果。2013年，国际盆景协会成立50周年，江苏省扬州市获得了该组织50周年庆的举办权，说明我国盆景正开始走向世界，形势大好。

　　按盆景大致可以划分为树桩盆景和山水盆景两个大类。本书特辟专章单独介绍前者树桩盆景。所谓树桩盆景就是利用盆具来栽培供观赏利用的木本植物桩景，其中也包括桂花。桂花枝繁叶茂，四季常青；盘根错节，姿态优美；花果艳丽，香气浓郁；兼有萌蘖性强、耐修剪、寿命长等优良特性，是加工制作盆景的好材料。有人认为盆景适用小叶树种，桂花叶片大，用作盆景并不适合；盆景大师周国梁（2011）则提出在设施栽培的条件下，桂花叶片也可以相对变小；更何况桂花是香花树种，以香见长，用作盆景可令满室生香，诚为佳品，应该提倡。

　　山东青州和临沂两市是近年来我国刚发展起来、被群众赞誉为"桂花树桩盆景之乡"。现两市开发有盆景桂花园300余处，从业人员近万人，其中较有名气的企业有青州市都市桂花园和隆华花卉盆景园以及临沂市孝河桂花园和罗庄高新区丰蕾桂花研究所等多处。2009年，第七届中国花卉博览会在北京顺义和山东青州两地同时召开。青州展区共展出特大古桩和大、中、小各式桂花盆景约200盆，评出金、银、铜奖多个；2010年9月，中国北方桂花节也相继在山东省临沂市沂水县召开，会上展销桂花盆景和盆栽近千盆，也有一批桂花盆景精品获奖。笔者有幸参加了青州和临沂两地有关桂花树桩盆景的调研活动，现将一点感悟认识介绍于下。

　　在我国南方地区，桂花是个乡土树种，地栽随处都有，盆栽树桩盆景并不多见。而在我国北方受气候土壤影响，少见地栽桂花，但桂花次适生带的青州、临沂两地，盆栽树桩盆景却得到了长足发展。很多企事业单位甚至家庭群众都喜欢在单位或自家门口，购置一对既可闻香、又可观赏的桂花盆景，形成一种"家庭养花必有桂"的民俗风气。如今在上述两地，群众在盆景育苗方面有丰富经验，市场经营也有良好基础。今后如能进一步在抗寒育种和防寒措施上狠下功夫，则群众称誉的树桩盆景之乡品牌将更加响亮，而树桩盆景的经营规模和经济效益，还会进一步发扬光大。

二　桂花树桩盆景的苗木来源和桩坯苗早期地栽培育

（一）苗木来源

1. 挖购山野老桩

　　在南方桂花产区，分布有很多自然生长的桂树。由于砍伐、虫蛀兽咬、石壁挤压、风吹雨打等多种因素的影响，变得十分斑驳古老，形状也非常奇特。如能价购挖运回来，在桂花本砧的基础上，嫁接上优良品种的接穗，就能培育出出类拔萃的桂花树桩盆景。另在我国北方地区，虽无桂花野生资源分布，但却广泛分布有桂花常用砧木流苏树。流苏树耐干旱气候和盐碱土壤，与桂花嫁接后亲和力表现也较好，从而理所当然地成为我国北方地区开展桂花盆景栽培重要的物质基础。

　　采购桂花和流苏老树桩时，要注意桩坯的新鲜度。新鲜的桩坯皮色丰腴滋润、不干瘪。用指甲划破桩坯表

皮呈现绿色，拿在手中有沉重感。如果干根皮色和水分看似姣好，但试剥一下，桩坯的干皮或根皮就与木质部分离。说明这种树桩挖掘后，放置时间过久失水，再放在水中浸泡所致，栽后不易成活。

桂花和流苏树老桩均存在有远道挖运如何保证栽植成活的问题。南方地区挖运桂花老桩，可考虑安排在秋季开花前后进行，及时栽植，令其尽快愈合生根，增加耐寒能力。北方地区挖运流苏树老桩，则建议可安排春季进行，避免秋季挖运树桩遭受冬季冻害。无论秋季挖运桂花或春季挖运流苏树一个共性问题是需要做好保湿工作。包括尽可能缩短挖运时间并做好系列保存老桩水分工作，防止风吹日晒等。在栽种老桩时，要浇足透水保墒；过高主干要用浸湿草绳裹干，外包农用塑膜保湿。以后夏季高温时段，除搭盖荫棚防晒降温以外，还要经常在老桩叶面上喷水降温，这对根系生长较弱、生命力不强的高龄老桩来说，尤为必要。

上山采桩确实能缩短盆景创作时间，并有古朴苍劲的效果，可是却严重破坏自然资源，非常不环保，更不能成为盆景创作长远发展方向。

2. 苗圃自育桩坯苗

在我国南方地区，可利用桂花本砧或小叶女贞的播种苗、扦插苗，嫁接优良桂花品种接穗，培养成为苗圃自育的桩坯苗。由于是就地育苗，栽植成活率很高，但生长成型时间较长，目前暂时只适用于小型桂花树桩盆景。在北方地区，桂花本砧和小叶女贞异砧嫁接苗，在这里均不能存活。必须用流苏树播种苗做砧木，嫁接优良桂花品种接穗，育成流苏树砧的桩坯苗。

因此，北方地区流苏树播种育苗就值得重视和提倡。朱毅（2006）提出："华北地区流苏树种子一般9月中旬至10月上旬间成熟，可选择树势壮、树姿好的流苏树作为采种母树采种。采种后浸水1～2天，脱粒后于阴凉通风处阴干，忌阳光暴晒。再用干净湿沙贮藏。沙藏时按种子和湿沙1:2的混合比例，倒入事先挖好的土坑内。坑面覆盖2cm厚的湿沙，再盖膜保湿。沙藏期间每隔半个月，翻动喷水一次，喷水量至沙粒湿润时为止，切忌水量过大。"

经沙藏的流苏树种子，翌年2月底至3月初种子露白约30%左右时即可取出播种。华北地区育苗可采用大田高垄播种，一般要求垄距30cm、垄高20cm、垄宽60cm。在每个垄面开两行播种沟，行距40cm、沟深2cm。将已催芽好的种子，均匀撒放在播种沟里，注意撒放种子时勿使种脐向上，以有利于胚根向下生长直接伸入土中。用细土盖种后，再覆盖0.5cm厚的细沙，并覆草或覆盖农用塑膜保湿。播种量为15～20kg/亩。如遇

干旱可在垄沟内浇水，浇水时切勿使垄面过水，否则造成土壤板结，影响出苗。

春播后约一个月左右，流苏树幼苗开始出土。幼苗出土后应经常浇水保持土壤湿润，保证苗全、苗齐、苗壮。气温高、光照强时，要及时搭盖遮阳网遮阳。如果小苗生长过密，可适量进行间苗。在夏季圃地要经常中耕除草，保持土壤疏松。流苏树喜肥，在5～7月旺盛生长期内，应每隔半个月施用一次尿素化肥，施用量为10kg/亩。施肥后应立即浇一次透水。经过如此精心管理，1年生流苏树播种苗可高至0.8～1.0m，地径1cm左右。最好再培育1～2年或更长时间即可用作切接或靠接桂花嫁接苗。

（二）桩坯苗早期地栽培育

山野挖来桂花和流苏树老桩苗或苗圃自育桂花和流苏树播种苗，要在盆景园附近临时苗圃内培育生长一段时间，同时完成桩坯苗嫁接和上盆前初步整形修剪两项任务。

1. 桩坯苗嫁接

在南方地区，可采用山野桂花老桩和苗圃自育桂花或小叶女贞的播种苗及扦插苗作为砧木，嫁接优良桂花品种接穗。方法有切接、劈接、腹接、皮接和靠接等多种，视不同对象而定，时间一般在早春时进行。北方地区广大花农在长期生产实践中发现，流苏树嫁接苗效果良好。表现在：①冠形紧凑，适宜盆栽；②耐旱抗寒，容易越冬；③开花多，香味浓；④不萌发或很少萌发根蘖。从而被公认是桂花树桩盆景理想的砧木材料。可选用流苏树老砧作砧木，也可选用2～3年生或4～5年生流苏树播种苗作砧木。方法以切接或靠接为主，时间一般在晚春进行。

选好桩坯苗后，不要急于嫁接，而要先地栽复壮。老桩苗要根据盆景要求定好嫁接部位：一般30cm高的老桩，可留3个侧枝；50cm高的老桩，可留5个侧枝；80cm高的老桩，可留7～9个侧枝。至于侧枝的截留长度，则要根据造型的需要来决定。

嫁接苗接穗应从健壮的盆栽成年桂花母树上，选取粗壮的2年生枝条。这种接穗有以下三个优点：①抗性强。成年桂花在长期盆栽管理条件下，耐寒和抗旱能力得到了加强，采用这种接穗嫁接容易成活，生长也比较健壮。②矮生化。盆栽多年的桂花，因在特定环境中生长、土、肥、水等供应条件都受到明显限制，因而逐渐产生了矮化趋势。用这种接穗嫁接出来的桂花桩坯苗，也同样具有矮生性。③早花性。采用盆栽成年桂花枝条作接穗嫁接的桂花植株，可以提前开花。

2. 上盆前的整形修剪

根据桩坯苗嫁接苗在临时苗圃里的生长表现，可以确定其后主干造型的种类，相应可找出它的主要观赏面

和拟栽盆体中的坐落方位，再进行如下的初步整形修剪：①地上枝条。应分年分批的将不能成景的多余枝条，如直立枝、交叉枝、内向枝和徒长枝条加以剪除。②地下根系，应结合拟用盆钵大小和式样，在上盆前夕起苗时段一次性修剪完成。对需要配长方形花盆的树桩盆景，桩坯苗根群应修成长方形，两边侧根可留得长些；而对需要配圆形或方形花盆的树桩盆景则应把桩坯苗根群修近圆形，注意把四周侧根留短些。上盆前初步整形修剪非常重要，对将来树桩盆景造型好坏和成型速度快慢有决定性影响，必须高度重视。

三　桩坯嫁接苗栽植上盆及其后抚育管理

（一）栽植上盆

桂花桩坯嫁接苗在临时苗圃里培养达到一定粗度和造型要求时，应及时栽植上盆。如果用的是新盆，宜先将新盆放入清水中泡几个小时，俗称"退火"。如果用的是旧盆，则往往会带有苔藓虫卵或其他碱性物质，要事先消毒和洗刷干净。

上盆时应先将整修好的桩坯嫁接苗按其主要观赏面和适宜的坐落方位，在花盆中妥善种好。对于桩坯苗来说，明确今后植株在盆内的栽点位置非常重要。一般树干走势向左者，宜偏盆的右方栽植；树干走势向右者则偏左方栽植。再有，植株栽入时，重心要垂直或略向前倾一些为宜，一般不宜朝后倾一些。充填盆土时，要使桩坯嫁接苗整个根群与盆土密切接触，防止只把花盆周边盆土填实，而花盆中央根系的下面却是空的，使部分根系悬空透气，而导致桩坯嫁接苗"吊死"。栽后，要及时浇足定根水，确保成活。

对难于置稳的较高桩坯嫁接苗和要求偏离中心栽植的桩坯嫁接苗（斜干式和卧干式造型盆景），应在事前用铁丝通过盆底排水孔，将桩坯嫁接苗和花盆捆绑成为一体。这样，就不会因为刮风或人为碰动，致使桩坯嫁接苗摇动而影响生根。

（二）翻盆换土

桩坯嫁接苗上盆后，经历一段生长时间，根系会长满全盆，使盆土板结贫瘠。既难浇水，施肥也不易被其吸收利用，因此这时需要翻盆换土。此外，当桩坯嫁接苗花盆内积水严重，有发生烂根危险时，更要及时翻盆。

桂花适应性较强，须根又比较发达，除去严冬酷暑以外，均可以在全年其他时间进行桩坯嫁接苗的翻盆换土工作。翻盆前几天，可停止浇水，使盆土干燥。换土时，可将桩坯嫁接苗连同土球一起倒出，去除部分或大部旧盆土，剪除枯根，剪短粗长根和部分细侧根后，加填培养土，放置通风庇荫处养护半个月，再转入正常管理。通常情况下，每隔2～3年应翻盆换土一次。盆的大小一般要比修整后的土球或根幅要大1/10～1/5，以便保证可以填上足够的营养土来促发新根。

（三）浇水

桩坯嫁接苗浇水应比一般盆栽苗更为精确与科学。不干不浇，浇必浇透，千万不能浇成表层湿、下层干的"半截水"。在日常浇水时，不能让盆土老湿，也不能让盆土老干，要"见干见湿"。浇水量多少，应以有利于根系生长和发育为原则，宁可让盆土稍干些，也不要浇得太湿。

周脉常等（1986）指出：应该根据"苗情""盆情""天情"和"土情"四情的实际情况，合理浇水。①苗情。主要根据桩坯嫁接苗不同生长物候期和开花物候期浇水。抽梢展叶期要多浇些水；花芽分化期要少浇些水；开花前夕又可适当多浇些水。②盆情。一般指栽种桩坯嫁接苗花盆的质地、大小和深浅等情况。泥瓦盆透水性最强，盆土易干燥应多浇水；紫砂盆、釉盆和瓷盆等透水性较差，盆土易常湿，要少浇水；小盆土少，浅盆蒸发量大，都要多浇水，勤浇水；大盆土多、深盆土厚，盆土干得慢，可以少浇些水。③天情。一般指当时天气的变化。干燥晴天或有干热风的天气，气温高、蒸发量大，桩坯嫁接苗要多浇水并要适当喷水；阴天或雨天，则可少浇或不浇，雨后还要及时倒出盆内的积水。当然，"天情"还指季节气候上存在的差异：冬季寒冷，盆景停止生长，需水量小；夏季气温高，盆景生长旺盛，要多浇水；春秋两季，浇水量则相对适中。④土情。指盆土质地、性质等情况。蓄水能力强，透水性差的盆土，要减少浇水次数；排水性强，保水力差的盆土应增加浇水次数等。

浇水时应注意如下事项。①浇水时要注意水温。水温与盆土温度要基本一致。冬季浇水宜在中午进行；夏季浇水则应避开中午，于清晨或傍晚时进行。②浇水不要将浇水壶壶嘴或浇水皮管管口直接对向桩坯嫁接苗根颈部，而是要将壶嘴或管口绕向根区周围，以诱导根系向四周发展。③浇水要与施肥相互配合。一般桩坯嫁接苗施肥后要补充浇水，洗净叶面和干枝上沾染的残肥，防止肥害。刚刚浇过水的桩坯嫁接苗则不宜接着施肥，避免降低肥效。④浇水忌用含盐碱质的井水或含有油污的河水。自来水要贮放一段时间再用。⑤在设施栽培条件下，最好安装微喷灌溉系统进行浇水。

（四）施肥

桩坯嫁接苗盆土少，肥力有限。如不及时补肥，长势就会明显衰退，枝弱叶瘦，甚至还有夭折死亡的危险。但如施肥过多，则枝条变粗、叶片肥大，生长粗野，同样会降低观赏效果。因此，做好桩坯嫁接苗施肥工作是桂花树桩盆景栽培管理项目中的一件大事。

为了贯彻上述要求，应掌握以下两条施肥原则：①以施用有机肥为主，不用或少用化肥。有机肥营养丰富全面，具有改良土壤、不易板结、肥性缓和、肥力持久等诸多优点，又很少肥害，是桩坯嫁接苗的理想肥源，应推广施用。化肥营养单一，肥效很快，能收到立竿见影的效果。但施肥浓度稍大，就会导致桩坯嫁接苗徒长或发生肥害，应限制或不用化肥。②按需供肥，不超标施肥。对树龄较老或已基本定型的桩坯嫁接苗，施肥量和施肥次数应少些；树龄较幼或新培育尚未定型的桩坯嫁接苗，施肥量和施肥次数要适当多些；旺长的可以不施肥；瘦弱的则应适当增加施肥量等。总之，坚持适度抑制桩坯嫁接苗生长的施肥原则，才能保持今后清秀古雅的桂花树桩盆景的品位。

桩坯嫁接苗施肥注意事项如下。①施用液肥应在晴天盆土干燥时进行，肥液不要飞溅到桂花的叶片上。有机液肥一定要在其充分腐熟后才能施用。②施用干肥宜在梅雨季节期间进行，届时可将饼肥或厩肥粪干砸成碎块或小粒，施放在远离根颈部盆土表面边沿处。随着浇水就可以慢慢浸溶渗入盆土内，被桩坯嫁接苗吸收利用。不宜放在离根颈很近处。③桩坯嫁接苗常施用矾肥水保持其枝叶长期青绿秀丽，制作方法如下：将100份水、20份豆饼和2份黑矾，一并加入到水缸中密封，一般夏季经10～15天的发酵期后就能施用，施用时加8～10倍的清水稀释。

（五）病虫害防治

由于盆土营养面积有限，加上部分桩坯苗又是树龄较大的老桩，在营养不良的环境条件下，很容易感染病虫害，既影响桩坯苗正常生长，又有可能直接导致植株迅速死亡，必须注意防治。具体办法可参考本书第十章（表10-2）和第十五章全部内容。

（六）整形修剪

1. 抹芽与摘心

在桂花抽梢展叶期间进行。

（1）抹芽。根据造型需要（主要是将来造型的均衡和变化的需要），在桩坯嫁接苗抽梢展叶前期，看准芽的发展方向，及时抹去多余的芽，以有利于桩坯苗水分和养分的集中使用。

（2）摘心。是指另在桩坯嫁接苗抽梢展叶后期，新梢生长到一定长度时，可保留2～3对叶片进行打顶摘心，以遏制新梢的顶端优势，使摘心后能萌发出更多新梢，方便今后造型。

2. 疏剪与短截

一般在秋后至早春，桩坯嫁接苗半休眠期间进行。

（1）疏剪。凡影响桩坯嫁接苗健康生长的枯干枝和病虫枝，以及有碍造型美观的交叉枝、并行枝、重叠枝和徒长枝等，全条不留芽，一次性地整条疏剪掉，使保留下来的枝条能得到充足的水分和养分供应。

（2）短截。主要是促进被保留下来的枝条发枝能力，方便今后的造型。依短截的轻重程度不同，又可分为重短截和轻短截两类：重短截一般要剪掉枝条长度的一半以上，有时只留下基部一对或两对芽眼。因保留下来的侧芽较少，每个侧芽得到的水肥相应增加，从而侧芽的生长量也较大；轻短截一般只是剪去枝条的1/3或不到，保留下来的侧芽较多，每个侧芽分配到的水肥较少，相应今后侧芽的生长量也会少些。但无论是重短截还是轻短截，在短截时都要注意剪口芽的位置，一定要保证和满足桩坯嫁接苗今后的造型方向。

3. 盘扎与刻槽吊扎

一般在生长期间进行。盘扎多用于桩坯嫁接苗"枝"的整形，刻槽吊扎多用于桩坯嫁接苗"干"的整形。

（1）盘扎。即先将棕线或铅丝的一端固定在干枝基部或分叉处，然后紧贴树皮不要滑动，使棕线或铅丝与枝干约成45°，徐徐向上缠绕。当枝干的弯曲度符合造型要求时，即可将枝干的另一端也打结固定。盘扎时动作要轻巧，用力不可过猛，防止伤害树皮或造成枝干折断。盘扎一两年后即可拆除盘扎物；如果长期不拆除，则棕线或铅丝会嵌进枝干内，影响桩坯苗正常生长。再有，如拆除盘扎物后，枝干仍未能达到造型理想要求时，还可以再次进行盘扎，令其最后定型。

（2）刻槽吊扎。这是盘扎另一种特殊形式，常用于较粗不易弯曲干枝的弯曲造型。可先用利刃在干枝弯曲部分内侧中线处，纵开一条深达木质部1/2～2/3的小槽。槽宽和槽长视干枝粗细和要求弯曲度大小而定；粗干或要求弯曲度大的，应刻的长些、宽些；反之，则可以刻的短些、窄些。刻槽后，随即用灭菌剂对槽口进行消毒，并及时按上述盘扎办法进行吊扎。为了防止干枝弯曲时发生意外折裂或折断，也可用布条或农用塑膜等物先包裹保护好刻槽，再用棕绳或粗铅丝等物进行吊扎。刻槽吊扎时，一般弯曲度要稍大于造型所需的弯曲度。因为吊扎结束后，干枝总会要回弹一些；有时弹回现象并不明显，但经过一段时间以后，就会明显地表现出来。

盘扎和刻槽吊扎是一个大幅度人工改变干枝状态的有效办法。但是，需要有一定培育时间。短的一年，长的数年；并且要结合修剪，在短截的剪口芽引导出来的导向侧枝紧密配合的条件下，才能最终达到理想的造型要求。

4. 截干养冠

它是去除部分主干或枝干，另行培养比较理想树冠的一种整形修剪办法。其操作程序是：在桩坯嫁接苗主干培育到一定粗度时，在适宜部位加以短截，令其生长出斜枝或横枝，由此可大大降低桩坯苗的高度。当发出的第1次斜枝或横枝长到理想粗度时，再进行第2次短截，使其成为第2次斜枝或横枝，以此类推。一般留枝时，第1节次要留的粗些、长些；其他节次应顺序留的细些、短些。同时：要做到大枝干要求疏散，以分清主要线条；小枝干应密集，以显现生长繁茂，使枝干布局有疏有密，疏密得当。

四　桂花树桩盆景的设计要求

1.以小见大

树桩盆景是大自然的缩影，又是缩小了的园林。其基本特点是：以小喻大、以少喻多，而不是以大为胜，以多为好。为了达到此项艺术效果，多用对比方法加以烘托。例如，在制作丛林式树桩盆景时有意在咫尺的花盆中散植三五株树木，但其布局有高有低、有曲有直、有近有远，就能给人以一种林海浩瀚的气势。

2.重心稳定

树桩盆景如掌握不好重心，就会使植株失去平衡，给人以一种摇摇欲坠或东倒西歪的不安全感。要想掌握好树桩盆景的重心，除了应注意树桩在盆中的栽植点以外，还应该让根、干和枝条多弯曲，使其相互协调配合，从而使植株重心得以稳定。

3.风味古朴

树桩盆景植株主干应粗矮，主枝和侧枝要求弯曲多

变；树皮龟裂或皱纹很深，皮色暗淡；植株根部裸露，有部分根系纵横盘曲在地表等。果能如此，均可体现出盆景古朴风味。

4.形式多样，内容丰富多彩

制作树桩盆景时，要以自然界典型植株作为范本，因势利导、因材制宜，区别对待，设计出群众喜爱的造型。

五　桂花树桩盆景十大造型

参考我国过去南北盆景各流派造型特色，依据主干不同形态与姿态，将桂花树桩盆景划分为以下10种造型。

（一）直干式造型

主干巍然挺立或在一定高度处稍有弯曲，构成圆整树冠。树体虽小，但具有顶天立地的磅礴气派，观之使人精神焕发（图13-1）。本造型以摘心和剪枝修剪为主，辅以盘扎方法来完成。要求主干挺拔，分枝散布四方，并有长短、疏密、藏露的变化。下部枝条应较长，上部枝条宜较短，收尖结顶要有变化。在同一层次水平面上，主要观赏面的前枝应斜曲多姿，不掩盖主干风采；后枝则要短缩，收敛与转向，用以陪衬前枝的层次，使树冠富有节奏感和韵律感。如主干过高、侧枝较少，显得底部虚白过大时，则应采用截干养冠办法，早期截去部分主干，选留或培养理想侧枝来代替主干，增加主干的顿挫和美感。

图13-1　直干式造型（刘杰提供）　　　　　　　　　　　　图13-2　斜干式造型（周国梁提供）

（二）斜干式造型

主干向一侧横斜飘逸，但另侧有一个或几个明显侧枝向主干倾斜相反的方向伸展，表现出一种身处逆境而毫不屈服的顽强精神（图13-2）。本造型主要利用剪枝修剪结合抹芽摘心方法来完成。在造型中要注意保留与主干倾斜方向相反的斜枝，这样才会使植株产生既倾斜又稳定的感觉。人工制作此造型的办法是：将主干替代侧枝或剪口芽留在欲使主干偏斜的方向。这次留在左前侧，下次留在右前侧。如此反复交替数次，便能造成一个带有若干弯拐的斜干。为了平衡重心，常将植株栽在中深椭圆形或长方形花盆内，并应把栽点定在花盆一端而不是在花盆的中央。

（三）卧干式造型

主干横卧在盆面上，犹如风倒雷击之木。而枝梢则翘起向上生长，极富自然野趣，令人深感神奇（图13-3）。本造型也是主要利用剪枝修剪结合抹芽摘心方法来完成。人工制作卧干式造型的方法是：利用山野或苗圃自育压条桩坯苗已有的卧生势态，采用先卧后仰的造型手段。欲卧，主干替代侧枝或剪口芽留在卧干所指卧向；欲仰，主干替代侧枝或剪口芽，留在卧干向上方向。选用花盆与栽点，和斜干式造型相同，即应选用中深椭圆形或长方形花盆，并将栽点定在长花盆左右侧而不是在花盆中央。

（四）悬崖式造型

主干基部先通直向上生长，中部稍上即向一侧倾斜，梢部则急转直下，越出盆外，犹如崖头飞瀑，飘逸潇洒，自然风趣浓厚（图13-4）。本造型的制作方法是：在通直主干的适当部位，采用盘扎和剪枝修剪两种不同方法培养出几个不同伸展方向的长侧枝。长侧枝上所有的短枝每年都反复摘心，令其始终都平贴生长；而其顶梢则不加干扰，令其自由延伸加长。等到这些长侧枝生长到一定长度时，再分别用铅丝或铜丝盘扎，诱导它们向下生长，使其成为侧挂盆壁的悬崖美景。悬崖式造型一般多栽在签桶形深盆内，这样能较好地衬托出悬崖桂树那种凌空而出的美妙姿态；树体能得到重心的平衡；也更便于观赏和置放。按悬崖式造型必须进行大曲度的弯干造型，盘扎时间较长，更要求慢慢引导成型，最好是在桩坯苗幼年时就开始盘扎，如此可以事半功倍。

（五）曲干式造型

又称蟠曲式造型，主干从根基到树梢都在弯曲生长，以夸张的弯曲度，增加干枝的美观（图13-5）。曲干式造型是一种以盘扎方法为主、剪枝修剪为辅的人工造型方法，常在桩坯苗主干和枝条还不太粗的幼年阶段，就进行拿弯或一次性的强力扭曲，使其成为"S"形的曲干。结合替代侧生枝和剪口芽正反双走向多次整形修剪而成。待其定型后，再除去盘扎物。

盘扎主干常用棕线。可先将棕线中段套结在需弯曲主干的下端，然后将棕线两头相互绞绕并汇合在需弯曲主干的上端，打上活结；再将主干徐徐弯曲至所需弧度，收紧棕线，打成死结。盘扎分枝和细梢则常用丝线，即先将丝线一端固定在分枝或细梢基部，然后紧贴树皮徐徐缠绕丝线，边扭转，边弯曲，最后收结在分枝或细梢的顶端。曲干式造型要注意避免人为加工的痕迹。

（六）劈干式造型

主干过去人为劈分或因自然雷击被撕成两片，木质部几乎烂空，仅留外围树皮。但移栽后仍能成活并茁壮成长，造型别具风格，深感鬼斧神工之妙（图13-6）。人工制作本造型的方法是：梅雨季节，选用形体适宜的桩坯苗，在其主干恰当部位，用快锯横截出一个断面。再在断面上，偏离树心，用利斧垂直下劈，把主干劈分为两爿。劈分时要求两爿树皮不要撕裂破坏，并各自保存有足够的侧根。切面无须平整以显示自然，并用石硫合剂消毒，再用山苔、棕片等物包扎，以利愈合。一两年后，

图13-3 卧干式造型（周国梁提供）

图13-4 悬崖式造型（刘国源提供）

图13-5 曲干式造型（周茂仁提供）　　图13-6 劈干式造型（杜海汀提供）

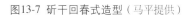

图13-7 斫干回春式造型（马平提供）

图13-8 附石式造型（杜海汀提供）

可以稳定成活。

（七）斫干回春式造型

桂花主干遭受历次砍伐，留下多处干孔。但仍有数枝劫后重生，依然青翠满目，欣欣向荣。说明桂花生命力之强，也在喻示人生历程曲折多变；如能顽强工作，努力拼搏，仍会取得成功（图13-7）。人工制作本造型方法非常简便。方法是：物色带有多处干孔的桂花老桩，将其萌条刻意保存并重新布局，即可培育成功。

（八）附石式造型

主干的根攀附着在石上生长。根系穿岩走石，树身却郁郁葱葱，傲然挺直，犹如石隙生树，别具野趣（图13-8）。选用质地疏松、吸水能力强、石隙孔洞多，造型又十分精致的浮石作为种植载体石床。春季，挑选生长健壮，具有4～5条较粗侧根的桩坯苗，按照预定的种植位置，把包好山苔和棕片等保护物的桂树侧根，分别穿过石床上诸多穴孔种植到一个装有优质培养土的深泥盆内。深泥盆随即移放至庇荫处妥善管理。保证让穿过石床的上段侧根仍能成活，不致枯萎；而深入到泥盆内的下段侧根则持续健康生长，并发出更多新根。一两年后，更换深泥盆为浅陶盆，同时拆除侧根上包裹的山苔和棕皮等保护物。可见桩坯苗的侧根已贴附在石床上生长。其虬由根系力透石隙，散发出蓬勃生机。

（九）露根式造型

又称露爪式或提根式造型，植株大部分根系裸露在盆土表面，犹如蟠龙巨爪支撑着整个植株，表现出基础牢固勇挑重担的精神（图13-9）。制作露根式盆景，其工

图13-9 露根式造型（杨华提供）

图13-10 一本双干式造型（周茂仁提供）

图13-11 一本多干式造型（王斌提供）

作步骤如下：

（1）选用的桩坯苗必须具有向下生长的主要侧根，数量不得少于3条，且不要对称等距，要有前有后有疏有密。根的数量以奇数为好。

（2）栽植上盆时要把桩坯苗侧根适当留长些，并用深盆养护。

（3）其后，首次翻盆换土时，剪短主根，保留呈辐射状的水平侧根，同是剪去着生在侧根上的一些浮根、冗根和杂根。再先在盆底填放一层肥土，然后把修剪好的桩坯苗栽入盆内，根颈部适当提升裸露并在盆面铺盖厚层河沙，将无纺布先围成一个包装筒，其直径略小于花盆的口面，以能套住桩坯苗根系为标准。用铅丝把包装筒绑牢，再向筒内充填河沙，特将此措施称之为"围沙"处理。

（4）加强盆株水肥管理，使根系逐渐向底部肥土伸展。其后，逐年把盆土表层河沙分期取出，取完为止，使虬曲根系开始露出盆面。

（5）最后，将植株连同底部肥土一起，进行第2次移栽换盆。移栽时把主干下掀，迫使侧根向四周扩展，隆起于盆面，并用棕丝绑扎固定，待其定型后再行松绑，至此露根式树桩盆景即告完成。

经验证明，处理露根要非常慎重，要有耐性，不能急于求成，过早去除河沙，导致植株死亡。经露根处理后，裸露根可以弥补盆面上枝干的虚白，增加树姿的苍虬形态，衬托出桩景的形态美，提高盆景的观赏价值。

（十）一本双干或多干式造型

指在同一株树桩上生长有两个或多个高低粗细不等或相等的树干，给人以一种虽是两干或多干，却有同林一景的艺术效果（图13-10、图13-11）。本造型除可用山野老桩制作外，尚可用苗圃自育的压条苗加工完成。按苗圃自育的压条桩坯苗，常一本双干或多干。一般在近根际处会自然发枝，另在距地表不同高度处，也会分别抽枝。把这些枝干通过剪枝修剪、盘扎等技术手段，可以组合成为一座古朴苍劲的多峰式树桩盆景。在布局此类造型时，要求高低参差、错落有致。虽是双干或多干，但绝不能给人以两株或多株树的错觉，而应是一株树的整体。

六 桂花树桩盆景的鉴赏和品玩

现代著名文学家和盆景大师周瘦鹃先生生前在其苏州的宅院内植桂三株，还曾到郊野邓尉山觅寻老桂制作盆景，赏花闻香，并留题咏："小山丛桂林林立，移入古盆取次栽；铁骨金英枝碧玉，天香云外自飘来。"他对树桩盆景曾有如下一段评价和要求："树桩盆景给人观赏有几个必要条件：一是盆景本身要求富含诗情画意；二是盆景所用的盆盎要求古雅，大小相配；三是盆器需要在其下衬以几座，风格大小也需与盆器互相配合。由景、盆、几座三者配合的盆景，才算是件完整的艺术品"。桂花盆景的鉴赏、应符合以下需求：

（一）景

指桂花树桩盆景的主干、枝条、叶片、花果和根系都应有吸引人眼球的上佳表现。

（1）主干。它是桂花树桩盆景的中枢核心，也是造型命名的主要依据。主干的高低和粗细，应与盆景整体形成合理比例，力求美感协调。

（2）枝条。它是构成盆景树冠的重要组成部分。应该做到取舍合理，摆布匀称，富有层次，自下而上，逐层缩短。

（3）叶片。要求生长良好，色泽鲜润，疏密有致，风韵自然潇洒，无病虫害。

（4）花与果。花色、花香、花型、花量和花期等指标，不同品种有明显差异。大多数品种开花不结实，少数品种花后结实。应根据花与果诸多不同特点，妥善布局欣赏。

（5）根系。桂花根系非常发达。利用此项特性，常可截去主根，逐步上提侧根，制成闻名遐迩的露根式桂花树桩盆景。

（二）盆

桂花树桩盆景的用盆，一般宜用深度较深一些的花盆。因为咫尺大小的花盆，对桂花的生长已有很大的限制。如果再用盆过浅，则盆土将明显不足，植株难以存活。至于用盆种类，以江苏宜兴产的紫砂陶盆最佳。紫砂陶盆质地细腻、色泽柔和，形态古雅、排水性能也相对较好，与桂花树桩盆景搭配，风格和谐一致。

在选用花盆时还必须考虑花盆的大小、形态、重心与对称布局等多方面因素。如花盆的大小要恰到好处，要避免大盆栽小树或小盆栽大树等不协调现象发生；斜干式和卧干式桂花树桩盆景应栽在长方形或椭圆形的花盆中，不可用方盆或圆盆；悬崖式桂花树桩盆景适宜用签桶形深盆等。

（三）几座

根据盆景和盆具自身的特点，桂花树桩盆景的下面应精心选配有相应特色的几座。几座的大小形态和高矮变化很多，与盆具配合的原则是：方对方、长对长、圆对圆、力求形式统一和色彩调和。宁可几座稍大于盆具、不可盆具大于几座。几座用料有多种，其中以紫檀木几座最好。它色泽光洁明亮，木质细腻，与紫砂盆具搭配，十分得体恰当。

（四）题款和命名

与国画一样，题款和命名是我国盆景传统的民族风格，两者如能配合运用得好，常能增加桂花树桩盆景的思想性和艺术性，开拓盆景美的新领域。盆景大师于玮亭（2008）主编出版了《青州盆景》，收集了附有命名和题款的桂花树桩盆景22件。现将其中6件造型盆景的命名和题款列述于下，以飨读者。

（1）直干式造型（图13-1）。盆名："明桂折颜"。题款："根扎明代清风沐，王朝气魄古今连，五百年来不老颜"（刘杰收藏）。

（2）悬崖式造型（图13-4）。盆名："临渊羡鱼"。题款："主干自石底拱出，三折腰而探出于悬崖之外，如临万丈深渊"（刘国源收藏）。

（3）曲干式造型（图13-5）。盆名："犀牛望月"。题款："桩形酷似犀牛，静卧长河之滨，回首遥望蟾宫桂影"（周茂仁收藏）。

（4）斫干回春式造型（图13-7）。盆名："青云出岫"。题款："数百年风霜雨雪，形成老桩层峦叠嶂，幽壑处处"（马平收藏）。

（5）一本双干式造型（图13-10）。盆名："同舟共济"。题款："两干共处一舟，风雨同舟，乘风破浪"（周茂仁收藏）。

（6）一本多干式造型（图13-11）。盆名："五子登科"。题款："盘根错节，五枝同茂"（王斌收藏）。

七　桂花树桩盆景的布展和日常养护

盆景会展出时，桂花树桩盆景的数量和大小应与展馆规模协调一致。展出盆景如有大小和高矮，应该前小后大，前低后高，不遮视线，便于欣赏。桩景通常有一主要观赏面（正面），在布展时，应把正面面向观众。悬崖式桂花树桩盆景应该置放在稍高一点位置，让观众适当仰视，更能体现出树体倒挂气势的雄伟。

桂花树桩盆景在定期展出后，应及时运回盆景园进行日常养护管理。盆景园应选择在地势高燥、向阳通风地方，不能选用地势低洼、容易积水之处，防止盆土长期阴湿，植株容易烂根或发生病害。隆冬季节，桂花树桩盆景应调整放进温室或塑料大棚内，以防雪灾冻害。必要时可连盆埋入地下防寒，但盆面则要露出土外。盛夏季节，桂花树桩盆景应架设遮阳网或移放到阴凉处。地面经常洒水降温，盆景枝叶要定时喷雾以减少蒸腾。桂花树桩盆景大量集中时，盆与盆之间不可过密，应留出一定的生长空间等。

盆景要求控制水肥，避免生长过于粗野，影响盆景古雅秀美，也正由此更容易遭受各种病虫害干扰，应积极应对。

八 盆景进万家，要做到"小""短""轻"

2018 年 3 月，在成都市郫都区举办的中国西部花卉盆景产业研讨会上，与会嘉宾讨论如何让盆景走进千家万户问题，得出如下观点：只有把盆景做小、做短、做轻，才能形成规模化生产，进入寻常百姓家。其具体要求如下：

（一）"做小"

占领居家办公桌。所谓"做小"，就是把盆景规格做小，规格小了，成本才能降下来，售价才能降低，老百姓才能消费得起。四川省花卉协会插花花艺分会会长马力认为：规模小了，家里空间有限的人才有机会消费，如果盆景能像多肉植物那样小巧可爱，相信会有更大的市场空间。

（二）"做短"

产品和作品要严格分开。所谓"做短"，就是要尽力缩短盆景的生产时间，这也意味着间接降低其生产成本，扩大销售范围。成都市郫都区花卉协会常务副会长徐世勇提出："今后的盆景发展应明确定性为作品和产品两大类：作品是阳春白雪，要求艺术家呕心沥血，精雕细刻，往往几十年上百年才制作一盆；而产品是下里巴人，最好两三年即可上市，最多不超过 5 年。"

（三）"做轻"

要借鉴组合盆栽。所谓"做轻"，就是盆景轻质化，其中既包括盆器也包括基质。成都市花卉协会名誉会长朱廷朴认为："盆景与流行的组合盆栽均各有其优缺点。我们可以借鉴组合盆栽的基质和盆器，减轻盆景重量，让它以更轻的方式在市场流通。"

［本章编写人（按姓名笔画为序）：刘迎彩　李淑臣　杜海江　杨吉祥　杨康民　周脉常］

第十四章　桂花在园林中的配植和应用

桂花是我国特有的园林树种，自古以来就受到人民大众的喜爱，一直被列为重要树种而得到广泛应用。在南方园林中，桂花占有率一直遥遥领先于其他园林树种。其重点应用领域涉及桂花主题公园、桂花休闲观光园和南北方各地桂文化展会等多方面。

一　桂花在园林中的配植

(一) 配植原则

在基本满足桂花习性要求基础上，按照适用、美观和经济三项原则与其他树种进行合理的搭配，组成相对稳定的植物群落。在具体配植桂花时，应重视以下几项原则。

1. 因地制宜

所谓因地制宜，就是把桂花尽可能地配植在最适合其生长的地方，这个地方不仅要适合桂花的生长，同时也要适合与桂花搭配在一起的其他植物的生长。苏州光福地区，桂花与梅花伴生栽培，就是一个典型的栽培范例。

徐虎（1992）介绍，苏州光福乡地处太湖之滨，自宋代开始已遍植桂花，并与梅树相间成片种植。桂、梅间作组成的人工植物群落，不仅最大限度地发挥了经济效益，也形成了极具观赏价值的植物景观。"香雪海"是人们对这一旅游胜地的美称。过去人们仅理解为早春梅花盛开似雪，又有暗香袭人的氛围，组成了春天的"香雪海"。实际上该地春有梅花，秋有桂花，仲秋时节，满树满枝、乳黄渐转银白色的花朵，同样也镶成了一片花的海洋，甜香弥漫、遍野芳香，再次组成了秋天的"香雪海"。苏州光福桂梅间作组成的植物群落，树种搭配得当，相互关系协调，实为祖先创造的也是现代生态园林要求的生产型人工植物群落的典范。

2. 层次错落

桂花种植园在其尚未投产以前，最好有两个种植层次，即上层是桂花，下层是农作物或其他苗木，以充分利用空间光照和土壤肥力，收到长短结合、以短养长和远近两期经济效益兼顾的效果。

另在以观赏栽培为主要目的的园林中，桂花的多层次安排也是个非常重要的问题。据笔者在杭州西湖风景区调查所见：通常第一层是树冠稀疏的阳性落叶大乔木，如枫香、无患子等；第二层是骨干树种桂花；第三层是比较耐阴的落叶或常绿的花灌木，如棣棠、山茶花等；第四层是耐阴的地被植物，如麦冬、石菖蒲、红花酢浆草等。有了这几个垂直层次，地面上不同空间的光照和地下不同深度层次的土壤水分和养分都能得到最有效的利用，使绿化覆盖率大为增加，并实现黄土不见天的理想效果。

3. 季相变化

所谓季相变化就是指植物在一年中随季节的更替而发生周期性的物候变化，例如发叶、开花、结果、落叶等。桂花是常绿阔叶树种，除抽梢期和开花期累计约 1 个月时间的季相变化非常突出外，其他时间的季相变化则不很明显。因此，需要和其他树种（包括桂花各品种）合理搭配，以充实其季相变化内容。由于桂花是常绿植物，所以与其混交的树种应以落叶树种为主。既要有乔木类，也要有灌木类；既要有花木类，也要有叶木类和果木类；既要考虑季相上的衔接，又要注意色彩上的协调等。这样，才能起到众星捧月的理想效果，使整个园容随着季节的变化而呈现出气象万千、绚丽多彩的动人景观。

广西桂林市的七星公园，是驰名中外的桂花公园，种植的大桂花树就有 6000 余株。月牙楼前大草坪面积有 14 000m²，三面奇峰耸立，风景优美。植物配植以桂花为主景树，在草坪边缘作自然式配植，组合有序、疏密相间；同时结合配植成片的羊蹄甲、白玉兰、山茶和银杏等。四季有花果，对比强烈，变化丰富，充分显示桂花自然优美的风采。早春桂花萌芽展叶，新叶或红、或紫、或黄绿、或橘黄色，在大片芳草绿茵衬托下，十分娇艳；金秋桂花飘香，明月高悬，奇峰映照，在大草坪上闻香赏月，更是令人心旷神怡。

4. 背景烘托

背景是衬托主景和配景的物体。桂花常绿，枝下高又低，作为一些落叶花灌木的背景树是非常适合的，可以衬托出配景花灌木的婀娜多姿。同时，桂花树身较矮，树冠圆整，叶色明亮，倘若在其后再栽植一些树身高大、叶色深暗或有红、黄叶的秋天色叶树种作为桂花的背景树，则更能充分衬托出主景桂花的特色。

在杭州西湖园林植物造景中，桂花常被用作西湖秋景的骨干树种。如在平湖秋月、三潭印月等景点，主题桂花配植紫薇、红枫以及含笑、晚香玉等芳香植物，突出秋夜赏月的意境和闻香效果；在玉泉、岳坟等景点，丛植、列植或群植桂花，为牡丹、山茶、杜鹃花等半阴性花灌木增添层次，提供庇荫效果；在满觉陇成片种植桂花，配植部分枫香、银杏、红枫、无患子等秋天色叶树种，用作桂花的背景树，突出"满陇桂雨"的主题等，都是配植成功的范例。

5.文化传统

桂花在我国古代就广为应用，是吉祥如意的象征。我国人民常把秋桂与秋月联系在一起，产生了许多脍炙人口的神话传说，如"嫦娥奔月""吴刚伐桂"等。

我国旧时庭院，常把玉兰、海棠、牡丹、桂花四种传统名花同栽庭前，以取"玉堂富贵"之谐音。此外，"双桂当庭"或"双桂留芳"等对植方式也是我国古典园林中常见的配植手法，并具有悠久的历史传统。桂花在园林造景中，以群植和丛植形式居多，形成局部景区，甚至建筑物的名称也都与之密切相连，给游人留下深刻的印象。如在苏州留园有"闻木樨香轩"、网师园有"小山丛桂轩"、沧浪亭有"清香馆"、耦园有"樨廊"、怡园有"金粟亭"等，都是以桂花为主景植物的著名景点。

（二）配植形式

桂花的配植形式大体上可以分为自然式和规则式两类。自然式配植以模仿自然、强调变化为主，具有活泼幽雅的自然情调，有孤植、丛植、群植等方法。规则式配植多以某一轴线为主，呈对称或成行排列，以强调整齐、对称为主，给人以雄伟肃穆之感，有对植、列植等方法。各分述要点于下。

1.孤植

在楼前高地、空旷平地、土坡或草坪上，配植单株桂花以体现其树形美，进而成为空旷地上的主景，称为孤植（图14-1）。孤植在阳光充足、地域开阔之处，树冠多呈自然圆球形或椭球形。一般配植在园林空间的构图重心处，常见于建筑物的正前方，道路的交叉点或草坪的焦点上。孤植的具体要求如下。

(1)高度。桂花的高度有限，一般在10m以内。作为孤植的桂花，最好配植在地形较高处，增加它的相对高度（在平地上，可以人工堆土，形成较高地形），以突出体现孤植桂花树体的挺拔雄伟。

(2)主干。用作孤植的桂花树，最好能有明显的主干。至于分枝点的高低则不必苛求，一般在1m左右即可，它可以形成浓密的树冠，遮掩树身。

(3)树冠。孤植桂花要求树冠的东、南、西、北四个方向都比较完整，以确保多角度的观赏价值。

图14-1 楼前广场孤植桂花（邬晶提供）

（4）品种选择。孤植桂花最好选用金桂、银桂和丹桂等乔木型品种群内的品种，不宜选用四季桂类品种群内灌木型品种。

通过高低、形态、色彩、体量的对比，构造出点题主景，是园林设计上营造疏朗空间常用手法之一，而孤植桂花大树恰能满足此项需求，可以尽快地占景入题。

2.对植

用两株桂花按一定轴线，左右对称的栽植方式，称为对植。对植多用在公园、大型建筑物的出入口两侧或磴道石级与桥头的两旁，起烘托主景的作用。桂花对植古称"双桂当庭"或"双桂留芳"，是我国传统配植桂花的手法。它不但可以丰富建筑物的画面，而且还能赋予建筑物以时间和空间的生机动态感。它常和厅、堂、殿、轩等建筑物配置在一起，特别适合厅前或宅第前栽植（图14-2）。对植桂花的具体要求有如下5点。

（1）场所。桂花是喜光、喜温暖的阳性树种，最好配植在建筑物的背风向阳处（南方），而不要栽植在迎风背阴地方（北方）。

（2）间距。在建筑物的一侧对植桂花，要考虑其与建筑物之间的合理间距。一般应根据建筑物的高度，分别制定出不同的间距要求。在低矮建筑物前，间距小些；在高大建筑物前，间距大些。桂花与建筑物的间距一般可设计为2～4m，或更大些。

（3）主干。对植桂花一般要求具有比较明显的主干，使其产生较大的上层树冠，不致因干蘖丛生而占用过多的面积。对植可使人的视线透过桂花的主干，看到背景中的苍翠虬枝和古朴建筑，能形成一幅令人神往的图画。

（4）地面铺装。对植桂花的地坪通常有铺装材料，最好由方砖、卵石或条石砌成，忌用水泥或沥青铺装。必须注意的是：桂花树身周围至少要有直径1m或以上的土坪范围不能铺装，否则会影响桂花根系发育，使桂花难以生长良好。若条件允许，也可在砌高花台上种植桂花。

（5）形体、色彩。对植的两株桂花，其体形大小、植株高矮和姿态、色彩等，要求相对一致，并与周围环境相互协调。例如，在粉墙前种植桂花，能衬托出桂花秀丽的树姿，且可打破粉墙单调、呆板的线条，使浓绿的树影与疏淡的墙面形成虚实对比，提高视觉效果。

园林中往往利用对植桂花的质感及其独特的形态来衬托人工硬质材料构成的规则式建筑形体，借以改变本来生硬的建筑线条，可谓简洁而又自然。

图14-2　山门两侧对植桂花（张林提供）

3.丛植

由3株以上、20株以内的桂花品种或异种树木组成的配植方式，称为丛植。这是一种最自然的配植方法，在园林中常用于宽广的草地，道路的两侧或一侧、路口、水边或建筑物的周围等处。主要用作观赏的主景（如公园入口）和背景（如雕塑、纪念碑），也可作为障景（如路口）、夹景（如道路）和漏景（如岸边）等（图14-3）。桂花丛植常与建筑物相配，构成局部景区，配以山、石，更能增强景观效应。丛植桂花需注意如下3点。

（1）树种组成。丛植可以用单一的桂花树组成，也可以用2～3种树种组成，但应以桂花为主。主景桂花配植往往比较自由活泼，允许高矮参差、疏密交替、品种多变，以达到层次有变化、间距有疏密、色彩有差异的艺术效果。在进行多树种配植设计时，要注意研究桂花与其他树种在光照、水分、养分等方面的协调性。总的原则是：桂花的上层树种应是稀疏落叶的阳性大乔木，下层为比较耐阴的花灌木，彼此之间留有适当空间，与桂花保持有一定距离。

（2）间距。丛植的合理间距一般以成年树的树冠不相互交错重叠为原则，如间距过小，势必会形成畸形树冠，影响桂花的生长发育，降低桂花的观赏价值。如在杭州地区，中等立地条件下，30年生桂花平均冠幅为3m，40年生为4m，50年生为5m，80年生为6m。如以30年作为丛植的设计标准，则桂花丛植的间距至少为3m。

（3）视距。丛植桂花的周围，最好有广阔的空间，如大片草地等，使桂花的树冠能自由扩展。在公园中配植桂花树丛时，一定要留出相当于树高3～4倍的观赏视距；在主要观赏面甚至要有10倍以上的视距。这往往是一些小型公园容易疏忽和难以解决的问题。

丛植是一种要求较高、艺术性较强的种植方式，也是桂花配植上最常用的方法。它是将桂花个体美与群体美展现出来的最佳方式。

4.列植

按照一定的株行距，成行栽植桂花树，叫做列植。它主要应用在规则式的园林绿地中。唐代王绩的咏桂诗曰："桂树何苍苍，丛植临前堂；连拳八九树，偃蹇二三行；枝枝自相纠，叶叶还相当……"；南宋诗人杨万里在咏桂诗中写道："夹路两行森翠盖，西风半夜散麸金"；明代沈周撰《客座新闻》一书对桂花列植的优点更有一段很好的描述："衡山神嗣其径绵亘四十余里，夹道皆合

图14-3 公园曲径通幽一隅，搭配色叶树种，丛植桂花（张静提供）

抱松桂相间，连云蔽日，人行空翠中，而秋来香闻十里。计其数云一万七千株，真神幻佳境。"说明自古以来桂花就有种植在甬道和道路两侧用作干道树的习惯。在现代的一些纪念性园林中，比如武汉市东湖的屈原纪念堂和南京雨花台烈士陵园等，也沿袭继承了这种列植方式（图14-4）。列植构成的景观显得整齐而有气魄，其植株大小、树身高矮和间隔距离等，都要求相对一致，以体现它的整齐美观，列植的具体要求有如下4点。

（1）苗源。要求引种有一定粗度和冠幅的标准化生产的扦插苗，不用生长和存活不够稳定的嫁接苗；若是单行列植，则要求更为严格。

（2）场所。园路两侧往往是人流集中而小气候条件较差的地方。在这些地方列植桂花，常常长势不旺，并且保护困难。因此，可参照杭州长桥市花公园和儿童公园等处的做法，即用数米宽的草花带或花灌木带，将桂花与园路隔开，以减少人为破坏，保护桂花更好生长。在桂林等风景旅游城市，这种路、树隔离种植桂花的办法得到进一步发展。在城市郊区空气比较清新的路段，远离排污的机动车道，并在其他乔灌木树种隔离带的保护下，作为列植的园景树和干道树桂花，仍有配植需求和

发展前途。

（3）间距。列植单行桂花，株距可设计为4～6m。10年后可隔株疏移桂花大树，培育出一批成型大苗，供他处或本处调整列植需要。

（4）养护。列植桂花在地形有起伏的地方，往往因为不能按等高线种植，而使水土流失严重，桂花根系外露，树势生长衰弱。因此，必须作好林地的水土保持工作，如种草护坡、砌石护坡等，以满足桂花稳定生长的要求。

5. 园植

凡20株以上、100株以下的同种或异种树木按一定株行距组合在一起的配植方式，称为园植。在现代园林中，与园植相仿的桂花群植也应用较多，常种植于山丘、坡地和开阔平地，形成桂花山、桂花岭、桂花林等连片佳景。每到金秋季节，常使游人流连忘返（图14-5）。近年来，南方有些公园绿地，园植桂花的密度大多偏高，又很少进行修剪和疏移，致使园地通风透光差，桂花生长发育不良，树势减弱，枯梢严重，开花减少，应引起注意。

（三）桂花与搭配植物的关系

我国园林植物种类繁多，在确定桂花搭配植物时，

图14-4　人行道圆形花槽内列植桂花（张林提供）

应考虑两者的协调关系，包括对土壤条件、光照、温度、水分及养分的要求。再有，搭配植物的枝、叶、花、果，要求能够补充、丰富和提高桂花的景观效果，借以达到科学性和艺术性的结合。

清代陈溟子在《花镜》（1688）一书中对我国园林植物搭配技巧有如下精辟概括："草木不能易地而生。宜阴、宜阳，喜燥、喜湿，当瘠、当肥，无不顺其性情，而朝夕体验之"；"因其质之高下，随其花之时候，配其色之浅深，多方巧搭，虽药苗野卉皆可点缀姿容，以补园林之不足，使四时有不谢之花，方不愧为名园二字"。

20世纪80年代以来，笔者曾对上海和杭州等地园林植物进行过系统调查，发现与桂花常用的搭配植物种类是比较丰富的，包括有乔木、灌木、草本花卉和地被植物等。

1.乔木类

南方园林中常见的落叶乔木有银杏、金钱松、水杉、白玉兰、檫树、枫香、三角枫、樱花、杏花、梅花、桃花、红叶李、木瓜、垂丝海棠、西府海棠、合欢、紫荆、乌桕、黄连木、鸡爪槭、七叶树、无患子、栾树、梧桐、紫薇、石榴和柿树等。

常见的常绿乔木有黑松、龙柏、罗汉松、杨梅、广玉兰、珊瑚树、月桂、蚊母、枇杷、石楠、女贞、冬青、山茶、柞木和棕榈等。

在搭配乔木树种时，应注意以下几个问题。

（1）桂花是常绿树种，在桂花为优势种的群落中搭配树种时，落叶乔木的数量和比例应适当增加。

（2）在桂花搭配乔木树种中，高度超出桂花的常绿类有黑松、龙柏、广玉兰和樟树等；落叶类有银杏、水杉、无患子和枫香等。上述这些树种应该配植在桂花的北侧而不能配植在桂花的南侧，以免遮挡南侧的光线，影响桂花的生长与发育。

（3）在桂花搭配乔木树种中，与桂花树高基本平齐的常绿类有蚊母、枇杷、冬青和山茶等；落叶类有红叶李、西府海棠、合欢和鸡爪槭等。应该根据这些树种成年后的冠幅大小，来设计它们和桂花之间的合理间距，以求两者关系稳定和持久。

（4）为了突出桂花园地的春色，可适当搭配白玉兰、山茶、梅花和桃花等春季花木树种；为了体现桂花园地的秋色，则可栽植银杏、无患子、乌桕、枫香和鸡爪槭等秋色叶树种。夏季开花树种少，色彩比较单调，可选

图14-5 桂花主题公园内园植桂花（杨华提供）

用枇杷、杨梅等夏季果木以及紫薇、石榴等夏季花木；冬季园林景色萧条，可配植观花树蜡梅和观果树大叶冬青等树种，力求使桂花种植园的季相变化丰富多彩。

（5）冠大荫浓的乔木树种如悬铃木（法国梧桐）和樟树等在桂花园地中应尽可能少用，且只允许种植在北侧远处，不能距桂花太近；否则，很快会造成上方遮阴，导致桂花开花很少或根本不能开花。

（6）随着岁月的流逝和树龄的增长，不可避免地会出现桂花与搭配的乔木树种的树冠相互交错或重叠现象，此时应重度修剪并控制其他乔木树种的树冠生长，以保证桂花的正常生长发育。

2. 灌木类

南方园林常见的落叶灌木种类有小檗、紫玉兰、蜡梅、溲疏、山梅花、八仙花、白鹃梅、榆叶梅、郁李、棣棠、平枝栒子、野蔷薇、喷雪花、笑靥花、日本绣线菊、贴梗海棠、木瓜海棠、卫矛、木芙蓉、木槿、结香、老鸦柿、金钟花、迎春、丁香、海仙花、绣球花、紫珠和枸杞等。

常见的常绿灌木种类有杜鹃花、十大功劳、南天竹、含笑、海桐、火棘、月季、金橘、黄杨、枸骨、大叶黄杨、金丝桃、胡颓子、八角金盘、洒金东瀛珊瑚、马银花、紫金牛、云南黄馨、夹竹桃、栀子花、六月雪和凤尾兰等。在具体配植设计时，应注意以下4个问题。

（1）为了增加植被层次和提高绿化覆盖率，桂花林地应增加灌木的比重，特别是有利于地被植物生长的落叶灌木。如紫玉兰、棣棠、贴梗海棠、金钟花和木芙蓉等。

（2）由于桂花枝叶非常稠密，所以与桂花长期搭配在一起的灌木都要求比较耐阴，如杜鹃花、山茶花、八仙花、八角金盘和洒金东瀛珊瑚等。同时，还要求将这些灌木树种，种植在桂花的林缘地带，以避免桂树对其遮阴太重而生长不良或不能开花。

（3）各季花灌木的花色各有千秋，花期也有前后不同。应合理设计搭配这些树种，力求达到花色丰富，花期错落有致、绵延不断的效果。此外，还应重视十大功劳、雀舌黄杨、胡颓子和凤尾兰等观叶灌木的配植；为了减免秋冬萧瑟气氛，小檗、枸骨、枸杞、火棘、栒子和紫珠等观果灌木的作用也不应忽视。

（4）桂花与灌木的生长关系一般是比较协调的。一旦发生矛盾，应修剪并控制灌木的生长。个别"野性"特强的灌木种类如夹竹桃等，要限制在桂花园地内使用。

3. 草本花卉

适合在桂花园地上栽培的草本花卉种类很多，它们在丰富园林季相和增加景观色彩等方面均具有重要作用。通过按季节换茬更新种植草花的办法，也能满足游人"求新、求奇、求变"的心理要求，缓和或化解了乔灌木树

种固定长期配植在桂花附近，与桂花可能产生光、热、水、肥等方面的需求矛盾。草本花卉一般喜光，最好配植在孤植、对植或丛植桂花的周围或群植桂花的林缘一带。

喜光、稍耐阴，可以分季栽培、花期较长、观赏价值较高的一、二年生草花，主要包括以下种类。春季：雏菊、矮牵牛、金盏菊、紫罗兰等；夏秋两季：百日草、千日红、万寿菊、孔雀草、长春花、一串红、凤仙花、鸡冠花、美国石竹（五彩石竹）、美人蕉、现代月季和地被菊类等；冬季：羽衣甘蓝、红叶甜菜（红恭菜）、大花三色堇和矢车菊等。

4. 地被植物

在桂花园地搭配种植地被植物，能降低园地土壤容重、改善园地小气候环境条件；控制杂草生长，节省劳务开支；增加绿化层次，提高观赏效果；防止游客践踏破坏土壤等。因此，应广泛推广应用。

桂花园地中引种栽培地被植物最好具备生长低矮、绿色期长、繁殖容易、管理粗放、观赏效果好等特点。由于园地局部小气候条件并不均匀一致，所以应该根据地被植物的生长习性和耐阴要求，分别设计和配植适宜的地被植物种类。

适合在桂花林下较耐阴的地被植物有虎耳草、石菖蒲、白芨和麦冬等。适宜在桂花林缘或疏林下稍喜阳的地被植物有葱兰、石蒜、萱草、吉祥草、玉簪、鸢尾、二月蓝、紫茉莉和红花酢浆草等。其中，二月蓝和紫茉莉在上海已经驯化，能自播繁殖。

本节主要是讨论桂花与搭配植物之间的协调关系。适宜和桂花搭配的乔木、灌木、草花和地被植物的种类虽然很多，但就对某一景点的桂花来说，只需挑选少数种类与桂花搭配即可。如配植红枫、银杏等，以突出秋色；配植紫薇、石榴等，以突出夏色；配植棕榈、竹类等，以显示南国风光；配植含笑、栀子花等，以丰富月夜闻香效果。这样，可以让桂花群落达到生长稳定、景观和谐持久的效果。切勿多种混植，形成高矮不等、色彩纷呈的大杂烩。

二　桂花在园林中的应用实例

（一）桂花主题公园

20世纪60年代以来，武汉、杭州、上海、南京、合肥和桂林等城市，都纷纷建立各种类型性质的桂花主题公园。现介绍较有特色的几处。

1. 上海市桂林公园

该园沿用江南古典私家园林的造景技法，以四教厅为中心，八仙台、静观庐、观音阁、般若舫和九曲长廊等景点前后左右紧密相连，围绕桂树为主题，布置了"坐

亭赏桂""双虹卧波""荷风掠影""枕流听瀑"等园林景观，在鸟语花语、风声雨声、树影云影中，隐无形之意，显有形之景，使该园成为沪上赏桂最佳去处。

在种植设计上，现园内种植有金桂、银桂、丹桂和四季桂4大品种群共20多个品种。近2000株桂树合理配植、疏密相间，分布在各主要景点上待迎游客。园内还遍植有多种名贵花木——白玉兰、牡丹、含笑、垂丝海棠、石榴、紫薇、山茶、茶梅、蜡梅等，全年花开花落，竞相争妍，美不胜收。再加以苍松翠柏，婆娑竹影，真可谓满园四季皆有佳景。

2. 广西桂林市桂花博览园

位于桂林市中心交通十分便捷的黑山植物园内，共分金桂、银桂、丹桂、四季桂和木犀属区五大园区，收集有63个桂花品种。各园区都有游览步道相连接，既相辅相成，又各具特色。园址虽地处闹市区，但外有石山环抱，内有溪涧相望，环境倒也十分宁静。

桂花是常绿树种，秋季花期也比较短暂，桂花博览园要求营造一种四季有景、四时有花、一步一景的园林景观。为此，特别强调乔、灌、地被三层植物有机结合以突出物种多样性和园林景观的层次感，同时体现出色彩的变化和飞跃。春天园内有春鹃、红花檵木争奇斗艳；夏天含笑、白蝉会散发出阵阵清香，加上红、粉、白三色的紫薇，构成一道靓丽的风景线；秋天是桂花开放的季节，其香浓能溢远、清能绝尘，枫香、银杏的色叶，又竞相扮演为彩叶花海，令人流连忘返；冬季园内依然色彩缤纷，作为地被植物的黄素梅、雪茄花、红背桂等，走上隆冬的舞台，极大丰富了园区的色彩。

桂林市的桂花是我国历代文人墨客题诗作画的主要题材。如"坐世何曾说桂林，花仙夜入广寒深；移将天上众香国，寄在梢头一粟金"等。园方特将有关桂花的诗、词、歌、赋，镌刻在石上或运用于园林小品中，使桂文化融入园内，以更好地突出地方特色。

3. 南京市灵谷桂园

位于紫金山（钟山）南麓的灵谷桂园，避风向阳、地势平缓、土壤比较深厚，生境条件非常适宜桂树生长。该地交通方便，各项基础设施完善，又与众多名胜古迹相融合，便于游人赏桂览景。园内桂树配植有4大原则：①在景点间道路和新建道路两侧，适量栽植桂树，用桂花为花径，连接各大景点。②改造疏林地和低价值灌丛地，广植桂树，形成较大面积的桂林。③在高大乔木下，伐除下木，栽植桂树，充分利用空间，增强层次感，丰富林相色彩。④采用大苗栽植，以期早日形成园林景观。

灵谷桂园从1992年开始规划设计，1993—1996年集中栽植，4年共植桂树10 295株，加上原有桂树，全园现共有桂树13 953株。桂花品种园是该园的核心组成部分，共划为5个分区，即金桂品种群区、银桂品种群区、丹桂品种群区、四季桂品种群区和木犀属区，共植有23个桂花品种和5个木犀属种，1000余株。各群区之间，以步行道路分隔，且以大块石刻为标志。各品种以集团形式栽植，品种间相隔一定距离分开，以小块石刻介绍品种。

（二）桂花休闲观光园

以武汉市花果山农业生态园为代表进行介绍。

在现有休闲度假桂花观光园中，以武汉市花果山生

图14-6 桂源门外奔月广场景点（刘光德提供）

态农业园较有特色。该园距武汉市区 30 余千米，面积约 300 平方千米。园区内地形、地貌丰富，是桂花文化展示的理想场地。例如，该园结合局部生态环境和建筑物布局，建有"空林独秀"的孤植桂花；"双桂当庭"的对植桂花；"香林花雨"的片植、群植桂花。还把桂花与其他各种名花协调配植。例如：在桂花树下间作兰花，形成"兰桂齐芳"景点；在庭院中将桂花与玉兰相互配植，形成

"玉桂满堂"景点；将桂花丹桂名种与茉莉、紫薇等混植，形成"万紫千红"景点等。此外，"花好月圆""桂荷双馨"等景点也到处可见（图 14-6～图 14-9）。

　为了更好地满足人们对桂花的热爱和期盼，花果山生态农业园还在园区入口处专门建成了一个名为"桂源"的桂文化广场。内有"奔月"图案的大型活动场地和极具民族特色的"蟾宫折桂亭"；有大大小小 24 块刻有桂

图14-7　蟾宫折桂亭（刘光德提供）

图14-8　桂花的传说墙匾（刘光德提供）

图14-9　百桂迎宾（刘光德提供）

花渊源、传说、典故以及历代名人赞美桂花的诗词歌赋，还遍植有多个品种桂花，让所有来客都能感受到无处不在的桂文化气息。

实践证明：要想建成一个桂花生态休闲观光园，绝不是件轻而易举的事。因为它牵涉到园林、交通、餐饮、商业和物业管理等多个部门的日常工作。现仅就园林基本建设这一问题，谈几点笔者认识体会：

第一、品种引进不能像品种示范圃那样，种类引进愈多愈好，而是要有严格的选择，引进那些花色艳、花香浓、花量多、生长量大和抗逆性强的桂花品种。由于桂花的花期比较短暂，每年往往只有两茬花10天左右的最佳观赏期，因此，花期先后搭配首先应提上引种的议事日程。早、中、晚秋桂类品种只要符合上述基本要求，一个也不能少；四季桂类品种由于每年开花茬数多、花期较长，尽管花量较少、花香较淡，也应全部都上。

第二、为了满足观光园游客"求新、求奇、求变和求全"的心理需要，有必要引进各桂花品种的造型苗、盆栽苗和盆景苗。造型苗有缓苗返青期短、景观效果好和全年观赏期长等优点，完全可以取代桂花大树，引进到观光园栽培。盆栽苗和盆景苗主要布置在大厅、走廊、庭院、天井和阳台等桂花地栽苗难以占领的空白地带。其中，盆栽苗能随时移动，可调控桂花的花期；盆景苗则利用它的"无声的诗、立体的画和有生命力雕塑"的艺术珍品特点，增添观光园的亮丽风采。

第三、增加服务项目，调动和激发观光游客的购物消费热情。在观光园，不仅可以观赏到各种精品桂花，而且还可以得到诸如餐饮、打球、垂钓、保健、住宿等方面的优质服务。此外，还应有如桂花酒、桂花茶、桂花香精和桂花糕点蜜饯等一系列桂花深加工产品，满足观光游客多方面需求。

（三）桂文化展会

每年中秋至国庆期间，我国南方一些城市，特别是以桂花为市花的城市，经常会举办各种桂文化展会。其中，举办次数最多、效果也最好的，是北京颐和园的"颐和秋韵"桂花文化节。现做如下介绍：

颐和园的桂花来源于清朝宫廷，经过几代人的养育，不断探索、扩展和创新，盆栽桂花已发展成为颐和园的品牌花卉。从2002年开始，颐和园已连续18年举办了18届"颐和秋韵"桂花文化节，以容器古朴、花香浓郁、花期应时、树形完美为特点，最大限度地展示了颐和园品牌花卉的艺术精品文化，受到了专家及游客的一致好评。同时，又以盆栽的形式，参加了中国首届和第二届桂花文化展览以及中国花卉博览会、园博会等赛事，均获得了最高奖项。历届"颐和秋韵"桂花文化节主要包括以下内容。

（1）桂花与皇家园林的完美结合。每年将不少于500盆桂花合理地融入到颐和园建筑群中，既能突出颐和园皇家园林的造诣，又能展示传统名花的独特韵味。

（2）品种展示。精心挑选30~40个品种特性突出的盆栽桂花，每个品种2~3盆，辅以配套的科普文字说明。让广大游客在欣赏桂花的同时，既领略了桂花的风采和芳香，也从中了解到桂花的科普知识，从而得到了物质和精神的双重享受。

（3）盆栽容器展示。为了打造具有皇家文化气息的盆栽桂花，经过不断地研究和更新，将原有的绿色木桶更改为仿红木佩带龙牌的八角四方桶，桂花整体得到了统一。较好地突出桂花在颐和园的完美形象。

（4）文化商品的配套应用。在举办桂文化展览中，以桂花酒、桂花糖、桂花月饼等时令食品的融入，在丰富了文化内容的同时，也从不同角度来展示桂花的传统文化。

（5）花期调控，桂花应时开放。多年来，颐和园园林研究中心技术人员，不断摸索总结桂花花期促成和延迟技术，目前已掌握了一套花期适时8月中旬至11月中旬应时开放的技术实践方案。"颐和秋韵"能圆满完成任务达到"中秋""国庆"两节桂花应时开放、整个展期桂花连续绽放的目的。

（本章编写人：杨康民）

第十五章　桂花病虫害防治

　　自然分布的桂花树很少发生严重的病虫害，因而有人误认为桂花是不太需要进行植物保护工作的。所以，有的公园每年仅在防治其他树木病虫害时，顺便对桂花草率地喷一二次广谱性杀虫剂而已，如在 20 世纪 70 年代主要喷有机氯杀虫剂、80 年代主要喷有机磷杀虫剂。这些杀虫剂对有些食叶性害虫确可起到一些防治效果，但对繁殖代数众多的刺吸式害虫防治效果就不太理想。尤其是当害虫的天敌被广谱性农药大量杀伤之后，某些害虫反而乘机猖獗起来（如螨类和粉虱等），以致严重地抑制了桂花的生长势。

　　近年来，由于食品和香料工业对桂花鲜花的需求量剧增，桂花价格成倍上涨，各产区大量育苗和扩种桂花，远距离调运桂花苗木的情况大量发生，以致原来零星分布和偶然发生危害的一些病虫害逐渐扩大蔓延。虽然目前能造成桂花树成片死亡的病虫种类仍不多见，但影响桂花长势和鲜花产量的病虫害却逐渐增多。不论在园林游览胜地或桂花产区均时有所见。有些桂花树种植了一二十年，由于病虫危害而只长枝叶，却未见开花。现在不少地区已把桂花列为重要的经济树种，栽培规模越来越大，人们不仅重视其在园林绿化中的生态效益，同时还更注重其鲜花产量的经济效益。因此，对桂花病虫害的防治必须予以足够的重视。

一　防治总论

（一）预防为主

（1）做好地栽和盆栽桂花的养护管理，使桂花健康成长，增强其免疫力和抵抗力。

（2）改善地栽和盆栽场所的环境卫生条件，使桂花病虫害无立足空间和活动余地。

（3）做好桂花病虫害的预测和预报工作，病害在初发阶段（即在发现发病中心以后），虫害在幼龄阶段（即在虫口 3 龄以前），就要及时防治。力求病虫害不发生或少发生。

（4）加强桂花病虫害的法规宣传和规章管理，如调运种子苗木时，必须严格遵守植物检疫条例等，用以切断桂花病虫害的传播渠道。

（二）综合防治

1. 园林管理技术防治——"十字诀"

（1）剪。通过修剪来改善桂花植株的通风条件，不仅能促其健壮生长，还可以减少病虫害发生几率。

（2）刮。用刮树刀把桂花树干裂皮和翘皮内隐藏的虫体和病斑全部刮除掉。

（3）扫。定期扫除桂花植株周边的枯枝落叶，将其烧毁或用作沤肥。

（4）翻。初冬，耕翻园地或苗圃土壤，破坏病虫害的生存环境，促使其暴露在地表而死亡。

（5）换。早春，盆栽桂花在翻盆换土时，应将部分宿土抖落，调换干净培养土，避免盆土中藏匿的病虫害复发。

（6）晒。换下的盆栽宿土，可于晴热天摊放在水泥地上暴晒，消灭其中的病虫害，再拌入腐熟的农家肥，供后续上盆利用。

（7）涂。在桂花枝干上刷涂涂白剂，夏季可防止蛀干害虫入内产卵，并可减免枝干皮层被烈日灼伤；冬季可消灭枝干上越冬的病虫害，并能兼防枝干冻害。涂白剂主要成分为生石灰、硫黄、水和食盐，其比例一般为 10:1:40:1。

（8）隔。园地里种植的桂花和盆景园里摆放的桂花盆景，都应设计有适当的间距。此举有利于植株间通风透光，促进花芽分化，防止中下部枝条光秃，也有利于喷药工作的正常进行。

（9）诱。入冬前，在桂花主干分枝处扎以草团，诱集害虫入内越冬；过冬后，再将草团解下烧毁。

（10）捉。全年，特别在冬闲季节，捕捉树上的袋蛾和刺蛾虫茧，供饲养家禽或害虫天敌利用，如此一举两得。

2. 农业技术防治

(1) 轮作换茬。严格要求已经严重感染桂花病虫害的苗圃或林地换种其他经济植物，短期内不得再利用发展种植桂花；也不可再挖用其内的土壤用作盆栽桂花的用土来源。

(2) 严格检疫。禁止引进感染检疫对象的桂花苗木，也不可用它作为扦插或嫁接的繁殖材料。

(3) 及时排灌。雨后，林地、苗圃和盆景园等地都要及时排水或倾倒满溢的盆水，防止土壤暗渍，以免造成桂花烂根。干旱时，则要及时浇水或喷水，保证桂花不受旱，避免秋后早期落叶，影响来年开花。

(4) 科学施肥。冬季施足基肥，满足桂花全年营养需要；生长季节巧施追肥，包括薄肥勤施和花前加施磷钾肥，保证桂花开花需求。

3. 物理引诱防治

(1) 黑光灯。利用此灯发出的紫色光，引诱能飞翔的金龟子、刺蛾、地老虎、蝼蛄等害虫的成虫聚集，使之落进黑光灯下的水盆内淹死。黑光灯宜设立在地形开阔地带。

(2) 捕虫板。在适宜大小的黄色塑料板块上涂以胶液。利用黄色来诱集害虫，再凭借胶液来粘杀害虫。该板市场上有售，能有效控制一些害虫的初期数量，防止其暴发成灾，可用于监测和防治粉虱等桂花害虫。

4. 生物技术防治

通俗地讲，生物技术防治就是利用一种生物对付另外一种生物的防治方法，大致有以鸟治虫、以虫治虫和以菌治虫等三种。

(1) 以鸟治虫。保护和修筑鸟巢，引诱益鸟入驻林地或苗圃。让这些益鸟直接捕食各种桂花害虫。

(2) 以虫治虫。采用人工养殖办法，饲养各种害虫天敌，让它们捕食各种害虫，如利用瓢虫来防治介壳虫，利用草蛉来防治白粉虱，利用捕食螨来防治红蜘蛛等。

(3) 以菌治病和治虫。研发各种生物农药，将其培养液稀释以后，喷洒到林地、苗圃等各处，让危害桂花的真菌和细菌等病菌也同时染病死亡。目前我国已生产有真菌性制剂白僵菌、细菌性制剂苏云金杆菌(俗称Bt乳剂)和抗生素制剂灭幼脲3号等。

生物防治的最大优点是不污染环境，而且对保护生物多样性和维持生态平衡具有不可替代的作用。目前，青岛、北京、天津、太原等地都已建立有害生物天敌繁育基地，为大量应用奠定坚实基础。

5. 化学药剂防治

化学农药是柄双刃剑。应用得当，能够减轻或控制桂花病虫害；应用不当，则会造成严重的环境污染，且对桂花带来巨大的伤害。在具体应用时，应注意以下事项：

(1) 禁止使用剧毒农药，倡导使用高效低毒农药。高效低毒农药近年来在我国逐步推广。国产种类有多菌灵、氧化乐果和百菌清等；进口种类有甲基托布津和尼索朗等。进口农药的药效虽好，但售价较高。预防桂花虫害的经典性保护农药石硫合剂和预防桂花病害的经典性保护农药波尔多液，因药效显著、价格低廉和使用方便，今后应给予足够重视和推广。

(2) 使用化学农药时要做到有的放矢、对症下药。桂花病害共可分为以褐斑病、枯斑病和炭疽病为主的侵染性病害和以干旱落叶、水渍烂根以及因缺铁导致的叶片黄化病为主的生理性病害两大类。对侵染性真菌病害，可用多菌灵和百菌清等化学农药来防治；对生理性病害，化学农药无能为力，只能采取灌溉、排水结合根外追肥等措施或施用硫酸亚铁、螯合铁溶液等相应改变生态条件的办法来进行补救。另按桂花虫害共可分为以刺蛾、袋蛾等为主的食叶性害虫和以介壳虫、粉虱和螨类等为主的刺吸性害虫两大类。对食叶性害虫，可用美曲膦酯等胃毒性杀虫剂防治；对刺吸性害虫，可用氧化乐果等内吸性杀虫剂防治。

(3) 化学农药在使用前要进行鉴定。如对乳油剂要观察其有无分层、沉淀或结絮现象；如有，用力摇动药瓶看能否溶解，能溶解尚可用。又如对可湿性农药可提取少量药粉轻撒水面一分钟后，观察能否溶解，能溶解就可用。当化学农药鉴定有效后，其稀释方法和稀释倍数也大有讲究。如乳油剂，应先在喷雾器内装入1/4的清水，再倒入乳油剂摇匀，最后注入适量清水，达到其使用倍数的要求。再如可湿性粉剂，可先用水调成糊状，再按使用的倍数要求来进行稀释。

一般化学农药的稀释倍数为500～1500倍。病虫害预防时段可采用最小浓度如1500倍；病害初发和害虫幼龄时段可采用中等浓度如1000倍；而病害蔓延和害虫高发期则应采用最大浓度如500倍。

(4) 化学农药应讲究使用技术，以提高防治效果。例如：要选择晴朗无风天气喷洒化学农药。如无特殊情况，最佳喷药时间为上午8～10时和下午4～6时（特别在下午时段正值桂花叶面气孔张开、喷药吸收效果最好，且无日灼高温，可以减少药害）。雨前或下雨时不宜喷药，防止药液流失、减效或失效。喷雾作业时，雾点要细、喷力要足、喷嘴要由下而上，均匀全面，防止漏喷。

在杀虫剂中可加入适量的中性皂液，借以提高药液的展布面积和粘着性能，并溶解害虫体表蜡质，封闭它们的气孔，增强杀虫效果。因为化学农药或多或少有毒性，喷药前应戴好口罩，喷药后应反复清洗双手和脸部；喷药器械用后也应彻底清刷干净，以防止发生意外事故。此外，化学农药应该现配现用，强调一次用完，不允许储存备用。

(5) 使用化学农药防治桂花病虫害要坚持"连续用药"和"交替用药"。所谓"连续用药"是指应该查明并利用化学农药的残效期，进行有一定间隔天数的2～3次或多次喷洒农药，以解决桂花病虫害多代发生的持续性危害。所谓"交替用药"是指要轮换使用两种或更多种化学农药，防止长期使用一种农药时使桂花病虫害产生抗药性，从而影响实际防治效果。

二 防治各论

(一)病害及其防治

1. 桂花褐斑病

本病主要发生于上海、江苏、浙江、广东、陕西等地。

症状 发生初期在叶片上出现一些散生的小黄斑，逐渐变为黄褐至灰褐色圆斑，或受叶脉限制而呈现出不规则斑块，直径2～10mm。后期病斑变为灰色至灰白色，边缘红褐色，外缘有黄色晕圈。病斑可相互连接成不规则大斑块，正反面产生细小、灰黑色散生霉点，感病重的叶片枯死、脱落（图15-1）。

病原 木犀生尾孢 (*Cercospora osmanthicola*)，子座近圆形，直径12～24μm，褐色。分生孢子梗不分枝，0～1分隔，无膝状节，淡榄褐色，顶端近无色，(3～3.5)μm×(8～30)μm，通常12～32根束生。分生孢子近无色至淡榄褐色，倒棒形，隔膜1～9个，直立至微弯曲，基部倒圆锥形，顶端略钝，(2.5～4)μm×(10～62)μm。

发病规律 病菌以菌丝块在病叶和病落叶上越冬，翌年在温、湿度适宜时就侵染发病，并产生分生孢子，然后再侵染发病。病菌以气流和水滴传播。此病在4～10月均有发生，以多雨季节和多雨年份发病严重，并以7～8月病害蔓延最快。老叶发病较嫩叶为重，生长衰弱和当年移栽的植株容易发病。桂花不同品种对褐斑病的抗病力互有差别，丹桂类抗病力强于金桂和银桂类品种。

防治方法

①选择无病株做繁殖母株。

②加强栽培管理，结合树冠整形，剪除弱病枝，调整枝叶疏密度，增强树势。

③苗木出圃时，清除病叶，喷洒高锰酸钾1000倍液消毒。

④生长季节发病初期整株树体喷药保护，如70%可杀得300～500倍液、阿米西达1000～1500倍液或50%多菌灵500～600倍液。

2. 桂花枯斑病

又称叶枯病、叶斑病、灰斑病或赤斑病，严重时全叶枯死。广泛分布于江苏、浙江、上海、湖北、安徽等地；我国华北、华南、西南等地也都有发生。同时危害其他木犀属植物。

症状 大多初见于叶尖和叶缘，淡黄绿色，渐向叶内发展，呈半圆形或不规则形黄褐色至红褐色，边缘深褐色。病斑可联合达叶片面积一半以上。后期病斑呈灰褐色，散生黑色小点（病菌的分生孢子器），干枯易碎，有时卷曲（图15-2）。

病原 隶属半知菌亚门腔孢纲球壳孢目的木犀生叶点霉 (*Phyllosticta osmanthicola*) 和木犀叶点霉 (*P. osmanthi*)，两者均会引起枯斑病。木犀生叶点霉的分生孢子器近球形，直径100～150μm，有孔口。分生孢子无色，长圆形至近梭形，单胞，(1.8～2.5)μm×(6～9.5)μm。木犀叶点霉的分生孢子器球形至扁球形，直径80～100μm，有孔口。分生孢子椭圆形，两端钝，无色，单胞，(1.5～2)μm×(4～5)μm。

发病规律 病菌以菌丝或分生孢子器在病叶和病落叶上越冬，病菌生长发育的温度范围10～33℃，最适温度为27℃左右。分生孢子借气流和雨滴传播。5月可见新叶发病，7～11月为病害高峰期，这段时间内雨水多或天气高温会促进病害加重危害，引起大量落叶，开花不正常、减产显著。在肥料不足、树势衰弱或遭受冻害和机械损伤时易受病害。发病前期气候炎热又未及时浇水时，会加重病情。通常树冠下部叶片比顶部受害重，老叶比新叶受害重。

防治方法

①冬季摘除病叶，并加以烧埋，清洁田园，减少越冬病源。

②加强栽培管理，增施肥料；天气燥热时应适当浇

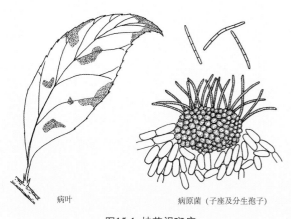

病叶 　　　　病原菌（子座及分生孢子）

图15-1 桂花褐斑病

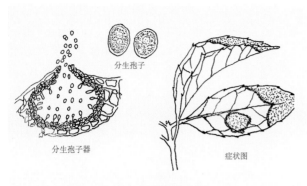

分生孢子

分生孢子器

症状图

图15-2 桂花枯斑病

水，以加强树势生长，提高抗病能力。

③药剂防治。在苗木出圃时喷 50% 甲基硫菌灵 900 倍液或高锰酸钾 1000 倍液；一般从 6 月下旬起，视病情发展趋势开始用药，如 70% 达科达 700～900 倍液、大生 600 倍液、敌力脱 2500 倍液或其他杀菌剂。

3. 桂花炭疽病

此病主要分布于北京、上海、河南、广东、四川等地。

症状　叶片病斑初期为褪绿小点，扩大后呈圆形、椭圆形、半圆形或不规则形，直径 3～10mm，中央灰褐色至灰白色，边缘褐色至红褐色，后期散生小黑点，有的排列成轮纹状，是病菌的分生孢子盘。潮湿时小黑点上分泌出粉红色黏液，是病菌的分生孢子与黏液的混合物。

病原　隶属半知菌亚门腔孢纲黑盘孢目的胶孢炭疽菌 (*Colletotrichum gloeosporioides*)。分生孢子盘黑褐色，直径 100～300μm；刚毛少，暗褐色，隔膜 1～2 个，(5～6)μm×(64～71)μm；分子孢子梗圆筒形，基部浅褐色，(4～5)μm×(12～21)μm；分生孢子无色，单胞，圆筒形，(4～6)μm×(11～18)μm。

发病规律　病菌以菌丝和分生孢子盘在病叶和残体上越冬，分生孢子借风雨传播，从伤口侵入。南方梅雨季节和北方雨季是病害高发期，广州地区一般以春末夏初和秋季多雨时发病较重。

防治方法

①冬季清除落叶，用 1% 波尔多液或密度为 1.002～1.007 的石硫合剂进行树体和地面消毒。

②选择土质肥沃、排水良好的地块种植桂花，在病害发生园地应增施有机肥和钾肥，通过修剪调整枝叶疏密度，降低环境湿度。

③发病初期喷洒杀菌剂。70% 可杀得 300～500 倍液、25% 炭特灵 500 倍液、大生 500 倍液、嗪氨灵 500 倍液或其他杀菌剂均有一定效果，各种杀菌剂宜交替使用或混合使用。

4. 桂花煤污病

分布极为广泛，不仅危害桂花，还危害柑橘、茶树、山茶等许多种植物。

症状　被害部分覆盖一层黑色煤炱状物。因病菌种类不同，引起症状各有差异。如煤炱属的煤炱为黑色薄纸状，易撕下或自然脱落；刺盾炱属的霉层似锅底灰，若用手指擦拭，叶色仍为绿色；小煤炱属的霉层呈辐射状小霉斑，分散于叶面及叶背，由于其菌丝会产生吸孢，能紧附于寄主表面，故不易脱落。煤污病严重时，浓黑色的霉层盖满全树的成叶及枝干，阻碍叶片的光合作用，抑制新梢生长，病叶变黄萎，提早落叶，降低观赏价值和鲜花产量。

病原　隶属于子囊菌亚门座囊菌目和小煤炱目。常见的有座囊菌目柑橘煤炱 (*Capnodium citri*) 与刺盾炱 (*Chaetothyrium spinigerum*)、小煤炱目的巴特勒小煤炱 (*Meliola butleri*) 以及属于半知菌亚门丝孢目的煤烟属 (*Fumago* sp.)。这四类病菌形态的共同特点是菌丝、繁殖器官和孢子都为深褐色至黑色，表生。

发病规律　病菌大部分种类以蚜虫、蚧虫和粉虱等害虫的分泌物为营养，因此这些害虫的存在是本病发生的先决条件，并随这些害虫的活动程度而消长；但小煤炱属引起的煤污病与昆虫关系不大，因其是一种纯寄生菌。煤污病主要在高温、潮湿的气候条件下蔓延危害，病菌孢子借风雨传播，也可随昆虫传播。在栽培管理粗放和荫蔽、潮湿的园林中常造成严重危害。

防治方法

①防治煤污病的关键是防治与病菌营养有关联的各种害虫。在养护管理上要适当修剪，清除杂草，改善林地通风透光条件，增强树势，以减轻发病程度。

②药剂防治可单独使用杀菌剂或与杀虫剂混合使用。单独使用时，可用 70% 百菌清 700 倍液、敌力脱 2000～2500 倍液或 50% 多菌灵 500 倍液。与杀虫剂混用时注意两种药剂之间是否能混配，以免失效或引起药害。

5. 桂花叶斑病

该病主要分布于上海、江苏、安徽、福建、辽宁、河北、四川等地。

症状　叶片病斑近圆形，直径 5～6mm，病斑中央灰褐色至灰白色，边缘红褐色。后期病斑上产生黑色小点，这是病菌的分生孢子器。

病原　隶属于半知菌亚门腔孢纲球壳孢目的枇杷壳二孢 (*Ascochyta eriobatryae*)。分生孢子器球形，黑色，直径 90～120μm；分生孢子长椭圆形，微弯，双孢，分隔处略缢缩，无色，后期略带黄色，(3～8.5)μm×(8～11.5)μm。

发病规律 病菌在病叶和病落叶上越冬，翌年春季借风雨传播。多雨和潮湿环境、气温达 15～20℃ 时容易发病，长江中下游地区发病期在 6～10 月。

防治方法

①清除病叶，雨后及时排水，降低环境湿度。

②药剂防治可参考桂花枯斑病。

6. 桂花藻斑病

此病又称白藻病，分布于长江流域和珠江流域比较潮湿炎热的地区。除桂花外，还可危害许多常绿植物。

症状 病斑在叶片的正反两面均可出现，但以正面为主。最初于叶面产生白色至黄褐色针头大小的小圆点。有时小圆点呈"十"字形排列，然后向四周呈放射状扩展，形成近圆形或不规则形稍隆起的毛毡状物。表面呈纤维状纹理，边缘缺刻不整齐，灰绿色或黄褐色，直径 1～10mm；后期色泽较深，表面较平滑。通常在植株的中、下部发生较多，上部的嫩叶较少发病。桂花被害后，影响光合作用，严重时可使枝条的皮层剥离甚至枯死。

病原 隶属于藻类、绿藻纲四分孢目的头孢藻（Cephaleuros virescens）。病叶上的毛毡状物是头孢藻的营养体，繁殖期在营养体上产生游动孢子囊梗。孢子囊梗毛发状，顶端膨大，有小梗，梗上产生球形孢子囊，内生游动孢子，椭圆形，侧生双鞭毛。

发病规律 病原藻以营养体在寄主组织上越冬，在潮湿、荫蔽的环境条件下产生孢子，并通过风雨传播。在土壤贫瘠、杂草丛生、通风透光不良和过度密植的条件下，均有利于该病的发生和蔓延。病害的高峰期出现在降雨频繁的季节。

防治方法

①合理施肥、排水、适当整修疏枝、清除田园杂草等加强养护管理工作，均可在一定程度上减轻病害的发生。

②早春发病前，喷洒 1:0.5:120 波尔多液、70% 可杀得 500 倍液、75% 百菌清 700 倍液、50% 多菌灵 500～1000 倍液或 40% 乙膦铝 400 倍液，对该病均有良好的预防效果。在发病严重的地方，可在晚秋喷 1 次药，这对减轻来年发病有一定效果。

7. 桂花紫纹羽病

此病又名紫根病，危害桂花、杨、柳、桑、刺槐等 100 多种植物。全国各地都有发生，并以潮湿多雨地区危害较为严重。近年来在贵州省部分地区的苗圃造成毁灭性灾害，在苏州、杭州、桂林等桂花产区也颇为常见。

症状 地下的幼根先受害，逐渐蔓延至粗大的侧根及主根、直至根颈，引起全株死亡。初期根皮失去光泽，后变为黄褐色，最后形成黑褐色，根皮组织腐烂，表面

有裂纹，内部呈黑色粉末，易从木质部剥离。病根表面缠有紫色线状菌索和菌核，多雨季节菌索密集增厚，成毡状菌膜包围根部，直至蔓延到地上根茎成紫色鞘套，还可蔓延至周围土表形成紫色菌丝层。病树初期地上部位症状不明显，待根皮变黑腐烂后，顶端叶片开始向下变色、干枯，直至全树死亡。

病原 隶属于担子菌亚门木耳目的紫卷担菌（Helicobasidium purpurcum）。菌索的菌丝胞壁厚、深色，菌丝分枝处缢缩。菌核半圆形，直径 1mm。担子圆筒形，无色，向一边弯曲。担孢子卵形或肾脏形，上部圆形，下部变细。

发病规律 病菌以菌丝、菌索和菌核在病根和土壤中越冬。早期感病的病树成为中心病树，并向四周扩展。病菌通过病树与健康树之间的根系接触和菌索延伸传播。也可随水流、病土和农具传播，远距离传播靠病苗和病树调运。土壤湿重、排水不良的地方容易发生。

防治方法

①选择排水良好的砂壤土育苗，注意排水、松土和增施有机肥料，苗木调运时重视检疫工作等，这些均可在一定程度上减轻本病的危害。

②病死树穴施用敌克松 800～1000 倍液或 20% 石灰水进行土壤消毒，然后改种不感此病的树种。

③发病轻的桂花树应于春季扒土晾根，将树冠下的土壤全部扒开，使根部全部露出，切除病根或削除患病部分，进行伤口消毒，涂抹密度为 1.036（波美度 5 度）的石硫合剂或 5% 硫酸铜液 1～2 次，晾晒 10～15 天后，浇灌 2.5% 硫酸亚铁液或撒入其他杀菌剂，再覆盖无病土壤。至于病土可用呋喃苯丙咪唑、敌克松或 50% 多菌灵等杀菌剂消毒后备用。

导致桂花根部腐烂的病原菌有许多种类，其症状和发病环境常与紫纹羽病相似，所以防治方法亦可参考紫纹羽病的防治方法。

8. 桂花根结线虫病

此病害常发生在桂花扦插苗木中，尤以 1～2 年生苗发病较重，有时发病率高达 90% 以上。寄主范围广泛，受害植物达千种以上。

症状 根结线虫主要危害植物根部，最初形成许多大小不等的根瘤。小根上的瘤直径 1～2mm，大根上的瘤可达 1～3cm。有时根瘤连接成串，使根部形似肿瘤。根瘤初期黄白色，逐渐变成褐色。切开根瘤在显微镜下可见到白色微小粒状物，是根结线虫的雌虫虫体。病根发育不良，比正常根要短，须根和根毛减少。病树受害轻时，地上部分一般不表现症状；随栽培年限延长或线虫数量增加，病树表现出长势衰退、黄化、矮小等症状，

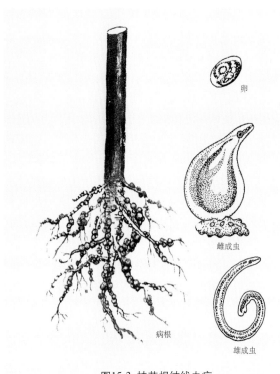

卵

雌成虫

病根

雄成虫

图15-3 桂花根结线虫病

与缺肥和干旱的症状相似，因此常被误认为缺水、少肥所致。病树在干旱条件下易枯死（图15-3）。

病原　隶属于线虫纲垫刃目。常见有南方根结线虫（*Meloidogyne incognita*）和花生根结线虫（*M. arenaria*）两种。雄虫线形，长1～2mm，游离生活，不取食。雌虫成熟后似梨形，长0.5～1.0mm、宽0.3～0.6mm，侵入后定居在根部，一般是孤雌生殖，产卵后，经3次蜕皮变为成虫，由二龄雌幼虫侵入根部。一般每年4代，世代重叠。它的发生与地温的高低有密切关系，地温高，线虫的历期短；反之，地温低，历期长。

发病规律　大多以卵在土壤中越冬，远距离传播靠水流或随苗木运转。根结线虫一般在砂质土壤中危害重，并大多集中在浅层土壤。南方和花生根线虫病最适宜生长发育的温度为25～30℃，高于40℃或低于5℃时很少活动。

防治方法

①做好植物检疫，不要从发病地区引种苗木。

②加强栽培管理，包括增施有机肥料、苗圃实行3年以上的轮作、选用抗病砧木和促进天敌繁育措施等，都可收到良好的预防效果。

③对可疑的苗床土壤，用10%克线丹颗粒剂防治，每亩用有效成分400g；施药时，先扒去树冠下3～5cm深的土层，均匀地施入药剂，随即覆土。在生长期，每亩施用10%力满库颗粒剂3～5kg，施在根际周围，可以沟施、穴施或撒施。在选用杀线虫剂时应注意：有的药剂可以在桂花种植后或生长期使用；有的只能在种植前使用，并需间隔15～30天后才能种植桂花，以免发生药害。

9. 缺铁黄化病

此病为桂花常见的生理病害，常发生于土壤碱性、土质黏重地区。

症状　首先影响叶绿素的形成，特别是幼叶叶脉间的叶面容易表现失绿现象。

轻度缺铁时先由叶缘出现褪绿，进而叶脉附近保持淡绿色，而离叶脉较远处的叶面开始失绿泛黄。严重时，幼叶和老叶都变为黄白色，有的老叶上还可以出现黄褐色的坏死斑，并常被一些寄生菌所侵害，造成早期落叶。全树病叶的分布情况是越向枝梢，叶片褪绿泛黄越严重，叶片变小，枝梢生长受阻，并易遭冻害。凡是患缺铁病的桂花树，一般都不能开花。

病因　由于土壤中缺少桂花树可吸收的铁化合物而引起的生理病害。桂花缺铁黄化病通常发生在偏碱性土壤的地方。因为碱性土壤中，铁常以难溶解的氢氧化铁存在，以致难以被桂花吸收利用。土质黏重、通透性差、地下水位高等不良的环境条件会促进病害的加重危害。

防治方法

①缺铁黄化病的防治主要是使用药剂来改善土壤的理化性质：在新梢生长期，每半月向叶面喷洒1次0.2%～0.3%硫酸亚铁溶液。此法见效很快，喷后2～3天，黄叶即可转绿，但有时效果往往不能持久，喷洒药液最佳时机是叶片褪绿初期。有些公园将0.1%的硫酸亚铁或柠檬酸铁溶液装在盐水瓶中，倒置在树干上，通过插入树皮中的注射针进行缓慢的滴灌，效果较好。如将络合尿素铁或硫酸亚铁与酸性的有机肥料混合使用，方法简便，在碱性不重的土壤中容易见效。另一种方法是在土壤中施用稳定性较高的螯合铁Fe-EDTA（乙二胺四乙酸合铁），每株用20～40g，收效快，而且持久。也可用0.1%螯合铁溶液进行叶面喷洒，可使叶色恢复更快，但不可过量，以免产生药害。

②改良土壤：春季干旱时，注意灌水压碱；低洼地要及时排除盐水，以减少土壤含盐量；增施有机肥料，树下间作绿肥，增加土壤中的腐殖质，改良土壤结构及理化性质等。对防治和减轻该病的发生都有一定的效果。

③比较理想的缺铁矫正措施是选择适宜的砧木种类进行嫁接育苗或进行主干靠接或根接其他适宜的砧木，在山东，早已有利用较耐低湿盐碱的流苏树作为砧木来嫁接桂花树的成功经验。

（二）虫害及其防治

危害桂花的害虫种类繁多，据1988年全国43个大、中城市园林病虫普查结果，查明害虫总计有89种。其中，刺吸式害虫55种、害螨5种，食叶类害虫28种，钻蛀类害虫仅记载黄胸散白蚁1种。另据在成都市新都公园调查，钻蛀害虫吉丁虫危害亦较严重。

桂花虫害以刺吸式口器的害虫为主，如各种螨类（红蜘蛛）、介壳虫和粉虱等。由于这些害虫个体微小，活动场所隐蔽，被害状以叶色黄绿、叶形皱缩或枯萎脱落等为主，容易与肥水失调或气候不良所致的症状相混淆，所以常被人们忽视。即使发现虫害严重时，又往往因这些害虫在一年中发生的世代多，各世代交错重叠，防治方法不易掌握或效果不佳而失去防治信心，结果桂花产量减少，甚至不能开花。

咀嚼式口器的食叶害虫大多裸露于自然生活，危害症状明显，易于早期发现，且现今农药产品的迅速发展，对食叶害虫已有多种有效制剂，因此食叶类害虫很少会大面积猖獗危害，只有杭州和桂林一带的桂花叶蜂及福州等地的桂花蛱蝶有时会大量发生。在园林中常见的杂食性害虫，如各种刺蛾和蓑蛾，虽然有时也危害桂花，但可能由于桂花叶片不大适合这些昆虫的食性，所以受害常较其他树种轻，而且一经药剂防治，当年就很少再严重危害，仅在局部地区会造成一定损失。

至于钻蛀类害虫如白蚁和吉丁虫，危害古桂花生长发育非常严重甚至是毁灭性的，应予以足够重视。

1. 螨类

危害桂花的螨类有柑橘全爪螨、桂花瘿螨、小爪螨、长全爪螨、朱砂叶螨和六点始叶螨等。其中，以柑橘全爪螨最为普遍发生，危害严重；桂花瘿螨在局部地区也造成严重危害。

(1) 柑橘全爪螨（*Banonychus citri*）。柑橘全爪螨寄主种类很多，特别是在柑橘产区和树种复杂的公园里，往往成为令人棘手的问题。它以成虫、若虫和幼虫危害桂花叶片，受害叶呈现许多失绿斑点，叶绿体被大量破坏。叶片变成灰黄色，并失去光泽，严重时桂花大量落叶，树势衰败，不能开花。

形态特征　雌成螨体呈广卵圆形，背隆起，体长0.3~0.4mm，暗红色或紫红色，体背有瘤，上生白色刚毛，足4对，爪状，爪间突发达。雄成螨体略小于雌成螨，腹末略尖，成菱形，体鲜红色或棕色，足较长，4对。卵圆球形，略扁平，有光泽，初产时鲜红色，以后逐渐褪色，中央有一垂直的柄，由柄的顶端向四周放射出10~12条丝粘于叶上。幼螨刚孵出时，体长仅0.2mm，体色多为淡红或黄色，足3对。幼螨蜕第一次皮后即为前期若螨，具足4对；第二次蜕皮后为后期若螨；第三次蜕皮后变为成螨（图15-4）。

生活习性　柑橘全爪螨1年发生12~18代。温度高，发生代数多；反之，则少。其世代常重叠。以卵、若螨或成螨在叶背或树皮的裂缝中越冬（在温暖地区可终年危害）。越冬卵在翌年2~3月大量孵化，4~5月间盛发成灾。当气温高达24℃以上时，繁殖受到抑制。若遇冬暖春旱的天气，越冬虫口密度大，往往猖獗危害。所以，春季常是防治该螨的关键时期。若阵雨频繁，天气炎热潮湿，桂花生长不良和天敌大量出现时，虫口迅速下降而转移到枝干的树皮中去越夏，因此，在夏季对枝叶进行喷药收效不大。柑橘全爪螨在桂树上的分布是随枝梢抽发的顺序而转移的，所以各季中均以新梢上的危害较为严重。

(2) 桂花瘿螨（*Aceria osmanthus*）。桂花瘿螨又名木犀瘿螨，属蛛形纲瘿螨科。江苏、上海等地区有分布。受害桂花在叶面形成针尖状瘿瘤。数量多时布满叶面，导致叶片枯黄早落。

形态特征　体蠕虫形，长145~160μm，宽60μm，乳黄色，盾板光滑，背瘤位于盾后缘，背毛斜后指。雌性外生殖器钵状，生殖器盖板光滑，羽状爪单一，3支，爪端球不明显。

生活习性　年发生代数不详，以螨体在瘿瘤内越冬。翌年桂花新梢萌动期成螨从瘿瘤内转移到新叶上危害，在新叶面形成瘿瘤。

(3) 螨类防治方法　应贯彻综合防治的方针，加强养护管理，增强树势，具体方法如下。

① 消灭越冬虫源：冬季清除林地杂草，喷洒密度为1.007~1.014（波美1~2度）石硫合剂或20%杀螨酯可湿性粉剂600~800倍液，可消灭和减少螨类的越冬虫源。对桂花瘿螨应特别做好检疫工作，严禁带螨苗木的引进。

② 及时用药：药剂防治特别要抓紧越冬成螨向春梢新叶转移阶段的用药。药剂可用5%尼索朗乳油3000倍液、

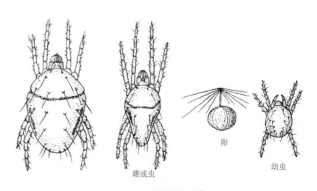

图15-4　柑橘全爪螨

15%哒嗪酮乳剂3000～4000倍液、25%倍乐霸可湿性粉剂1500倍液、73%克螨特乳油2000倍液、2.5%天王星乳油1000～2000倍液、密度为1.002～1.003（波美0.3～0.5度）石硫合剂等，连续施用2～3次。各类农药应轮换使用，以避免产生抗药性，增强杀螨效果。

③注意保护和利用天敌：如瓢虫、草蛉、捕食螨和食螨蓟马等。

2. 粉虱类

危害桂花的粉虱种类较多，据调查有白粉虱、黑刺粉虱、马氏粉虱、上海粉虱和桂花长粉虱等。其中，普遍发生、造成严重危害的是白粉虱、黑刺粉虱和马氏粉虱。

(1) 白粉虱 (*Dialeurodes citri*)。白粉虱又名柑橘粉虱、绿粉虱或通草粉虱，主要分布在长江流域的江苏、浙江、上海、安徽、湖南和福建等地。在华东地区其危害超过黑胶粉虱，但在西南地区，则远不如黑胶粉虱那么普遍和严重。因此，有人对桂花上的粉虱类害虫简单地概括为"东白西黑"四个字。白粉虱除了危害桂花外，还危害柑橘、茶树、桃、柿、女贞、蔷薇、月季、香樟、茉莉、一串红、丁香等200多种植物。所以，当桂花和其他寄主植物混种时，危害常特别严重。

形态特征　雌成虫体长1.2mm，黄色，覆有白色蜡粉。翅半透明，也被有白色蜡粉。复眼红褐色，分上下两部，中有一小眼相连。雄成虫体长0.9mm，较雌成虫略小。卵长约0.2mm，宽约0.1mm，长椭圆形，淡黄色，基部有短柄连于叶片背面。幼虫体扁平，椭圆形，淡黄绿色，背脊稍凸，周缘多放射状白色蜡丝，并有17对小突起。蛹长约1.3mm，宽约1.1mm，近椭圆形，淡黄绿色，较薄而柔软透明，背面有3对小疣，前后各有1对小刺毛（图15-5）

生活习性　1年发生代数各地不一，在江苏、浙江一带1年发生3代，西南多达5代，一般以幼虫或蛹在叶背越冬。第一代成虫在4月间出现，第二代在6月间、第三代在8月间出现。卵常散产于徒长枝的嫩叶背面，幼虫孵化后即在原叶背面定居，并吸食汁液危害，抑制桂花生长发育，导致叶色萎黄，开花稀少，其分泌物常诱发煤污病，严重影响观赏价值。每头雌成虫产卵125粒左右，有孤雌生殖现象，其所生后代均为雄虫。白粉虱性喜阴湿，在生长稠密、通风透光不良的地方危害较重。该虫的卵期3～30天，发生极不整齐，世代重叠，因此给药剂防治工作带来一定困难。

(2) 黑刺粉虱 (*Aleurocanthus spiniferus*)。又名橘刺粉虱，广泛分布于华东、华中、华南、西南各省市，尤以西南地区较为严重。它除危害桂花外，也危害柑橘、枇杷、月季、柿、梨、茶、樟、柳、葡萄、重阳木、丁香、榕树等多种植物。

形态特征　成虫体长1.0～1.3mm，头、胸部褐色，被薄白粉；腹部橙黄色。复眼橘红色。前翅灰褐色，有7个不规则白色斑纹；后翅淡褐紫色，较小，无斑纹。卵长约0.2mm，卵圆形，基部有一小柄，卵壳表面密布六角形的网纹；初产时乳白色，渐变淡黄，近孵化时变为紫褐色。幼虫初孵化时体扁平，椭圆形，淡黄色，长约0.3mm，体周缘呈锯齿状，尾端有4根尾毛。固着后，体渐变为褐色至黑褐色，触角与足渐消失，体缘分泌白色蜡质，体背生有6对刺毛。2龄幼虫暗黑色，周缘白色蜡边明显，腹节可见，背刺毛10对。3龄时体长0.7mm左右，黑色，有光泽，背部刺毛14对。蛹壳漆黑色，有光泽，广椭圆形，体长0.7～1.2mm。具白色绵状蜡质边缘，背中央有一隆起纵脊。成虫胸部背面有刺4对，腹部有刺10对。亚缘区刺雌性11对，雄性10对，向上竖立。管状孔处显著隆起，心脏形（图15-6）。

生活习性　江苏、浙江、湖南等省区1年发生4代，均以老熟幼虫在叶背越冬。翌年3月即见化蛹。3月下

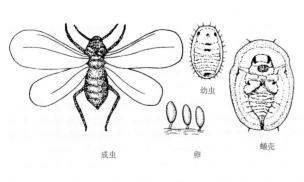

图15-5 白粉虱

成虫　幼虫　卵　蛹壳

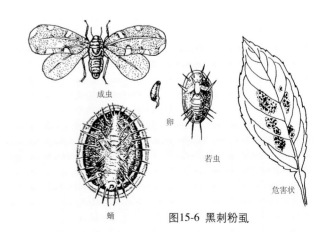

图15-6 黑刺粉虱

成虫　卵　若虫　危害状　蛹

旬至 4 月上旬成虫羽化产卵。第一代幼虫 4 月下旬发生，其他各代幼虫发生盛期分别在 5 月下旬、7 月中旬、8 月下旬以及 9 月下旬至 10 月上旬。但发生期不够整齐，有世代重叠现象。成虫多在上午羽化，白天活动交尾产卵。单雌产卵 10 粒至 100 余粒，卵多产在叶背，一叶上产卵数粒至数百粒。成虫也营孤雌生殖，但后代均为雄虫。初孵幼虫仅作短距离爬行，随即固着危害（按幼虫共有 3 龄，2 龄后触角与足消失，不再移动）。幼虫吸汁危害，严重时分泌大量蜜汁，呈露珠状滴落下部叶面，诱发煤污病，致使叶面污黑，影响桂花生长与景观。黑刺粉虱初化蛹时无色透明，以后逐渐发黑，羽化前体变肥厚。

(3) 马氏粉虱 (*Aleurolobus marlatti*)。又名黑胶粉虱、橘黑粉虱或无刺粉虱，它原来是一种次要的害虫，并不引人注目。但近几年来由于大量使用广谱性杀虫剂的缘故，其天敌遭到严重摧残，致使该虫普遍发生，尤其是在广西、贵州、云南等西南地区危害相当严重，叶背遗留的黑色蛹壳比比皆是，有些叶背多达二三十个，造成叶色萎黄，严重时叶片枯落，枝梢生长停滞，花芽既少又小，有的开花停止而影响鲜花产量。

形态特征 成虫体橙黄色，雌虫体长约 2mm，雄虫体长约 1.4mm，前翅暗灰色，有 6 个灰黄色斑纹；后翅浅灰色。卵呈茄子形，深黄色，下端有一丝状柄支立于叶背。初孵化的幼虫淡黄色，尾端有 4 根长毛，体周缘呈锯齿状。2 龄后就隐居于黑色介壳下，失去胸足和触角，成为扁椭圆形。蛹壳黑色，有光泽，近椭圆形，外被透明胶质，壳背有横皱纹，身体各环节区分其明显，长 0.7～2.5mm（图 15-7）。

生活习性 成虫在 4 月上旬至 5 月上旬羽化后，常停栖在新梢叶背。白天飞动在树丛中，飞翔力不强，但可借风力传播。成虫寿命不长，仅几天时间。卵产在蛹壳的残胶周围，排列成环状。孵化盛期在 6 月中、下旬，初孵幼虫可以爬行，但很快就固定在叶背吸食汁液，并

分泌透明胶质。7 月下旬蜕第一次皮，形成黑色介壳。此后，虫体就在介壳下发育，不再移动，幼虫共 3 龄。蛹羽化盛期在 4 月初。1 年 1 代，以老熟幼虫在黑色介壳下越冬。其分泌物常诱发煤污病，导致枝叶发黑，妨碍光合作用，严重时造成大量落叶，枝梢干枯，在山地荫蔽处发生较多。

(4) 粉虱类防治方法

① 要重视植物检疫工作。在引进苗木时注意检查叶背有无粉虱类虫体，杜绝此类害虫的侵入。

② 重视清园工作。要加强林地中的耕除草等清园工作和剪除虫害枝、衰弱枝、徒长枝等修剪工作，以改善林地通风透光条件，恢复树势生长。

③ 开展生物防治措施。保护和利用粉虱类天敌如瓢虫、草蛉、斯氏节蚜小蜂和黄色蚜小蜂等寄生蜂。

④ 药剂防治。当害虫的虫口密度高、危害严重而天敌又较少时，可采用化学药剂喷杀。喷药要在成虫期和幼虫盛孵期进行，药剂可用天王星 1000 倍液、阿维菌素（7051）杀虫剂 2000 倍液、艾美乐 30 000 倍液或阿克泰 10 000 倍液等。如遇世代重叠时，需要每隔 7～10 天喷药 1 次，连续喷 3～4 次。

⑤ 物理防治。利用白粉虱对黄色有强烈的趋性，可在桂花树旁埋插黄色木板或塑料板。板上涂黏油，然后振动桂花枝条，促使成虫飞翔和黏到黄板上，起到诱杀作用。也可用吸尘器吸捕成虫，降低虫口密度。

3. 蚧类

危害桂花的蚧虫种类多达 30 余种。其中，常见且危害较重的有糠片盾蚧、椰圆盾蚧、橘绵蚧和日本长白蚧等。

(1) 糠片盾蚧 (*Parlatoria pergandii*)。又名片糠蚧、灰点蚧或圆点蚧（图 15-8）。

广泛分布于华东、华南、华北、华中、西南及台湾等地。除危害桂花外，也危害月季、茶花、茉莉、兰花、梅花、樱花、紫薇、木槿、洒金桃叶珊瑚、月桂等花木，以成、若虫寄生在叶背、枝干上吮吸汁液危害，致使叶面形成淡黄失绿斑点，多时全叶发黄，枯萎早落，并诱发煤污病，影响树势和开花。

形态特征 雌成虫介壳椭圆形，长约 1.8mm。壳点位于前端，第一壳点小，椭圆形，暗黄褐色；第二壳点大，近卵圆形，暗褐色。雌成虫近梨形或椭圆形，长约 0.8mm，淡紫色、略发黄。雄成虫介壳小而狭长，灰白色，两侧接近平行。壳点一个，位于前端，暗绿色。卵椭圆形，长约 0.3mm，淡紫色。初孵若虫椭圆形，体扁平，长约 0.3mm，淡紫红色，腹末端有尾毛 1 对。

生活习性 上海地区 1 年发生 3 代，四川 1 年发生 4 代，以受精雌成虫在叶片上越冬，翌年 3 月中旬开始孕

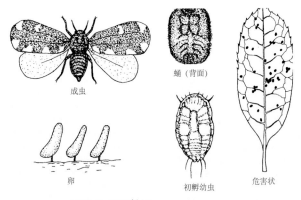

图15-7 马氏粉虱

（成虫、蛹（背面）、卵、初孵幼虫、危害状）

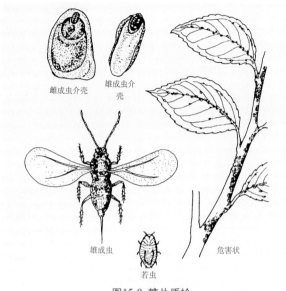

图15-8 糠片盾蚧

图15-9 椰圆盾蚧

卵，产卵始见于4月上旬，高峰在5月中下旬。3代若虫孵化期分别在4月下旬至5月下旬、7月和9月，后期有世代重叠现象。10月出现第三代雌雄成虫，交尾后以雌成虫越冬。单雌产卵量25粒左右，第一代初孵的活动若虫即爬行到当年新叶上固着刺吸危害，以叶面固着的虫量为多，叶背也有少量寄生。

(2) 椰圆盾蚧 (*Temnaspidiotus destructor*)。又名椰凹圆蚧、透明蚧、玻璃盾蚧、茶圆蚧和黄薄轮心蚧 (图15-9)。分布于华东、华北、华南、中南和西南等地区。除危害桂花外，还危害山茶、白玉兰、白兰花、月桂、兰花、万年青、月季、一叶兰等花木。以成、若虫寄生在叶背 (叶面也有) 与枝条上。被害叶面出现失绿的黄绿色斑，严重时叶面黄枯、早落。

形态特征　雌介壳扁圆形，直径2～3mm；淡黄色，薄而透明。透视介壳，可明显看到壳下的雌成虫体。壳点2个，位于中央。雌成虫倒梨形，鲜黄色，略扁平。雄介壳椭圆形，色、质均似雌虫。卵椭圆形，黄绿色，长0.1mm左右。初孵若虫椭圆形，扁平，黄绿色，腹末端具1对尾毛。

生活习性　上海地区一年发生3代，以受精雌成虫在寄主茎、叶上越冬，但越冬期仍能取食生长。翌年2月上旬即可见成虫开始孕卵。第一次若虫孵化期为4月下旬至6月上旬，孵化高峰在4月底至5月上旬。第二、第三代孵化期分别在7月上旬至8月上旬和8月下旬至10月中旬。单雌产卵量为88～115粒，平均104粒。第一代若虫孵化历时1个月左右，但初孵后10天为其孵化盛期，其间孵化数占孵化总量的67.45%。若虫孵化后爬行40～60分钟，即固定吸汁危害。天敌有方头甲、红点唇瓢虫和捕食螨等。

(3) 橘绵蚧 (*Chloropulvinaria aurantii*)。又名橘绿绵蜡蚧或龟形绵蚧 (图15-10)。分布在江苏、上海、浙江、江西、湖北、福建、四川、贵州、广东、广西、云南和台湾等地。寄主有桂花、柑橘、茶、海桐、杜仲、卫矛、柿树等。以成虫和若虫刺吸寄主汁液，使植株生长不良，且诱致煤污病蔓延，严重影响植株的生长势和观赏价值。

形态特征　雌成虫长4～5mm，体扁平，椭圆形，两端宽度相等。初为淡黄绿色，后渐变为棕褐色，周围为灰色，背中央淡黄色。体背面稍突起，有褐色或黑褐色纵脊纹，其两侧略扁平，有似龟甲状，故又叫龟形绵蚧。产卵时，背面纵脊纹渐消失。触角8节，第三节最长，其次是第二、第八节。足细长，爪冠毛发达，顶端膨大成球形。体缘气门处凹陷甚深，气门刺3根。产卵前，体端开始形成白色蜡质卵囊。雄成虫体淡黄褐色，长1.2mm，翅展2.5mm。触角10节，念珠状。腹部末端有4个管状突起及2根白色长毛。卵淡黄色，近椭圆形，长0.5mm。卵囊宽，长5～6mm，边缘整齐，上有纵纹。若虫体扁平，椭圆形，淡黄绿色，眼黑色，体半透明，可见暗色内脏。体两侧各有一条黄白色带。成熟时体暗褐色，眼浓褐色。蛹淡黄色，长1.2mm。茧长椭圆形，龟甲状，长2.2mm。

生活习性　该虫在长江流域1年发生2代，以若虫群集在枝条上越冬。4月中、下旬成虫羽化形成卵囊，5月上、中旬大量产卵。每头雌成虫产卵300粒左右。卵期约10天。越冬代若虫在5月中、下旬孵化。若虫孵化后，先在枝条上危害，后转移到叶上。8月出现第2代成虫，并产卵孵化。若虫经1天左右的爬行活动后，即固定取食。该虫的天敌有软蚧扁角跳小蜂、红点唇瓢虫和黑缘红瓢虫。

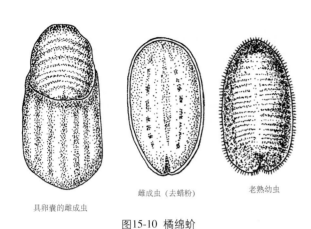

具卵囊的雌成虫　　雌成虫（去蜡粉）　　老熟幼虫

图15-10 橘绵蚧

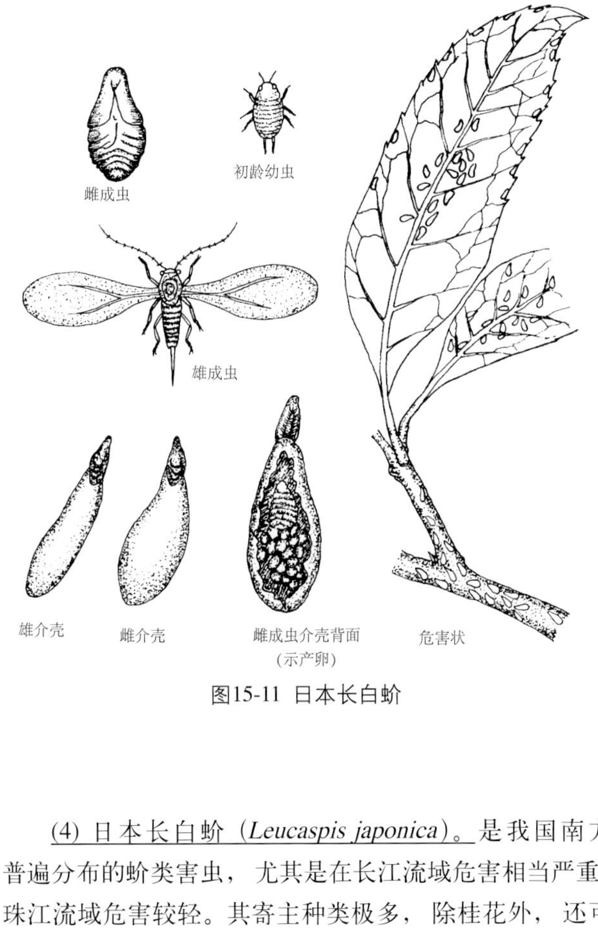

雌成虫　　初龄幼虫

雄成虫

雄介壳　　雌介壳　　雌成虫介壳背面　　危害状
（示产卵）

图15-11 日本长白蚧

(4) 日本长白蚧 (*Leucaspis japonica*)。是我国南方普遍分布的蚧类害虫，尤其是在长江流域危害相当严重，珠江流域危害较轻。其寄主种类极多，除桂花外，还可危害苹果、梨、柑橘、龙眼、花椒、茶树、含笑等数十种经济树种。其若虫和雌成虫常年附着在桂花的枝叶上，用针状口器吸取汁液，使树势衰退、叶片脱落或卷曲、特别在冬季落叶更严重，常使树干枯死，开花减少，鲜花产量下降。

形态特征　雌虫介壳暗棕色，纺锤形，虫体在介壳下面，很小，体外覆有一层灰白色蜡质介壳。雌虫体长约1mm，黄色，口针很长，无翅。雄成虫介壳较瘦长，白色，雄虫体长约0.5mm，有1对透明的翅，体淡紫色。卵椭圆形，淡紫色，长0.2～0.3mm，孵化后，卵壳为白色。若虫椭圆形，长约0.25mm，淡紫色或黄色，初孵化时若虫有触角及足，待固定分泌蜡质后，触角及足退缩。蛹细长，紫色，腹末有一针状交配器（图15-11）。

生活习性　在长江以南一般每年发生3代，大多以老熟若虫和蛹在枝干上越冬。4月成虫羽化，并开始产卵。第一代若虫在5月上旬开始发生，第二代若虫在7月上旬开始发生，第三代若虫则在8月下旬开始发生。若虫在晴天中午孵化最盛。刚孵化的若虫爬行数小时后，口针插入桂树组织，分泌蜡质，形成介壳，不再移动。固定的部位，因代别、性别等不同而有所区别：通常第一、第二代在枝干和叶片上都有，雄虫多在叶缘锯齿间，雌虫则在枝条上部和叶背主脉两侧；第三代则雌、雄虫大多在枝干上。

(5) 蚧类防治方法

①重视检疫工作：引进苗木或接穗时应仔细检查枝叶上是否有虫体，严禁有虫苗木或接穗进入新区，否则需彻底进行药物消毒。

②加强养护管理：不宜过多施用氮肥，合理进行疏枝修剪，及时剪除虫害枝和徒长枝，改善林地通风透光和卫生条件。

③药剂防治：必须掌握在初孵活动若虫期进行，因此期若虫介壳尚未形成，抗药性差。通常在孵化率达60%～70%时为用药适期。用药次数要根据孵化期的延续时间长短而定。一般7～10天1次。如孵化期长达1个月，则需连续用3次药。药剂可用10%吡虫啉1500～2000倍液、啶虫脒3000～5000倍液或速扑杀2000倍液等。

④保护好蚧类天敌：如瓢虫、捕食螨、方头甲和寄生蜂等均为蚧类天敌，应加以保护和利用。

4. 蚱蝉

蚱蝉 (*Cryptotympana pustulata*) 又名知了（图15-12），我国南北各地均有广泛分布，危害的木本植物有几十种。以若虫在土中吸食根的汁液，成虫在枝干上刺吸树液，特别是成虫在枝条上产卵，造成螺旋状的伤痕，以致枝梢干枯而死。凡是夏季蝉鸣不断的桂花树，中秋开花时花朵常较稀少。

形态特征　雄成虫体长44～48mm，翅展125mm，体色漆黑，有光泽，被金色绒毛。复眼淡赤褐色，头部中央及颊上方有红黄色斑纹，中胸背板宽大，中央有黄褐色的"×"形隆起。翅透明，翅脉淡黄色及暗黑色。体腹面黑色。足淡黄褐色。腿节的条纹、胫节的基部及端部均为黑色。腹部的第一、第二节有鸣器。雌成虫体比雄成虫略小，无鸣器，有听器，产卵器甚显著。卵长椭圆形，稍弯曲，长2.4mm、宽0.5mm，乳白色，有光泽。若虫末龄时体长约35mm，黄褐色，前足开掘式，翅芽非

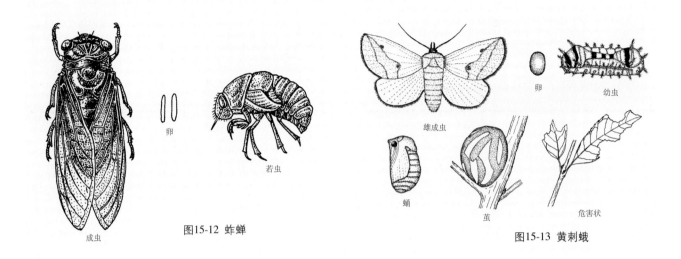

图15-12 蚱蝉   图15-13 黄刺蛾

常发达，头和胸部均甚粗大，与腹部等宽。

生活习性 该虫在山东省需4年才能完成1代（过去一般认为需12～13年才发生1代），以卵于树枝内及若虫于土内越冬。越冬卵于翌年春天孵化，卵历期半年以上。若虫孵出后就落至地面，潜入土中，刺吸根部汁液，秋凉后则钻入深土层中越冬，春暖后又向上迁移至树根附近活动。在土中生活多年，老熟后于6～8月从土中钻出，并爬行上树，用爪及前足的刺固着于树皮上，然后蜕皮羽化为成虫。其蜕皮的壳通称蝉蜕，可以入药。成虫羽化后，栖息于树木枝干上，不停地鸣叫。气温愈高，叫声愈响。雌成虫不鸣叫。雄成虫的趋光性很强，雌虫于7～8月产卵于桂花树4～7mm粗的枝梢木质部内。产卵时头部朝上，将产卵器插入枝条组织中，造成爪状"卵窝"，成螺旋状排列，每一卵窝内有卵6～8粒，1条产卵枝平均约有卵90余粒，被产卵的枝梢干枯而死。每头雌虫腹内怀卵500～800粒，成虫寿命60～70天。

防治方法 夏、秋季剪除产卵枝条，并加以烧毁，6～7月人工搜杀刚出土的老熟若虫或在早晨捕捉新羽化的成虫。在成虫盛发期，可在树行间点火或用黑光灯诱杀；或摇动树枝，人穿白色衣衫，再用竹竿敲击树干，使其因趋光性而纷纷飞到人身上，便可随手捕获。在蚱蝉发生较重的地区，在若虫将孵化落地时，可在被害树下的地面撒施1.5%辛硫磷颗粒剂，每亩约撒施7000g，或用75%辛硫磷乳油800～1000倍液地面喷雾，然后浅锄，可有效地防治孵化后落地之若虫。

5. 黄刺蛾

黄刺蛾（*Cnidocampa flavescens*）的幼虫俗称洋辣子、刺毛虫（图15-13），身上有许多毒刺，触及人体皮肤，引起红肿疼痛，非常令人讨厌。全国各地几乎都有发生，

食性极杂，可以危害许多种植物，如悬铃木、杨、榆、枫杨、柑橘、苹果、梨、桃、杏、核桃、山楂等。桂花如与悬铃木、柑橘、桃、杏等混栽，受害更严重。该虫是我国城市园林绿化、风景区、农田防护林和果树的重要害虫，经常暴发成灾，防治稍不及时，可在数天之内将树叶吃光。危害桂花的刺蛾种类很多，除黄刺蛾外，还有扁刺蛾、绿刺蛾、褐刺蛾等。它们的生活习性和防治方法与黄刺蛾基本相同。

形态特征 成虫体长13～17mm，翅展30～39mm。虫体与翅均为黄色，前翅近外缘处褐色，自翅尖向后缘及中室端部有2条褐色斜纹，中部黄色区内常有2个褐点；后翅淡黄褐色。卵长1.4～1.5mm，扁平椭圆形，淡黄色。幼虫成长时体长19～25mm，淡黄绿色，背面有1个两端较宽、中部较窄的紫褐色大背斑，侧有蓝绿色纵线及小蓝点。体表有许多刺突，其中以中、后胸及第六腹节亚背线上的3对最大。蛹长13～15mm，椭圆形，淡黄褐色。茧似麻雀蛋，坚硬，灰白色，有暗色纵纹。

生活习性 在长江下游一年发生2代，广西桂林1年3代。以老熟幼虫在树枝上结茧越冬。翌年5月中旬开始化蛹，5月下旬变蛾产卵。上海地区的越冬代成虫则常在6月上旬出现。第一代成虫在7月中旬大量羽化，白天静伏在叶背，夜间活动，有趋光性。雌蛾产卵于叶背端部，至7月幼虫老熟，先吐丝缠绕树枝上，并分泌黏液营茧，开始时透明，随即凝成硬茧。幼虫初孵时，常数头聚集叶背，取食下表皮和叶肉，留下上表皮；4龄后蚕食叶片呈洞孔状；5龄后可吃光整叶，仅留主脉和叶柄，严重影响植株生长和观赏。

防治方法

①杀灭越冬虫茧：刺蛾类均以老熟幼虫结茧在枝干上

（黄刺蛾、绿刺蛾）或在浅土层内（扁刺蛾、褐刺蛾）越冬，故应在冬季和早春剪除、击杀或翻土消灭越冬虫茧。

②物理防治：刺蛾类成虫均有强趋光性，可用黑光灯诱杀。

③人工摘除枯叶：有些刺蛾初孵幼虫有群集啃食叶肉的习性，被害叶呈现明显枯斑，可组织人工摘除枯斑叶，消灭群集的小幼虫。

④药物防治：药物防治应在预测预报的基础上抓紧在幼虫3龄前进行。上海地区近年来第一代初孵幼虫期一般在6月上中旬，第二代则在7月下旬至8月上旬。药剂可用灭幼脲3号1500～2000倍液、百草1号2000倍液或4.5%氯氰菊酯1000～2000倍液等。

⑤生物防治：细菌制剂（苏云金杆菌、青虫菌、灭蛾灵）500～1000倍液对刺蛾幼虫有特效，可倡导使用；刺蛾卵期有赤眼蜂寄生，可保护利用；黄刺蛾茧期有上海青蜂与白僵菌寄生，也可保护利用。

6. 大蓑蛾

大蓑蛾（*Cryptothelea variegata*）俗称皮虫、吊死鬼（图15-14），是危害园林植物的主要杂食性害虫之一。蓑蛾的种类很多，我国有10多种，上海地区最常见的有4种。除大蓑蛾外，还有小蓑蛾、白囊蓑蛾和茶蓑蛾，它们的生活习性和防治方法均与大蓑蛾基本相同，其幼虫都吐丝作虫囊（又称护囊），上面黏着断枝残叶，做成各种形式的虫囊，外形似披蓑衣，故得名蓑蛾。

大蓑蛾在我国分布十分广泛，南北各省均有，主要在长江流域及南方各省，所有的桂花产区均有该虫危害。尤其是在园林中，当桂花树邻近的一些植物上大发生时，可以很快蔓延到桂花树上，严重时可以把树叶吃光，有时还啃食小枝的树皮，致使花芽停止发育。

形态特征 成虫的雌雄形态差异很大。雄成虫体长15～20mm，翅展30～35mm，暗褐色。前翅近外缘有3～5个半透明的斑纹；后翅褐色。雌成虫无翅，形状像蛆，长约26mm，身体污白色，腹部肥大，尾端细小。幼虫长大后，雌雄也明显不同，雌幼虫肥壮，成长时体长25～40mm，头赤褐色，胸部背板灰黄褐色，腹部黑褐色；雄幼虫成长时体长17～24mm，头黄褐色，胸腹部均为灰黄褐色。卵椭圆形，浅黄色。蛹体长约30mm，赤褐色。护囊长达40～60mm，囊外附有较大的碎叶片和少量枝梗，枝梗排列不整齐。

其他3种常见蓑蛾护囊特征为：小蓑蛾体长10mm左右，梭形，囊外缀有碎小枯叶片；白囊蓑蛾体长40mm左右，细长，囊由绢白色丝织成，囊外光滑，不缀任何枝叶；茶蓑蛾体长30～40mm，长方形，囊外有平行整齐的枝梗或叶屑环绕。

生活习性 在长江中、下游地区，1年发生1代，8～9月间偶有第二代成虫出现，亦产卵孵化，但其幼虫常不能越冬。一般大多以老熟幼虫在护囊里挂在树枝上越冬。4月下旬至5月上旬开始化蛹，5月中旬成虫开始羽化。成虫大多在午夜前后羽化，雄蛾黄昏后活跃，有趋光性。5月中旬雌蛾开始产卵，卵产于护囊中的蛹壳里，平均产卵量约2600粒。6月上旬幼虫开始孵化，初孵化的幼虫嚼食叶肉，残留表皮，食量较小。3～4龄后食量剧增，大量啃食叶片。8～9月间危害最重，幼虫能吐丝悬挂在树枝上，随风飘散，俗称吊死鬼。幼虫向光，在桂花树上多聚集在枝梢和树顶危害。幼虫老熟后即在护囊内化蛹，并以丝紧附在枝叶上越冬。一般在夏季干旱和炎热时危害严重，降雨多的年份不易成灾。

防治方法

①人工摘除：最简便有效的防治措施是冬季结合养护管理，修剪摘除虫囊。

②物理防治：成虫羽化期（5～6月）应用黑光灯，诱杀雄成虫。

③药物防治：蓑蛾类幼虫孵化后很快就吐丝织囊保护虫体，且幼虫耐饥力强，遇不良环境（如喷药）会拒食几周，故喷洒化学农药往往效果不佳。如虫口密度大、发生面积广，需采取化学防治时可用4.5%氯氰菊酯、40%辛硫磷1000～2000倍液等。但应注意加大喷药量，以药液湿润护囊为好。

④生物防治：幼虫期有瘤姬蜂和追寄蝇寄生，其自然寄生率最高可达50%以上；核型多角体病毒、青虫菌和芽孢杆菌等微生物制剂不仅能消灭当代幼虫，还能在自然界繁衍传播。这些先进的生物防治手段均应倡导和推广应用。

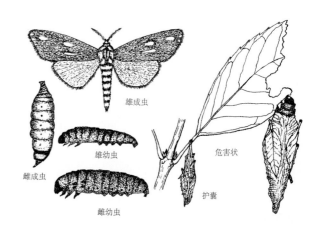

图15-14 大蓑蛾

7. 桂花叶蜂

桂花叶蜂（*Tomostethus* sp.）是危害桂花的专食性害虫（图 15-15）。在长江中下游地区和广西桂林发生普遍。大发生时，可将大批桂花叶片及嫩梢几乎全部啃光。国外尚未见报道。

形态特征 成虫体长 6～8mm、宽 1.5～2.0mm，翅展 12～17mm。雌虫比雄虫略大。体黑色，具金属光泽。头黑褐色，触角丝状，9 节，复眼黑色。中胸发达，胸背有瘤状突起，后胸有 1 个三角形浅凹陷区。翅膜质，透明，上密生黑褐色细毛。翅脉黑色。足黑褐色。卵椭圆形，长 0.8～1.5mm，初为乳白色，后转黄绿色，半透明。幼虫初孵化时为乳白色，后呈绿褐色。体长 18～20mm，胸足 3 对，腹足 7 对，共 5 龄。茧长圆形，长约 10mm、宽 3～4mm，茧质色泽似泥土。蛹长约 8mm，复眼黑色，初化蛹淡黄色，后变暗黄色，羽化时呈黑色。

生活习性 该虫 1 年发生 1 代，以老熟幼虫或前蛹期在浅土层的泥茧内越冬。第二年 3 月间化蛹，3 月底至 4 月初羽化。成虫在白天活动，夜间静伏于叶背。早晨 8 时以后，成虫活动频繁，于树冠间飞逐交尾。卵产于嫩叶边缘的表皮下，成单行排列，导致嫩叶扭曲畸形。卵分多次产出，每次产卵 5～10 粒，卵期 7～13 天。4 月中下旬幼虫大量孵化。幼虫孵化后即群集蚕食叶肉。幼虫活动迟缓，危害盛期在 4 月下旬至 5 月初，蜕皮 4 次。老熟幼虫入土结茧，入土深度约 10cm，茧大部分集中于树干周围。

防治方法

①毒杀越冬幼虫：幼虫入土化蛹期间，浅翻树干周围土壤，深约 3～10cm，以破坏幼虫蛹室，增大越冬期间的死亡率。树冠受害严重时，其树干周围必有大量越冬幼虫，在成虫羽化出土前（3 月中下旬）采取地面撒药，使出土的成虫触药而死。

②药剂防治：当幼虫发生量大、危害严重时，可选用灭幼脲 3 号 1500～3000 倍液、百草 1 号 2000 倍液或 0.5% 氯氰菊酯 1000～2000 倍液加以防治。

8. 女贞尺蛾

女贞尺蛾（*Naxa seriaria*）又名丁香尺蛾。我国东北、华北、华东、西南等地区均有分布，危害女贞、水蜡、丁香、小蜡、水曲柳等，也在局部地区发生危害桂花。幼虫吐丝缀叶结网，常在短时间内能将叶食尽。

形态特征 成虫体长 12～15mm，翅展 31～40mm，体翅绢白色，前、后翅外缘有 2 列黑斑点，外列在脉间，内列在脉上。前翅中室上端有一大黑斑，翅基部有 3 个黑斑；后翅中室也有一大黑斑。卵椭圆形，长 0.5mm，初产时淡黄色，渐变锈红色，具珍珠光泽，串珠状排列。幼虫体长 20～30mm，头部黑色，体土黄色，具有许多不规则黑斑纹。蛹长约 18mm，淡黄色，具黑色斑纹。

生活习性 在浙江 1 年发生 2 代，以小、中龄幼虫在枝条上越冬；冬季气温高时，晴天中午幼虫也能取食。4 月初幼虫恢复活动危害，在树冠上结网，在网内取食，很快将网内叶食尽，再转移；先结网，再食尽。5 月中旬幼虫老熟，在丝网上化蛹，5 月下旬至 6 月上旬成虫羽化。交尾后，卵成串产在丝网上。第一代幼虫在 7 月上旬开始危害，并以 8 月上中旬危害最烈，随即 8 月中下旬化蛹。第二代幼虫在 9 月上旬孵化，10 月后逐渐以幼虫进入越冬。

防治方法

①灯光诱捕：成虫期可用灯光诱杀。

②人工捕杀：幼虫、卵、蛹期，可以人工拉除丝网，消灭网内幼虫、卵、蛹。

③药剂防治：初孵幼虫期喷洒灭幼脲 3 号 1500～2000 倍液、百草 1 号 1500～2000 倍液或 4.5% 氯氰菊酯 1000～2000 倍液等。喷药前最好拉除丝网，提高药效。

9. 桂花蛱蝶

桂花蛱蝶（*Kironga ranga*）主要分布在福建省的福州和来舟一带（图 15-16）。寄主有桂花、女贞和小蜡等。

形态特征 雌成虫体长 22～24mm，翅展 60～65mm；雄成虫比雌成虫略小。前、后翅大部为黑色。前翅沿外缘有 3 行由黄色斑点组成的纹带，中室有黄色斑纹 3 个。后翅具有与前翅相同的斑纹。头、胸和触角均为黑色，足与腹部黄灰色，有数条黑色横纹。卵半球形，浅绿色；卵壳表面布满多角形花纹。幼虫头呈褐色，头壳周围和大部分体节上都长有许多褐色枝刺。体色浅

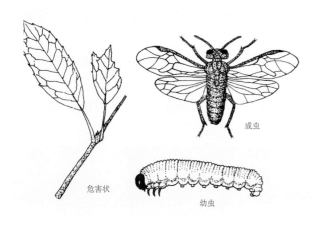

图15-15 桂花叶蜂

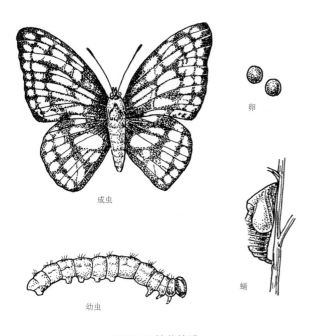

成虫

卵

蛹

幼虫

图15-16　桂花蛱蝶

绿至深绿色。胸足紫褐色，腹足黄褐色。蛹银白色，具金黄色条纹，带金属光泽。体长19～23mm。

生活习性　1年发生5代，以幼虫在寄主叶片上越冬。翌年3月下旬至4月中旬越冬幼虫在寄主叶背化蛹。4月中、下旬成虫羽化。卵期5～6天，幼虫一般为5龄，蛹期14天左右。成虫羽化后，即在叶片尖端产下1粒卵，然后再飞翔，又在另一叶尖产1粒卵。初孵幼虫取食叶片尖端成缺刻状，并在叶片主脉尖端用丝缠绕粪粒连成一根小棒。随着虫体的增大，小棒亦不断延长。幼虫蜕皮后将蜕下的皮食尽。幼虫老熟后，倒悬在叶片背面化蛹。

防治方法

①人工摘除：在幼虫期和化蛹期，经常巡视桂花植株，一旦发现幼虫和蛹，及时摘除。

②药剂防治：在幼虫发生期，可喷洒灭幼脲3号1500～2000倍液、百草1号1500～2000倍液或4.5%高效氯氰菊酯1000～2000倍液毒杀。

（本章编写人：朱文江　唐尚杰　陈礼琢　杨康民）

附录 5　欧盟禁用农药种类

进入 21 世纪以来，为了保护生态环境，世界各国都在研发高效低毒农药，同时禁用各种污染环境的剧毒农药。从 2019 年 1 月 1 日起，欧盟正式禁止 320 种农药在欧盟销售，其中涉及我国正在生产、使用及出口的农药有 62 种。由于这些农药目前已广泛应用于花卉苗木等栽培中，今后使用这些农药的产品（包括桂花浸膏、香精、食品等），若在出口欧盟被检验有残留时，很可能会遭到退货或销毁处理。为此特将欧盟禁用农药种类摘录于下，以供参考。

杀虫杀螨剂（共 30 种）：杀螟丹、乙硫磷、苏云金杆菌 δ－内毒素、氧乐果、三唑磷、喹硫磷、甲氰菊酯、溴螨酯、氯唑磷、定虫隆、嘧啶磷、久效磷、丙溴磷、甲拌磷、特丁硫磷、治螟磷、磷胺、双硫磷、胺菊酯、稻丰散、残杀威、地虫硫磷、双胍辛胺、丙烯菊酯、四溴菊酯、氟氰戊菊酯、丁醚脲、三氯杀螨砜、杀虫环、苯螨特等。

杀菌剂（共 8 种）：托布津、稻瘟灵、敌菌灵、有效霉素、甲基胂酸、恶霜灵、灭锈胺、敌磺钠等。

除草剂（共 20 种）：苯噻草胺、异丙甲草胺、扑草净、丁草胺、稀禾定、吡氟禾草灵、吡氟氯禾灵、恶唑禾草灵、喹禾灵、氟磺胺草醚、三氟羧草醚、氯炔草灵、灭草猛、哌草丹、野草枯、氰草津、莠灭净、环嗪酮、乙羧氟草醚、草除灵等。

植物生长调节剂（共 3 种）：氟节胺、抑芽唑、2,4,5-涕。

杀螺剂（1 种）：蜗螺杀。

第十六章　古桂资源的调查、保护与复壮

早在 1963 年，原国家建设部就出台了《城市古树名木保护管理办法》，其中明确规定：
"古树是指树龄在 100 年以上的树木；名木是指珍贵稀有的树木和具有重要历史价值、纪念
意义的树木"。古树和名木是活着的历史文物，是不可再生的自然遗产，是当地历史、文化
的见证。它除了具有重要的景观和生态价值外，还具有极其重要的科学、文化、经济和旅
游价值。古树资源是研究植物区系发生、发展及古代植物起源、演化和分布的重要实物；
是研究古地理、古气候、古地质、古水文的重要旁证。现已成为衡量一个国家社会文明程
度的重要标志。

古桂资源是我国古树名木资源中的一个重要部分，在长江以南有着广泛的分布，尤以
湖北咸宁、江苏苏州、浙江杭州、广西桂林以及四川成都过去五大桂花产区最为集中。

一　我国古桂资源生存现状

我国是桂花的原产地，以品种繁多、质地优良和栽培集中而闻名世界。21 世纪伊始，有关部门曾对全国各地古桂资源曾进行过全面普查。调查结果显示：全国 15 个省市现存百年以上古桂 2200 余株。这些古桂是先人留给今人的宝贵遗产，为我们弘扬桂文化、开展科学研究、开发旅游资源，提供了十分宝贵的资料。

按历代起讫时间的不同，分别介绍汉桂、唐桂、宋桂、明桂和清桂各朝代的古桂花如下。各地保存下来的古桂花，其树龄一般是通过查阅文史资料或在解剖镜下计数树干横断面年轮等方法来判断确定树龄的。比较准确的方法是利用树干横断面切片，进行碳 14（C14）示踪测定。

（一）汉桂

汉朝的起讫年代为公元前 206 年至公元 220 年。凡树龄为 1800 ~ 2200 年的古桂，均可称之为汉桂。我国现存有三株汉桂，均在陕西省汉中市境内。

在汉中市南郑县圣水寺院内，有我国现存树龄最老的一株汉桂。这株汉桂相传是西汉初年萧何亲手所植。经 1980 年碳 14 测定，该株树龄为 1840 年 ±350 年，与传说基本吻合。这株汉桂主干干径 232cm，主干髓部已枯烂。为挽救此树，南郑县文物部门于 1964 年 2 月，围绕主干砌墙，填土 130m³，筑成土台，将主干全部壅入土中。原先主干根部已抽出三株根蘖苗，最大一株根蘖苗干径 42.5cm，在其高 1.4m 处分为两个直立主枝。两大主枝上下错落，生长着 10 根枝径为 8 ~ 10cm 的大侧枝，构成了现有的树冠骨架。该树冠为半圆球形，冠幅东西

24.5m，南北 18.0m，覆盖面积为 448m²。此株汉桂大多在每年 9 月间开花，盛花时树冠一片金黄，奇香无比，香闻数里。圣水寺院内，碑文石刻记载有如下对联："桂树腾芳，美荫古茂资福地；灵泉毓秀，清光荡漾涤俗氛。"把这株汉桂与圣泉（青、白、黄、乌、黑五泉）齐名并列，加以颂扬（图 16-1）。

另在汉中市勉县定军山下诸葛亮墓前，还有两株东汉末年三国时期的汉桂，通称"护墓双桂"。据笔者等（1986）调查：南株桂树根基围 3.07m，冠幅平均 21.0m，树高 15.1m；北株桂树根基围 2.95m，冠幅平均 15.5m，树高 14.6m。两株桂树宛如两把撑开的巨伞，浓荫蔽日，风雨护墓。每年开花仍较繁茂，香飘数里，树龄已达 1800 年。有诗赞曰："芳香十里八月花，历经沧桑耀奇葩；丹桂长护汉相墓，高风亮节众口夸"（图 16-2）。

（二）唐桂

唐朝起讫时间为公元 618—907 年。树龄为 1000 ~ 1400 年生的古桂花均可称为唐桂。

现存唐桂中生长最好的是广西桂林东郊唐家里村的"桂花王"。据 1988 年桂林市园林局调查：这株千年古桂树高 13.8m，根基围 4.1m，冠幅平均 14.7m。至今虽然树干老态龙钟，但仍生长健壮，繁花满树，岁有华实（图 16-3）。

（三）宋桂

宋朝起讫时间为公元 960—1279 年，树龄为 700 ~ 1000 年生的古桂花均可称之为宋桂。位于福建省武夷山国家级风景名胜区的朱熹纪念馆，馆前植有两株古金桂。

图16-1 陕西省汉中市南郑县圣水寺内西汉古桂（王子旭提供）

图16-2 陕西省汉中市勉县定军山下诸葛亮墓前护墓双桂（骆会欣提供）

图16-3 广西壮族自治区桂林市唐家里村唐桂（黄莹提供）

图16-4 福建省武夷山风景区朱熹纪念馆前宋桂（骆会欣提供）

相传为南宋理学家朱熹于宋淳熙二年（公元1175年）任冲佑观提举时亲手所植。冲佑观曾于元、明两代被大火焚毁，唯独宋桂幸存，保留至今，确属难得。古桂树高约10m，胸围3.1m，干枝纵横交错，盘旋虬曲，状似游龙。每年秋高气爽季节，桂花盛开，香飘十里（图16-4）。

上海市曾生长有宋桂。在《宝山县续志》等志书中，有提到真如侯氏古桂的材料。侯氏古桂生长在上海市真如镇东北的侯家宅，为宋高宗年间侯细手植。可惜在抗日战争期间，古桂花因无人管理，任人采折花枝，逐渐枯萎，中华人民共和国成立前终于枯死。但"木犀侯家宅"的地名一直保存到20世纪80年代，笔者曾亲临现场核实，该地确有"侯家宅"地名。

（四）明桂

明朝起讫时间为公元1368—1644年。一般树龄为350～750年生的古桂均可称之为明桂。我国现有百年以上古桂花绝大多数现都集中在湖北省咸宁市，并以明桂和其后介绍的清桂居多，且各有特色。现列举两株明桂情况于下。

1. 咸宁市桂花镇夏家垄村生长有树龄约 500 年生的明桂，品种为'柳叶苏桂'（图 16-5）。据刘清平等（2011）现场测定：主干约 60cm 处分为两枝。北侧枝径粗 58cm，南侧枝径粗 71cm。冠幅平均 15.5m。正常年份年产鲜花 150～250kg（过去生长极好，近年因环境欠佳，生长衰退）。

2. 咸宁市太原韩村生长有株树龄为 528 年生的明桂（图 16-6），品种为'波叶银桂'（林业部门 2004 年用生长锥准确测的当年树龄为 513 年）。据王振启等（2017）测定：地径为 91.6cm 主干高约 1.1m 处分为两枝，东侧枝胸径粗 60cm，西侧枝胸径粗 77cm。两分枝带一分叉，各有 6 分枝，第 2 分叉点各有 12 分枝。树高 12m。冠幅平均 15.9m，该株明桂雄伟壮健、分枝众多、开花繁茂，当地民众称之为"银桂王"。

（五）清桂

清朝起讫时间为公元 1644—1911 年。凡树龄在 100～350 年生的古树花均可认定是清桂。清桂现分布遍及南方各省区，占据了我国现存百年生以上古桂总数的绝大部分。现介绍湖北咸宁、四川成都和上海 3 地清桂具体情况和表现于下。

1. 咸宁市滴水泉村生长有株树龄为 257 年生的清桂（图 16-7），品种为'球桂'。据王振启等（2017）测定：地径粗 60cm，胸径粗 49cm。主干高 1.5m 处有 12 分枝，其上第 2 分叉点再有 26 分枝。树高 8m。冠幅平均 10.2m。这株古桂树冠宽广、分枝稠密、花色金黄，及其秀丽动人。2009 年，中央电视台曾来咸宁为它做过电视专题报道，誉称其为"千手观音"。当时曾有外地富商欲以 15 万元高价收购未果，国宝级古桂有幸得以保存至今。

2. 成都市新都区龙藏寺内保存有清同治年间栽培的古桂（图 16-8），品种为'朱砂桂'。据张林等（2011）测定：该株清桂米径 50cm，有 3 大分枝，最粗分枝径粗 38cm。树高 12m。冠幅平均 11m。目前枝叶繁茂、开花良好，每年秋季开花时香闻数里。

从上述资料及调查，可以得出如下 4 点认识：①桂花是一个适应性强、寿命也很长的常绿树种。我国历代古桂的分布证明：北自陕西汉中，南至广西桂林和福建武夷山，都有古桂栽培。②古桂能够保存至今，除了它本身具有的长寿特性外，也是古代我国人民珍惜爱好桂花的结果。③古桂囊括了金桂、银桂、丹桂和四季桂四大品种群内的很多品种，表明我国桂花种质资源非常丰富。④由于近代人类经济活动十分频繁，有的地方古桂生长日趋衰颓，甚至死亡，古桂花资源亟待加强保护。

图16-5 湖北省咸宁市桂花镇夏家垄明桂（刘清平提供）

图16-6 湖北省咸宁市太原韩村处明桂'波叶银桂'（王振启提供）

图16-7 湖北省咸宁市滴水泉村处清桂'球桂'（王振启提供）

图16-8 四川省成都市新都区龙藏寺内清桂（张林提供）

二 国内各地古桂现时存在的主要问题

虽然自20世纪80年代以来，全国古树名木保护管理工作逐步走向正轨，在政策法规、组织管理、古树名木资源调查、建档和养护复壮等方面都取得一定成效。例如，现有关部门一般把古桂划分为Ⅰ级（600年生以上）、Ⅱ级（300～600年生）和Ⅲ级（100～300年生）等不同保护等级，分别加以有区别不同档次的保护和管理等。但由于近代城市化进程的加速以及人类频繁的经济活动，使得有些地方的古桂生存环境条件日趋恶劣，生长日益衰退甚至死亡；还有些地方的古桂遭到人为严重破坏，致使我国古桂无论是数量还是质量都在明显下降，保护和复壮工作刻不容缓。主要有以下7个方面的问题亟待解决。

（一）保护意识有待加强

尽管古桂有法规保护，但由于执法力度不严，受经济利益驱动，明知故犯，古桂大树进城案件频频出现。再有，很多古桂原来的生长空间，被修路、临时建筑等一步步蚕食，土壤被污染，树体被破坏，古桂的生命遭到严重威胁。说明人为因素对古桂生长和保护的影响越来越大。要抢救和保护古桂，首先必须要肯定并明确古桂的作用和地位，通过宣传古树名木保护的重要性，使其家喻户晓，真正做到保护古桂人人有责。

（二）保护政策需要改进

政策影响对提高古桂保护成效至关重要。有的地区原先说古树保护有专项资金，人们申报古桂的积极性就很高，甚至还出现一些单位虚报了古桂资源。后来，资金落实不了，产权单位不仅需要自己筹备养护资金，而且还得担负保护古桂的责任，出了问题要负责。于是，

人们就会倾向少报、瞒报古桂，甚至已经达到Ⅰ级标准的古桂也不去申报。由于当前古树保护的政策不落实，责、权、利分配不合理，只有责、没有利，不利于激发人们古桂保护的积极性。

（三）养护技术急待提高

古桂保护及复壮工程是项个性化很强的工作。每株古桂的衰亡原因都不一样，既有历史的原因，更有现实的因素。有的是因为地下积水；有的是因为土壤污染；有的是因为病虫害侵袭；还有的是被周围其他树木或建筑物等侵占了生存空间。古桂复壮的效果取决于对每一棵古桂分别诊断后，能否制定出有针对性的复壮方案。可是，让人无奈的是：很多地方把关注的重点放在对古桂树洞修补和树体支撑等表面问题的处理上；而对引起树体衰弱的深层次原因，如环境改造、器官修复等问题却无能为力。其结果是钱花了，古桂不但没得到复壮，反而被折腾死了。

（四）专项经费迫切要求增加

各级政府应把古树保护专项资金列入财政预算，增加对古桂保护的投入。同时，各级责任管理部门更应认真落实古树名木专项经费，不得挤占挪用古桂保护专项资金。

（五）相关科研有待深入

树木衰亡是个复杂的过程，既有树体自身生理功能衰退的原因，也有外界环境作用的结果。如果通过科研立项能在开始阶段就检测出古桂的衰老、并发现衰亡的主要原因，就能在古桂保护中，有的放矢、占领先机。此外，建立科学的古桂健康标准评价体系，并对其定期进行体检，及时采取补救措施，也非常必要。

（六）专业人才稀缺急需培养

专业人才的稀缺是阻碍古桂保护全面开展的另一个瓶颈。当前各地古桂施工队的构成，基本上都是老专家带着工人，缺乏相对稳定的技术管理队伍。没有懂古桂的人，古桂保护就是一句空话。

（七）历史文化内涵有待深挖

挖掘古桂的历史文化内涵，拓宽古树名木的文化价值，可以更好地发挥古桂的多种效益，对其保护也是个很好的促进。

三 针对古桂现时存在主要问题，提出相应对策措施

（一）进一步开展古桂资源普查

应在全国范围内，对古桂及其后续资源（80～100年生桂花）进行全面普查，不仅仅要知道哪里有古桂，为其统一建档、挂牌，还要对每一株古桂进行健康体检，对其目前的生长状况做出科学评价，并据此为其制订出

日后的养护管理方案。需要复壮的尽快开展复壮保护工作。要将古桂的养护管理及复壮经费列入财政预算，明确养护管理责任人，签订养护责任书，扎扎实实做好古桂的保护工作。

（二）加强立法管理，对现有政策进行改进和完善

立法保护是搞好古树名木保护管理工作的关键。各地可结合自己地区的实际情况制定出相应的地方法规和标准。例如，2002年上海市就制定了《上海市古树名木和古树后续资源保护条例》，首次提出将树龄在80年以上、100年以下的树木划为古树后续资源，同被列入《条例》保护范围。2007年北京市编制了全国第一部地方标准《古树名木评价标准》；2008年制定了《古树名木保护复壮技术规程》；2009年更出台了《古树名木日常养护标准》。这些法律法规和技术标准体系，如能全面落实，就会使得古树名木保护管理有法可依，有章可循，从而使古树名木保护与管理工作逐步纳入法制化、科学化、规范化的轨道。

目前古树名木保护是由林业、城建、文物、旅游等多部门管理，责、权、利不明晰，不利于统一管理，也不利于深入细致的开展工作。因此，应尽快理顺管理体制，统一管理机构。其次，就是要让保护古桂单位和个人，能够分享到由此带来的好处，激发人们保护古桂的积极性。最后，就是要对古桂保护、复壮技术和施工队伍资质认证进行规范。为了保护古桂资源，让古桂能得到切实的复壮，必须事先对古桂施工队伍进行相关考评，有绿化施工资质的队伍由于对古桂认识不足，未必同时能做得了古桂保护工程。

（三）有组织、系统地开展全国古桂保护复壮技术培训

政府部门应把古树复壮技术培训作为一项公益性事业来抓。组织全国古树方面的权威专家和一线技术人员，编写一套实用的培训教材，用集训的形式尽快培养出更多的专业人才。2010年4月，由中国公园协会、《中国花卉报》和中国古树复壮专家网联合举办了《古树名木保护管理与复壮技术培训班》。培训内容紧紧围绕当前古树界亟待解决的相关问题，由国内一线专家主讲，重交流、讲实效，采用课堂授课与现场观摩相结合的方法，一定程度上缓解了当前古桂人才短缺、一线技术人员水平不高的问题。

（四）开展古桂相关的专项科研

古树的衰老与死亡是一个渐变的进程。在这个过程里，树体各部分会有着怎样的变化？哪些因子在起着关键作用？首都师范大学生物重点实验室赵琦教授（2009）指出：①古树衰老进行过程中，叶片里的叶绿素和蛋白质含量会显著下降。故根据古树叶绿素和蛋白质含量的现场测定，可以判断古树的衰老程度，便于及时采取复壮措施。②生长素、细胞分裂素和赤霉素三种内源激素是植物体内微量含有、但具有重要调节作用的生理活性物质，它们能有效地延缓叶绿素降解速度并降低核酸酶的破坏活力，从而能延缓古树的衰老。③矿物质营养元素的过量或不足，都会影响古树的正常代谢作用。通过测定古树叶片和根系及其种植点土壤中的氮、磷、钾主要元素和铁、镁、锌等微量元素的含量，可以了解营养元素的余缺情况，有利于制定古树正确的施肥方案和土壤改良方案。在上述研究的基础上，如能更系统和深入地开展古桂保护其他专项的基础研究，揭开古桂衰亡机理，将为开展古桂复壮奠定坚实的理论基础。

（五）加强古桂后续资源保护

按照当前的古树保护政策，树龄在百年以上的桂树资源被认定为古树，依法挂牌建档得到了较好的保护；可是，那些不足百年生的桂树，因其可观的经济利益，成为很多树贩子下黑手的对象。这些大树虽然目前还不能位列古桂阵营，但作为古桂后续资源同样应该得到强有力的保护。这样，古桂的群体才能不断扩大，才能从根本上扭转古桂质量和数量双双下滑的被动局面，为古桂群体补充新生力量。

目前，上海和海南等地已针对古树后续资源进行了专门的立法保护。对它们依法进行挂牌保护。湖北咸宁原先是全国古桂资源保存量最多的地区之一，因"大树进城"歪风，流失了大量古桂。为保护当地桂花资源，2000年咸宁市政府根据《森林法》等法律、法规的规定，发出《关于保护发展桂花资源的通知》。凡采挖销售地径8cm以上的桂花树，必须经市林业主管部门审核；每年限量审批地径8～30cm桂花大树500株。为了让农民自愿地保护好古桂，政府还在桂花资源开发利用方面探求出新路，先后开发出桂花露、桂花酒、桂花蜜、桂花浸膏等衍生产品，古桂的效益因此提高，农民们也就不再动卖大树的脑筋了，而是把它们当做摇钱树一样悉心保护。

四 古桂花日常养护管理技术重点

古桂年迈，自然死亡是不可抗拒的自然规律，它是不以人的意志为转移的必然结果，我们的责任是：尽可能主动地采取各种力所能及的益寿措施，延缓其衰老、延长其寿命。从而精心的日常养护管理工作，就成为保护好古桂的关键。整形修剪和病虫防治两项应列为技术重点，分述于下。

（一）整形修剪

1. 修剪原则

为了安全和显现古桂的特有风貌，须由技术人员事

先制定修剪方案，并由专家及有关领导审查批准后实施。大体应遵循以下5个原则：①有利于古桂生长；②有利于展现古桂的历史价值和风貌；③有利于游人安全和树体的稳固；④有利于古桂病虫害防治；⑤有利于古桂局部枝叶的合理分布。

2.修剪方法

古桂修剪一般应在秋季花谢后进行，不宜在冬季修剪。修剪前可先由技术人员在锯口处做出标记，并向工人交代修剪技术和操作程序后，再由工人执行。一般先锯除大枝，再按从树上部到树下部、从树冠内到树冠外的顺序进行。这样可以避免损伤活枝。在截除大枝时，应注意在预定截口位置以外约30～40cm的分枝位置，将锯口由下往上锯，深约干粗的1/3。再从截口的位置由上向下锯，将大枝锯断。这样可以避免大枝劈裂、撕皮或抽心。然后，再用同样的方法，在预定最终截口处将残桩锯下。预定最终截口应设在靠近主干和主枝树液流动活跃、树皮隆起的分枝处，不可距主干过近。在古建筑物附近截除大枝，应先用较粗绳子将被截枝吊在高处其他枝条或其他支撑物上；同时，在被截枝上系一根较细的辅绳，此绳主要用来控制大枝坠落方向，以免损伤附近的古建筑或古桂树上的枝叶。

3.修剪重点

修剪重点是疏除过密的分蘖枝、丛状枝、病虫枝、活枝群中的小枯枝、古桂基部的下垂侧枝以及雪压、风折等导致的断枝和劈裂枝等。这样做不仅可以消除安全隐患，同时还可以给正常枝条让出生长空间，减少树体负担。但有些古桂的枯枝，被大自然塑造成特殊的形象，而且有的历经千百年不腐朽。对这样的枯枝不仅不能去掉，而且在古桂的整形过程中，还应该进行防护修补处理，予以永远保留。此外，要及时摘除古桂的果实或疏掉部分花蕾，以减少古桂的养分消耗。

4.修剪后的伤口处理

对直径小于5cm的伤口，应涂抹生物愈伤剂，一般2～3年后即可愈合；大于5cm的伤口，可在削平伤口后涂抹生物愈伤剂，过2小时后，再用密封剂处理或蜡封，防止细菌或真菌侵入伤口。

（二）病虫害防治

古桂的病虫害虽然不多，但有些却是严重的和致命的。主要有白蚁和吉丁虫两种虫害以及干腐病。

1.白蚁

古桂受白蚁危害，如不及时处理，会使古桂迅速衰亡。所以凡是古桂花附近的木结构房屋遭受到白蚁危害时，一定要仔细检查古桂是否也受到白蚁的侵袭。检查白蚁办法主要应从蚁道上入手。发现白蚁时不能轻举妄动，可将磷酸砷等农药妥善地安放到白蚁出没的蚁道旁，让白蚁活动时，将药物带入蚁巢而杀灭白蚁。灭蚁操作要注意安全，若自己没有经验，可请专业人员协助灭蚁。

2.吉丁虫

此虫属鞘翅目吉丁虫科，为古桂钻蛀性害虫。它主要以幼虫在主干和大枝的韧皮部与木质部之间钻蛀危害，后期老熟幼虫也蛀入木质部并在木质部化蛹。由于它的幼虫大部分时间都在皮层蛀食，而且蛀道纵横弯曲，因此常会环蛀皮层一圈，阻断古桂营养输导，导致全株或大枝干很快枯死；更严重的是吉丁虫蛀食树干时，其虫粪均充实在蛀道内，不排出树干之外，因而危害初期不易被人发觉；一旦发现古桂叶萎干枯时，则说明虫害已至晚期，很难防治挽救。因此，应特别加强对古桂枝干的日常观察，如发现枝干皮层发暗、有水渍状树液泌出、指压树皮有松软的感觉，或枝干上出现扁圆形的羽化孔等症状，便应及时进一步详查，看皮层部有无充塞虫粪的圆形虫道。一旦发现立刻喷涂乐果、吡虫啉、灭蛀啉或蛀虫清等内吸渗透性强的杀虫剂；也可在树干患处打孔，注射一针净等农药，消灭干内幼虫。

3.干腐病

此病是因机械性损伤或虫害等影响伤及古桂树干，使树干木质部发生腐烂，古桂长势随之衰弱，甚至形成树洞。防治方法详见下节古桂复壮技术，主要是对腐烂部分进行去腐、消毒和补洞处理。

五　古桂复壮技术措施

引起古桂衰亡的原因很多，正确的诊断是对古桂实施有效复壮的前提。古树名木虽然不会说话，但也自有树体语言来告诉人们它的状况是：健康、抑或生病、还是在衰亡。这一切都要求我们去细心观察。

（一）古桂衰弱症状的现场诊断

古桂衰弱首先是从地下部分开始的，其表现有以下3种不同类型：①冠内衰弱型。根系长期离心生长，使树干周围根系减少，发育根和吸收根群分布外移到树冠外围滴水线附近或更远。相应地上部分树冠外围枝条健康生长，仅树冠顶部枝条呈现某些衰弱症状。这是一种较正常的类型。②冠外衰弱型。根系开始向心生长，树冠滴水线外围的发育根和吸收根回缩内移。相应地上部分树冠外围枝条衰弱或枯死，而树冠中心常萌发出新枝。这是一种不够正常的类型。③整株衰弱型。根系冗长，大根死亡多，没有明显的发育根和吸收根群。相应地上部分树冠下部枝条大量枯萎。植株整体萎缩，发枝量既少又弱，枝叶很稀疏，树皮裂缝变深，死节进水造成木质腐朽，树干中空成洞，干枝纵向劈裂。最后，随着树体逐渐衰弱，有害生物大量入侵，特别是枝干害虫和干部病害的蔓延，使整株古桂迅速死亡。这是比较反常的一种类型。

在古桂衰亡发生过程中，至少有以下 3 个因素在起诱导作用，包括诱发因素、激化因素和促进因素。①诱发因素。是最先诱导古树开始衰亡的因素，包括养护管理长期不好、气候条件不适宜、土壤水分失调、土壤空气缺乏、代谢异常和周围杂草、杂树竞争等。②激化因素。是第二阶段起作用的因素，主要包括叶部病虫害、雪害、冻害、旱害、烟害、盐害、酸雨、雷击、火烧、风折、毒气泄露、机械损伤和建筑施工破坏等。激化因素对树木的作用是短期的，但是比较剧烈，使诱发因素的作用更明显地表现出来。③促进因素是第三阶段起作用的因素，主要有蛀干害虫、溃疡病、病毒病和根腐病等，使原来生长不良的古桂进一步衰弱直至死亡。这三类因素的作用往往是综合的、重叠的和复杂的，在古桂衰弱的诊断中要寻找主要病因，必须由表及里，去伪存真，做到"四查"，即："地上异常查地下，地下重点查土壤，土壤主要查水气，水气首先查须根"。

所有衰弱、濒危的古桂在复壮前都应根据其生长状况和生长环境，进行以下 3 方面的分析。即：①分析地上、地下环境中是否有妨碍古桂正常生长的因子。②分析、检测根区土壤板结、干旱、水涝、营养状况及污染等情况。③查阅档案材料，了解以前的管护情况。综合现场诊断和测试分析结果后，制定出具体的保护复壮方案。

（二）古桂保护复壮具体方案

古桂保护复壮首先应与时俱进，树立生态复壮科学发展观。任何措施和方法都必须从生态系统有效的角度出发，追求结构和功能的合理稳定，增强植株自身的健康和抗性，降低有害生物的种群密度，免遭有害生物的危害。在具体实践工作中，对古桂复壮要树立 5 个正确认识。即：①不是返老还童，而是延年益寿；②不是立竿见影，而是潜移默化；③不是千篇一律，而是因树制宜；④不是短期行为，而是常年不懈；⑤不是头痛医头，脚痛医脚，而是标本兼治。现将生态复壮具体技术要求，分别列为生长环境的改良和植株本身树洞的防腐和修补两大专题，详细论证介绍于下。

1. 古桂生长环境的改良

按地上和地下分别进行。

（1）地上环境改良。按照古树名木保护管理条例规定：①拆除古桂周边影响其正常生长的违章建筑和设施。②伐除古桂周围对其生长有不良影响的植物，修剪影响古桂光照周边树木的枝条。有树堰的古桂，可铺设松鳞、蛭石等覆盖物，防止践踏。③古桂周围铺装地面应采用透气砖铺装，并留出至少 3m×3m 的树堰。铺装材料以透气透水效果好的青砖为宜，铺砖时首先应平整地形、注重排水、熟土上加沙垫层，沙垫层上再铺设透气砖，砖缝用细沙填满，不得用水泥、石灰勾缝。④生长在平地上的古桂，裸露在地表的根应加以保护，防止践踏；生长在坡地且树根周围出现水土流失的古桂，应砌砖墙或石墙护坡，填土护根；生长在河道、水系边的古桂，应根据周边环境，用石驳、木桩等进行护岸加固，保护根系。⑤主干被深埋的古桂，应分期进行人工清除堆土，露出根颈结合部。⑥周围没有避雷装置的古桂，应安装避雷装置。

（2）地下环境改良。改善古桂地下土、气、水 3 项环境条件，是古桂复壮的根本措施。主要有复壮沟、通气管和地面打孔三项技术，分述于下：①复壮沟。施工位置应根据古桂花衰弱的具体情况而定：对第 1 种冠内衰弱型古桂花，应在树冠投影线与树干之间 1/2 处的环干圆周线上复壮，即"内弱内复"；对第 2 种冠外衰弱型古桂花，应在树冠投影线的外缘复壮，并清除腐烂根，即"外弱外复"；对第 3 种整株衰弱型古桂花，应在树冠滴水线上复壮，复壮坑直径总和控制在投影线周长的 1/3 左右，并且要避让和保护好大根即"全弱线复"。复壮沟以深 80~100cm，宽 60~80cm 为宜，长度和形状因环境而定。复壮沟内可根据土壤状况添加复壮基质，补充营养元素。复壮基质常采用落叶树种的自然落叶，取 60% 腐熟落叶和 40% 半腐熟落叶混合而成，再掺加适量含氮、磷、铁、锌等矿物质营养元素的肥料。复壮沟的一端或中间常设渗水井，深 1.2~1.5m，直径 1.2m，井内壁用青砖垒砌而成，下部不用水泥勾缝。井口加铁盖，井比复壮沟深 30~50cm，方便排水。②通气管。可用直径 10~15cm 的硬塑料管打孔包棕皮制成，也可用外径 15cm 的塑笼式通气管外包无纺布制成。管长 80~100cm，管口加带孔的铁盖。通气管常埋设在复壮沟的两端，从地表层到地下竖埋；也可以在树冠垂直投影外侧单独打孔，竖向埋设通气管。通过通气管可以给古桂花浇水施肥。③地面打孔。如果古桂树冠下地面全是通透性很差的硬铺装，没有树堰或树堰很小时，应首先拆除古桂吸收根分布区内地面上硬铺装，在露出的原土面上均匀布上 3~6 个钻孔或挖土穴。钻孔直径为 10~12cm，深 80~100cm；挖土坑长宽各为 50~60cm，深 80~100cm。钻孔内填满泥炭和腐熟有机肥；而土穴内从底往上并铺两块中空透水砖，砖垒至略高于原土面，土穴内其他空处填入混有腐熟有机肥的熟土。然后在整个原土面适当加掺有泥炭的混沙并压实。最后直接再铺上透气砖并与周边硬铺装地面找平。

2. 古桂植株本身树洞的防腐和修补

树洞的形成有两个原因：一是出现积水，二是存在腐生菌。开始初期，所有的树洞都不是大洞，皆是因为机械损伤或病虫危害等原因导致树体出现小的伤口，此时如果未能引起注意并采取合理的保护措施，让伤口出现积水，腐生菌就开始入侵，日积月累就会由小洞演变成大洞。按照树洞的着生位置，可将树洞分为朝天洞（洞口朝上，或洞口与主干夹角大于120°）、对穿洞（主干或分枝的木质部大部分腐烂，只剩下韧皮部及少量木质部）、侧洞（洞口面与地面基本垂直）、夹缝洞（树洞的位置处于分枝的分叉点）和落地洞（树洞靠近地面和近根部）共5种类型。对上述类型的树洞，一般有两种处理方法：

（1）开敞处理。一般对穿洞、侧洞和落地洞因通风比较良好，雨水不易滞留，可采用开敞处理方法，定期清腐、保持树洞干燥，防止人为破坏和鸟、犬、蚁类等在此安家。树洞可以暂时不补。

（2）修补处理。对朝天洞和夹缝洞来说，因雨水很容易流入树洞，而洞内水分靠自然蒸发和人工打扫又很难清除，则必须要及时修补树洞。此外，分布在路边、居民院内、公园和景点附近的树洞，易受人为和外来因素伤害影响，为了树体和人民群众的安全，也都有必要抓紧时间加以修补。修补的原则是修旧如旧，要防止树洞继续腐烂扩大。这样才有利于古树恢复生长和维护景观效果。施工程度可按以下步骤进行：

第1步，检测树体孔洞，找出大小不同类型洞口。实测孔洞占用范围，计算材料用量。

第2步，刮除树洞腐朽部分，直至坚硬部位为止。用高压水枪喷洗树洞内部，清除残留木屑。待干燥后，在刮除处和树洞内部均匀涂抹硫酸铜溶液灭菌杀虫。等溶液充分干燥后，再均匀涂抹3遍有防水抗腐作用的桐油。

第3步，待桐油充分干燥后，使用聚氨酯发泡剂填充刮除部位及树洞；同时，在主干或主枝上选点，放入导流管以利排水（这一点很关键），并用发泡剂加以固定。如填充空间较大时，可先填充经消毒、干燥处理过的木条，木条间隙再填充聚氨酯。如缺失部位形成的空洞太大，影响树体稳定时，可先用钢筋做稳固的支撑龙骨，外罩铅丝网造型，再填充聚氨酯。

第4步，填充好聚氨酯外层表面，用利刃稍加平整，喷一层阻燃剂。留出与树体表皮适当距离，罩铅丝网，外再贴一层无纺布，在上面涂抹硅胶或玻璃胶，厚度不小于2cm至树皮形成层。封口外面要平整严实，洞口边缘也应作相应处理，用环氧树脂、紫胶酯或蜂胶等进行封缝。封堵完成后，最外层可做仿真树皮处理。

3.树体支撑和加固技术

古桂由于年代久远，主干局部中空，主枝常有死亡，造成树冠失去平衡，树体容易倾斜，又因树体衰老，枝条容易下垂。因而需要采用硬支撑或拉牵等方法进行支撑。树体上有劈裂或树冠上有断裂隐患的大分枝，可采用螺纹杆或铁箍等方法进行加固。支撑和加固设施与树体接触处，应加弹性垫层保护树皮。

4.围栏保护

对于处于广场周围游人容易接近地方的古桂，要设围栏进行保护。围栏与树干的距离应不小于5m，特殊立地条件无法达到5m时，以人摸不到树干为最低要求。围栏的式样应与古桂的周边景观相协调，其高度通常在1.2m以上。在人流密度大、古桂根系延伸较长者，围栏外的地面要做透气铺装处理。此外，在古桂根基上堆土或砌土台，可直接起保护作用，也有防涝间接效果。砌土台比堆土效果更好，但应在台边留出排水孔，防止排水阻塞，造成根部积水烂根。

六　像对待生命一样保护古树

在2018年4月山东泰安苗交会上，有3位专家教授介绍他们对保护古树问题的一些看法和认识（载见2018年5月10日《中国花卉报》）。

（1）中华树艺学会会长欧永森认为："每一棵古树都像是一位年迈的老人，一生都在奉献。如今身体机能日渐衰退，正是急需得到回报与保护的时候。"他观察了泰安岱庙每一棵挂牌的银杏、侧柏和刺柏古树，都仔细地逐一观察记载和拍照，保留下珍贵的档案材料。

（2）北京名木成森古树名木养护工程公司董事长曹桓星认为："我国古树分布广泛，树种之多、树龄之长、数量之大，均为世界罕见。古树作为一种不可再生的遗产，目前正面临着数量和质量双减的局面。其保护工作亟待重视和加强。"她成立了我国首家古树名木保护和树木健康管理的专业公司（简称"名木成森"），承包了孟府、孟庙和孟陵等地古树名木的保护工程，赢得了社会各界的高度评价。

（3）国家住建部城市建设研究院李玉和教授从事古树研究工作已有30多年历史。他联合了多家古树保护专家团队，总结了他们的工作经验，并参考了国外先进经验，编制成一份题为《城市古树名木养护和复壮技术规范》指导性文件，于2017年4月1日由国家住建部和国监局两部门联合公开文，交请各省市有关主管部门遵照执行。

（本章编写人：骆会欣　杨康民）

附录6　古树名木死亡后如何处置?

　　古树名木（包括古桂）都遵循着生长、成熟、衰老的自然规律，当它们最终枯死后，其遗骸该如何处理呢? 我国著名古树修复复壮专家丛生2016年提出如下5项建议供工作参考:

　　（1）保留遗骸。鉴于古树名木拥有较高的历史文化价值，一般应将其遗骸保存在原处。例如，我国台湾阿里山的"神木"死后，其遗骸依然矗立在原处，供游人瞻仰。河北省冉庄地道战遗址的古槐枯桩也在原地保存着，供游客参观。

　　（2）立遗址标志。古树名木遗骸到一定年限后会腐朽。届时可设立古树碑，碑上记载古树名木自身及相关史实、轶闻等材料，供人们参观回忆。

　　（3）补栽同一树种的小树。也是一种很好的处理办法。随着时间的推移，小树可以长大、再辅以相关介绍，同样可以起到原有名木的作用。例如，北京景山公园明崇祯皇帝自缢处的古槐枯桩在"文革"期间被清除。1987年，相关部门利用房地产开发遗弃的一株105岁的古国槐补栽在原处。经过园林工人的精心养护、修整，辅以原有的碑记。游人参观后，对此景点有了更加形象而又具体的了解。

　　（4）作为攀缘植物的支撑物。在公园、寺庙、风景名胜区内，游人密度较大。死去的古树一般应保留，进行防腐加固处理后，补栽紫藤、凌霄等攀缘观花植物，常可收到较好的景观效果。

　　（5）局部绿化调整用地。对一般古树，死后经过有关部门鉴定、查明确切死因后，如果其地位并不重要，没有观赏保留价值、又有碍游客游览，可以挖除。根据景区规划，作为今后局部绿化调整用地。

附录7　曲阜古树名木保护工作成绩突出

　　山东省曲阜市有古树名木近两万株，分布在孔庙、孔府、颜庙和周公庙等各处。由于数量大、分布广和生长条件复杂等原因，造成保护工作难度很大。从2010年开始，该市文物部门按照"保护为主、抢救第一、合理利用、加强管理"的原则。对这些古树名木逐一落实管理措施，使它们及时得到复壮保护。

　　采用的技术措施包括有:（1）对年代已久、主干中空或主枝死亡导致树冠失衡、树体倾斜的古树，用钢管支撑、钢丝牵拉和铁箍加固。（2）对主干部分镂空古树及时用水泥、石块或混凝土进行填补。（3）对高大或所处地势较高、易受雷击古树，设立避雷针。（4）对树势衰弱、容易受钻木虫害侵袭的古树，采取向树体注射药物、封洞等措施进行防治;对重点古树林区还实施飞机喷洒药物等措施，有效地控制了美国白蛾等有害生物进入古树林区。（5）对部分生存环境恶劣、空气污染严重、树体截留灰尘较多、影响观赏价值和光合作用的古树名木，适时喷水清洗和松土施肥管理，促使枝繁叶茂，保证古树的正常生长。

　　此外，曲阜市还通过各种形式和手段，向社会大力宣传古树名木的生态、科研、旅游、观赏和文化价值，使广大市民自觉爱护古树名木，为圣城曲阜增添靓丽的古韵风貌。

附录8　北京将为古树名木克隆后代

　　《中国花卉报》2009年5月7日载称：北京市现有古树名木40 721株，其中树龄在300年以上的一级古树名木有3606株。这些古树名木既是古都风貌的重要构成元素，又是北京3000多年建城史和800多年建都史的见证者，保护好这些珍贵的活文物意义重大。为此，园林部门决定挑选部分古树名木进行繁殖，并保护它们的后代，使它们"后继有人"。

　　此次入选的古树名木包括古柏、古松、银杏、槐树等。科研人员先为它们建立再生体系，再通过试管培养的方式进行快速繁殖，每个树种至少要繁育出50株。此前，科研人员已经用种子繁殖的方式，在北海公园的古白皮松和古油松以及昌平区的古银杏树进行了试验，虽然试验成功了，但这种方式需要授粉，所以基因不纯，只能算"混血儿"。

　　2009年开始，对入选100株古树名木的繁殖将全部采取试管培养的方式，也就是"克隆"技术，繁育出来的树种将交由古树保有单位养护。

　　上述北京市古树名木克隆技术，可供南方古桂学习借鉴。

（2009年5月7日《中国花卉报》）

附录9　加强名木古树保护

　　2018年全国两会期间，全国政协委员、中国林业科学研究院森林生态环境与保护研究所杨忠岐教授向大会提交议案，呼吁加强名木古树保护，拯救活的文物。

　　杨忠岐委员表示，名木古树是不可再生和复制的珍贵资源，应把我国现存的所有古树名木资源都纳入保护范围，切实保护好每一棵名木古树。他在提案中称：我国近代100多年以来，历经多次战乱，许多名木古树惨遭毁坏，留存下来的已经不多了。我们现在一定要倍加珍惜，倍加保护，不能在我们这一代人手中再有闪失了。为此，他提出以下六条建议：

　　一、建议在全国范围内，尽快开展名木古树普查工作。摸清家底，登记造册，挂牌建档。在调查中，特别要注意散落在民间的处在管理真空地带的名木古树。

　　二、建议全国绿化委员会统筹协调，明确名木古树管理保护的职责部门。做到责任明确，职责分明。建议由全国绿化委员会负责管理、监督和制定相关标准，由名木古树所在单位负责日常管护工作。比如，位于文物局所属单位的名木古树由文物局负责管理保护；位于旅游局单位的名木古树，由旅游局负责管理保护等。

　　三、加强名木古树保护与复壮技术的研究。在有条件的大学或者研究院所，成立名木古树研究机构，负责解决如下技术难题：（1）名木古树无损伤树龄测定技术；（2）名木古树健康诊断技术；（3）名木古树病虫害防治技术；（4）名木古树树势复壮技术；（5）名木古树优良种质资源保存技术等。

　　四、将具有重要文化价值的名木古树作为"活文物"，赋予重要文物地位加以重点保护和管理。如位于黄帝陵、孔陵、孔府、孔庙、孟陵、孟庙等地承载着特殊历史文化价值的千年古树。

　　五、制定出台保护名木古树的法律和法规，设立红线，严惩破坏名木古树的违法行为。

　　六、建议国家划拨一笔应急资金，对目前濒死、生长极为不良的名木古树予以抢救性保护。具体操作由各名木古树管理部门经科学认证后交有关技术公司贯彻执行。

（2018年3月15日《中国花卉报》）

第十七章 桂花的采收、保鲜和加工利用

在南方丘陵山区，栽培桂花的主要目的是收获鲜花，进一步加工利用。如果采收不当，不仅会降低鲜花产量，更会影响鲜花的质量。因此，合理采收和妥善贮存加工鲜花，是桂花栽培生产中的重要问题。

一 采 收

（一）适时采收

桂花是以产花为主的香料植物，其开花进程相当迅速和短暂，从初花、盛花到花谢往往不到1个星期，其中适于采花的时间只有2～3天。因此，各地的花农在采收之前都要事先做好劳力、工具等调配工作，做到及时采收。否则，就会造成桂花自然脱落、色泽不正、香气散失、品质变劣等不良后果。

苏州光福乡花农王家元在1955—1984年的30年间，把每年采收桂花的时间和次数都做了详细的记录，为桂花的采收加工和物候分析积累了极为宝贵的原始资料，可供各地（尤其是长江中下游一带的桂花产区）在采收桂花时利用参考（表17-1）。由表可知，桂花的采花期常随当地各年的气候变化而有迟早。需要注意的是，品种不同其采花日期、采花次数和累计采花天数也互不相同。主要表现有如下特点。

（1）'早银桂'品种的最早采花期是8月24日（1980），最晚采花期是9月30日（1975），历年相差37天。每年采花1～3次，年均采花1.57次；年采花天数2～6天，年均采花天数3.6天。

（2）'晚银桂'品种的最早采花期是9月15日（1980），最晚采花期是10月13日（1967、1975），历年相差28天。每年采花1～3（7）次，年均采花1.63次；年采花天数4～19天，年均采花天数7.3天。

由此可见，在华东地区，桂花的采收期一般变动在9月上旬至10月中旬约1个半月内，且早花与晚花品种间有一定时差，少则2天（1963、1971）、多则37天（1983）；从采花次数看，早、晚品种间相差不大，均为1～3次，但年采花天数则相差较大，晚花品种（7.3天）超过早花品种3.6天近1倍。所以，注意不同品种的开花特性，有利于合理安排采花时间。实践证明，头茬花的采收工作最为重要，其原因有三：一是根据采花时间，可以判定它是早

花品种还是晚花品种；二是花的产量。一般以头茬花为主，约占当年总花量的60%～90%；二茬花的产量仅占总花量的10%～40%；三是花的香味。头茬花较浓，二茬花较淡。

由于桂花开花日期的迟早和开花次数的多少常受气候、品种、栽培技术和土壤肥力等许多因素的综合影响，事先较难准确地预测预报，所以各地的花农在采收之前不仅要做好突击抢收的准备工作，而且还要应对花期异常、开花次数增多和采花过程可能时断时续等异常情况的发生，及早做好劳力、工具等的调配工作。

桂花采收的时间性极强。若采收过早，小花尚处于铃梗期阶段，将造成产量低、质量达不到要求（主要是其中的芳香油含量低）；若采收过迟，则桂花已进入盛花末期或花谢期，产量不高，质量更差，产品等级和价格均明显下降。因此，在采花适期常常可见苏州光福和湖北咸宁等地的花农在夜里手持电筒或点上汽灯，通宵达旦地突击采花，待天明时鲜花已转运入库，这样便保持了鲜花的香味和鲜灵度。反之，倘若劳力安排不当，采收不及时，则可能使全年辛勤劳动付之东流。

（二）采收方式和方法

由于桂花的花序分布于树冠的外层，且与枝叶紧密交错重叠，所以采花工作很难使用机械采花。目前，各地仍以人工采摘为主，但采摘方式不尽相同，这对鲜花的质量和桂花树势会产生不同的影响。现介绍以下两种采花方法。

1. 手工采花

采花工人站在树旁或上树，用手采摘桂花。这是一种非常集约的采花方法，所得桂花非常干净，杂质少，能满足高档加工要求，同时也不伤害母树。缺点是效率低、成本高（图17-1）。

2. 振落收集桂花

先在树下铺好塑料薄膜或布单，然后用竹竿敲打或摇晃树枝，使桂花振落，再拣除其中的枯枝落叶等杂质。此法工效较高，一般在雨后和早晨有露水时较易

表 17-1　苏州光福乡窑上村桂花采收日期次数和天数

年份	'早银桂'			'晚银桂'		
	采花日期（月.日）	采花次数（次）	累计采花天数（d）	采花日期（月.日）	采花次数（次）	累计采花天数（d）
1955	9.23～9.24；9.26～9.28	2	5	10.6～10.8；10.16；10.19～10.20；10.22～10.30；11.2～11.3；11.5；11.19	7	19
1956	9.14～9.15；9.22～9.23	2	4	10.4～10.9	1	6
1957	9.10～9.11；9.18～9.20	2	5	9.30～10.7	1	8
1958	9.25～9.27	1	3	9.28～10.2	1	5
1959	9.19～9.20；10.2	2	3	10.3～10.7；10.24～10.26	2	8
1960	9.16～9.18	1	3	10.12～10.17	1	6
1961	9.17～9.18；9.23～9.25	2	5	10.10～10.19	1	10
1962	9.12～9.14；10.2	2	4	10.3～10.7	1	5
1963	9.29～9.30	1	2	10.1～10.4	1	4
1964	9.27～9.28	1	2	10.5～10.9	1	5
1965	9.14；9.23；10.5～10.6	3	4	10.7～10.12	1	6
1966	9.17～9.18	1	2	9.23～9.27；10.10～10.13；10.26～10.27	3	11
1967	9.23～9.25；9.27	2	4	10.13～10.15；10.20；10.25～10.26	3	6
1968	9.21～9.23	1	3	9.29～10.3；10.7～10.11	2	10
1969	9.20～9.22	1	3	9.23；10.11～10.15		2
1970	9.19～9.20；9.26	2	3	9.27～10.1	1	5
1971	9.26～9.28	1	3	9.28～10.2	1	6
1972	8.29；9.10～9.12	2	4	10.1～10.5	1	5
1973	9.10～9.12；9.15	2	4	9.20～9.24；10.5～10.8	2	9
1974	9.1～9.2；9.24～9.25	2	4	9.26～10.1	1	6
1975	9.30～10.1；10.7～10.9	2	5	10.13～10.18；10.23～10.27	2	11
1976	9.16～9.18	1	3	9.30～10.4	1	5
1977	9.17～9.19	1	3	9.29～10.3	1	5
1978	9.20～9.21；9.27～9.28	2	4	9.29～10.2；10.5～10.9	2	9
1979	9.9～9.11	1	3	10.4～10.8	1	5
1980	8.24～8.26	1	3	9.15～9.21；9.29～10.4	2	13
1981	9.18～9.20	1	3	9.21～9.25	1	5
1982	8.29～8.31	1	3	10.2～10.10	1	9
1983	9.1～9.2；9.5～9.6	2	4	10.7～10.9；10.15～10.19	2	8
1984	9.1～9.3；9.18～9.20	2	6	9.21～9.25	1	5
30年平均		1.57	3.6		1.63	7.3

王家元记录（1955~1984），杨康民统计整理（2005）。

图17-1 地面手工采桂花（沈启龙提供）　　　　　图17-2 竹竿打桂花（占招娣提供）

振落；而晴天花朵不易打落，从而采收并不彻底。且在振落的花朵中，常混有一些难以拣净的杂质，所以质量不如上述手摘并结合上树整枝采花法。

目前，各桂花产地主要仍沿用人在树下用竹竿敲打花枝采花的方法。每年由于采收不及时而降质、降价的桂花数量相当可观，因此研究和改进桂花的采收方法是一个具有重大经济意义的课题（图17-2）。

（三）采后储放

桂花采下后要注意储放，切忌日晒，以免水分和芳香油蒸发而失重变质。刚采下的桂花，呼吸作用和蒸腾作用都相当旺盛，所以运回室内后，应存放在通风透气的箩筐、竹篮中；或摊开在竹席上，厚度不宜超过 6～7cm，以免闷热发酵，并应及时运往加工厂进行保鲜初加工。

加工厂收购鲜花的质量要求是：当天采摘的初放花朵，色泽鲜润，花粒成熟饱满，花冠裂片和花梗完整而不会离散。各品种中，一般以银桂品种群鲜花质量为最好，金桂品种群次之。但是在咸宁和桂林等产地花农则认为金桂品种群鲜花的质量最好，这也许是自然条件存在差异的缘故。丹桂品种群因其中含有某种对人体不利的物质（如多环芳烃），食用有碍健康。此外，各品种群的雨水花、盛开花和枯谢花均属次品。

二　保鲜及初加工

桂花采收或收购后，必须在当天立即进行保鲜，不可堆置过夜，否则很容易发酵变质。保鲜方法依桂花用途而异：用于提炼桂花浸膏的，可将桂花浸泡在食盐和白矾的混合溶液中，再运至工厂用香料专用的石油醚等有机溶剂浸提；用于酿制桂花酒的，可浸泡在食用酒精中；用于供食品厂制作蜜饯、糖果和糕点的，则可采用梅酱保鲜。

（一）白矾或食盐保鲜法

配料　鲜桂花 100kg，白矾（明矾）10kg 或食盐 20kg。

制法　先将白矾或食盐磨成粉末，然后按 10kg 桂花加 1kg 白矾或 2kg 食盐的比例，在容器内撒一层白矾或食盐、铺一层桂花，并分层压实踩紧。容器可用杉木制的木桶。至于塑料桶和金属器皿均不宜盛装桂花（塑料桶能强烈吸收香味，而金属器皿可使花中的单宁变色）。木桶内装满桂花后，应在桶顶铺以稻草，加盖密封，以防雨水和空气侵入，即可外运。

本法特点在于操作简单，运输方便，是常用于提炼桂花浸膏而采用的保鲜方法。

（二）酒精保鲜法

将鲜桂花浸水湿润后，沥尽水分，浸入 95%食用酒精中，密封保存。酒精含量以 25%为宜（即 75kg 鲜桂花加 95%食用酒精 25kg），过高或过低对桂花的色、香、味都有影响。用酒精保存的鲜桂花，主要用于配制桂花酒，而不宜用作其他食品的调香剂。

（三）梅酱保鲜法

配料　桂花 100kg，青梅 50kg，食盐 30kg。

制法　首先制作梅酱，然后再用梅酱保存桂花（梅酱又称梅泥，其制作方法是：用黄熟的青梅 50kg 加食盐

图17-3 大缸梅酱保鲜桂花（沈启龙提供）

20kg，在大缸中腌渍 1 个月后，经打浆机将青梅打烂，滤去梅核，然后将糊状的青梅肉暴晒 10 天左右，梅肉由青色转变成黄褐色时即成梅酱备用）。另将采收的桂花分批装入竹箩，在清水中浸湿后立即捞出（浸湿的作用是使桂花更均匀地与梅酱密切吸着，以免因桂花表面干燥而发生夹生现象），然后将湿润后的桂花倒入盛有梅酱的大缸中，用手或木棒搅拌，使其与梅酱充分混合。一般 100kg 桂花加梅酱 30kg，存放一夜后，于次日即捞出，沥去桂花渗出的水分，此时桂花已将梅酱全部吸附，从外表上几乎看不到梅酱。接着，在缸中再加入相当于桂花重量 30% 的梅酱和 15%～20% 的食盐，搅拌均匀。待装满一大缸后，顶层再撒一层食盐，盖没全缸。缸顶蒙以白布，用竹片压牢，不可让桂花浮出盐水层，否则极易发霉变色。经上述处理，桂花的色香味可以保持 3 年不变（图 17-3）。

梅酱是制作干糖桂花、糖酱桂花、咸桂花和清水桂花的主要绿色环保原料。现将这 4 种桂花产品的制作方法简介如下。

（1）干糖桂花：将梅酱桂花 100kg 用手拧干或放在布袋中压出多余的水分，并在清水中略加漂洗，以除咸味，然后晒干。晒干后的桂花，拌入白砂糖 200～300kg（俗称"二糖一桂"或"三糖一桂"），称重后即可分装于玻璃瓶或塑料袋中出售。干糖桂花在加工过程中需经过日晒的工序，香味散失较多，所以它的质量不如糖酱桂花、咸桂花和清水桂花。

（2）糖酱桂花：将梅酱桂花 55kg 倒入箩筐中，沥去水分（本法不加压力或用手绞拧，所以含水量比上述干糖桂花多），然后倒入大缸，加 45kg 梅酱，再加 200kg 砂糖，充分搅拌，砂糖溶解后即成胶状的糖酱桂花。糖酱桂花味道香甜，略带咸味（因梅酱中含有盐分）。

（3）咸桂花：将梅酱桂花 100kg 倒入箩筐中，沥去水分，然后倒进大缸，加入柠檬酸 0.5kg、白矾粉 1kg、食盐 10kg，拌匀，压紧，沥去卤水；再加 35kg 的梅酱和 15kg 的食盐，搅拌均匀。贮存几天后，装入容器密封，即成酱状的咸桂花。咸桂花味咸，但香味比糖酱桂花稍浓。

（4）清水桂花：将梅酱桂花 100kg 倒在箩筐中，沥出水分，然后置于 100kg 梅露中浸泡数日，即成清水桂花（梅露是制造梅酱的副产品，是青梅加盐腌渍时从青梅中反渗出来的汁液，味酸且咸）。清水桂花保存桂花的质量最好，时间也较长，价格略高于其他 3 种桂花产品。

上述四种使用梅酱或梅露加工成的桂花绿色制品是苏州光福地区的著名特产，已有 700 余年的悠久历史。它们能较好地保持桂花所特有的清香和鲜灵程度，产品

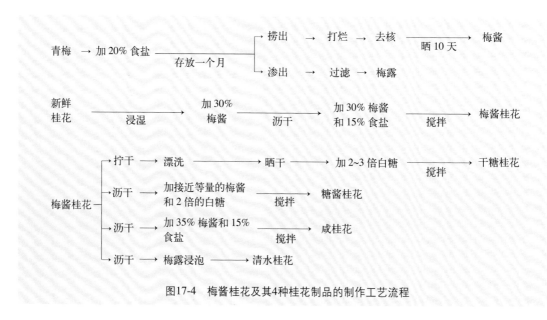

图17-4 梅酱桂花及其4种桂花制品的制作工艺流程

质地堪称优良。图 17-4 为梅酱桂花及桂花初加工制品的生产工艺流程。

（四）柠檬酸保鲜法

近年来由于桂花产量剧增，而梅树扩种滞后，以致梅酱的产量跟不上加工桂花的需求，所以苏州食品研究部门试用柠檬酸取代梅酱进行保鲜。其具体方法是按 10kg 鲜桂花加入 0.15kg 柠檬酸，混合拌匀，12 小时后取出，滤去卤水，再加 1.8kg 食盐和 50g 白矾封盖表面，然后盛于容器中，加盖密封，保鲜期 1 年，可用于食品加工行业。

（五）家庭简易保鲜法

家庭采收的少量桂花，可用相当于桂花重量 20% 的食盐（若能加入 2%～5% 的白矾则更好）充分拌匀，压实，密封瓶口，即可久藏。喜爱甜食者，可用两倍于桂花的白糖（切忌用红糖，因红糖中含杂质较多，可使桂花香味大减）。搅拌腌制，方法同上。

刚从树上采下的鲜桂花，不能直接作为香料供食用，必须经过一定时间的腌制，否则其味苦涩，缺乏香气。若采收后急待食用，则应在腌制前将新鲜桂花盛放在布袋中，挤去苦水，以减少涩味（新鲜桂花中含有单宁，在长期保鲜贮存过程中会分解转化，涩味渐降，以至消失）。挤过苦水后的桂花再用绵白糖（砂糖亦可，但溶解较慢）拌匀，压紧，并密封在玻璃瓶或陶瓷坛中（切忌用金属容器贮存），放置数天即可食用。

经过上述初步加工保鲜后的桂花制品，一般便可直接掺入各种甜食点心中食用。如在糯米甜酒酿、八宝饭、莲心粥或豆沙汤团等点心中加入少许，即可芳香扑鼻，令人食欲倍增。

三 深加工及开发利用

早在春秋战国时期，我国劳动人民已用桂花酿酒。屈原在《楚辞·九歌》中，即有"奠桂酒兮椒浆"的词句。明代李时珍在《本草纲目》中记述："木犀花辛温无毒，可收茗、浸酒、盐渍及作香茶、发泽之类"，"久服轻身不老，面生光华，媚好常如童子"。这些都说明前人早已认识到桂花不仅具有食用和药用价值，而且兼有美容和保健功能，适用于制造化妆品和保健品等许多合乎现代生活需求的用品。

1988 年，杭州西湖区满觉陇桂花加工厂委托浙江省农业科学院，对出口外销的桂花营养成分，进行了系统的测定分析，从结果可以看出桂花含有丰富的蛋白质、碳水化合物和脂肪等营养物质以及镁、铁、锰、锌、铜等人体必需的微量元素。食品中 20 种氨基酸，桂花就占有 18 种之多。堪称百花营养之王（表 17-2、表 17-3）。

回顾 20 世纪 90 年代以来，桂林、杭州、苏州和咸宁

表 17-2 '晚银桂'营养成分表

营养成分	咸桂花	新鲜桂花
蛋白质（%）	3.47	30.71
碳水化合物（%）	4.20	20.0
脂肪（%）	1.31	4.4
镁（Mg）（mg/L）	891	247
铁（Fe）（mg/L）	89.2	11.8
锰（Mn）（mg/L）	10.3	5.4
锌（Zn）（mg/L）	11.0	11.4
铜（Cu）（mg/L）	2.4	4.9

杭州西湖满觉陇桂花加工厂（1988）。

表 17-3 '晚银桂'氨基酸含量表

氨基酸种类	咸桂花（%）	新鲜桂花（%）
精氨酸 ARG	微	微
门冬氨酸 ASP	0.47	2.19
苏氨酸 THR	0.19	1.05
丝氨酸 SER	0.18	1.27
谷氨酸 GLU	0.34	2.56
甘氨酸 GLY	0.13	1.08
丙氨酸 ALA	0.14	1.19
胱氨酸 CYS	微	微
缬氨酸 VAL	0.17	1.22
蛋氨酸 MET	微	0.53
异亮氨酸 LLE	0.14	1.09
亮氨酸 LEU	0.23	1.90
酪氨酸 TYR	0.10	0.74
苯丙氨酸 PHE	0.13	1.09
组氨酸 HIS	0.19	0.57
赖氨酸 LYS	0.06	0.61
脯氨酸 PRO		
色氨酸 TRP		
总量	2.47	17.09

杭州西湖满觉陇桂花加工厂（1988）。

等几个主要桂花产地，每年都要举办桂花文化节或桂花展销会，借此推出新开发的桂花系列产品多达 50 余种。其中，桂花酒、桂花茶、桂花晶和以桂花为原料制作的各式糕饼点心等传统产品，深受广大群众的欢迎，畅销全国各地。有的如桂花浸膏、桂花香精等还出口创汇，享誉国际市场。下面就介绍这些主要桂花产品的生产方法。

（一）桂花浸膏

桂花浸膏是用鲜桂花经有机溶剂浸提而成的绿色香

料产品，它是提炼桂花香精、加工桂花食品和化妆品等的重要天然香料。桂花浸膏的生产需要相当复杂的现代化工设备，一般都由专门的香料厂从事生产。我国是世界上唯一生产桂花浸膏的国家，全国有十几家香料厂生产桂花浸膏。每年产量不足1000kg，无法满足国内外市场的需求，桂花浸膏的具体生产步骤如下。

收购、浸泡　每当桂花飘香时节，各香料厂就到桂花产区突击收购鲜桂花，然后立即浸泡在盐矾水中。盐矾水的配制方法是：称取食盐30kg，白矾3kg，水100kg，将白矾碾碎，倒入盛水的容器中，不断搅拌，使其全部溶解，再加入食盐，继续搅拌，待食盐全部溶解后，用纱布或细筛滤去泥沙等杂质，即成盐矾水。

浸提　将浸泡在盐矾水中的鲜桂花运回香料厂后，用沸点为60~70℃的香料专用有机溶剂(石油醚)进行浸提。浸提液经澄清、过滤、常压浓缩、减压浓缩、萃取脱醚等工序后，即可得到棕黄色黏稠状桂花浸膏。一般1000kg鲜桂花可提取桂花浸膏1.5~1.8kg。如果再进行反复抽提，则可精制成桂花精油，是一种名贵的天然香料。

（二）桂花酒

桂花酒既有桂花的清香，又有酒味的醇厚，自古以来一直是我国人民用来款待嘉宾的上好饮品。目前我国生产的桂花酒种类很多，有桂花陈酒、桂花蜜酒、黄色桂花酒、无色桂花酒和桂花汽酒等，如北京桂花陈酒获国际金质奖，杭州和咸宁生产的桂花蜜酒，也名扬中外。

桂花酒通常采用天然桂花配制而成，即用优质白酒、葡萄酒或食用酒精浸泡桂花，将浸液蒸馏后，收取其带有桂花香味的酒液，再加白糖、糖精少量，用食用色素调色，另加桂花酒专用香精以增香味，制成桂花酒。其酿制过程大致如下。

配料　低度白酒100kg，柠檬黄0.5g，桂花原汁1.7kg，甘油10~15ml，柠檬酸25~40g，香兰素0.7g，食盐16g，白糖12g，香精135ml。

调配　先将白糖加水溶化，并倒入白酒进行粗配，配好后第一次用沙滤棒过滤。然后，将桂花原汁、香精、柠檬酸、香兰素、食用色素和食盐等，加入粗配过滤好的酒溶液中，进行精配。最后，进行第二次过滤。过滤后即可分瓶灌装。

此外，目前有的地方还在用人工合成的桂花香精来调制桂花酒。即先将精制的白酒或酒精配成20°~25°(葡萄酒则为10°~15°)，加入10%的白糖及少量糖精，以食用色素调色、过滤、澄清后加入桂花香精，即成"桂花酒"。

（三）桂花茶

桂花茶芳香浓郁，鲜醇甘爽，为其他花茶所不及，它是我国特有的花茶，历史悠久。除作为高级花茶供人品尝外，还常用于减轻风火牙疼和经闭腹疼等症状，因此备受人们的欢迎。

桂花茶是用鲜桂花与素茶（又叫茶坯）一起窨制而成的香型茶，如苏州、桂林和咸宁等地生产有桂花绿茶，福建漳州和台湾生产有桂花乌龙茶，广州和云南生产有少量桂花红茶。其中品质以桂花乌龙茶为最佳，产量以桂花绿茶为最多。桂花绿茶外形美观，翠绿缀金，香气浓郁，不仅在国内市场畅销，而且还远销美国和加拿大等国。桂花茶的制作方法如下。

原料选用　供作窨花茶用的桂花宜在含苞欲放的初花期采摘，采下的鲜桂花应及时摊开，切忌大量堆置，以免发酵而失去香气。由于桂花采收后失水较快，故对晴天下午采收的鲜桂花，常用塑料薄膜覆盖，以减少因水分蒸发而造成损失。鲜桂花在采收后，力争在24小时内付窨完毕，切忌摊放时间过长。雨水花、盛开花和枯萎花均不符合窨茶的质量要求。

窨制工艺　桂花茶窨制工艺通常分为茶坯复火、配花量、窨花拼和、通风散热、收堆续窨、起花去渣、复火干燥、提花拼和与匀堆装箱9大工序。

（1）茶坯复火：茶坯（素茶）在窨花前必须进行烘烤和干燥，以提高其吸收桂花香气的性能。茶坯的含水量应控制在4.0%~4.5%。茶坯复火烘干后，一般坯温高达80~90℃，须经自然冷却约1周左右才能窨花。窨花时，如果坯温过高，则不但易使桂花香气沉闷，失去鲜灵度，而且花色也会变黑。

（2）配花量：各茶厂对鲜桂花的配用量不尽一致。其配制原则是，高级茶配花量要多些，低级茶配花量要少些。一般每100kg干茶，配新鲜桂花15~25kg。

（3）窨花拼和：将茶坯与鲜桂花充分拌匀后，轻松地装入囤（用特制的竹簟围成的圆圈）内或木箱内窨制，使茶坯充分吸收花香。

（4）通风散热：拼和后，将囤内温度控制在35~40℃。若囤内温度超过40℃，应将在窨的茶坯翻堆通风，薄摊降温，以免香气不纯。若低于30℃，则需盖布保温。每隔15~20分钟翻动1次。通风散热时间不宜太长，一般30分钟左右，当茶坯温度降至30℃时，即可收堆续窨。

（5）收堆续窨：通风散热后，为使鲜桂花继续吐香和茶坯充分吸香，可将上述摊开的在窨茶坯，重新堆放在囤内或箱内，静置3~5小时；在窨口温度又上升到40℃左右时，如鲜花仍然鲜活，则应进行第2次通风散热。如鲜花大部分已萎蔫，花色由洁白变为微黄，香气微弱，则可停止续窨。

（6）起花去渣：高级桂花茶的配花量在20%以上时，需筛去或拣除花渣，以免在冲泡饮用时干桂花浮出水面，影响茶水品质。

（7）复火干燥：起花去渣后的湿茶坯含水量较高，要及时复火干燥，烘干至含水量为5.0%～5.5%，以便进行提花。

（8）提花拼和：为了提高桂花茶的香气浓度，将复火干燥后的桂花茶坯与少量鲜桂花（每100kg茶坯用5～6kg鲜桂花）拌和均匀，再进行窨制。提花后桂花茶含水量保持在8.0%～8.5%；为保持香气鲜气鲜灵，一般不再进行起花和复火，可以直接匀堆装箱。

（9）匀堆装箱：经起花、提花后的成品茶，应及时匀堆、过秤、装箱。当天的成品茶最好做到当天装箱完毕，以免香气散失和吸湿受潮。

目前，有的地方制作桂花茶，不是窨制，而是将烘好的干桂花，直接加入素茶中制成。烘制干桂花要加入大量硫黄来保色，硫黄有毒。此法应严禁使用。

（四）桂花晶

桂花晶是一种香型固体饮料，它是采用桂花、蔗糖、蜂蜜、葡萄糖等原料，经过配料、混合、搅拌、压榨、过滤、打浆、成颗、压缩和烘干等工序精制而成。其颗粒均匀，色青香浓，味甜微酸，相当可口，并具有健脾开胃，增进食欲的功能，是病后体虚者的营养佳品。

（五）桂花休闲食品

1. 桂花酒酿

配料 糯米5kg，甜酒药20g，糖桂花75g。

制法 将糯米淘洗干净，清水浸泡，冬季浸10小时，春秋季浸5～7小时，夏季浸3～4小时，浸至米粒比原来大1/5左右。不可浸过头，否则米粒太酥，制出的酒酿烂而发酸。浸好的米粒需再淘洗1次，然后沥干水分。

将浸好的糯米粒松散地放入蒸笼内，用旺火隔水蒸20分钟左右，至蒸笼顶气冒足后再蒸2～3分钟，开盖后用凉水浇透米饭，重新盖上，再用猛火蒸片刻，随即取出蒸熟的米饭。此时米粒能用手指捻散，饭粒较软，表示米已蒸熟；用凉开水冲淋热饭至饭粒松散不黏，然后将水沥干（如米饭量少则不必用凉水冲淋，只需让其自然冷却即可）。然后把已冲过的饭与酒药拌匀，倒入陶钵中（陶钵中间放一只直径约5cm的玻璃瓶），四周压平，抽出玻璃瓶（抽瓶的目的是使中间留有透气洞孔），撒上糖桂花，加上钵盖，不使透风，用恒温箱或棉被保持温度在25～30℃。如此经24小时，便成桂花酒酿。

2. 炸桂花年糕

配料 糯米400g，粳米100g，白糖150g，清水150g，猪油50g，糖桂花25g，花生油、干玉米粉适量。

制法 将糯米和粳米洗净泡透，加水磨成粉浆，装入布袋，压干水分，放在盆内；然后加入清水、白糖、糖桂花，用手搓匀，再加猪油拌匀；方盘内涂上花生油，将拌好的粉团放入盘内摊平，用大火隔水蒸30分钟至粉团熟；凉后切成长方块，撒上干玉米粉拌匀，用箩筛去粉末；将煎锅置于中火上，用花生油将长方形年糕炸透，取出后撒上白糖少许，即成具有桂花香味的炸年糕。

3. 桂花糯米烧卖

配料 富强粉0.5kg，干淀粉150g，糯米300g，白糖150g，猪油75g，糖桂花15g。

制法 先把糯米淘洗干净，上蒸笼蒸熟后冷却。然后把糖桂花、白糖、猪油等一起拌入冷却后的糯米饭中，搅拌成馅待用。另把富强粉倒在案板上，中间扒一小坑，倒入开水200ml，揉成烫面团，再搓成长条，切成50个左右的小块，然后用面杖擀成荷叶皮。把馅放在荷叶皮中心，捏成烧卖状，再上蒸笼蒸熟即成。

4. 桂花糖藕

配料 鲜藕中段2.5kg，糯米1kg，白糖0.5kg，白矾10g，糖桂花20g。

制法 取鲜藕中段，在藕节正中切断，以免穿孔。削除藕节表面根须，使两端平滑，然后在较小的一头距节约3.3cm处切断，将藕倒置，防止孔内贮水，并保留切下的一段做盖用。另将糯米淘净，吹干水分，灌入藕孔中，边灌边拍，使糯米装得结实，把切下的一段盖上，防止漏米。再用4根10cm长、0.6cm宽的竹签，自盖的正中直戳进藕内，把藕盖钉牢，不让脱落。接着把藕放进锅里，加水淹没藕段，放入白矾，盖好锅盖，先用旺火煮开，然后转用小火煮5～6个小时，保持水不断沸腾。熄火后再焖2小时，至藕呈黑紫色时即可取出，刮去藕面上的黑皮，切成0.7cm厚的薄片，撒上糖桂花和白糖，扣在碗内，再上笼蒸半小时即成。

5. 桂花糖芋艿

配料 芋艿1kg，白糖250g，白矾5g，糖桂花15g。

制法 芋艿洗净去皮，用小刀削去黑斑，切成小块，洗净待用。另在锅中盛清水1kg，将白矾碾碎后倒入锅内，搅拌使溶解，然后放入芋艿，盖上锅盖，用旺火烧开，转用小火烧30分钟，并用铲刀轻轻搅动，待芋艿酥后，加入白糖，再煮片刻。待糖溶化后，撒上糖桂花即成。

6. 桂花糖油山芋

配料 山芋3kg（每只重0.25kg左右），白糖1kg，白矾2g，糖桂花20g，苏木粉（调色用，中药店有售）1g。

制法 先将山芋洗净，削去外皮，立即放入有白矾的冷水中浸1小时左右，以保持山芋洁白、不变黑，但不能浸的时间过长，以免烧不酥。另在锅内放清水3kg，将山芋从白矾水中捞出，放入锅中，加苏木粉使水呈深黄色，加盖后用旺火煮沸，转而用小火再煮30分钟。山芋熟后，将锅内汤倒剩二成左右，然后放白糖，继用小火煮30分钟，使糖溶化在汤内，熬成浓胶质糖油。待糖油滋润发光，用铲抄起见有糖丝时，撒上糖桂花，装盆即成。

7. 桂花栗子酥

配料　栗子 0.6kg，白糖 200g，猪油 100g，糖桂花 15g。

制法　先把栗子切开，放入锅中，加清水烧透煮酥后捞出。趁热剥去栗壳和里面的红衣，放在砧板上用刀背压成栗子泥待用。另将锅烧热，放入 50g 猪油，然后将栗子泥下锅，煸炒几下，再用中火一边加余下的 50g 猪油和白糖一边不停炒动。待炒透起酥，稍稍冷却，加桂花拌匀，即可装盆。

8. 桂花甜粥

配料　糯米 100g，栗子 50g，白糖 100g，糖桂花 25g。

制法　将栗子煮熟，剥去栗壳和里面的红衣，切成碎米状备用。然后在锅内加清水，放入糯米，在火上烧开。再投入栗米，一同熬成粥，再调入白糖和糖桂花，搅匀即成。桂花甜粥特点是清香而有营养。

桂花芳香文雅，具有开胃通气和增进食欲的功能，除了在上述甜食点心中常被用作调香剂外，还在有些菜肴中被用作调味品和香料。常见的桂花佳肴有桂花兔肉、桂花脆皮鳜鱼、桂花肘棒、桂花香草蒸小牛肉、桂花鸭肉茄子饼、桂花火锅鱼片、桂花烩素肉柳和桂花水果色拉等。详情可参考烹调方面有关专业书籍。

（六）桂花中草药材

桂花药用历史十分悠久。《说文解字》载："桂，江南木，百药之长。"明代药学家李时珍在《本草纲目》中已载有"桂根取皮贴，牙痛可断根"、"同麻油蒸熟，润发及作面脂"等记述。在《本草汇言》中有"桂花散冷气、消淤血、止肠风血痢。凡患阴寒冷气，腹内一切冷痛，蒸热布裹熨之"的记载。由于桂花适生范围很广，又为广大人民所喜爱，种植十分广泛，容易就地取材，因此便成为民间治病的良好药材。

桂花的根或根皮、枝叶、花与果实均可药用。作为药用的桂花，宜在农历八月刚开花时采收。收后应及时阴干，不宜暴晒。阴干后要拣去杂质，装入干燥容器内密封贮藏，严防受潮发霉。桂花的果实，宜在 4～5 月将要成熟时采收。采后用温水浸泡片刻并洗净，然后晒干备用。桂花树的枝叶四季可采，采后晒干备用。桂花老树的根或根皮，宜在 9～10 月挖取或剥取，然后晒干备用。但在采集桂花中草药时，要注意保护桂树的生长，严禁乱采滥挖。

中医学认为，桂花性温，味辛，无毒，具有化痰、散淤、健脾、利肾、舒筋活络等功效。主治咳嗽、肠风血痢、胃下垂、胃溃疡及十二指肠溃疡等症。据现代药理分析，桂花中的芳香成分如 α-紫罗兰酮、β-紫罗兰酮、芳香醇和橙花醇等，具有清热解毒、化痰止咳的功效。桂花树的根或根皮，味甘、微涩、性平，有祛风湿、散寒的功效。可治胃痛、牙痛、风湿麻木和筋骨疼痛等疾病。桂花果实药名"桂子"，性温和，味辛甘，有散寒破结、化痰生津、暖胃、补肝、益肾的作用；也可治疗胃寒气疼、嗳气饱闷；还可矫正异味，去除口臭。

中药桂枝：性温和，味辛甘，能解温表寒，温经通阳。主治感冒风寒、怕冷发热、关节疼痛、痰多心悸和经闭腹痛等。

方剂桂皮汤：由桂枝、芍药、甘草、生姜、大枣等 5 味中药煎制而成。其功能是调和营津，适用于外感风邪、发热头痛、出汗怕风和脉浮缓慢等症。同时，该剂还能治疗由内科杂症引起的时寒时热、自汗恶风等病。

月桂花蒸馏而得的桂花露：有疏肝理气和醒脾开胃的功效。对治疗咽干、牙疼和口臭等有显著效果。

（七）桂花切枝

除了采花供作食品、药品和高档化妆品用途以外，桂花还可以直接剪收花枝，供养瓶内让满室生香，使人感到桂花的魅力和影响无所不在。

我国自古以来就有瓶插桂花切枝借以陶冶情操、抒发感情和美化环境的习惯。经验证明，桂花切枝宜在含苞怒放之前、趁晨露未干时剪取，剪枝长 30～40cm，剪除枝序上无花或少花的小花枝，并疏去部分密挤的重叠叶片，以减少叶面蒸腾。随即将花枝放进塑料袋中，袋底先放些水湿的苔藓，而后扎紧袋口保湿。入室后将切枝基部削成平滑的马耳形，在明火上烧焦、形成乌褐色的炭化层，使细菌无法侵入切枝伤口内，这样插养后的切枝就不会很快腐烂变质。需要注意的一点情况是：在剪收桂花切枝时应讲求公德，严禁随意大量剪取公共绿地桂花树上的花枝，造成桂树生长衰弱和影响他人观赏。

据徐虎等（1992）观察，瓶插桂花的花期不长，前后仅 3 天，最佳观赏期仅 1 天。如将初绽的桂花切枝插在"花朵"保鲜剂溶液中，则可使切枝瓶插期延长至 5 天，最佳观赏期增至 3 天，并且色泽加深、香味增浓（表 17-4）。

表 17-4　"花朵"保鲜剂对桂花切枝的保鲜效果

处理	瓶插期（天）	最佳观赏期（天）	状态
"花朵"保鲜剂溶液	5	3	花朵颜色较深、香味增浓
对照（蒸馏水）	3	1	花朵颜色较浅、香味一般

徐虎，朱建敏（1992）。

（本章编写人：朱文江　任全进　杨康民）

参考文献

蔡新玲.不同桂花品种群组织培养的研究［D］.安徽：安徽农业大学，2007.

蔡璇，苏繁，金荷仙，等.四季桂花瓣色素的初步鉴定与提取方法[J].浙江林学院学报，2010，27（4）：559-564.

曹慧，李祖光，沈德隆.桂花品种香气成分的GC/MS指纹图谱研究[J].园艺学报，2009，36（3）：391-398.

曹启候.桂花栽培与加工[J].江苏林业科技，1982（4）.

沈国舫.森林培育学[M].北京：中国林业出版社，2002.

陈昳琦，尹庭相.桂花[M].南京：江苏科学技术出版社，1989.

陈俊愉，程绪珂.中国花经[M].上海：上海文化出版社，1999.

程辉，张婧萱，裴正玲.桂花植物总黄酮的超声波提取及鉴别[J].食品研究与开发，2007，28（8）：17-19.

储敏.金桂与丹桂醇溶性色素的提取及其稳定性比较[J].氨基酸和生物资源，2006，29（1）：1-3.

丛生.古树名木死亡后如何处置[N].中国花卉报，2010-03-25.

范能船.桂海菁华[M].南京：江苏古籍出版社，2000.

方永根，杨康民.桂花无土盆栽技术[N].中国花卉报，2004-11-09.

干铎.中国林业技术史料初步研究[M].北京：中国农业出版社，1964.

韩远记，董美芳，袁王俊，等.部分桂花栽培品种的AFLP分析[J].园艺学报，2008，35（1）：137-142.

何成俊.大树移植准备工作要精心[N].中国花卉报，2010-07-22.

胡绍庆，邱英雄，吴光洪，等.桂花品种的ISSR-PCR分析[J].南京林业大学学报，2004，28（add）：71-75.

花永怒.盆景的养护与管理[N].中国花卉报，2011-09-27.

黄岳渊.花经[M].上海：上海书店，1958.

金荷仙，郑华，金幼菊，等.杭州满陇桂雨公园4个桂花品种香气组分的研究[J].林业科学研究，2006，19（5）：612-615.

孔杨勇.杭州城市绿地中的地被植物应用现状调查[J].中国园林，2004，5：57-60.

李梅，侯喜林，单晓政，等.部分桂花品种亲缘关系及特有标记的ISSR分析[J].西北植物学报，2009，29（4）：674-682.

李志洲，杨海涛.桂花色素的提取及其稳定性的研究[J].氨基酸和生物资源，2005，27（3）：4-6.

刘兴发.庭园花卉[M].长沙：湖南科学技术出版社，1983.

骆会欣.古树保护多重难题待解决[N].中国花卉报，2010-03-11.

骆会欣.探索古树衰亡机理，科学进行复壮保护——访首都师范大学生物重点实验室赵琦教授[N].中国花卉报，2009-12-17.

骆会欣.我国古树专家丛生谈古树名木保护[N].中国花卉报，2010-04-08.

骆会欣.有效复壮需立足于正确诊断——访我国知名古树专家徐公天教授[N].中国花卉报，2009-12-24.

马文其.盆景制作与养护[M].北京：金盾出版社，1993.

马作君.桂花嫁接苗弊病的消除方法[J].中国花卉盆景，1996，（8）.

宋会访.桂花组织培养技术体系的研究[D].武汉：华中农业大学，2004.

唐丽，唐芳，段金华，等.金桂芳樟醇合成酶基因的克隆与序列分析[J].林业科学，2009，45（5）：11-19.

汪德娥，王宗海.庐山山南桂花结实习性及野生群落研究[J].林业科技通讯，1997（10）.

王丽梅，余龙江，崔永明，等.桂花黄酮的提取纯化及抑菌活性研究[J].天然产物研究与开发，2008，20：717-720.

王桃云，陈海华，张珍珍，等.桂花色素提取工艺的优化研究[J].苏州科技学院学报（自然科学版），2009，26（1）：44-47.

王宇飞.图解植物学词典[M].北京：科学出版社，2001.

文光裕，于风兰，王华亭，等.桂花精油的成分研究[J].植物学报，1983，25（4）：468-471.

巫华美，陈训，何香银，等.贵州桂花精油的化学成分[J].云南植物研究，1997，19（2）：213-216.

向其柏，刘玉莲.中国桂花品种图志[M].杭州：浙江科学技术出版社，2008.

向其柏等译.国际栽培植物命名法规（第六版）[M].北京：中国林业出版社，2004.

向其柏等译.国际栽培植物命名法规（第七版）[M].北京：中国林业出版社，2006.

杨康民，等. 中国桂花[M].北京:中国林业出版社 , 2013

杨康民，邬晶 .分析认识和评价彩页桂花品种[N].中国花卉报，2013-11- 21

杨康民，夏瑞妹，戚五妹.上海地区桂花品种开花性状的分析研究[J].园艺学报，1989，16（2）.

杨康民，张静.华东地区若干桂花品种的调查研究[J].中国园林，2004，2.

杨康民，张林 .建品种示范园破解桂花调查难题[N].中国花卉报，2015

杨康民，张林 .培育精品桂花八大关键技术[N].中国花卉报，2016-06-11.

杨康民，张林，余强.丹桂类新品种——'堰虹桂'[J].中国花卉盆景，2005，10.

杨康民，朱文江，蒋永明，等.桂花开花物候期的划分及其采收期的调查研究[J].园艺学报，1986，13（4）.

杨康民，朱文江.桂花[M].上海:上海科学技术出版社 , 1988

杨康民，朱文江.桂花[M].上海：上海科学技术出版社，2000.

杨康民，朱文江.桂花适宜生境条件的调查和分析[J].生态学杂志，1988，7（5）.

杨康民.桂花不宜作闹市区行道树[J].中国花卉盆景，2005，7.

杨康民.桂花品种调查应有的5个规范到位[J].中国园林，2010，8.

杨康民.获桂花登录权威后，应做些什么[N].中国花卉报，2005，7.5.

杨康民.怎样选购桂花苗木[N].中国花卉报，2005-01-13.

杨康民.中国桂花集成[M].上海：上海科学技术出版社，2005.

杨康民."移民北方"的桂花如何应对雪灾冻害[J].中国花卉盆景，2010,5.

杨康民.'天香台阁'——四季桂新品种[J].中国花卉盆景，2005，8.

杨念慈.常见花卉栽培与欣赏[M].济南：山东科学技术出版社，1982.

伊艳杰，黄莹，尚富德.利用研究桂林桂花品种间的亲缘关系[J].南京林业大学学报（自然科学版），2004，28：65-70.

于琪亭.青州盆景[M].天津：天津科技翻译出版公司，2008.

喻勤.浅淡黄山风景区古树名木保护的措施[J].安徽园林，2004.

张坚.桂花精油的提取与成分分析研究[D].浙江：浙江工业大学，2006.

张林，杨康民 .桂花小苗主干不同的编制方法和造型效果[J].中国花卉盆景，2009，6.

张林，杨康民 .香满林如何玩转组合造型苗[N].中国花卉报，2018-06-05

张园.cDNA-AFLP技术分离桂花香气相关基因[D].福建：福建农林大学，2009.

赵小兰，姚崇怀.桂花部分品种的RAPD分析[J].华中农业大学学报，1999，18（5）：484-487.

浙江省花卉协会.浙江花卉[M].杭州：浙江科学技术出版社，1985.

中国植物志组委会. 中国植物志(第6卷)[M].北京：科学出版社，1992.

周脉常.家庭树桩盆景快速成型法[M].河南科学技术出版社，1986.

朱文江，邱培浩，等.粉尘影响桂花开花的初步调查[J].上海农学院学报，1986,(1).

祝美莉，丁德生，黄祖萱，等.桂花不同变种的头香成分研究[J].植物学报，1985，27（4）：412-418.

Desheng, Ding and Kanming, Yang. Osmanthus fragrans in China [J]. Perfumer and Flavorist.1989, 14(9-10):7-13.

Green P.S. A monographic revision of Osmanthus in Asia and America [J]. Note from the Royal Botanic Garden Edingburg.1958, 22(5):439-541.

Huang FC, Molnar P, Schwab W. Cloning and functional characterization of carotenoid cleavage dioxygenase 4 genes [J]. JOURNAL OF EXPERIMENTAL BOTANY, 2009, 11(60):3011-3022.

后 记（第1版）

《中国桂花》是一本涉及桂花所有生产研究领域，包括品种、命名、登录、形态、习性、繁殖、栽培、养护、管理、园林设计施工、桂花采摘和加工利用等内容的科普读物。在本书的编写过程中，笔者得到国内很多单位与个人的帮助和支持，承蒙他们提供试验材料、试验场地和有关信息资料，使本书得以顺利编写出版，特此表示衷心的感谢。现将提供帮助和支持的单位和个人列述于下（排名不分先后）：

一　生产单位

上海市桂林公园：顾济国、张阿弟、顾龙福
上海长宁公园绿化建设发展有限公司：张静
上海市奉贤区华维节水灌溉公司：吕名礼
上海市桂花生态园：李根长
江苏省苏州市光福乡窑上村：王家元、王元柏、王思达
江苏省苏州市桂花公园：陈靖川、孙宗远
江苏省南京市中山陵园：张思平
江苏省溧阳市芳芝林生态园：林福春
江苏省张家港市澳洋生态农林公司：兰成兵、易剑雄
四川省都江堰市香满林苗圃：张林
四川省成都市桂乐生态园林公司：邬晶
四川省成都市香王园林公司：王思明
四川省苍溪县白鹤山园艺场：王子旭
浙江省杭州市园林绿化工程公司：吴光洪、沈柏春、孙坚红
浙江省杭州市西湖区满觉陇桂花加工厂：沈启龙
浙江省金华市华安园林公司：鲍志贤、鲍健
浙江省金华市金球桂花农庄：占招娣、丁群良
浙江省宁波市象山县博文园林公司：王家兴、周董平
湖北省武汉市花果山生态农业园：刘光德、黄胜书
湖北省武汉市海帆现代农业生态园：袁惠文
河南省潢川县开元园林生态公司：王长海
河南省襄城县吉祥花卉公司：杨吉祥
山东省沂源县桂乡园艺场：杜海江

山东省青州市都市桂花园：马平
山东省青州市隆华花木公司：雷清安
山东省青州市华仁花卉盆景园：高洪仁
江西省南昌市翰林实业公司：熊一华

二　高校与科研单位

上海交通大学农业与生物学院：朱文江、唐尚杰、陈礼琢
华中农业大学园林学院：王彩云、蔡璇
河南农业大学园林学院：尚富德、韩远纪
苏州农业职业技术学院：陈晔琦、尹廷相
北京市颐和园花卉园艺研究所：周国梁、刘伟
上海市园林科学研究所：徐虎、朱建敏
广西壮族自治区桂林市黑山植物园：黄莹
湖北省咸宁市林业科学研究所：刘清平
湖北省咸宁市职业技术学院：王振启
山东省临沂市林业科学研究所：刘迎彩、李淑臣

三　行业协会和媒体单位

中国花卉协会桂花分会
《园艺学报》
《中国园林》
《生态学杂志》
《中国花卉报》
《中国花卉盆景》

此外，特别感谢中国工程院资深院士、北京林业大学陈俊愉教授不辞辛劳审阅书稿，并为之作序，使本书质量得以提高。美籍华裔园艺学家沈荫椿先生也为本书编写提供了许多宝贵建议，在此一并深致谢意。

杨康民 再识
2012年3月